全国水利行业“十三五”规划教材（职业技术教育）
中国水利教育协会策划组织

现代节水灌溉技术

主　编　李雪转
副主编　郭旭新　张身壮　王红霞
　　　　李睿冉　陈　瑾　雷成霞
主　审　于纪玉

黄河水利出版社
·郑州·

内容提要

本书是全国水利行业"十三五"规划教材,是根据中国水利教育协会职业技术教育分会高等职业教育教学研究会组织制定的现代节水灌溉技术课程标准以及高等职业教育水利水电建筑工程专业国家教学资源库建设要求编写完成的。本书分9个学习项目,主要内容包括节水灌溉基本知识、渠道输水灌溉技术、低压管道输水灌溉技术、地面节水灌溉技术、喷灌技术、微灌技术、农艺节水技术、雨水集蓄利用技术、节水灌溉自动化管理技术等。

本书为高职高专院校水利水电建筑工程、水利工程、农业水利技术、水务管理等专业的通用教材,亦可供相关专业院校师生及水利部门从事农田水利工作的技术人员阅读参考。

图书在版编目(CIP)数据

现代节水灌溉技术/李雪转主编.—郑州:黄河水利出版社,2018.1 (2023.1 重印)

全国水利行业"十三五"规划教材.职业技术教育

ISBN 978-7-5509-1961-7

Ⅰ.①现… Ⅱ.①李… Ⅲ.①农田灌溉-节水用水-高等职业教育-教材 Ⅳ.①S275

中国版本图书馆 CIP 数据核字(2018)第 010013 号

组稿编辑:王路平 电话:0371-66022212 E-mail:hhslwlp@163.com

出 版 社:黄河水利出版社 网址:www.yrcp.com

地址:河南省郑州市顺河路黄委会综合楼14层 邮政编码:450003

发行单位:黄河水利出版社

发行部电话:0371-66026940、66020550、66028024、66022620(传真)

E-mail:hhslcbs@126.com

承印单位:河南承创印务有限公司

开本:787 mm×1 092 mm 1/16

印张:18.25

字数:420千字 印数:3 101—4 100

版次:2018年1月第1版 印次:2023年1月第2次印刷

定价:45.00元

前　言

本书是贯彻落实《国家中长期教育改革和发展规划纲要(2010～2020年)》、《国务院关于加快发展现代职业教育的决定》(国发〔2014〕19号)、《现代职业教育体系建设规划(2014～2020年)》和《水利部 教育部关于进一步推进水利职业教育改革发展的意见》(水人事〔2013〕121号)等文件精神,在中国水利教育协会的精心组织和指导下,由中国水利教育协会职业技术教育分会组织编写的全国水利行业"十三五"规划教材。该套教材以学生能力培养为主线,体现了实用性、实践性、创新性的特色,是一套水利高职教育精品规划教材。

本书是基于高等职业教育水利水电建筑工程专业国家教学资源库子项目现代节水灌溉技术课程的建设成果,在于纪玉教授主编的全国水利行业规划教材《节水灌溉技术》(黄河水利出版社出版)的基础上,以不同类型的节水灌溉工程为服务对象,以项目导向和学习型任务的形式来编排教学内容;参照国家、行业颁布的新规范、新标准,增加雨水集蓄利用技术、节水灌溉自动控制技术、农艺节水技术等知识,使节水灌溉技术体系更加完整。本书不仅适用于高职高专水利水电建筑工程专业群的学生学习使用,也适用于水利行业职工的继续教育,同时满足高职高专教育项目化教学要求。

本书编写遵循水利水电建筑工程专业专业标准、专业教学资源库建设制定的人才培养标准和课程教学标准,以项目为载体,把岗位职业能力所需要的知识、技能和素质融入项目教学情景之中。本书注重学生知识的实用性和技能培养,共划分为节水灌溉基本知识、渠道输水灌溉技术、低压管道输水灌溉技术、地面节水灌溉技术、喷灌技术、微灌技术、农艺节水技术、雨水集蓄利用技术、节水灌溉自动化管理技术等9个项目,项目下设学习任务,学习内容以学习任务的形式给出,学生在完成学习任务的过程中,完成知识学习、技能训练,养成科学、严谨的品性。

本书编写人员及编写分工如下:山西水利职业技术学院李雪转编写前言、项目三,安徽水利水电职业技术学院张身壮编写项目一、项目二,杨凌职业技术学院郭旭新编写项目四、项目七,山东水利职业学院李睿冉编写项目五,浙江同济科技职业学院陈瑾编写项目六,山西水利职业技术学院雷成霞编写项目八,山西水利职业技术学院王红霞编写项目九。全书由李雪转担任主编并负责全书统稿;由郭旭新、张身壮、王红霞、李睿冉、陈瑾、雷成霞担任副主编;由山东水利职业学院于纪玉教授担任主审。

本书在编写过程中得到了中国水利教育协会高职教研会、酒泉职业技术学院、北京农业职业学院、参编院校各级领导和老师以及黄河水利出版社的大力支持,全书参考和引用了国内外有关专家的大量文献,在此一并表示衷心的感谢!

本书在编写过程中,还得到山西省科学技术厅项目《农村、农业科技信息化示范建设－基于风云三号卫星农业干旱遥感监测与预报技术研究》(编号20130311037－2)、山西省水利厅科技项目《基于 WOFOST 作物模型的节水灌溉技术研究》(编号 2017js4)、横向课题《基于风云三号卫星农业干旱遥感监测预报技术研究－节水灌溉技术研究》等研究成果的支持。在此一并表示感谢!

由于编者水平所限,书中难免存在疏漏和错误之处,敬请读者批评指正。

编 者

2017 年 9 月

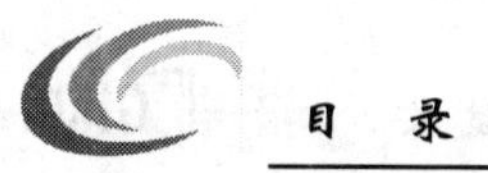

目 录

项目一 节水灌溉基本知识

【学习目标】

1. 了解节水灌溉概念及其技术体系；
2. 了解节水灌溉发展状况及对策；
3. 了解作物需水量的概念，掌握需水量确定方法；
4. 了解作物需水规律与作物需水临界期；
5. 了解灌溉制度的含义及内容；
6. 掌握制定灌溉制度的方法。

【技能目标】

能确定作物灌溉制度。

任务一 节水灌溉技术现状与发展

一、节水灌溉概念及其技术体系

(一)节水灌溉概念

节水灌溉是指根据作物需水规律和当地供水条件，高效利用降水和灌溉水，以取得农业最佳经济效益、社会效益和环境效益的综合措施的总称。其真正含义是：在充分利用降水和土壤水的前提下高效利用灌溉用水，最大限度地满足作物需水，以获取农业生产的最佳经济效益、社会效益、环境效益，即用尽可能少的水投入，取得尽可能多的农作物产量的一种灌溉模式。不同的水资源条件、气候、土壤、地形条件和社会经济条件下，节水的标准和要求不同。节水灌溉的根本目的是提高灌溉水的有效利用率和水分生产率，实现农业节水、高产、优质、高效。其核心是在有限的水资源条件下，通过采取先进的水利工程技术、适宜的农作物技术和用水管理等综合技术措施及管理措施，充分提高灌溉水的有效利用率和水分生产率。

(二)节水灌溉技术体系

灌溉用水从水源到田间，到被作物吸收、形成产量，主要包括水资源调配、输配水、田间灌水和作物吸收等环节。在各个环节采取相应的节水措施，组成一个完整的节水灌溉技术体系，包括工程节水技术、农艺节水技术和灌溉水资源优化调配技术及节水灌溉管理技术。

1. 工程节水技术

工程节水即通过各种工程手段，达到高效节水的目的。常用的工程节水技术有渠道防渗技术、低压管道输水灌溉技术、喷灌技术、微灌技术、地面节水灌溉技术等。

1)渠道防渗技术

渠道防渗技术是为了减少输水渠道渠床的透水或建立不易透水的防护层面而采取的各种技术措施。根据所使用的防渗材料,可分为土料防渗、石料衬砌防渗、混凝土衬砌防渗、塑料薄膜防渗、沥青护面防渗等。渠道是我国农田灌溉主要的输水方式。传统的土渠输水渗漏损失大,占引水量的50% ~60%,一些土质较差的渠道渗漏损失高达70%以上,是灌溉水损失的重要方面。据有关资料分析,全国渠系每年渗漏损失水量为1 700多亿 m^3,水量损失非常严重。所以,在我国大力发展渠道防渗技术、减少渠道输水损失是缓解我国水资源紧缺的重要途径,是发展节水农业不可缺少的技术措施。渠道防渗不仅可以显著地提高渠系水利用系数、减少渠水渗漏、节约大量灌溉用水,而且可以提高渠道输水安全保证率、提高渠道抗冲能力、增加输水能力。

2)低压管道输水灌溉技术

低压管道输水灌溉技术是利用塑料或混凝土等低压管道代替土渠将水直接送到田间沟畦灌溉作物,以减少水在输送过程中的渗漏和蒸发损失的技术措施。低压管道输水灌溉具有省水、节能、少占耕地、管理方便、省工省时等优点。输配水的利用率可达到95%,能有效提高输水速度、减少渠道占地。由于低压管道输水灌溉技术的一次性投资较低、要求设备简单、管理也很方便、农民易于掌握,故特别适合我国农村当前的经济状况和土地经营管理模式,深受广大农民的欢迎。实践证明,低压管道输水灌溉是我国北方地区发展节水灌溉的重要途径之一,是一项很有发展前途的节水灌溉技术。

3)喷灌技术

喷灌是利用自然水头落差或机械加压把灌溉水通过管道系统输送到田间,利用喷洒器(喷头)将水喷射到空中,并使水分散成细小水滴后均匀地洒落在田间进行灌溉的一种灌水方法。与传统的地面灌溉方法相比,它具有节水、省工、节地、增产、适应性强等特点,被世界各国广泛采用。喷灌几乎适用于除水稻外的所有大田作物,以及蔬菜、果树等,对地形、土壤等适应性强。与地面灌溉相比,大田作物喷灌一般可节水30% ~50%、增产10% ~30%,但耗能多、投资大,不适宜在多风条件下使用。世界许多国家都非常重视这项节水技术的应用。

4)微灌技术

微灌是根据作物需水要求,通过低压管道系统与安装在末级管道上的灌水器,将作物生长所需的水分和养分以较小的流量均匀、准确地直接输送到作物根部附近的土壤表面或土层中的灌水方法,包括滴灌、微喷灌和涌泉灌等。微灌是一种现代化、精细高效的节水灌溉技术,具有省水、节能、适应性强等特点,灌水同时可兼施肥,灌溉效率能够达到90%以上。与地面灌和喷灌相比,它属于局部灌溉,具有省水节能、灌水均匀、适应性强、操作方便等优点,主要缺点是易于堵塞、投资较高。微灌是一些水资源贫乏的地区和发达国家非常重视的一项灌水技术。

5)地面节水灌溉技术

地面节水灌溉技术主要有:小畦灌、长畦分段灌、宽浅式畦沟结合灌、水平畦灌、波涌灌溉等优化畦灌技术;封闭式直形沟、方形沟、锁链沟、八字沟、细流沟、沟垄灌、沟畦灌、波涌沟灌等节水型沟灌技术;膜上灌、膜孔沟(畦)灌等地膜覆盖灌水技术;激光控制平地技

术、田间闸管灌溉技术等改进地面灌溉技术。

2. 农艺节水技术

农艺节水包括农田保蓄水技术、节水耕作和栽培技术、适水种植技术、优选抗旱品种、土壤保水剂及作物蒸腾调控技术等。由于农作物需水规律不同,各自的灌溉制度及管理措施也不同。此外,还可利用各种化学制剂调控土壤表面及作物叶面蒸发达到节水的目的,如地面增温保湿剂、抗旱剂、保水剂、种子包衣剂等;利用植物基因工程手段培养高效节水品种等。例如,采用保水剂拌种包衣,能使土壤在降水或灌溉后吸收相当自身重量数百倍至上千倍的水分,在土壤水分缺乏时将所含的水分慢慢释放出,供作物吸收利用,遇降水或灌水时还可再吸水膨胀,重复发挥作用;喷施黄腐酸(抗旱剂1号),可以抑制作物叶片气孔开张度,使作物蒸腾减弱等。

3. 灌溉水资源优化调配技术及节水灌溉管理技术

1)灌溉水资源优化调配技术

灌溉水资源优化调配技术主要包括地表水与地下水联合调度技术、灌溉回归水利用技术、多水源综合利用技术、雨洪水利用技术。

2)节水灌溉制度

灌溉制度包括作物播种前(或插秧前)以及全生育期内的灌水次数、每次灌水的日期、灌水定额与灌溉定额几方面。节水灌溉制度是根据作物的需水规律把有限的灌溉水量在灌区内及作物生育期内进行最优分配,达到高产高效的目的,主要包括非充分灌溉技术、抗旱灌溉和低定额灌溉技术、调亏灌溉技术,以及水稻“薄、浅、湿、晒”灌溉技术等。

3)节水灌溉管理技术

节水灌溉管理技术是指根据作物的需水规律控制、调配水源,以最大限度地满足作物对水分的需求,实现区域效益最佳的农田水分调控管理技术。它主要包括用水管理信息化系统、输配水自动量测及监控技术、土壤墒情自动监测技术、田间管理技术等。其中,输配水自动量测及监控技术采用高标准的量测设备,及时准确地掌握灌区水情,如水库、河流、渠道的水位、流量以及抽水水泵运行情况等技术参数,通过数据采集、传输和计算机处理,实现科学配水、减少弃水。土壤墒情自动监测技术采用张力计、中子仪、TDR等先进的土壤墒情监测仪器监测土壤墒情,以科学制订灌溉计划、实施适时适量的精细灌溉。田间管理方面可通过平整土地、秸秆覆盖、地膜覆盖、少耕免耕技术,以及合理调蓄、综合利用、定量调配灌溉水源等方法以达到节水的目的。随着信息技术的发展,通过遥感(RS)、地理信息系统(GIS)、全球定位系统(GPS)及计算机网络技术获取、处理、传送各类农业节水信息,为现代农业的发展提供技术支持。

二、节水灌溉发展状况、存在的问题及对策

(一)节水灌溉发展状况

中华人民共和国成立以来,我国在节水灌溉技术的研究推广、节水灌溉设备的开发生产、节水示范工程的建设、节水灌溉服务体系的建立等方面做了大量的工作,取得了较为显著的成绩。20世纪60年代开始进行节水灌溉技术试验研究;20世纪70年代大面积推广应用渠道防渗、畦田改造;20世纪80年代大面积推广低压管道输水并大范围进行喷

灌、滴灌、微喷灌等先进节水灌溉技术的试点示范；20 世纪 90 年代节水灌溉全面推广普及，节水灌溉技术水平越来越先进、工程标准越来越高、推广范围越来越广。在多年的实践探索中，各地摸索总结出了一套适合各自特色的节水灌溉技术与方法，包括各种渠道防渗和管道输水技术；适合小麦、玉米等大田使用的管式、卷盘式、时针式移动喷灌以及常规的土地平整沟畦灌；适合棉花、蔬菜和果树等经济作物使用的滴灌、微喷灌、膜下滴灌、自压滴灌、渗灌等技术；南方水田的控制灌溉技术和园田化建设；西北干旱、半干旱地区的雨水集流、窖水滴灌技术；东北、西北等干旱地区的坐水种、旱地龙、保水剂等抗旱措施。节水灌溉在全国迅速推广普及，取得了显著的经济效益和社会效益。

"十二五"期间，全国发展高效节水灌溉面积 1.2 亿亩[1]，形成年节水能力 150 亿 m^3，农田灌溉水有效利用系数由 2010 年的 0.50 提高到 2015 年的 0.53 以上。"十二五"期间，按照节水优先的根本方针，发布了《国家农业节水纲要（2012 ~ 2020 年）》，从宏观层面和空间布局上对大力推进农业节水做出部署安排。在加强灌区节水配套改造、实施 330 个规模化节水灌溉增效示范项目和 309 个牧区节水灌溉示范项目的同时，通过小型农田水利设施建设补助专项资金重点倾斜、扩大节水灌溉设备购置补贴范围等措施，大力实施东北节水增粮、西北节水增效、华北节水压采、南方节水减排等区域规模化高效节水灌溉工程建设。东北节水增粮行动已建成高效节水灌溉面积 2 554 万亩，项目区比传统灌溉节约水 40% 左右，亩均增产 30% ~ 50%；支持新疆、甘肃、宁夏等西北干旱地区大力发展高效节水灌溉，近几年新疆维吾尔自治区和新疆生产建设兵团每年新增高效节水灌溉面积 400 万亩以上，项目区农田灌溉水有效利用系数达到 0.8 以上，人均年纯收入增加 900 元，节约的水返还给生态，促进了生态的恢复和改善；在河北省地下水超采区发展高效节水灌溉面积 374 万亩，探索了集生物节水、农艺节水、工程节水和管理节水一体化的综合治理模式，项目区形成压采能力 25 亿多 m^3；南方节水减排项目区实施水、肥、药一体化，肥料、农药利用率可提高 5% ~ 20%，减少渠道占地 5% 左右，特别是在西南山丘区结合"五小水利"工程建设大力发展集雨节灌，既促进了当地群众脱贫致富，又提高了水资源的利用效率。

《"十三五"期间新增 1 亿亩高效节水灌溉面积实施方案》的实施对于我国节水灌溉行业的发展来说，是最直接有利的好消息。该文件明确指出："十三五"期间全国范围内要新增高效节水灌溉面积 1 亿亩，其中包括喷灌面积 2 074 万亩、微灌面积 3 911 万亩、管道输水灌溉面积 4 015 万亩。预计到 2020 年，全国范围内高效节水灌溉的覆盖面积要达到 3.6 亿亩左右，方案实施后，占灌溉面积的比例提高到 32% 以上，农田灌溉水有效利用系数达到 0.55 以上，可新增年节水能力 85 亿 m^3，新增粮食生产能力 114 亿 kg。据前瞻产业研究院《中国节水灌溉行业市场前瞻与投资规划分析报告》的分析，按照相关政策，我国农业用水需求要在 2020 年降低到 3 720 亿 m^3，比现有的 3 869 亿 m^3 下降 149 亿 m^3。这一要求，需要节水灌溉行业参与者的更大努力。

我国的节水灌溉技术发展呈现以下趋势：一是喷灌技术仍为大田农作物机械化节水灌溉的主要技术，其研究方向是进一步节能及综合利用。不同喷灌机型有各自的优缺点，

[1] 1 亩 = 1/15 hm^2 ≈ 666.67 m^2，下同。

要因地制宜综合考虑。软管卷盘式喷灌机及人工移动式喷灌机比较适合我国国情。二是地下灌溉已被世人公认是一种最有发展前景的高效节水灌溉技术。尽管目前还存在一些问题,应用推广速度较慢,但随着关键技术的解决,今后将会得到一定的发展。三是地面灌溉仍是当今世界占主导地位的灌水技术。随着高效田间灌水技术的成熟,输配水有向低压管道化方向发展的趋势。四是农业高效节水灌溉技术管理水平越来越高。应用专家系统、计算机网络技术、控制技术资源数据库、模拟模型等技术的集成,达到时、空、量、质上的智能节水灌溉,是今后攻关的重点。

(二)我国节水灌溉发展存在的问题

综上所述,我国的节水灌溉发展成就显著,但远不能满足农业稳定发展和产业结构调整的需要。众所周知,我国是个贫水国家,北方广大地区水资源供应已严重不足,在未来30年内,随着人口、经济的高速增长,工业和城市用水必然大幅度增加,农业供水只能保持在目前3 869亿 m^3 的水平上,唯一的出路只能是节水灌溉,提高灌溉水的有效利用率,把灌溉水利用系数从目前的0.53左右提高到0.65。我国现阶段的节水灌溉还处于低水平发展阶段,田间灌溉多属传统的地面灌溉方式,喷灌、微灌及管道输水灌溉等先进节水灌溉技术覆盖率还比较低。到2030年我国人口将达到16亿,需要粮食7亿t左右,为保证粮食与其他农产品的供给,灌溉面积必须达到6 000万 hm^2 左右,否则目标难以实现。然而要达到这个目标,我国节水灌溉还存在以下问题:

(1)基础研究滞后。

节水灌溉效益的充分发挥需要建立在一些基础研究上,而我国基础研究又相对比较滞后,如农田水分遥测遥感技术、SPAC水循环运移规律、非充分灌溉理论及应用技术、水净化技术研究及应用、灌区灌水自动控制技术等,其总体比国外先进水平落后;又如,节水型地面灌水技术的节水机制,各种改进地面灌水技术的适用条件,灌水均匀度对作物产量的影响,改进地面灌水质量评估体系和方法,各种改进地面灌水技术要素之间的优化组合方式等问题无明确的结论。这些都严重制约了节水灌溉技术在我国的大面积推广应用。

(2)节水灌溉设备质量差、配套水平低。

系列化、标准化程度低,设备种类少、配套性差,技术创新与推广体系不健全,产品的性能及耐久性与国外先进技术相比存在较大差距。

(3)综合性不够。

目前,节水工程技术单一的较多,缺乏与农艺技术等的综合。由于农业、水利专业各自的局限性,以及各专业多侧重于本专业的技术研究,在农业、水利两方面的适用技术如何紧密地相互配合,形成有机的统一体,使水的利用率和利用效益都能充分发挥,研究得不够深入,远远满足不了节水农业发展的需要。例如,各种节水灌溉技术条件下的水肥运动、吸收、转化利用规律;耕作保墒、覆盖保墒技术如何与节水灌溉技术的配水相结合;各种单项农艺节水技术如何在不同的作物上及不同的节水灌溉技术条件下综合应用等问题都需要进行深入、系统的研究,才能保证综合节水农业技术的持续发展。

(4)管理体制和机制不完善,管理技术落后。

目前,水费收入是大中型灌区维持正常运行的主要经费来源,而绝大部分灌区主要为农业灌溉服务,节水后水费收入随供水量的减少而减少,而且灌区为节水还要付出一定的人力、物力和财力,节水的社会要求与灌区管理单位的直接利益不协调,影响其节水的积极性。许多灌区按灌溉面积收取水费,用水户节约用水不能在经济上得到补偿,认为购买节水灌溉设备得不偿失。如果缺乏用水户的积极、主动参与,节水灌溉将是一句空话。此外,国际上普遍认为灌溉节水的潜力50%在管理方面。可见,充分发挥灌溉管理机构的作用、调动管理人员发展节水农业的积极性具有重要意义。目前,不少灌区经费短缺,灌溉管理比较薄弱,工程老化失修,效益衰减,信息技术、计算机、自动控制技术等高新技术在灌溉用水管理上的应用还很少,与发达国家相比,差距很大;田间灌排工程不配套,土地平整差,管理粗放;推广应用上缺乏与生产责任配套的管理体制,造成不少工程效益不能发挥;适应市场经济发展要求的农业用水体制还没有建立,缺乏鼓励农业合理、高效用水的机制和调控手段等。

运营维护主体的缺失也是限制节水灌溉行业发展的重要约束,而未来想要解决这一问题,势必要将农村地区水利设施建设推向市场化,交由企业来建设、运营,只有这样,才能保障水利设施发挥最大的价值,运行更长的年限。另外,节水灌溉产业投资者也需要与这些水利设施建设企业对接,双方合作,向农民提供节水灌溉解决方案,通过搭建基础设施、开发新型灌溉技术,向农户提供灌溉服务并收取一定费用,将会比单纯销售节水灌溉设施、建立水利设施有更大的收益。

(5)重工程技术,轻农艺技术。

长期以来,我国农业节水存在重工程措施、轻农艺措施的倾向,忽视农艺技术在节水中的地位与作用。许多经济成本较低、水资源利用率高、农民容易接受的农艺节水技术因缺乏重视而无法发挥其应有的作用。这与节水灌溉农艺技术是公益性技术有关。对于各级农技推广部门而言,只有社会效益与生态效益,因此对农民的无偿服务减少。

(三)节水灌溉发展对策

"十三五"规划纲要明确提出全国农田有效灌溉面积达到10亿亩,节水灌溉工程面积达到7亿亩左右。要实现这个目标,必须发展节水灌溉。我国水资源与能源短缺、经济实力不足、广大农村地区的技术管理水平较低的现实,大面积推广喷灌、微灌等先进灌水技术还受到很大的限制,因此在今后相当长的一段时间内,我国仍须加大田间工程的建设力度,大力研究和推广节水型地面灌水技术。

(1)加强基础理论研究,科学优化配置水资源。

要实现"十三五"发展目标和农业的可持续发展,必须依靠科技进步,采取有效的科技和经济手段实现水资源的优化配置,提高水资源利用率,促进水资源的供需平衡,构建合理的、高产高效的与生态良性循环的节水农业体系。此外,还应加强节水灌溉基础理论研究;利用新材料、新工艺及高新技术改进节水灌溉产品性能,加快节水灌溉设备及产品的更新换代;加强关键技术的研究;加强重点地区的节水灌溉发展,为农业及国民经济的可持续发展奠定坚实的基础。

(2)推广有发展潜力的新技术。

目前,比较有发展潜力的节水灌溉新技术:一是与生物技术相结合的作物调控灌溉技术。就是从作物生理角度出发,在一定时期主动施加一定程度有益的亏水度,使作物经历有益的亏水锻炼,改善品质,控制上部旺长,实现矮化密植,达到节水增产的目的。二是应

用“3S”技术的精细灌溉技术。就是运用全球定位系统(GPS)和地理信息系统(GIS)、遥感(RS)和计算机控制系统,实时获取农用小区作物生长实际需求的信息,通过信息处理与分析,按需给作物进行施水的技术,可以最大限度地提高水资源的利用率和土地的产业率。这是农田灌溉学科发展的热点和农业新技术革命的重要内容。三是智能化节水灌溉装备技术。就是把生物学、自动控制、微电子、人工智能、信息科学等高新技术集成节水灌溉机械与设备,适时地监测土壤和作物的水分,按照作物不同的需水要求来实施变量施水,达到最优的节水增产效果。

(3)制定相关政策,促进节水灌溉发展。

在政策的引导下,节水灌溉市场规模不断扩大。对于产业投资者而言,从水利设施建设及喷灌、滴灌设施生产销售,节水灌溉解决方案供应等各个角度来切入,无疑是较好的选择。另外,投资者也需要有确定的盈利前景,因此也需要各个地方推进水价改革,设定合理的投资回报机制,并统筹推进建管模式、管护机制,才能确保水利项目的后期收益。

全面落实最严格的水资源管理制度,坚持以水定地、量水而行,推行总量控制、定额管理、合理确定水价等措施,形成农业节水倒逼机制,调动地方政府和农民发展高效节水灌溉的积极性。例如,内蒙古通辽市、甘肃河西走廊、河北张家口市、山西清徐县等地,通过大规模发展高效节水灌溉,减少了地下水的开采量,地下水位逐步得到回升,实现了发展和生态保护的双赢。我国是一个水资源短缺的国家,随着人口增加、经济发展、社会进步,农业灌溉用水要在用水总量基本不增加的情况下保障我国粮食安全,只能走内涵式发展的道路,灌溉必须走节水型的发展道路。因此,我们应加大对发展节水灌溉技术的宣传教育力度,使全社会都来关心节水灌溉技术,形成好的节水灌溉技术发展环境。

(4)因地制宜,发展节水灌溉技术。

节水灌溉技术发展要符合农村实际,因地制宜,继续普及与推广喷灌、微灌技术。在节水灌溉模式中,喷灌、微灌应用越来越多,目前国内外喷灌、微灌技术正朝着低压、节能、多目标利用、产品标准化、系列化及运行管理自动化方向发展。灌溉渠系管道化,我国已基本普及了井灌区低压管道输水技术,今后的发展方向是大型渠灌区渠系管道化,并加快相应大口径塑料管材的开发生产。

(5)发展现代精细地面灌溉技术。

由于我国地面灌溉量大、面广,需要采取推广应用激光控制平地技术、水平畦田灌溉技术、田间闸管灌溉系统以及土壤墒情自动监测技术等一切改进地面灌溉措施,逐步实现田间灌溉水的有效控制和适时适量的精细灌溉。研究和推广非充分灌溉技术。非充分灌溉理论将与生物技术、信息技术及“四水”转化理论等高新节水技术和理论相结合,创建新的灌溉理论及技术体系。加强“3S”技术在农业节水中的应用,如果能在农业节水中推广应用“3S”技术,产生的节水效能将是革命性的。此外,国外还出现了地面浸润灌溉、坡地灌水管灌溉、土壤网灌溉、绳索控制灌溉等新的节水灌溉技术,都对我国的节水灌溉有积极的参考借鉴意义。对于沙漠地区和缺乏淡水的沿海地区,利用空气中的水分进行灌溉是一种可取的方法,但如何降低成本、提高效率和实用性是今后应着重解决的问题。总而言之,节水灌溉工程推广任重而道远。

任务二 作物需水量与作物灌溉制度确定

一、作物需水量

(一)作物需水量的概念

农田水分消耗的途径主要有三种,即作物的叶面蒸腾、棵间蒸发和深层渗漏。

叶面蒸腾是指作物根系从土壤中吸入体内的水分,通过作物叶片的气孔散发到大气中的现象。棵间蒸发是指植株间的土壤表面或水面的水分蒸发现象。深层渗漏是指农田中由于降雨量或灌水量太多,使田间土壤含水率超过了田间持水率,超过的水分向根系活动层以下的土层渗漏的现象。对于旱田,深层渗漏一般是无益的,会造成水分和养分的流失。对于水稻田,深层渗漏是不可避免的。由于水稻田经常保持一定深度的水层,所以稻田经常产生渗漏,且数量较大,影响作物的生长发育,造成减产。但水稻田有适当的渗漏量,可以促进土壤通气,改善还原条件,消除由于土壤中氧气不足而产生的硫化氢、氧化亚铁等有毒物质,有利于作物生长。

在上述几项水量消耗中,叶面蒸腾是作物生长所必需的,一般称为生理需水。棵间蒸发伴随着作物生长的全过程,它本身对作物生长没有直接影响,但在一定程度上可以改善田间小气候,一般称为生态需水。叶面蒸腾量和棵间蒸发量都主要受气候条件的影响,且二者互为消长,通常把二者合称为腾发,所消耗的水量称为腾发量,即作物需水量。事实上,作物需水量包括作物的叶面蒸腾量、棵间蒸发量和构成作物组织的水量。由于构成作物组织的水量很少,实用上常忽略不计,而以作物叶面蒸腾量和棵间蒸发量之和作为作物需水量。作物的叶面蒸腾量、棵间蒸发量和深层渗漏量之和常称为田间耗水量。对于旱作物田块,深层渗漏量不允许产生,水稻田的渗漏量则是不可避免的。所以,旱作物的田间耗水量就等于作物需水量,而水稻的田间耗水量等于作物需水量与深层渗漏量之和。

(二)作物需水规律与作物需水临界期

1. 作物需水规律

作物全生育期中的日需水量是逐日变化的,一般规律是幼苗期和接近成熟期日需水量少,而发育中期日需水量最多,生长后期需水量逐渐减少。在全生育期内,作物需水量是由低到高、再降低的变化过程。其中,需水量最大的时期称为作物需水高峰期,大多出现在作物生育旺盛、蒸腾强度大的时期。

2. 作物需水临界期

在作物全生育期内,日需水量最高、对缺水最敏感、影响产量最大的时期,称为作物需水临界期或需水关键期。不同的作物,需水临界期也不同,粮食作物的需水临界期大多出现在营养生长向生殖生长过渡的时期,与作物需水高峰期相同或接近。有些作物的需水临界期可能有两个或三个。根据各种作物需水临界期不同的特点,可以合理选择作物种类和种植比例,使用水不致过分集中;在干旱缺水时,应优先灌溉处于需水临界期的作物,以充分发挥水的增产作用,收到更大的经济效益。

(三)作物需水量计算

影响作物需水量的因素有气象(如温度、日照、湿度、风速等)、土壤(如土壤质地、土壤肥力、含水率等)、作物品种及其生长阶段、农业技术措施、灌溉排水措施等。这些因素对需水量的影响是相互联系的,也是错综复杂的。目前,尚难从理论上对作物需水量进行分析计算。在生产实践中,一方面是通过田间试验的方法直接测定作物需水量,另一方面是在试验的基础上分析出影响作物需水量各因素之间的相互关系,用经验或半经验公式进行估算。

计算作物需水量的方法大致可归纳为两类:一类是直接计算作物需水量,另一类是通过计算参照作物需水量来计算实际作物需水量。

1. 直接计算作物需水量

该法是从影响作物需水量诸因素中,选择几个主要因素,然后根据试验观测资料分析这些主要因素与作物需水量之间存在的数量关系,最后归纳成经验公式。

1)以水面蒸发为参数的需水系数法(简称“α值法”)

从大量的灌溉试验资料中发现,各种气象因素都与当地的水面蒸发量之间有较为密切的关系,当地水面蒸发是各种气象因素综合影响的结果,而水面蒸发量与作物需水量之间也存在一定程度的相关关系。因此,建立作物需水量和水面蒸发量之间的经验关系式,由水面蒸发量直接计算作物需水量,其公式为

$$ET = \alpha E_0 \tag{1-1}$$

或

$$ET = \alpha E_0 + b \tag{1-2}$$

式中　ET——某时段内的作物需水量,以水层深度计,mm;

E_0——与ET同时段的水面蒸发量,以水层深度计,mm,E_0一般采用80 cm口径的蒸发皿或E-601型蒸发仪的观测值;

b——经验常数;

α——各时段的需水系数,即各时期需水量与水面蒸发量之比,一般由试验资料确定,水稻$\alpha=0.9\sim1.3$,旱作物$\alpha=0.3\sim0.7$。

由于“α值法”仅需要水面蒸发资料,且容易获得,所以该法在我国水稻地区被广泛采用。在水稻地区,气象条件对ET和E_0的影响相似,因此采用此法计算出来的作物需水量与实际需水量较接近。对于旱作物和实施湿润灌溉技术的水稻,因其需水量与土壤含水率有密切关系,所以不宜采用此法。

2)以产量为参数的需水系数法(简称“K值法”)

作物产量是太阳能的累积与水、土、肥、气、热诸因素的协调及综合运用农业技术措施的结果。虽然影响作物产量的因素很多,但实践证明在一定的气象条件和农业技术措施条件下,作物需水量随产量的提高而增加,成正相关关系(见图1-1)。从图1-1可以看出,单位产量的需水量随产量的增加而逐渐减少,说明当产量达到一定水平后,要进一步提高产量就

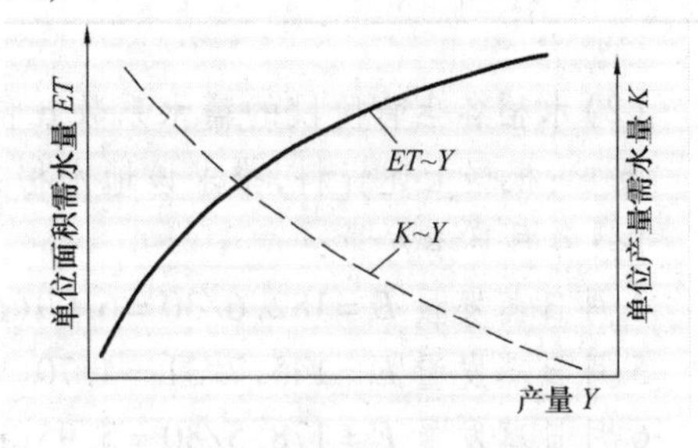

图1-1　作物需水量与产量关系示意图

不能仅靠增加水量，还必须同时改善作物生长所必需的其他条件，如采取先进的农业技术措施和提高土壤肥力等。作物需水量与产量之间的关系如下：

$$ET = KY$$

或

$$ET = KY^n + C \tag{1-3}$$

式中 ET——作物全生育期的总需水量，m^3/hm^2；

Y——作物单位面积产量，kg/hm^2；

K——需水系数，即单位产量的需水量，m^3/kg；

n、C——经验指数和常数。

式(1-3)中 K、n 及 C 值由试验确定，当 K、n、C 值确定后，只要计划产量已知便可计算出需水量。旱作物在土壤水分不足而影响产量的情况下，需水量随产量的提高而增加，用此法推算较为可靠。但对土壤水分充足的旱田及水稻田，需水量主要受气象条件控制，产量与需水量关系不很明显，用此法推算的作物需水量与产量关系示意图误差较大，不宜采用。

3)各生育阶段的需水量

生产实践中，习惯用需水模系数法来估算作物各生育阶段的需水量。需水模系数是指不同生育阶段需水量占全生育期需水量的百分数。计算时先确定作物全生育期内的需水量，然后通过试验确定作物需水模系数，再按下式进行分配：

$$ET_i = K_i ET \tag{1-4}$$

式中 ET_i——某一生育阶段作物需水量，mm；

K_i——某一生育阶段的需水模系数(%)；

ET——全生育期作物需水量，mm。

需水模系数和作物需水量一样，也受气候、作物、土壤和农业技术措施等因素的影响，一般应通过试验分析确定。

【例1-1】 用"以水面蒸发为参数的需水系数法"求水稻耗水量。

基本资料：

(1)根据某地气象站观测资料，设计年4～8月80 cm口径蒸发皿的蒸发量(E_0)的观测资料见表1-1。

表1-1 某地蒸发量(E_0)的观测资料

月份	4	5	6	7	8
蒸发量E_0(mm)	182.6	145.7	178.5	198.8	201.5

(2)水稻各生育阶段的需水系数 α 值及日渗漏量，见表1-2。

要求：根据上述资料，推求该地水稻各生育阶段及全生育期的耗水量。

解：各月日蒸发量：

4月日蒸发量 $E = 182.6/30 = 6.09$(mm/d)

5月日蒸发量 $E = 145.7/31 = 4.70$(mm/d)

6月日蒸发量 $E = 178.5/30 = 5.95$(mm/d)

7月日蒸发量 $E = 198.8/31 = 6.41$(mm/d)

根据公式:$ET=\alpha ET_0$,计算结果列于表1-3中。

表1-2 某地水稻各生育阶段的需水系数α值及日渗漏量观测资料

生育阶段	返青	分蘖	拔节孕穗	抽穗开花	乳熟	黄熟	全生育期
起止日期(月-日)	04-26 ~ 05-03	05-04 ~ 05-28	05-29 ~ 06-15	06-16 ~ 06-30	07-01 ~ 07-10	07-11 ~ 07-19	04-26 ~ 07-19
天数(d)	8	25	18	15	10	9	85
阶段α值	0.784	1.060	1.341	1.178	1.060	1.133	
日渗漏量(mm/d)	1.5	1.2	1.0	1.0	0.8	0.8	

表1-3 某地水稻各生育阶段及全生育期的耗水量

生育阶段	返青	分蘖	拔节孕穗	抽穗开花	乳熟	黄熟	全生育期
天数(d)	8	25	18	15	10	9	85
ET_0(mm)	44.55	117.50	103.35	89.25	64.10	57.72	476.47
阶段α值	0.784	1.060	1.341	1.178	1.060	1.133	
ET(mm)	34.93	124.55	138.59	105.14	67.95	65.36	536.52
渗漏量(mm)	12	30	18	15	8	7.2	90.20
耗水量(mm)	46.93	154.55	156.59	120.14	75.95	72.56	626.72

【例1-2】 用"以产量为参数的需水系数法"求棉花需水量。

基本资料:

(1)棉花计划产量,籽棉300 kg/亩。

(2)由相似地区试验资料得,以产量为籽棉300 kg/亩时,棉花需水系数$K=1.37\ m^3/kg$。

(3)棉花各生育阶段的需水模比系数见表1-4。

表1-4 棉花各生育阶段的需水模比系数

生育阶段	幼苗	现蕾	开花结铃	吐絮	全生育期
起止日期(月-日)	04-11 ~ 06-10	06-11 ~ 07-06	07-07 ~ 08-24	08-25 ~ 10-30	04-11 ~ 10-30
天数(d)	61	26	49	67	203
需水模比系数(%)	13	20	49	18	100

要求:计算棉花各生育阶段需水量累计值。

解:(1)棉花全生育期需水量$ET=KY=1.37\times300=411$(m^3/亩)。

(2)各生育阶段需水量 $ET_i = K_iET/100$,计算过程见表1-5。

表1-5 各生育阶段需水量

生育阶段	幼苗	现蕾	开花结铃	吐絮	全生育期
起止日期(月-日)	04-11~06-10	06-11~07-06	07-07~08-24	08-25~10-30	04-11~10-30
天数(d)	61	26	49	67	203
需水模比系数(%)	13	20	49	18	100
阶段需水量(m^3/亩)	53.43	82.20	201.39	73.98	411
累计需水量(m^3/亩)	53.43	135.63	337.02	411	411

2.通过计算参照作物需水量来计算作物实际需水量

参照作物需水量又称为潜在作物需水量,是指土壤水分充足,能满足作物腾发耗水所要求的需水量。参照作物需水量主要受气象条件的影响,因此可只依据气象因素计算出参照作物需水量,然后考虑有关因素将其修正,再求出作物实际需水量。

计算参照作物需水量的方法较多,但普遍采用的是能量平衡法。叶面蒸腾和棵间蒸发是液态水不断汽化、向大气扩散的过程,也是个能量消耗的过程。通过农田热量平衡计算,求得腾发所消耗的能量,然后将能量折算成水量,即作物需水量。

作物腾发过程中需要消耗大量的能量,需水量越大耗能越多。英国科学家彭曼根据能量平衡原理、水汽扩散原理和空气的导热定律等提出了计算参照作物需水量的公式,得到了全世界广泛的应用。近年来,我国各地广泛使用1979年修正的彭曼公式来计算潜在作物需水量,并制定了各省、市、自治区及全国的潜在作物需水量等值线图,供生产使用。但彭曼法所需资料较多,公式复杂,限于篇幅,此处不予介绍,请参阅相关书籍。

二、作物灌溉制度

作物灌溉制度是计算灌溉用水量、编制和执行灌区用水计划以及进行合理灌溉的基本依据,也是灌溉工程规划设计及区域水利规划的基本资料。

(一)灌溉制度的含义及内容

作物灌溉制度是指根据作物需水特性和当地气候、土壤、农业技术及灌水技术等条件,为作物高产及节约用水而制定的适时适量的灌水方案。它的主要内容包括作物播前(或水稻插秧前)及全生育期内各次灌水的灌水时间、灌水次数、灌水定额和灌溉定额。灌水时间是指各次灌水的具体日期;灌水次数是指作物全生育期的灌水次数;灌水定额是指单位灌溉面积上的一次灌水量;灌溉定额是指各次灌水定额之和,即单位面积上总的灌水量。

(二)制定灌溉制度的方法

灌溉制度因作物种类、品种、灌区自然条件、农业技术措施和灌水技术不同而异,因此必须从具体情况出发,全面分析研究各种因素,才能制定出切合实际的灌溉制度。制定灌溉制度的方法有以下三种。

1. 总结群众丰产灌水经验

多年来进行灌水实践的经验是制定灌溉制度的主要依据。调查研究时应先确定设计干旱年份,掌握这些年份的当地灌溉经验,调查不同生育期的作物田间耗水强度及灌水次数、灌水时间、灌水定额和灌溉定额。根据调查资料,分析确定这些年份的灌溉制度。一些实际调查的灌溉制度见表1-6和表1-7。

表1-6　湖北省水稻泡田定额及生育期灌溉定额调查成果　（单位:m³/亩）

项目	早稻	中稻	一季晚稻	双季晚稻
泡田定额	70~80	80~100	70~80	30~60
灌溉定额	200~250	250~350	350~500	240~300
总灌溉定额	270~330	330~450	420~580	270~360

表1-7　我国北方地区几种主要旱作物的灌溉制度(调查)

作物	生育期灌溉制度			说明
	灌水次数	灌水定额(m³/亩)	灌溉定额(m³/亩)	
小麦	3~6	40~80	200~300	干旱年份
棉花	2~4	30~40	80~150	
玉米	3~4	40~60	150~250	

注:1 m³/亩=15 m³/hm²或1.5 mm。

2. 根据灌溉试验资料制定灌溉制度

我国各地先后建立了许多灌溉试验站,积累了大量灌溉试验资料,是确定灌溉制度的主要依据。但是,在选用试验资料时必须注意原试验条件与需要确定灌溉制度地区条件的相似性,不能盲目照搬。

3. 按用水量平衡原理制定灌溉制度

这种方法是根据设计年份的气象资料及作物需水要求,参考群众丰产灌水经验和田间灌溉试验资料,通过水量平衡计算,制定出作物灌溉制度。下面分别介绍水稻和旱作物灌溉制度的制定方法。

1)水稻灌溉制度的制定

水稻灌溉制度分为泡田期和生育期两个时段进行设计。

(1)水稻泡田期泡田定额的确定。

水稻在插秧前,首先必须进行灌水,使一定深度土层达到饱和,并在田面建立水层,这部分水量称为泡田定额。它由三部分组成:一是使一定深度土层达到饱和时所需水量;二是建立插秧时田面水层深度;三是泡田期的稻田渗漏量和田面蒸发量。泡田定额按下式计算:

$$M_{泡} = 10H(\beta_{饱} - \beta_0)\gamma_{土}/\gamma_{水} + (h + s_1 t_1 + e_1 t_1 - p_1) \tag{1-5}$$

式中 $M_{泡}$——泡田定额,mm;

$\beta_{饱}$、β_0——土壤饱和含水率和泡田前土壤含水率(以干土质量百分数计,%);

H——饱和土层深度,cm;

$\gamma_{土}$、$\gamma_{水}$——饱和土层土壤干密度和泡田水的密度,g/cm^3;

h——插秧时要求的田面水层深度,mm;

s_1——泡田开始至插秧时,稻田渗漏强度,mm/d;

t_1——泡田期日数,d;

e_1——泡田期水田田面的蒸发强度,mm/d;

p_1——泡田期降雨量,mm。

通常,泡田定额按条件相似田块的资料确定,一般情况下田面水层为 30 ~ 50 mm 时,泡田定额可参考表 1-8。

表 1-8 不同土壤及地下水埋深的泡田定额 (单位: m^3/hm^2)

土壤类别	地下水埋深	
	≤2 m	>2 m
黏土和黏壤土	750 ~ 1 200	
中壤土和沙壤土	1 050 ~ 1 500	1 200 ~ 1 800
轻沙壤土	1 200 ~ 1 950	1 500 ~ 2 400

(2)水稻生育期灌溉制度的制定。

在水稻生育期中,任一时段的田面水量变化情况取决于该时段内来水量与耗水量的多少,可用下式表示:

$$h_2 = h_1 + P + m - E - c \tag{1-6}$$

式中 h_2——时段末田面水层深度,mm;

h_1——时段初田面水层深度,mm;

P——时段内降雨量,mm;

m——时段内灌水量,mm;

E——时段内田间耗水量,mm;

c——时段内田间排水量,mm。

为了保证水稻正常生长,必须在田面建立一定深度的水层,合理定出不同生长阶段的适宜淹灌水层的上限和下限。从式(1-6)可以看出,如果时段初田面水层为适宜水层的上限(h_{max}),经过 t 时段的腾发和渗漏,田面水层下降到适宜水层的下限(h_{min}),如果此时段内没有降雨,则需灌水,最大灌水定额为:

$$m = h_{max} - h_{min} \tag{1-7}$$

水稻生育期内的水量平衡过程可用图 1-2 说明:时段初田面水层深度为 h_{max}(A 点),水田按 1 线耗水至 B 点,此时田面水层降至适宜水层下限(B 点),就需灌水,灌水定额为 m_1;若时段 t_1 内有降雨,使降雨后田面水层回升高度为 P,则按 2 线耗水至 C 点时再灌水;

若时段内降雨很大,为 P_1,超过允许最大蓄水深度 h_p,则其超过部分需要排除,其排水量为 d,然后按3线耗水至 D 点再进行灌水。如此进行下去,直至水稻成熟即可制定出灌溉制度。

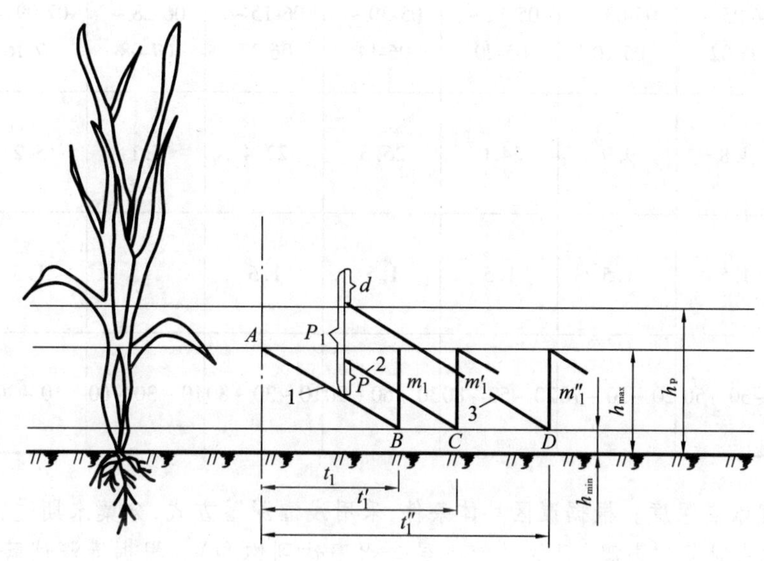

图1-2　水稻生育期中任一时段田面水层变化图解

【例1-3】　现以某灌区某设计年早稻为例,用列表法推求水稻灌溉制度的具体步骤。其基本资料如下:

(1)设计年生育期降雨量见表1-9。

表1-9　双季早稻生育期降雨量

降雨日期(月-日)	04-27	04-28	04-29	05-04	05-05	05-06	05-08	05-09	05-14	05-15	05-20	05-23	05-24
降雨量(mm)	1.0	23.5	9.3	3.3	4.0	4.4	2.7	7.6	20.9	1.8	8.4	2.5	2.3
降雨日期(月-日)	05-31	06-03	06-04	06-05	06-11	06-12	06-16	06-17	06-18	06-25	06-26	06-29	07-07
降雨量(mm)	8.5	2.2	11.2	23.4	9.0	0.7	1.0	20.1	51.6	26.3	2.2	3.2	8.4

(2)早稻各生育阶段起止日期、需水模系数、渗漏强度等资料见表1-10。

表1-10 各生育阶段起止日期、需水模系数、渗漏强度及淹灌水层深

生育阶段	返青	分蘖前	分蘖末	拔节孕穗	抽穗开花	乳熟	黄熟	全生育期
起止日期（月-日）	04-25 ~ 05-02	05-03 ~ 05-10	05-11 ~ 05-29	05-30 ~ 06-14	06-15 ~ 06-27	06-28 ~ 07-08	07-09 ~ 07-16	04-25 ~ 07-16
需水模系数（%）	4.8	9.9	24.0	26.6	22.4	7.1	5.2	100
渗漏强度（mm/d）	1.5	1.5	1.5	1.5	1.5	1.5	1.5	1.5
淹灌水层深（mm）	5 ~ 30 ~ 50	20 ~ 50 ~ 70	20 ~ 50 ~ 80	30 ~ 60 ~ 90	10 ~ 30 ~ 80	10 ~ 30 ~ 60	10 ~ 20	

(3)适宜水层深度。根据灌区具体条件,采用浅灌深蓄方式,分蘖末期进行排水落干晒田,晒田结束时复水灌溉(目的是使土层含水率达到饱和)。根据灌溉试验资料,复水灌溉定额采用450 m^3/hm^2(相当于45 mm)。为避免双季晚稻插秧前再灌泡田水,田面水层由黄熟一直维持到收割。根据群众丰产灌水经验并参照灌溉试验资料,各生育阶段适宜水层上、下限及最大蓄水深度见表1-10。

(4)早稻生育期的水面蒸发量为362.5 mm,早稻的需水系数$\alpha = 1.2$。

(5)返青前10 d开始泡田,泡田定额为1 200 m^3/hm^2,泡田期末插秧时(4月24日末)田面水层深度为20 mm。

解:根据上述资料,按以下步骤列表进行计算。

(1)计算各生育阶段的日平均耗水量。

①全生育期作物需水量为

$$ET = \alpha E_0 = 1.2 \times 362.5 = 435(\text{mm})$$

②各生育阶段的作物需水量为

$$ET_i = K_i ET$$

③各生育阶段的渗漏量为

$$S_i = 1.5 t_i$$

式中 t_i——生育阶段天数,d。

④各生育阶段的田间耗水量为

$$E_i = ET_i + S_i$$

⑤各生育阶段的日平均耗水量为

$$e_i = \frac{E_i}{t_i}$$

田间耗水量的计算结果列于表1-11各栏中。

表1-11 田间耗水量计算

生育阶段	返青	分蘖前	分蘖末	拔节孕穗	抽穗开花	乳熟	黄熟	全生育期
起止日期(月-日)	04-25 ~ 05-02	05-03 ~ 05-10	05-11 ~ 05-29	05-30 ~ 06-14	06-15 ~ 06-27	06-28 ~ 07-08	07-09 ~ 07-16	04-25 ~ 07-16
天数(d)	8	8	19	16	13	11	8	83
需水模系数(%)	4.8	9.9	24.0	26.6	22.4	7.1	5.2	100
阶段需水量(mm)	20.9	43.1	104.4	115.7	97.4	30.9	22.6	435.0
阶段渗漏量(mm)	12.0	12.0	28.5	24.0	19.5	16.5	12.0	124.5
阶段田间耗水量(mm)	32.9	55.1	132.9	139.7	116.9	47.4	34.6	559.5
日平均耗水量(mm)	4.1	6.9	7.0	8.7	9.0	4.3	4.3	

注:渗漏强度为1.5 mm/d。

(2)根据水量平衡方程式(1-6),逐日进行平衡计算,得田面水层深、灌水量及排水量,例如,返青期前4月24日末水层深 $h=20$ mm,则

25日末　$h=20+0+0-4.1=15.9$(mm)

26日末　$h=15.9+0+0-4.1=11.8$(mm)

依次进行计算,若田面水层深接近或低于淹灌水层下限,则需灌溉,灌水定额以淹灌水层上、下限之差为准。例如,5月3日末水层深 h 为

$$h=21.0+0+0-6.9=14.1(\text{mm})<20\ \text{mm}(\text{下限})$$

则需灌溉,灌水定额 $m=50-20=30$(mm),故5月3日末水层深 h 为

$$h=21.0+0+30-6.9=44.1(\text{mm})$$

若遇降雨,田面水层深随之上升,若超过蓄水上限,则需排水。例如,6月18日末水层深 h 为

$$h=39.9+51.6+0-9.0=82.5(\text{mm})$$

超过蓄水上限2.5 mm,则需排水,故6月18日末的水层深 $h=80.0$ mm。

计算结果列于表1-12的(6)、(7)、(8)栏中。

(3)校核:
$$\begin{aligned}h_{末}&=h_{初}+\sum P+\sum m-(ET+S)-\sum c\\&=20+259.5+270-523.9-18.2\\&=7.4(\text{mm})\end{aligned}$$

与7月16日淹灌水层相符,计算无误。

需要注意的是,5月25~29日晒田期间,由于田面没有水层,这5 d的田间耗水量近似认为等于0,因此全生育期的总耗水量就为 $558.9-5\times7.0=523.9$(mm);5月29日复水灌溉45 mm,其作用是使晒田后的土壤含水率达到饱和,田面不建立水层,所以不参与总校核。

(4)灌溉制度成果见表1-13。泡田定额为1 200 m^3/hm^2,则总灌溉定额为

$$M=M_1+M_2=1\ 200+3\ 150=4\ 350(m^3/hm^2)$$

表1-12　某灌区某设计年双季早稻灌溉制度计算　　　　(单位:mm)

日期		生育期	设计淹灌水层	逐日耗水量	逐日降雨	淹灌水层变化	灌水量	排水量
月	日							
(1)		(2)	(3)	(4)	(5)	(6)	(7)	(8)
	24					20		
	25					15.9		
	26					11.8		
4	27				1.0	8.7		
	28	返青期	5~30~50	4.1	23.5	28.1		
	29				9.3	33.3		
	30					29.2		
	1					25.1		
	2					21.0		
	3					44.1	30	
	4				3.3	40.5		
	5				4.0	37.6		
	6	分蘖前			4.4	35.1		
	7		20~50~70	6.9		28.2		
	8				2.7	24.0		
	9				7.6	24.7		
	10					47.8	30	
	11					40.8		
	12					33.8		
	13					26.8		
	14				20.9	40.7		
	15				1.8	35.5		
5	16					28.5		
	17					21.5		
	18		20~50~80	7.0		44.5	30	
	19					37.5		
	20	分蘖末			8.4	38.9		
	21					31.9		
	22					24.9		
	23				2.5	20.4		
	24				2.3	15.7		
	25							
	26							15.7
	27		晒田					
	28							
	29						45	
	30	拔节孕穗	30~60~90	8.7		31.3	40	
	31				8.5	31.1		

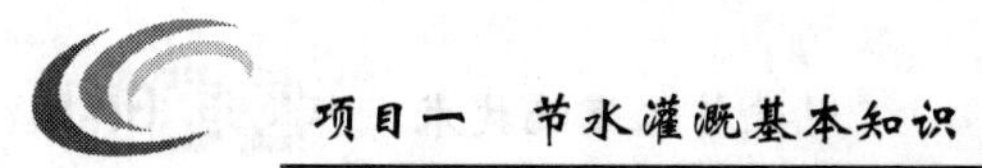

续表1-12

日期		生育期	设计淹灌水层	逐日耗水量	逐日降雨	淹灌水层变化	灌水量	排水量
月	日							
(1)		(2)	(3)	(4)	(5)	(6)	(7)	(8)
6	1	拔节孕穗	30~60~90	8.7		52.4	30	
	2					43.7		
	3				2.2	37.2		
	4				11.2	39.7		
	5				23.4	54.4		
	6					45.7		
	7					37.0		
	8					58.3	30	
	9					49.6		
	10					40.9		
	11				9.0	41.2		
	12				0.7	33.2		
	13					54.5	30	
	14					45.8		
	15	抽穗开花	10~30~80	9.0		36.8		
	16				1.0	28.8		
	17				21.1	39.9		
	18				51.6	80.0		2.5
	19					71.0		
	20					62.0		
	21					53.0		
	22					44.0		
	23					35.0		
	24					26.0		
	25				26.3	43.3		
	26				2.2	36.5		
	27					27.5		
	28	乳熟	10~30~60	4.3		23.2		
	29				3.2	22.1		
	30					17.8		
7	1					13.5		
	2					29.2	20	
	3					24.9		
	4					20.6		
	5					16.3		
	6					12.0		
	7				8.4	16.1		
	8					31.8	20	
	9	黄熟	10~20	4.3		27.5		
	10					23.2		
	11					18.9		
	12					14.6		
	13					10.3		
	14					16.0	10	
	15					11.7		
	16					7.4		
		Σ		558.9	259.5		315	18.2

表1-13　某灌区某设计年早稻生育期灌溉制度

灌水次序	灌水日期(月-日)	灌水定额	
		mm	m^3/hm^2
1	05-03	30	300
2	05-10	30	300
3	05-18	30	300
4	05-29	45	450
5	05-30	40	400
6	06-01	30	300
7	06-08	30	300
8	06-13	30	300
9	07-02	20	200
10	07-08	20	200
11	07-14	10	100
合计		315	3 150

注:1 mm = 10 m^3/hm^2。

2)旱作物灌溉制度的制定

(1)旱作物农田水量平衡原理。

旱作物正常生长是依靠其根系从土壤中吸取水分的,因此要求地面以下一定深度土层内的含水率保持在适宜的范围内。该土层称为计划湿润层,它是指旱田进行灌溉时计划湿润的土层,它的深度取决于作物种类、生育阶段等。旱作物灌溉的主要任务就在于调节计划湿润层内的水分状况,水量平衡主要分析该土层的储水量变化,进而进行平衡计算,得出灌水定额、灌溉定额、灌水时间和灌水次数。由于旱作物靠根系从土壤中吸收水分,因此平衡计算时要考虑地下水位上升对土壤水的补给量及因根系向下延伸计划湿润层加深而增加的水量。任一时段内计划湿润层内储水量变化关系可用下列水量平衡方程式表示:

$$W_t - W_0 = P_0 + K + W_T + M - ET \tag{1-8}$$

式中　ET——时段 t 内作物需水量,$ET = et$,e 为时段 t 内平均每昼夜作物田间需水量,mm;

P_0——时段内保存在计划湿润层内的有效降雨量,mm;

K——t 时段内地下水补给量 $K = kt$,k 为时段 t 内平均每昼夜地下水补给量,mm;

W_T——由于计划湿润层深度增加而增加的水量,mm;

M——时段 t 内灌水量,mm;

W_0、W_t——时段初和任一时间 t 时的土壤计划湿润层内的储水量,mm。

上述水量平衡方程式可结合图1-3说明如下:假设时段初土壤计划湿润层内的储水量等于作物允许最大储水量 W_{max}(A 点),无降雨时,土壤计划湿润层内的储水量因田间消耗不断减少,储水量曲线不断下降,降到 B 点时若遇到降雨,使土壤计划湿润层内的储水量上升到 C 点,其上升值等于该次有效降雨量 P_0。之后,土壤水分继续消耗,储水量曲

线也随之逐渐下降，当降至作物允许最小储水量 W_{min}（D 点）时，即进行灌水，灌水定额为

$$m = W_{max} - W_{min} = 10H\gamma_{土}(\beta_{max} - \beta_{min})/\gamma_{水} \tag{1-9}$$

式中　m——灌水定额，mm；

H——土壤计划湿润层深度，cm；

$\gamma_{土}$、$\gamma_{水}$——计划湿润层内的土壤干密度和水的密度，g/cm³；

β_{max}、β_{min}——允许最大含水率和允许最小含水率（占干土质量的百分数，%）。

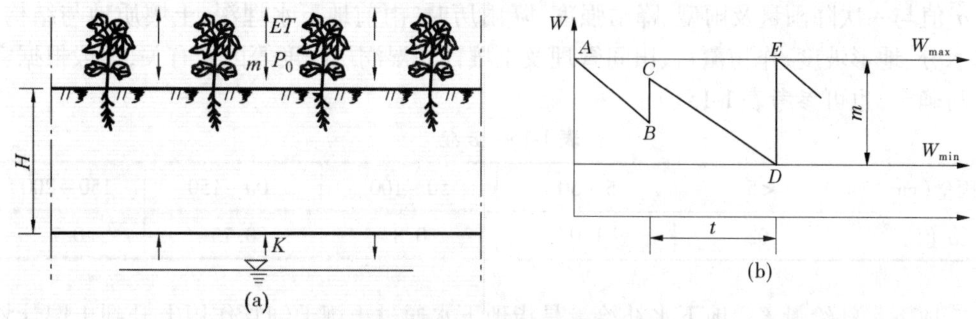

图 1-3　旱作物田间水量平衡示意图

同理，可以求出各次灌水的灌水时间和灌水定额，从而确定出全生育期的灌溉制度。

（2）拟定旱作物灌溉制度所需基本资料。

拟定旱作物灌溉制度是否合理，关键在于进行水量平衡计算时所选用的资料是否合理。所需基本资料如下：

①作物需水量及各生育阶段需水量的确定。

②土壤计划湿润层深度的确定。在作物生长初期根系很浅，但为了维持土壤微生物活动，并给以后根系生长创造条件，需要在一定土层深度内保持适宜水分，一般为 0.3～0.4 m；随着作物的生长和根系发育，土壤计划湿润层深度也逐渐加大，到生长末期，根系停止发育，作物需水量减少，土壤计划湿润层深度不再继续加大，一般为 0.8～1.0 m。在地下水位较高和盐碱威胁的地区，土壤计划湿润层深度不宜大于 0.6 m，以防土壤返盐。根据试验资料，几种旱作物不同生育阶段土壤计划湿润层深度如表 1-14 所示。

③播种时的土壤储水量（W_0）。播种前进行灌溉的地区，W_0采用田间持水率的80%～85%，或者收集设计地区历年播种时土壤含水率资料确定。

表 1-14　几种旱作物不同生育阶段土壤计划湿润层深度　（单位：cm）

冬小麦		玉米		棉花	
生育阶段	土壤计划湿润层深度	生育阶段	土壤计划湿润层深度	生育阶段	土壤计划湿润层深度
出苗	30～40	幼苗	40	幼苗	30～40
三叶	30～40	拔节	40	现蕾	40～60
分蘖	40～50	抽穗	50～60	开花结铃	60～80
拔节	50～60	灌浆	50～80	吐絮	60～80
抽穗	60～80	成熟	60～80		
开花	60～100				
成熟	60～100				

④有效降雨量。有效降雨量是指天然降雨量扣除地面径流量和深层渗漏量后,蓄存在土壤计划湿润层内可供作物利用的雨量,计算公式为

$$P_0 = \sigma P \tag{1-10}$$

式中 P_0——有效降雨量,mm;

σ——降雨有效利用系数;

P——设计降雨量,mm。

σ 值与一次降雨量及雨型、降雨强度、降雨历时、雨前地下水埋深、土壤质地与结构、土壤水分、地形坡度、作物覆盖、田间管理及土壤计划湿润层深度等因素有关,一般根据实测资料确定,也可参考表1-15。

表1-15 σ 值

降雨量(mm)	<5	5~50	50~100	100~150	150~200
σ 值	0	1.0	0.8	0.75	0.7

⑤地下水补给量 K。地下水补给量是指地下水通过土壤毛细管作用上升到土壤计划湿润层内可供作物吸收利用的水量。其大小与地下水埋深、土壤质地、作物种类、作物需水强度、土壤计划湿润层含水率及深度等有关。当地下水埋深超过3 m时,补给量很小,可忽略不计;当地下水埋深小于3 m时,补给量可根据当地试验资料确定。表1-16、表1-17为几种作物在不同地下水埋深情况下的地下水补给量,可供参考。

表1-16 吉林省大田作物及蔬菜地下水补给量 (单位:m^3/hm^2)

土壤质地	一般大田作物			蔬菜		
	地下水埋深变幅(m)			地下水埋深变幅(m)		
	1.0~1.5	1.5~2.0	2.0~2.5	0.5~1.0	1.0~1.5	1.5~2.0
轻沙壤土	750~1 050			600~900		
轻黏壤土	1 050~1 200	450~1 050		750~1 050	525~750	
中黏壤土	1 200~1 500	600~1 200		900~1 200	600~900	450~600
重黏壤土	1 500~1 950	1 050~1 500	450~1 050	1 200~1 650	750~1 200	450~750
黏土	1 950~3 000	1 500~1 950	1 050~1 500	1 500~1 950	1 050~1 500	450~750

表1-17 河南省人民胜利渠灌区地下水补给量 (单位:m^3/hm^2)

作物	地下水埋深(m)			作物	地下水埋深(m)		
	1.0	1.5	2.0		1.0	1.5	2.0
棉花	1 898	915	210	玉米	600	405	240
冬小麦	1 443	861	450	芝麻	450	203	60
晚稻	1 205	480	300	油菜	1 935	990	348

⑥土壤适宜含水率及允许最大、最小含水率。土壤适宜含水率随作物种类、生育阶段、施肥情况及土壤性质(包括含盐量大小)等因素而异,一般应通过试验确定,表1-18所列数值可供参考。

表1-18 几种主要旱作物不同生育阶段土壤计划湿润层深度和土壤适宜含水率

作物	生育阶段	土壤计划湿润层深度(cm)	土壤适宜含水率(占田间持水率百分数,%)
冬小麦	幼苗	30~40	75~80
	返青	40~50	70~85
	拔节	50~60	70~90
	孕穗 抽穗	60~80	75~90
	灌浆	70~100	75~90
	成熟	70~100	75~80
玉米	幼苗	30~40	60~70
	拔节	40~50	70~80
	抽穗	50~60	70~80
	灌浆	60~80	80~90
	成熟	60~80	70~90
棉花	幼苗	30~40	65~90
	现蕾	40~60	70~90
	花铃	60~80	75~90
	吐絮	60~80	65~90

由于作物需水的持续性和农田灌溉或降雨的间断性,土壤计划湿润层内的含水率不可能经常保持在适宜的含水率范围。为了使作物正常生长,土壤含水率应控制在允许最大、最小含水率之间。允许最大含水率 β_{max} 通常以不致产生深层渗漏为原则,一般采用 $(0.9\sim1.0)\beta_{田}$,允许最小含水率 β_{min} 应以充分利用土壤水而不致影响作物产量为原则,一般采用 $(0.5\sim0.6)\beta_{田}$。

⑦因土壤计划湿润层增加而增加的水量 W_T。随着作物的生长,作物根系层加深,土壤计划湿润层也相应增加,增加土层中的原有储水量可供作物吸收利用。其增加的水量可用下式计算:

$$W_T = 10\beta(H_2 - H_1)\gamma_{土}/\gamma_{水} \tag{1-11}$$

式中 W_T——土壤计划湿润层加深而增加的水量,mm;

H_1、H_2——加深前和加深后的计划湿润层深度,cm;

$\gamma_{土}$、$\gamma_{水}$——土壤干密度和水的密度,g/cm³;

β——$H_2 - H_1$土层内的土壤含水率(占干土质量百分数,%)。

(3)灌溉制度的确定。

如果在播种时土壤水分不足以影响作物出苗,则常需在播种前进行灌水。播前灌水一般只进行一次,这次灌水称为播前灌溉。旱作物的灌溉制度分为播前灌溉和生育期灌溉两个时段来进行计算。

①播前灌水定额可用下式计算:

$$M_1 = 10H\gamma_{土}(\beta_{max} - \beta_0)/\gamma_{水} \tag{1-12}$$

式中 M_1——播前灌水定额,mm;

H——土壤计划湿润层深度,一般取土壤计划湿润层的最大深度,其值为 80 ~ 100 cm;

β_{max}——最大持水率,一般为田间持水率(占干土质量百分数,%);

β_0——播前灌水时 H 土层内的土壤含水率(占干土质量百分数,%)。

②生育期灌溉制度的确定。根据水量平衡原理,可利用水量平衡方程式进行水量平衡计算。采用列表法计算与制定水稻灌溉制度类似,所不同的是旱作物的计算时段一般以旬为单位。其步骤为:先计算各旬土壤计划湿润层内允许最大储水量 W_{max} 和允许最小储水量 W_{min} 及作物需水量 ET、有效降雨量 P_0、地下水补给量 K 和由于土壤计划湿润层加深而增加的水量 W_T 等;然后自播种时土壤计划湿润层内的储水量 W_0 开始,逐旬加上来水量,并减去耗水量,即可得各旬土壤计划湿润层内的土壤储水量。当土壤计划湿润层内的土壤储水量 W_t 接近 W_{min} 时,应进行灌水,并使灌水后土壤计划湿润层内的土壤储水量不大于 W_{max}。这样逐旬计算下去,直到作物成熟,即可确定出生育期的灌溉制度。

(三)节水型灌溉制度

以上介绍的是充分灌溉条件下的灌溉制度,它是指灌溉供水能够充分满足作物各生育阶段的需水要求而设计制定的灌溉制度。长期以来,我国一直按充分灌溉条件下的灌溉制度来规划、设计灌溉工程,而且当灌溉水源不足时,也是按该种灌溉制度来进行灌水。

当水源供水量欠缺或遭遇干旱年或少水季节时,就不能完全按上述充分供水条件下的灌溉制度实施灌溉,需采取限额灌溉,依节水型灌溉制度进行灌溉。节水型灌溉制度属非充分灌溉条件下的灌溉制度,是在缺水地区或时期,由于可供灌溉的水源不足,不能充分满足作物各生育阶段的需水要求,允许作物受一定程度的缺水减产,但仍可使单位水量获得最大的经济效益的灌溉制度。

节水型灌溉制度的关键是:①抓作物需水临界期,以减少灌水次数;②抓适宜土壤含水率下限,以减小灌水定额,从而仍能获得相当理想的产量水平。

当水源供水量不足时,应优先安排面临需水临界期的作物灌水,以充分发挥水的经济效益,把该时期的作物缺水影响降低到最低程度,这对于稳定作物产量和保证获得较高的产量、提高水的利用率是非常重要的。例如,在严重缺水或者相当干旱的年份,棉花可以由灌三水(现蕾期灌一次和花铃盛期灌两次)改为灌两水(现蕾期和花铃盛期各灌水一次)或灌一水(在开花初期),仍能获得较好的产量。

制定节水型灌溉制度是实现农业节水的一项基本内容,我国各地对多种作物开展了此项研究,并进行了推广。例如,水稻"薄、浅、湿、晒"灌溉,它是根据水稻移植到大田后各生育阶段的需水特性和要求,进行灌溉排水,为水稻生长创造良好的生态环境,达到节水、增产的目的。"薄、浅、湿、晒"灌溉就是薄水插秧,浅水返青,分蘖前期湿润,分蘖后期晒田,拔节孕穗期回灌薄水,抽穗开花期保持薄水,乳熟湿润,黄熟期湿润落干。这种灌溉制度,技术简明,易于农民掌握,在我国广西、安徽、湖南等地均有大面积推广应用。表 1-19、表 1-20 为我国一些地区的节水高产型灌溉制度,可供参考。

表 1-19 陕西关中棉花高产节水型灌溉制度 （单位：m^3/hm^2）

地区	干旱年			一般年			湿润年		
	灌水次数	灌溉定额	灌水时期及灌水定额	灌水次数	灌溉定额	灌水时期及灌水定额	灌水次数	灌溉定额	灌水时期及灌水定额
关中西部	2 次	1 500	冬灌或春灌 900，花铃灌 600	2 次	1 500	冬灌或春灌 900，花铃灌 600	1 次	900	冬灌或春灌
关中中部	2～3 次	1 500～2 025	冬灌或春灌 900，花铃灌 600～1 125	2 次	1 500	冬灌或春灌 900，花铃灌 600	1 次	900	冬灌或春灌
关中东部	3 次	3 150	冬灌或春灌 900，花铃或蕾花灌 1 200	2～3 次	1 500～2 025	冬灌或春灌 900，花铃灌 600～1 125	1～2 次	900～1 425	冬灌或春灌 900，或加花铃灌 525

表 1-20 甘肃民勤春小麦高产节水型灌溉制度

水文年	灌水次序	灌水日期（月-日）	灌水定额（m^3/hm^2）	灌溉定额（m^3/hm^2）
湿润年	1	05-05	750	3 150
	2	05-25	750	
	3	06-10	900	
	4	06-30	750	
一般年	1	05-05	750	3 900
	2	05-25	750	
	3	06-05	900	
	4	06-20	750	
	5	07-05	750	
干旱年	1	05-05	750	4 500
	2	05-25	750	
	3	06-05	750	
	4	06-15	750	
	5	06-25	750	
	6	07-05	750	

小　结

节水灌溉是指根据作物需水规律和当地供水条件，高效利用降水和灌溉水，以取得农业最佳经济效益、社会效益和环境效益的综合措施的总称。其真正含义是：在充分利用降水和土壤水的前提下高效利用灌溉用水，最大限度地满足作物需水，以获取农业生产的最佳经济效益、社会效益、环境效益，即用尽可能少的水投入，取得尽可能多的农作物产量的一种灌溉模式。

(1)节水灌溉技术体系。

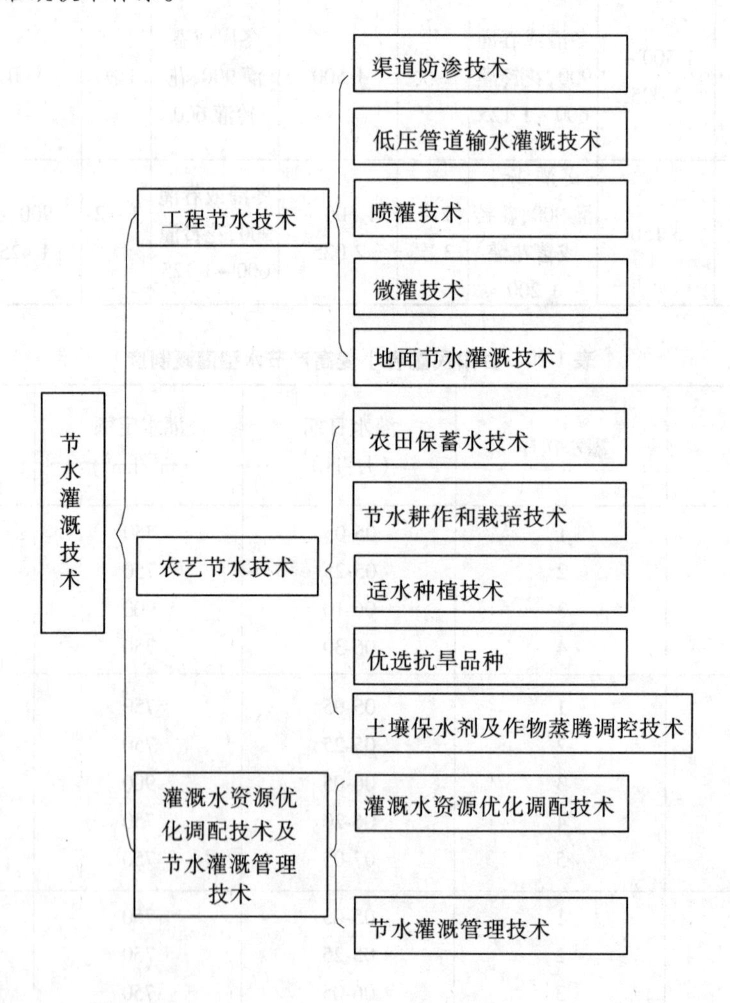

(2)作物灌溉制度。

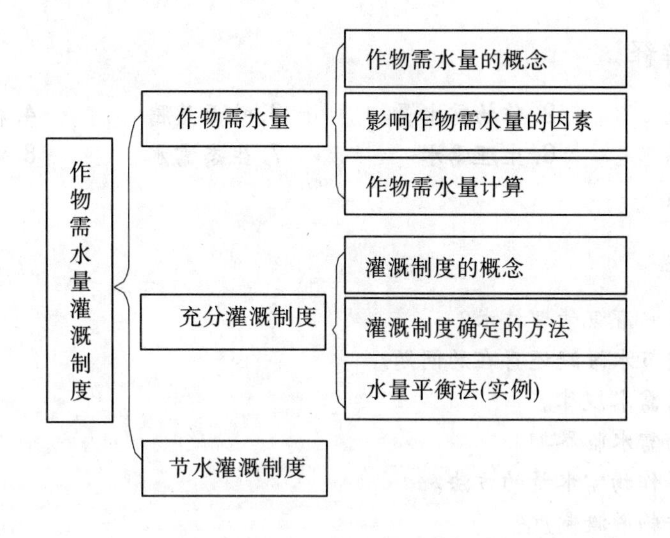

思考与练习题

一、填空题

1. 节水灌溉的根本目的是提高灌溉水的________和________,实现农业________、________、________、________。其核心是在有限的________条件下,通过采取先进的________、适宜的________和________等综合技术措施,充分提高灌溉水的________和________。

2. 灌溉用水从水源到田间,到被作物吸收、形成产量,主要包括水资源________、________、________和________等环节。在各个环节采取相应的节水措施,组成一个完整的节水灌溉技术体系,包括________技术、________技术和灌溉水资源________技术及________技术。

3. 工程节水即通过各种工程手段,达到高效节水的目的。常用的工程节水技术有________技术、________技术、________技术、________技术、________技术等。

4. 农艺节水包括农田________、________和________、________、________、________及作物蒸腾________技术、各种节水________等。

5. 灌溉水资源优化调配技术主要包括地表水与地下水________技术、________利用技术、________利用技术、________利用技术。

6. 农田水分消耗的途径主要有三种,即作物的________、________和________。

7. 影响作物需水量的因素有________、________、________及________、________、________措施等。

8. 作物灌溉制度是计算灌溉________、________用水计划以及进行合理灌溉的________,也是灌溉工程________及区域水利规划的________。

二、名词解释

1. 节水灌溉　2. 作物需水量　3. 叶面蒸腾　4. 棵间蒸发
5. 深层渗漏　6. 生理需水　7. 生态需水　8. 灌水定额
9. 灌溉定额

三、简答题

1. 什么是节水灌溉管理技术?
2. 简述我国节水灌溉还存在的问题。
3. 简述作物需水规律。
4. 简述作物需水临界期。
5. 简述计算作物需水量的方法。
6. 什么是作物灌溉制度?
7. 作物灌溉制度的主要内容有哪些?
8. 制定灌溉制度的方法有哪些?

项目二 渠道输水灌溉技术

【学习目标】

1. 理解渠道防渗的意义，了解渠道防渗的断面形式和防渗渠道设计主要参数，掌握渠道衬砌防渗类型及其选择；

2. 熟悉土料防渗的特点及技术要求，掌握土料防渗结构施工技术；

3. 熟悉砌石与混凝土防渗特点及技术要求，了解砌石与混凝土材料性能的要求，掌握砌石与混凝土防渗工程施工技术；

4. 熟悉膜料防渗的特点及材料性能，掌握膜料防渗工程设计、膜料防渗工程施工技术；

5. 了解渠道冻胀破坏形式、渠道冻胀产生的原因。

【技能目标】

1. 能进行防渗渠道的结构设计；

2. 掌握土料防渗施工方法和要点；

3. 掌握砌石衬砌的施工方法和要点；

4. 掌握混凝土衬砌的施工方法和要点；

5. 掌握膜料防渗施工方法和要点；

6. 掌握渠道防冻胀措施。

任务一 渠道防渗技术的认识

一、渠道防渗的意义与作用

渠系在输水过程中，渠道渗漏水量占输水损失的绝大部分。一般情况下，渠道渗漏水量占渠首引水量的30%～50%，有的灌区高达60%～70%，损失水量惊人。渠系水量损失不仅减小了灌溉面积、浪费了珍贵的水资源，而且会引起地下水位上升，导致农田作物渍害。在有高矿化度的地下水地区，可能会引起土壤次生盐渍化，危害作物生长而减产。由于渠道渗漏水量大，从而增大了渠道上游建筑物尺寸和渠道工程量，增加了工程投资。水量损失还会增加灌溉成本和用水户的水费负担，降低灌溉效益。因此，在加强渠系配套和维修养护、实行科学的水量调配、提高灌区管理水平的同时，对渠道进行衬砌防渗，减少渗漏水量，提高渠系水利用系数，是节约水量、实现节水灌溉的重要措施。

大量工程实践证明，采取渠道防渗措施以后，可以减少渗漏水量70%～90%，渠系水利用系数能得到显著提高。例如，陕西省泾惠渠灌区的4级渠道采取防渗措施后，渠系水利用系数由0.59提高到0.85；福建晋江市晋南电灌站永和二级电灌站12 km长的干渠，砌石防渗后，渠系水利用系数由0.55提高到0.8；湖南涟源市白马水库灌区62 km长的干渠,进行防渗处理后,渠系水利用系数由0.3提高到0.68,灌溉面积不仅由原来的10万亩提高到18万亩的灌溉面积,而且扩大了灌溉面积8万亩。因此,对渠道进行衬砌防渗,不但可以提高渠系水利用系数、节约水资源,而且是提高现有水利工程效益的重要途径。

渠道衬砌防渗的作用主要有以下几个方面:

(1)减少渠道渗漏水量,节省灌溉用水量,更高效地利用水资源。

(2)提高渠床的抗冲刷能力,防止渠岸坍塌,增加渠床的稳定性。

(3)减小渠床糙率,增大渠道流速,提高渠道输水能力。

(4)减少渠道渗漏对地下水的补给,有利于控制地下水位上升,防止土壤盐碱化及沼泽化的产生。

(5)防止渠道长草,减少泥沙淤积,节约工程维修费用。

(6)降低灌溉成本,提高灌溉效益。

二、渠道防渗材料与类型

(一)渠道防渗类型

渠道防渗按其所用材料的不同,一般分为土料防渗、砌石防渗、混凝土衬砌防渗、沥青材料防渗及膜料防渗等类型。

1.土料防渗

土料防渗包括土料夯实防渗、黏土护面防渗、三合土护面防渗等。

1)土料夯实防渗

土料夯实防渗措施是用机械碾压或人工夯实方法增加渠底和内坡土壤密度,减弱渠床表面土壤透水性。它具有造价低、适应面广、施工简便和防渗效果良好等优点,主要适用于黏性土渠道。据试验分析,经过夯实的渠道,渗漏水量一般可减少1/3~2/3。土料压实层越厚,压得越密实,防渗效果越显著。

2)黏土护面防渗

黏土护面防渗是在渠床表面铺设一层黏土,以减小土壤透水性的防渗措施。它适用于渗透性较大的渠道,具有就地取材、施工方便、投资小、防渗效果较好等优点。据试验研究,护面厚度为5~10 cm时,可减少渗漏水量70%~80%;护面厚度为10~15 cm时,可减少渗漏水量90%以上。黏土护面的主要缺点是抗冲刷能力低,渠道平均流速不能大于0.7 m/s;护面土易生杂草;渠道断水时易干裂。

3)三合土护面防渗

三合土护面是用石灰、砂、黏土经均匀拌和后,夯实成渠道的防渗护面。这种方法在我国南方各省采用较多。实践证明,三合土护面的防渗效果较好,有一定的抗冲刷能力,并能降低糙率,减少杂草生长,增加渠道输水能力,而且能就地取材,造价较低。三合土护面的渠道可减少渗漏水量85%左右。但由于其抗冻能力差,在严重冰冻地区不宜采用。

2.砌石防渗

砌石防渗具有就地取材、施工简便、抗冲刷、耐久性好等优点。石料有块石、条石、卵石、石板等。砌筑方法有干砌和浆砌两种。砌石防渗适用于石料来源丰富,有抗冻、抗冲刷要求的渠道。这种防渗措施防渗效果好,一般可减少渗漏水量70% ~80%,使用年限可达20~40年。

3.混凝土衬砌防渗

混凝土衬砌渠道是目前广泛采取的一种渠道防渗措施,它的优点是防渗效果好、耐久性好、强度高,可提高渠道输水能力,减小渠道断面尺寸,适应性广、管理方便。一般可减少渗漏水量85% ~95%,使用年限可达30~50年。混凝土衬砌方法有现场浇筑和预制装配两种。现场浇筑的优点是衬砌接缝少,与渠床结合好;预制装配的优点是受气候条件影响小,混凝土质量容易保证,衬砌速度快,能减少施工与渠道引水的矛盾。

混凝土衬砌渠道的断面形式常为梯形或矩形,其优点是便于施工。近年来,混凝土U形渠道以其水力条件好、经济合理、防渗效果好等优点,得到了较快发展。U形渠道衬砌可采用专门的衬砌机械施工,施工速度快且省工、省料。

4.沥青材料防渗

沥青防渗材料主要有沥青玻璃布油毡、沥青砂浆、沥青混凝土等。沥青材料防渗具有防渗效果好、耐久性好、投资少、造价低、对地基变形适应性好、施工简便等优点。这种防渗措施可减少渗漏水量90% ~95%,使用年限可达10~25年。

1)沥青玻璃布油毡防渗

沥青玻璃布油毡衬砌前应先修筑好渠床,后铺砌油毡。铺砌时,由渠道一边沿水流方向展开拉直,油毡之间搭接宽度为5 cm,并用热沥青玛琋脂黏结。为了保证黏结质量,可用木板条均匀压平粘牢,最后覆盖土料保护层。

2)沥青砂浆防渗

沥青与砂按1:4的配合比配料拌匀后加温至160~180 ℃,在渠道现场摊铺、压平,厚2 cm,上盖保护层。另外,可与混凝土护面结合,铺设在混凝土块下面,以提高混凝土的防渗效果。

3)沥青混凝土防渗

沥青混凝土防渗是把沥青、碎石(或砾石)、砂、矿粉等经加热、拌和,铺在渠床上,压实压平形成防渗层。沥青混凝土具有较好的稳定性、耐久性和良好的防渗效果。对于中、小型渠道,护面厚度一般为4~6 cm,大型渠道10~15 cm。一般渠道防渗用沥青混凝土常用的沥青含量为6% ~9%,骨料配比范围大致是:石料35% ~50%、砂30% ~45%、矿粉10% ~15%。

5.膜料防渗

膜料防渗就是用不透水的土工织物(土工膜)来减少或防止渠道渗漏损失的技术措施。膜料按防渗材料可分为塑料类、合成橡胶类和沥青及环氧树脂类等。膜料防渗具有防渗性能好、适应变形能力强、材质轻、运输方便、施工简单、耐腐蚀、造价低等优点。膜料防渗一般可减少渠道渗漏水量90% ~95%。

塑料薄膜防渗是膜料防渗中采用最为广泛的一种,目前通用的塑料薄膜为聚氯乙烯和聚乙烯,防渗有效期可达15~25年。一般都采用埋铺式,保护层可用素土夯实或加铺防冲材料,总厚度应不小于30 cm。薄膜接缝用焊接、搭接及化学溶剂(如树脂等)胶结,在薄膜品种不同时只能用搭接方法,搭接宽度5 cm左右。

除以上防渗措施外，还有在沙土或沙壤土中掺入水泥，铺筑成水泥土衬砌层；也有在渠水中拌入细粒黏土，淤填沙质土渠床的土壤孔隙，减少渠床渗漏的人工挂淤防渗；还有在渠床土壤中渗入食盐、水玻璃以及大量有机质的胶体溶液，减少土壤渗透能力的化学防渗方法等。表2-1、表2-2是《渠道防渗工程技术规范》（GB/T 50600—2010）规定的各种防渗材料的防渗结构的允许最大渗漏量、适用条件、使用年限，渠道防渗结构的厚度等。渠道水流含推移质较多且粒径较大时，宜按表2-2所列数值加厚10%～20%。渠道防渗工程规划设计时，可以参考。

表2-1　渠道防渗结构的允许最大渗漏量、适用条件、使用年限

<table>
<tr><th colspan="2">防渗结构类别</th><th>主要
原材料</th><th>允许最大渗漏量
（$m^3/(m^2 \cdot d)$）</th><th>使用年限
（a）</th><th>适用条件</th></tr>
<tr><td rowspan="2">砌石类</td><td>干砌卵石
（挂淤）</td><td rowspan="2">卵石、
块石、
料石、
石板、
水泥、
砂等</td><td>0.20～0.40</td><td rowspan="2">25～40</td><td rowspan="2">抗冻、抗冲、抗磨和耐久性好，施工简便，但防渗效果不易保证。可用于石料来源丰富，有抗冻、抗冲、耐磨要求的渠道衬砌</td></tr>
<tr><td>浆砌块石
浆砌卵石
浆砌料石
浆砌石板</td><td>0.09～0.25</td></tr>
<tr><td>埋铺式膜料</td><td>土料保护层
刚性保护层</td><td>膜料、土料、
砂、石、
水泥等</td><td>0.04～0.08</td><td>20～30</td><td>防渗效果好、重量轻、运输量小，当采用土料保护层时，造价较低，但占地多，允许流速小，可用于中、小型渠道衬砌。采用刚性保护层时，造价较高，可用于各级渠道衬砌</td></tr>
<tr><td rowspan="2">沥青混凝土类</td><td>现场浇筑</td><td rowspan="2">沥青、砂、
石、矿粉等</td><td rowspan="2">0.04～0.14</td><td rowspan="2">20～30</td><td rowspan="2">防渗效果好，适应地基变形能力较强，造价与混凝土防渗衬砌结构相近。可用于有冻害地区且沥青料来源有保证的各级渠道衬砌</td></tr>
<tr><td>预制铺砌</td></tr>
<tr><td rowspan="3">混凝土类</td><td>现场浇筑</td><td rowspan="3">砂、石、
水泥、
速凝剂等</td><td>0.04～0.14</td><td>30～50</td><td rowspan="3">防渗效果、抗冲性和耐久性好。可用于各类地区和各种运用条件下的各级渠道衬砌；喷射法施工宜用于岩基、风化岩基以及深挖方或高填方渠道衬砌</td></tr>
<tr><td>预制铺砌</td><td>0.06～0.17</td><td>20～30</td></tr>
<tr><td>喷射法施工</td><td>0.05～0.16</td><td>25～35</td></tr>
</table>

表 2-2　渠道防渗结构的厚度

防渗结构类别		厚度(cm)
砌石类	干砌卵石(挂淤)	10~30
	浆砌块石	20~30
	浆砌料石	15~25
	浆砌石板	>3
埋铺式膜料(土料保护层)	塑料薄膜	0.02~0.06
	膜料下垫层(黏土、砂、灰土)	3~5
	膜料上土料保护层(夯实)	40~70
沥青混凝土类	现场浇筑	5~10
	预制铺砌	5~8
混凝土类	现场浇筑(未配置钢筋)	6~12
	现场浇筑(配置钢筋)	6~10
	预制铺砌	4~10
	喷射法施工	4~8

(二)渠道衬砌防渗类型的选择

选择渠道衬砌防渗类型时,主要考虑以下要求:

(1)防渗效果好,减少渗漏量。在水费很高的地区,或渗漏水有可能引起渠基失稳,影响渠道运行时,应提高防渗标准,建议采取下铺膜料、上部用混凝土板做保护层的防渗措施。

(2)就地取材,造价低廉。应本着因地制宜、就地取材、尽量节省工程费用的原则选用防渗措施。砂、石料丰富的地区,可采取混凝土或砌石防渗措施。

(3)能提高渠道输水能力和防冲能力。不同材料防渗渠道的糙率是不同的,不冲流速差异也很大。所以,选用的防渗措施应有利于提高渠道的输水能力和保持渠床稳定。

(4)防渗时间长、耐久性能好。防渗工程的使用年限对工程的经济效果影响很大,所以选择防渗方式时,应特别予以考虑。

(5)施工简易,便于管理,养护及维修费用要低。

(6)渠道防渗的经济效益,主要是节省灌溉水量和扩大灌溉面积。

三、渠道防渗断面形式

防渗明渠可供选择的断面形式有梯形、弧形底梯形、弧形坡脚梯形、复合形、U 形、矩形,无压防渗暗渠的断面形式可选用城门洞形、箱形、正反拱形和圆形,见图 2-1。

梯形断面由于施工简单、边坡稳定,因此被普遍采用。弧形底梯形、弧形坡脚梯形、U 形渠道等,由于适应冻胀变形的能力强,能在一定程度上减轻冻胀变形的不均匀性,也得到了广泛应用。无压防渗暗渠具有占地少、水流不易污染、避免冻胀破坏等优点,故在土

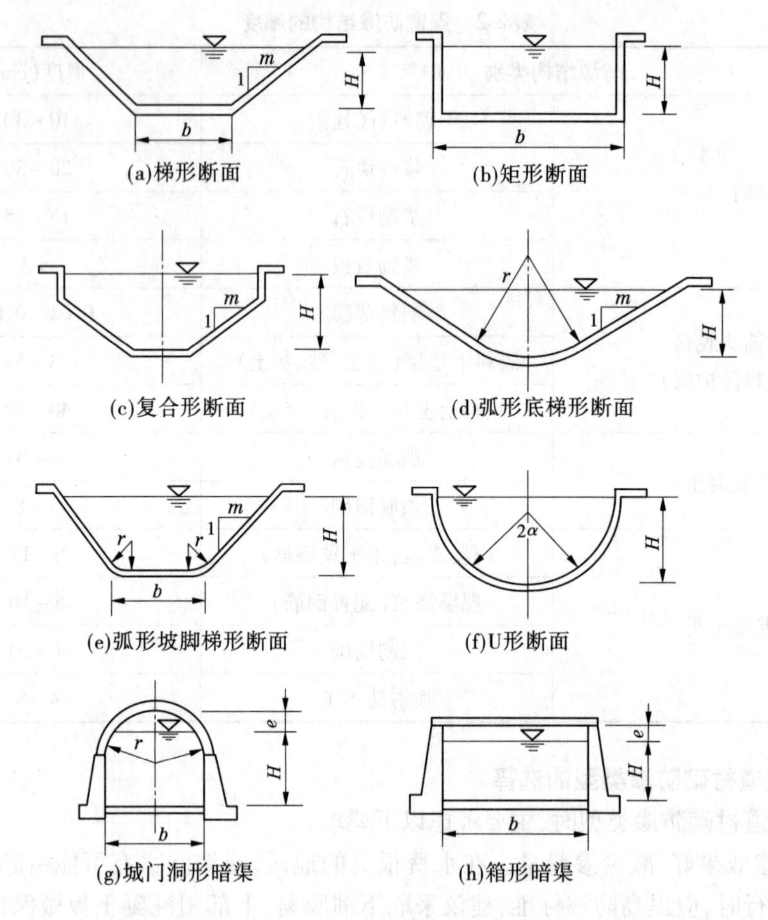

(a)梯形断面　(b)矩形断面

(c)复合形断面　(d)弧形底梯形断面

(e)弧形坡脚梯形断面　(f)U形断面

(g)城门洞形暗渠　(h)箱形暗渠

图 2-1　防渗渠道断面形式

地资源紧缺地区应用较多。

防渗渠道断面形式的选择应结合防渗结构的选择一并进行，不同防渗结构适用的断面形式按表 2-3 选定。

表 2-3　不同防渗结构适用的断面形式

防渗结构类别	明渠						暗渠			
	梯形	矩形	复合形	弧形底梯形	弧形坡脚梯形	U形	城门洞形	箱形	正反拱形	圆形
黏性土	√			√	√					
灰土	√	√	√	√	√		√		√	
黏沙混合土	√			√	√					
膨润混合土	√			√	√					
三合土	√	√	√	√	√		√		√	
四合土	√	√	√	√	√		√		√	

续表 2-3

防渗结构类别	明渠						暗渠			
	梯形	矩形	复合形	弧形底梯形	弧形坡脚梯形	U 形	城门洞形	箱形	正反拱形	圆形
塑性水泥土	√		√	√	√					
干硬性水泥土	√	√	√	√	√		√		√	
料石	√	√	√	√	√	√	√	√	√	√
块石	√	√	√	√	√	√	√	√	√	√
卵石	√		√	√	√	√	√		√	
石板	√		√	√	√					
土保护层膜料	√			√	√					
沥青混凝土	√			√	√					
混凝土	√	√	√	√	√	√	√	√	√	√
刚性保护层膜料	√	√	√	√	√	√	√	√	√	√

四、防渗渠道断面尺寸设计及主要参数

(一)防渗渠道断面尺寸确定

防渗渠道断面尺寸应按式(2-1)进行计算,断面尺寸确定后应校核其平均流速,满足不冲不淤要求,即

$$Q = AC\sqrt{Ri} \tag{2-1}$$

式中 Q ——渠道设计流量, m^3/s;

A ——渠道过水断面面积, m^2;

C ——谢才系数, $m^{0.5}/s$,谢才系数常用曼宁公式计算: $C = \frac{1}{n}R^{1/6}$;

R ——水力半径, m;

i ——渠底比降;

n ——渠床糙率系数。

梯形防渗渠道水力最佳断面及实用经济断面的水力计算,应按《灌溉与排水工程设计规范》(GB 50288—99)规定的方法进行。其他断面的水力计算可参考相关资料进行。

(二)防渗渠道主要设计参数

1. 边坡系数

防渗渠道的边坡系数选用是否得当,关系到防渗渠道能否安全稳定运行,应谨慎设计选择。影响边坡系数的因素有防渗材料、渠道大小、基础情况等,可按下列要求计算或选定。

(1)堤高超过 3 m 或地质条件复杂的填方渠道,堤岸为高边坡的深挖方渠道,大型的

黏性土、黏沙混合土防渗渠道的最小边坡系数,应通过边坡稳定计算确定。

(2)土保护层膜料防渗渠道的最小边坡系数可按表 2-4 选定;大、中型渠道的边坡系数宜按规范通过分析计算确定。

表 2-4　土保护层膜料防渗渠道的最小边坡系数

保护层土质类别	渠道设计流量(m^3/s)			
	<2	2~5	5~20	>20
黏土、重壤土、中壤土	1.50	1.50~1.75	1.75~2.00	2.25
轻壤土	1.50	1.75~2.00	2.00~2.25	2.50
沙壤土	1.75	2.00~2.25	2.25~2.50	2.75

(3)混凝土、沥青混凝土、砌石、水泥土等刚性材料防渗渠道,以及用这些材料做保护层的膜料防渗渠道的最小边坡系数可按表 2-5 选用。

表 2-5　刚性材料防渗渠道的最小边坡系数

防渗结构类别	渠基土质类别	渠道设计水深(m)											
		<1			1~2			2~3			>3		
		挖方	填方		挖方	填方		挖方	填方		挖方	填方	
		内坡	内坡	外坡	内坡	内坡	外坡	内坡	内坡	外坡	内坡	内坡	外坡
混凝土、砌石、灰土、三合土、四合土以及上述材料作为保护层的膜料防渗	稍胶结的卵石	0.75	–	–	1.00	–	–	1.25	–	–	1.50	–	–
	夹沙的卵石或沙土	1.00	–	–	1.25	–	–	1.50	–	–	1.75	–	–
	黏土、重壤土、中壤土	1.00	1.00	1.00	1.00	1.00	1.00	1.25	1.25	1.00	1.50	1.50	1.25
	轻壤土	1.00	1.00	1.00	1.00	1.00	1.00	1.25	1.25	1.25	1.50	1.50	1.50
	沙壤土	1.25	1.25	1.25	1.25	1.25	1.50	1.50	1.50	1.50	1.75	1.75	1.50

2. 糙率

(1)不同材料防渗渠道的糙率不同,糙率应根据防渗结构类别、施工工艺、养护情况合理选用,如表 2-6 所示。

(2)沙砾石保护层膜料防渗渠道的糙率,可按式(2-2)进行计算。计算前,应对拟作保护层的沙砾料,通过试验求出其颗粒级配曲线。

$$n = 0.28d_{50}^{0.1667} \tag{2-2}$$

式中　n——沙砾石保护层的糙率;

d_{50}——通过沙砾石重 50% 的筛孔直径,mm。

表 2-6 渠床糙率

防渗衬砌结构类别	渠槽特征	糙率
黏土、黏沙混合土、膨润混合土	平整顺直,养护良好	0.022 5
	平整顺直,养护一般	0.025 0
	平整顺直,养护较差	0.027 5
灰土、三合土、四合土	平整,表面光滑	0.015 0~0.017 0
	平整,表面较粗糙	0.018 0~0.020 0
水泥土	平整,表面光滑	0.014 0~0.016 0
	平整,表面较粗糙	0.016 0~0.018 0
砌石	浆砌料石、石板	0.015 0~0.023 0
	浆砌块石	0.020 0~0.025 0
	干砌块石	0.025 0~0.033 0
	浆砌卵石	0.023 0~0.027 5
	干砌卵石,砌工良好	0.025 0~0.032 5
	干砌卵石,砌工一般	0.027 5~0.037 5
	干砌卵石,砌工粗糙	0.032 5~0.042 5
沥青混凝土	机械现场浇筑,表面光滑	0.012 0~0.014 0
	机械现场浇筑,表面粗糙	0.015 0~0.017 0
	预制板砌筑	0.016 0~0.018 0
混凝土	抹光的水泥砂浆面	0.012 0~0.013 0
	金属模板浇筑,平整顺直,表面光滑	0.012 0~0.014 0
	刨光木模板浇筑,表面一般	0.015 0
	表面粗糙,缝口不齐	0.017 0
	修整及养护较差	0.018 0
	预制板砌筑	0.016 0~0.018 0
	预制渠槽	0.012 0~0.016 0
	平整的喷浆面	0.015 0~0.016 0
	不平整的喷浆面	0.017 0~0.018 0
	波状断面的喷浆面	0.018 0~0.025 0

3. 允许不冲流速

防渗渠道不冲流速因防渗材料及施工条件不同差异很大,通过对我国部分工程实践资料的分析,防渗渠道的允许不冲流速可按表 2-7 选用。

表 2-7 防渗渠道的允许不冲流速

防渗结构类别	防渗材料名称与施工情况	允许不冲流速(m/s)
土料	轻壤土	0.60~0.80
	中壤土	0.65~0.85
	重壤土	0.70~1.00
	黏土、黏沙混合土	0.75~0.95
	灰土、三合土、四合土	<1.00
土保护层膜料	沙壤土、轻壤土	<0.45
	中壤土	<0.60
	重壤土	<0.65
	黏土	<0.70
	沙砾料	<0.90
水泥土	现场浇筑施工	<2.50
	预制铺砌施工	<2.00
沥青混凝土	现场浇筑施工	<3.00
	预制铺砌施工	<2.00
砌石	浆砌料石	4.00~6.00
	浆砌块石	3.00~5.00
	浆砌卵石	3.00~5.00
	干砌卵石挂淤	2.50~4.00
	浆砌石板	<2.50
混凝土	现场浇筑施工	3.00~5.00
	预制铺砌施工	<2.50

注:表中土料防渗及膜料防渗的允许不冲流速为水力半径 $R=1$ m 时的情况。当 $R\neq1$ m 时,表中的数值应乘以 R^{α}。沙砾石、卵石、疏松的沙壤土和黏土,$\alpha=1/4\sim1/3$;中等密实的沙壤土、壤土和黏土,$\alpha=1/5\sim1/4$。

4. 伸缩缝、填缝材料

(1)刚性材料渠道防渗结构应设置伸缩缝。伸缩缝的间距应依据渠基情况、防渗材料和施工方式按表 2-8 选用;伸缩缝的形式见图 2-2;伸缩缝的宽度应根据缝的间距、气温变幅、填料性能和施工要求等因素,采用 2~3 cm。伸缩缝宜采用黏结力强、变形性能大、耐老化、在当地最高气温下不流淌且最低气温下仍具柔性的弹塑性止水材料,如用焦油塑料胶泥填筑,或缝下部填焦油塑料胶泥、上部用沥青砂浆封盖,还可用制品型焦油塑料胶泥填筑。有特殊要求的伸缩缝宜采用高分子止水带或止水管等。

表 2-8　防渗渠道的伸缩缝间距　(单位:m)

防渗结构	防渗材料和施工方式	纵缝间距	横缝间距
土料	灰土,现场填筑	4~5	3~5
	三合土或四合土,现场填筑	6~8	4~6
水泥土	塑性水泥土,现场填筑	3~4	2~4
	干硬性水泥土,现场填筑	3~5	3~5
砌石	浆砌石	只设置沉降缝	
沥青混凝土	沥青混凝土,现场浇筑	6~8	4~6
混凝土	钢筋混凝土,现场浇筑	4~8	4~8
	混凝土,现场浇筑	3~5	3~5
	混凝土,预制铺砌	4~8	6~8

注:1. 膜料防渗时不同材料保护层的伸缩缝间距同本表。

2. 当渠道为软基或地基承载力明显变化时,浆砌石防渗结构宜设置沉降缝。

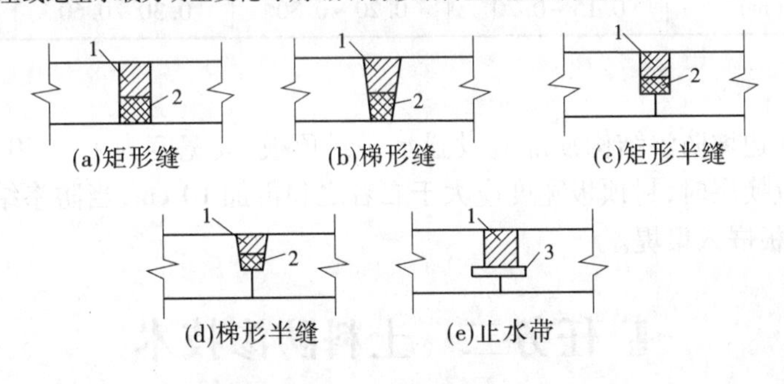

1—封盖材料;2—弹塑性胶泥;3—止水带

图 2-2　刚性材料防渗层伸缩缝形式

(2)水泥土、混凝土预制板(槽)和浆砌石应用水泥砂浆或水泥混合砂浆砌筑,水泥砂浆勾缝。混凝土 U 形槽也可用高分子止水管及其专用胶安砌,不需勾缝。浆砌石还可用细粒混凝土砌筑。砌筑砂浆和勾缝砂浆的强度等级可按表 2-9 选定。细粒混凝土强度等级不低于 C15,最大粒径不大于 10 mm,沥青混凝土预制板宜采用沥青砂浆或沥青玛瑞脂砌筑。砌筑缝宜采用梯形缝或矩形缝,缝宽 1.5~2.5 cm。

表 2-9　砌筑砂浆和勾缝砂浆的强度等级　(单位:MPa)

防渗结构	砌筑砂浆		勾缝砂浆	
	温和地区	严寒和寒冷地区	温和地区	严寒和寒冷地区
水泥土预制板	5.0		7.5~10.0	
混凝土预制板	7.5~10.0	10.0~20.0	10.0~15.0	15.0~20.0
料石	7.5~10.0	10.0~15.0	10.0~15.0	15.0~20.0
块石	5.0~7.5	7.5~10.0	7.5~10.0	10.0~15.0
卵石	5.0~7.5	7.5~10.0	7.5~10.0	10.0~15.0
石板	7.5~10.0	10.0~15.0	10.0~15.0	15.0~20.0

5.堤顶宽度

防渗渠道的堤顶宽度可按表2-10选用,渠堤兼作公路时,应按道路要求确定。U形和矩形渠道,公路边缘宜距渠口边缘0.5~1.0 m。堤顶应做成向外倾斜1/100~1/50的斜坡。

表2-10 防渗渠道的堤顶宽度

渠道设计流量(m^3/s)	<2	2~5	5~20	>20
堤顶宽度(m)	0.5~1.0	1.0~2.0	2.0~2.5	2.5~4.0

6.超高

除埋铺式膜料防渗渠道不设防渗层超高外,其他材料防渗层超高和渠堤超高与一般渠道相同,可用经验公式计算,也可按表2-11选用。

表2-11 防渗渠道的防渗层超高

渠道设计流量(m^3/s)	<1	1~5	5~30	>30
防渗层超高(m)	0.15~0.20	0.20~0.30	0.30~0.60	0.60~0.65

7.封顶板

防渗渠道在边坡防渗结构顶部应设置水平封顶板,其宽度为15~30 cm。当防渗结构下有沙砾石置换层时,封顶板宽度应大于二者之和再加10 cm;当防渗结构高度小于渠深时,应将封顶板嵌入渠堤。

任务二 土料防渗技术

一、土料防渗的特点及技术要求

(一)土料防渗的特点

土料防渗一般是指以黏性土、黏砂混合土、灰土(石灰和土料)、三合土(石灰、黏土、砂)和四合土(三合土中加入适量的卵石或碎石)等为材料的防渗措施。土料防渗是我国沿用已久的、实践经验丰富的防渗措施。

1.土料防渗的优点

(1)具有较好的防渗效果。一般可减少渗漏水量的60%~90%,渗漏水量为0.07~0.17 $m^3/(m^2 \cdot d)$。

(2)能就地取材。黏性土料源丰富,可就地取材。当灌区附近有石灰、砂、石料时,可采用灰土、三合土等防渗措施。

(3)技术较简单,易为群众掌握。

(4)造价低,投资少。

(5)可充分利用现有的工具和碾压机械设备施工。

2.土料防渗的缺点

(1)允许流速较低。除黏土、黏沙混合土、灰土、三合土和四合土的允许流速较高,为

0.75~1.0 m/s 外，壤土的允许流速为 0.7 m/s 左右。因此，仅用于流速较低的渠道。

(2)抗冻性能差。土料防渗层往往由于冻融的反复作用，使防渗层疏松、剥蚀，几年会失去防渗性能。因此，仅适用于气候温暖的无冻害地区。

土料防渗尽管存在上述缺点，但由于工程投资低，便于施工，所以目前仍是我国中、小型渠道的一种较简便易行的防渗措施。

(二)土料防渗的技术要求

(1)土料防渗的效果与防渗层的密实性有关。因此，施工中土料防渗层的干密度不应小于设计干密度。

(2)土料防渗的渗透系数不应大于 1×10^{-6} cm/s。

(3)土料防渗的允许不冲流速与土料种类有关，应根据工程实际需要选用防渗土料，以满足渠道的防冲要求。

(4)土料防渗设计，应尽量在提高防渗效果及防渗层的耐久性方面采取措施。

二、土料防渗工程设计

土料防渗工程设计的主要内容土料包括土料防渗材料的选用、混合土料配合比设计和土料防渗层厚度的确定等。

(一)土料防渗材料的选用

1. 土料

选用的土料一般为高、中、低液限的黏质土和黄土。其中，高液限土包括：黏土和重黏土；中液限土包括：沙壤土，轻、中、重粉质壤土，轻壤土和中壤土。无论选用何种土料，都必须清除含有机质多的表层土和草皮、树根等杂物。

为了提高土料防渗层的防渗能力，选用土料时一般要进行颗粒分析，进行塑性指数、最大干密度、最优含水率、渗透系数的测定等；必要时还要测定有机质和硫酸盐的含量。一般土料中黏粒(粒径 $d<0.005$ mm)含量应大于20%；对于素土和黏沙混合土防渗层，土料的塑性指数应大于10，土料中有机质的含量应小于3%；对灰土、三合土防渗层有机质含量应控制在1%以内。渠道防渗工程采用的土料应符合表2-12的规定。

表2-12 土料的技术要求

项目	黏性土、黏沙混合土防渗	灰土、三合土、四合土防渗	膜料防渗土保护层及过渡层	水泥土防渗
黏粒含量(%)	20~30	15~30	3~30	8~12
沙粒含量(%)	10~60	10~60	10~60	50~80
塑性指数 I_P	10~17	7~17	1~17	—
土料最大粒径(mm)	<5	<5	<5	<5
有机质含量(%)	<3.0	<1.0	—	<2.0
可溶盐含量(%)	<2.0	<2.0	<2.0	<2.5
钙质结核、树根、草根含量	不允许	不允许	不允许	不允许

注：经过论证，采用风化砂和页岩渣配制水泥土时，可不受表中土料最大粒径的限制。

2. 石灰

石灰应采用煅烧适度、色白质纯的新鲜石灰或贝灰。其质量应符合Ⅱ级生石灰的标准，即石灰中的氧化钙和氧化镁的总含量（按干质量计）不应小于75%。贝灰中氧化钙含量不应小于45%。试验表明，煅烧的石灰露天堆放半个月，活性氧化物可降低30%，堆放一个月活性氧化物可减少40%以上。所以，施工全过程（包括水化、拌和、闷料、铺料和夯实过程）最好不要超过半个月，而且要选用新鲜石灰，妥为堆放，最好随到随用。

3. 砂石和掺和料

砂料宜采用天然级配的天然砂或人工砂。天然砂的细度模数（表征天然砂粒径的粗细程度的指标，细度模数越大，表示砂粒越粗）宜为2.2～3.0，人工砂的细度模数宜为2.4～2.8，人工砂饱和面干含水率不宜超过6%。砂在灰土中主要起骨架作用，可以降低其孔隙率，减少灰土的干缩。另外，长期作用时，在砂的表面也可以与石灰中的活性氧化钙发生一定的水化反应，提高灰土的强度。在缺乏中、粗砂地区，渠道流速小于3 m/s时，可采用细砂或特细砂。极细砂因颗粒小，比表面积大，掺和后会相对降低土的胶凝作用和胶结能力，所以一般不宜采用。

三合土、四合土或黏沙混合土中掺入适量的卵石或碎石，对防渗层可起骨架作用，并减少土的干缩，增强其抗拉及防冻能力。但所掺卵石和碎石的粒径不宜过大，一般以10～20 mm为宜。

为提高灰土的早期强度和防渗层在水中的稳定性，可在灰土中加入硅酸盐水泥、粉煤灰等工业废渣，同时满足施工期短、用水紧迫、渠道提前通水的要求。

（二）混合土料配合比设计

混合土料配合比通常是根据选定的黏土、砂石料、石灰的颗粒级配，通过试验确定在不同配合比下各种土料的最大干密度和最优含水率，并对其进行强度、渗透、注水等试验，选用密实、稳定、强度最高、渗透系数最小的配合比作为最优设计配合比。小型工程或无条件试验时，土料配合比可按经验选值。

1. 最优含水率的确定

土料防渗中的水分含量是控制防渗层密实度的主要指标。若含水率太小，土粒间的黏聚力和摩阻力大，很难压实；若含水率太大，夯实时易形成橡皮土，也很难达到理想的密实度。因此，只有含水率合适时，即所谓最优含水率时，才能使土料在较小的压实功下获得较大的密实度。

一般来说，细颗粒占总颗粒比例越大，最优含水率越大；灰土和三合土中，石灰含量大的比含量小的最优含水率大。黏性土和黏沙混合土的最优含水率可参照表2-13选用。灰土的最优含水率可采用20%～30%，三合土、四合土的最优含水率可采用15%～20%。

表2-13 黏性土、黏沙混合土的最优含水率 （%）

土质	最优含水率	土质	最优含水率
低液限黏质土	12～15	高液限黏质土	23～28
中液限黏质土	15～25	黄土	15～19

注：土质轻的选用小值，土质重的选用大值。

2. 配合比的确定

1) 黏沙混合土的配合比

当采用高液限黏质土的黏沙混合土防渗时,黏质土与砂的质量比宜为1∶1。

2) 灰土的配合比

灰土的强度、透水性主要与灰土中加入石灰的多少有关。在同一条件下,灰土比大,强度高,渗透系数小,抗冲刷能力强,抗冻性较高。设计灰土配合比时,应选用渗透系数较小、强度较高、抗冲刷较好的配合比。灰土配合比还应视石灰的质量、土的性质及工程要求的不同而定。一般可以采用石灰∶土 =1∶3 ~1∶9。使用时,石灰用量还应根据石灰储存期的长短适量增减,其变动范围宜控制在 ±10% 以内。表2-14 为我国各地采用的灰土配合比,可供设计时参考。

表2-14　我国各地采用的灰土配合比

资料来源	配合比 (质量比,石灰∶土)	说明
江苏	1∶5 ~1∶9	根据各种土类试验结果,配合比上限1∶5、下限1∶9、活性土壤最优配合比为1∶9
湖南株洲	1∶6	黄土
陕西水科所	1∶3 ~1∶6	黄土,用于暗渠,用灰量宜为25.0% ~14.3%
贵州红枫电灌站	1∶3 ~1∶4	认为1∶1 ~1∶3为宜,可以采用厚度较薄的
山西	1∶6	黄土
浙江	1∶5 ~1∶10	
广东连州市 广东汕头市	1∶6 1∶5 ~1∶9	汕头为贝灰,认为最优配合比为1∶5
《渠道防渗工程技术》(李安国,建功,曲强编著.北京:中国水利水电出版社,1998)	1∶3 ~1∶6 1∶2 ~1∶6	北方多采用 南方多采用

3) 三合土的配合比

三合土的配合比宜采用石灰与土砂总重之比为1∶4 ~1∶9。其中,土重宜为土砂总重的30% ~60%;高液限黏质土,土重不宜超过土砂总重的50%。纯黏土的含量过高,会加大灰土的干缩变形值,根据湖南韶山灌区的经验,一般纯黏土与纯沙土的比例以4.5∶5.5为宜。表2-15 为各地采用的三合土配合比,可供设计时参考。

4) 四合土的配合比

四合土的配合比设计一般是在三合土配合比设计的基础上,再掺加25% ~35%的卵石或碎石而成的。

(三)土料防渗层厚度的确定

土料防渗层的厚度对防渗效果影响很大,应根据防渗要求通过试验确定。确定防渗层厚度时，还应考虑施工条件、气候条件和耐久性的要求，从投资、效益、施工、管理等方面全面比较，并参考本地区经验，选取最合理的防渗层厚度。

表 2-15　我国各地采用的三合土配合比

地区名称	配合比（质量比，石灰:土:砂）	土与砂质量百分比（%）	备注
四川	1:9:10 1:9:5 1:5:3 1:5:6	48:52 65:35 62:38 46:54	
湖南（韶山灌区）	1:2:3 1:2.7:6.3 1:4.5:4.5 1:4.95:4.05 1:1:2 1:1:5 1:3:7	40:60 30:70 50:50 55:45 30:70 20:80 30:70	
山东冶源	1:2:6 1:2.5:1.5 1:2:3	25:75 60:40 40:60	
贵州	1:2:2	50:50	
福建菱溪	1:2:3	40:60	
陕西	1:1:6 1:6:1	14:86 86:14	
广西来宾	1:4:1 1:6:1	80:20 86:14	
海南翁龙	1:1:3 1:1.2:2.8 1:1.6:2.4	25:75 30:70 40:60	
广东英德长湖	1:1:4	20:80	贝灰
广东汕头	1:1:3	25:75	三合土

中小型渠道或无条件试验的渠道，土料防渗层的厚度可参照表 2-16 选用。

表 2-16　土料防渗层的厚度　（单位：cm）

土料种类	渠底	渠坡	侧墙
高液限黏质土	20～40	20～40	—
中液限黏质土	30～40	30～60	—
灰土	10～20	10～20	
三合土	10～20	10～20	20～30
四合土	15～20	15～25	20～40

三、土料防渗结构工程施工

(一)施工准备

土料防渗工程施工前应做好以下准备工作:

(1)施工前应根据设计所选定的材料和施工工艺,合理安排运输路线,做好取土场、堆料场、拌和场的规划和劳力的组织安排,并准备好模具、模板和施工工具。

(2)根据工程量和进度计划做好材料的进场和储备,并及时进行抽样检测。土料的原材料应进行粉碎加工。加工后的粒径,黏性土不应大于2.0 cm,石灰不应大于0.5 cm。

(3)做好渠道基础的填、挖及断面修整工作,达到设计要求的标准。

(二)配料

施工时,应按设计要求严格控制配合比,同时测定土料含水率与填筑干密度,其称量误差为:土、砂、石不得超过±(3%~5%),石灰不得超过±3%,拌和水须扣除原材料中所含的水量,其称量误差不得超过±2%。

(三)拌和

混合土料可采用机械拌和或人工拌和,一般按下述要求进行:

(1)黏沙混合土宜将砂石洒水润湿后,与粉碎过筛的土拌和,再加水拌和均匀。

(2)灰土应先将石灰消解过筛,加水稀释成石灰浆,洒在粉碎过筛的土上,拌和至色泽均匀,并闷料1~3 d。如其中有见水崩解的土料,可先将土在水中崩解,然后加入消解的石灰拌和均匀。

(3)三合土和四合土宜先拌石灰和土,然后加入砂、石料干拌,最后洒水拌至均匀,并闷料1~3 d。

(4)贝灰混合土宜干拌后,过孔径为10~12 mm的筛,然后洒水拌至均匀,闷料24 h。

无论是灰土、三合土还是贝灰混合土,都应充分拌和,闷料熟化。人工拌和要“三干三湿”,机械拌和要洒水匀细,加水量要严格控制在最优含水率的范围内,使拌和后的混合料能“手捏成团,落地即散”。

(四)铺筑

(1)铺筑前,要求处理渠道基面,清除淤泥,削坡平整。为增强渠基土与防渗层之间的结合,可用锄头等工具在基土表面打出点状陷窝。

(2)铺筑时,灰土、三合土、四合土宜按先渠坡后渠底的顺序施工;黏性土、黏沙混合土则宜按先渠底后渠坡的顺序施工。各种土料防渗层都应从上游向下游铺筑。

(3)当防渗层厚度大于15 cm时,应分层铺筑。人工夯实时,虚土每层铺料厚度不应大于20 cm;机械夯实时,不宜大于30 cm。为了加强层面间的结合,层面间应刨毛洒水。

(4)夯实时,应边铺料边夯实,不得漏夯。夯压后土料的干密度应达到设计值。一般黏土、灰土应达到1.45~1.55 g/cm^3,三合土和黏沙混合土应达到1.55~1.70 g/cm^3。土料防渗结构夯实后,厚度应略大于设计厚度,并修整成设计的过水渠道断面。

(5)当遇黏土料过湿时,应先摊铺上渠,待土料稍干后再进行夯压;灰土、三合土夯压时要反复拍打,直到不再出现裂纹、拍打出浆、指甲刻划不进。为增强土料的防渗、防冲及抗冻能力,可以在土料防渗层表面用1∶4~1∶5的水泥砂浆、1∶3∶8的水泥石灰砂浆或1∶1

的贝灰砂浆抹面,抹面厚度一般为0.5~1.0 cm。

(五)养护

土料防渗层铺筑完成后,应加强养护工作。新施工的灰土、三合土应用草席和稻草等物覆盖养护,并注意防风、防晒、防冻,以免裂缝或脱壳,影响质量。一般灰土、三合土阴干后,在表面涂上一层1∶10~1∶15的青矾水(硫酸亚铁溶液)以提高防水性、表面强度和耐久性。经试验,灰土防渗渠道一般养护21~28 d即可通水。

任务三 砌石防渗技术

一、砌石防渗的特点

砌石防渗具有就地取材、施工简单、抗冲、抗磨、耐久、耐腐蚀等优点,具有较强的稳定渠道的作用,能适应渠道流速大、推移质多、气候严寒的特点。石料有卵石、块石、条石、石板等。砌石防渗结构宜采用外形方正、表面凸凹不大于10 mm的料石;上下面平整、无尖角薄边、块重不小于20 kg的块石;长径不小于20 cm的卵石;矩形、表面平整、厚度不小于30 mm的石板等。砌筑方法有干砌和浆砌两种。虽然石料衬砌不易采用机械化施工,造价较高,但在石料资源丰富的地区,还是大量采用。砌石防渗主要依靠施工的高质量才能保证其防渗效果。一般情况下,浆砌块石防渗好于干砌块石,条石好于块石,块石好于卵石。干砌石防渗在其竣工后未被水中泥沙淤填以前,如果砌筑质量不好,不仅防渗能力很差,而且会在水流的作用下,使局部石料松动而引起整体砌石层发生崩塌,甚至发生溃散。因此,砌石防渗必须保证施工质量,且渗透系数不大于1×10^{-6} cm/s。

大、中型砌石防渗渠道宜采用水泥砂浆、水泥石灰混合砂浆或细粒混凝土砌筑,用水泥砂浆勾缝。砌筑砂浆的抗压强度一般为5.0~7.5 MPa,勾缝砂浆的抗压强度一般为10~15 MPa。有抗冻要求的工程应采用较高强度的砂浆。小型浆砌石防渗渠道有采用水泥黏土、石灰黏土混合砂浆,甚至采用黏土砂浆砌筑的,但勾缝必须采用较高强度的水泥砂浆。

二、砌石防渗的类型

砌石防渗按结构形式分有护面式、挡土墙式,按材料和砌筑方法分有干砌卵石、干砌块石、浆砌卵石、浆砌块石、浆砌料石、浆砌片石等。

三、砌石防渗技术要求

(一)砌石防渗对石料质量要求

砌石用石料,要求质地坚硬,没有裂纹,表面洁净。料石应外形方正、六面平整,表面凸凹不大于10 mm,厚度不小于20 mm。块石应上下面大致平整、无尖角薄边,块重不小于20 kg,厚度不小于20 cm。选用卵石时,其外形以矩形的最好,其次为椭圆形、锥形、扁平形。球形的卵石,因运输不便、不易砌紧,且易受水流冲动,故不宜选用。卵石的长径大小与防渗层厚度及料源情况有关,一般长径应大于20 cm。石板应选用矩形的,表面平整

且厚度不小于 3 cm。

砌石胶结材料常用水泥砂浆或石灰砂浆，所用的水泥、石灰、砂料等均应符合各自的质量要求。

(二)砌石防渗层的厚度及结构设计

浆砌块石(片石)渠道护面有护坡式和挡土墙式两种，如图 2-3 所示。前者工程量小，投资少，应用较普遍；后者多用于容易滑塌的傍山渠段和石料比较丰富的地区。具有耐久、稳定和不易受冰冻影响等优点。

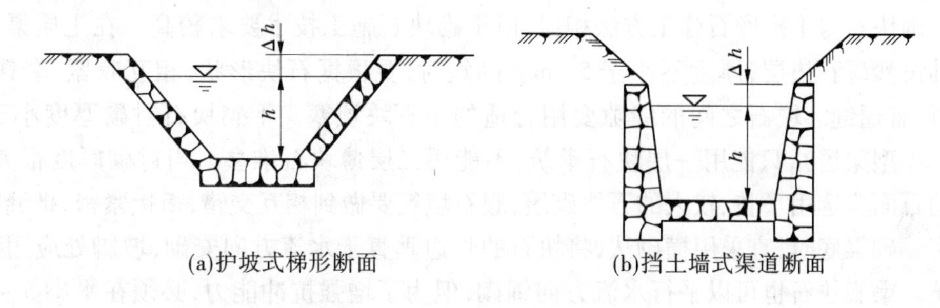

图 2-3 浆砌块石(片石)渠道护面

护坡式防渗层的厚度：浆砌料石采用 15 ~ 25 cm、浆砌块石宜采用 20 ~ 30 cm、浆砌石板的厚度不宜小于 3 cm(寒区浆砌石板厚度不宜小于 4 cm)。浆砌卵石、干砌卵石挂淤护坡式防渗层的厚度，应根据使用要求和当地料源情况确定，可采用 15 ~ 30 cm。挡土墙式防渗结构一般为浆砌料石、浆砌块石，其厚度应根据使用要求确定。例如，山西省汾河一坝灌区东、西干渠浆砌石挡土墙式防渗渠道，边坡系数为 0.3 ~ 0.5，顶宽 20 ~ 30 cm，边墙高 1.5 ~ 1.7 m，底宽 0.6 ~ 0.7 m。

砌石防渗渠道往往由于水流穿过砌筑缝而冲刷渠基，造成防渗结构破坏。因此，宜采取下列措施防止渠基淘刷，提高防渗效果：

(1)干砌卵石挂淤渠道，可在砌体下面设置沙砾石垫层，或铺设复合土工膜料层。

(2)浆砌石板防渗层下，可铺厚度为 2 ~ 3 cm 的砂料，或低强度等级砂浆做垫层。

(3)对防渗要求高的大、中型渠道，可在砌石层下加铺复合土工膜料层。

(4)对已砌成的渠道，可采用人工或机械灌浆的办法处理。浆料有水泥浆、黏土浆或水泥黏土混合浆。

四、砌石防渗工程施工

砌石防渗工程施工时，应先洒水润湿渠基，然后在渠基或垫层上铺一层厚 2 ~ 5 cm 的低强度等级混合砂浆，再铺砌石料。砌石砂浆应按设计配合比拌制均匀，随拌随用，自出料到用完，其允许间歇时间不应超过 1.5 h。

(一)干砌石

1. 干砌卵石

干砌卵石一般用于梯形渠道衬砌。砌筑时，应在衬砌层下铺设垫层，在沙砾石渠床上，当流速小于 3.5 m/s 时，可不设垫层；当流速超过 3.5 m/s 时，需设厚 15 cm 的沙砾石垫层。干砌卵石的砌筑要点是卵石的长径垂直于边坡或渠底，大面朝下，并砌紧、砌平、错缝,使干砌卵石渠道的断面整齐、稳固。卵石中间的空隙内要填满砾石、砂和黏土。施工顺序应先砌渠底后砌渠坡。干砌卵石砌筑完毕,经验收合格后,即可进行灌缝和卡缝,使砌体更密实和牢固。灌缝可采用10 mm左右的钢钎,把根据孔隙大小选用的粒径1~5 cm的小砾石灌入砌体的缝内,灌至半满,但要灌实,防止小石卡在卵石之间。卡缝宜选用长条形和薄片形的卵石,在灌缝后,用木榔头轻轻打入砌缝,要求卡缝石下部与灌缝石接触,三面紧靠卵石,同时较砌体卵石面低1~2 cm。

2. *干砌块石*

干砌块石与干砌卵石施工方法相似,但干砌块石施工技术要求较高。在土质渠床上必须铺设沙砾石垫层,厚度不小于5 cm。砌筑时,要根据石块形状,相互咬紧、套铆、靠实,不得有通缝。块石之间的缝隙要用合适的小石块填塞。干砌块石衬砌厚度小于20 cm时(小型渠道),只能用一层块石砌筑,不能用二层薄块石堆垒。当衬砌厚度很大时,砌体的石面应选用平整、较大的石块砌筑,腹石填筑要做到相互交错,衔接紧密,把缝隙堵塞密实。砌渠底时,宜采用横砌法,将块石的长边垂直于水流方向安砌,坡脚处应用大块石砌筑。渠底块石也可以平行水流方向铺砌,但为了增强抗冲能力,必须在平砌3~5 m后,扁直竖砌1~2排,同时错缝填塞密实。在渠坡砌石的顶部,可平砌一层较大的压顶石。干砌块石同样要进行灌缝和卡缝。

(二)浆砌石

浆砌石施工方法有灌浆法和坐浆法两种。灌浆法是先将石料干砌好,再向缝中灌注细石混凝土或砂浆,用钢钎逐缝捣实,最后原浆勾缝。坐浆法是先铺砂浆2~5 cm厚,再安砌石块,然后灌缝(缝隙宽1~2 cm),最后原浆勾缝。如果用混合砂浆砌筑,则随手剔缝,另外用高强度等级水泥砂浆勾缝。无论采用何种施工方法,砌石前,为了控制好衬砌断面及渠道坡降,都要隔一段距离(直段10~20 m,弯段可以更短一些)先砌筑一个标准断面,然后拉线开始砌筑。施工时,对于梯形明渠,宜先砌渠底后砌渠坡。砌渠坡时,应从坡脚开始,由下而上分层砌筑;对于U形和弧形明渠、拱形暗渠,应从渠底中线开始,向两边对称砌筑;对于矩形明渠,可先砌两边侧墙,后砌渠底;对于拱形和箱形暗渠,可先砌侧墙和渠底,后砌顶拱或加盖板。砌渠坡时,应从坡脚开始,由下而上分层砌筑。

1. *浆砌块石*

用坐浆法进行浆砌块石施工时,首先在渠道基础上铺好砂浆,其厚度为石料高度的1/3~1/2,然后砌石。一般采用花砌法分层砌筑。应先砌面石,再砌填腹石。砌缝要密实紧凑,上、下错开,不能出现通缝,缝宽一般为1~3 cm,缝宽超过5 cm时,应填塞小片石。砌筑完毕,砂浆初凝前,应及时勾缝。缝形有平缝、凸缝、凹缝三种。为减小糙率,多用平缝。勾缝应在剔好缝(剔缝深度不小于3 cm)并清刷干净、保持湿润的情况下进行。勾缝结束后,应立即做好养护工作,防止干裂。一般应覆盖草帘或草席,经常洒水保湿,时间不少于14 d,冬季还应注意保温防冻。

灌浆法的基本要求与坐浆法相同,但需注意每砌一层,应及时灌浆,不能双层并灌。灌浆所用的砂浆应保持一定的强度、配比及稠度,不能任意加水。灌浆时,要边灌边填塞小碎石,并仔细插捣,直至碎石填实、砂浆填饱。

2. 浆砌料石

浆砌料石渠道多为矩形断面，一般渠坡应纵砌(料石长边平行于水流方向)，渠底应横砌(料石长边垂直于水流方向)。料石应干摆试放分层砌筑，坐浆饱满，每层铺浆厚度宜为 2 ~ 3 cm。砌体表面平整，错缝砌筑，错缝距离宜为料石长的 1/2。砌缝要均匀、紧凑，一般缝宽 1 ~ 3 cm。

3. 浆砌卵石

浆砌卵石与浆砌块石的施工方法及质量要求基本相同，但为了提高浆砌卵石的强度和防渗、抗冲能力，施工时可采用坐浆干靠挤浆法、干砌灌浆法及干砌灌细粒混凝土法，而不采用宽缝坐浆砌卵石法。浆砌卵石，相邻两排应错开茬口，并选择较大的卵石砌于渠底和渠坡下部，大头朝下，挤紧靠实。浆砌卵石宜勾凹缝，缝面宜低于砌石面 1 ~ 2 cm。

任务四　混凝土防渗技术

一、混凝土防渗的特点

混凝土防渗就是用混凝土预制或现浇衬砌渠道，减少或防止渗漏损失的渠道防渗技术措施。

(一)混凝土防渗的优点

1. 防渗效果好

一般可减少渗漏水量 85% ~ 95%，根据全国统计资料，我国一般实测单位面积渗漏水量为 100 L/(m^2 · d)，最好的达 10 L/(m^2 · d)。

2. 经久耐用

只要设计施工和养护得好，在正常情况下，可使用 50 年以上。

3. 糙率小，流量大

一般糙率 n 值为 0.012 ~ 0.018，允许流速 v 值为 3 ~ 5 m/s，混凝土本身的耐冲流速可达 10 ~ 40 m/s。由于 n 值小、v 值大，可加大渠道坡降，缩小断面，节省占地和渠系建筑物尺寸，并大大降低造价。

4. 强度高，渠床稳定

混凝土衬砌的抗压、抗冻和抗冲等强度都较高，能防止土中植物穿透，对外力、冻融、冲击都有较强的抵抗作用，同时渠床也就保持了稳定状态。

5. 适应范围广泛

混凝土具有良好的模塑性，可根据当地气候条件、工程的不同要求制成不同形状、不同结构形式、不同原材料、不同配合比、不同生产工艺的各种性能混凝土衬砌。

6. 管理养护方便

因渠道流速大、淤积较少、强度较高，以及渠床稳定、杂草少，不易损坏等，故便于管理养护和节省管理费用。

(二)混凝土防渗的缺点

混凝土衬砌板适应变形能力差，在缺乏砂、石料和交通不便的地区，造价较高。

二、混凝土结构设计

(一)混凝土性能及配合比设计

混凝土性能及配合比设计应符合下列规定:

(1)大、中型渠道防渗工程混凝土的配合比按《水工混凝土试验规程》(SL 352—2006)进行试验确定,其选用配合比满足强度、抗渗、抗冻与和易性的设计要求。小型渠道混凝土的配合比可参照当地类似工程的经验采用。

(2)混凝土的性能指标不低于表2-17中的数据。严寒和寒冷地区的冬季过水渠道,抗冻等级比表2-17内数值提高一级。

表2-17 混凝土性能的允许最小值

工程规模	混凝土性能	严寒地区	寒冷地区	温和地区
小型	强度(C)	15	15	15
	抗冻(F)	50	50	—
	抗渗(W)	4	4	4
中型	强度(C)	20	15	15
	抗冻(F)	100	50	50
	抗渗(W)	6	6	6
大型	强度(C)	20	20	15
	抗冻(F)	200	150	50
	抗渗(W)	6	6	6

注:1. 强度等级的单位为MPa。
2. 抗冻等级的单位为冻融循环次数。
3. 抗渗等级的单位为0.1 MPa。
4. 严寒地区为最冷月平均气温低于-10 ℃,寒冷地区为最冷月平均气温不低于-10 ℃但不高于-3 ℃,温和地区为最冷月平均气温高于-3 ℃。

(3)当渠道流速大于3 m/s,或水流中挟带推移质泥沙时,混凝土的抗压强度不低于15 MPa。

(4)混凝土的水灰比为砂石料在饱和面干状态下的单位用水量与胶凝材料的比值,其允许最大值可参照表2-18选用。

表2-18 混凝土水灰比的允许最大值

运用情况	严寒地区	寒冷地区	温和地区
一般情况	0.50	0.55	0.60
受水流冲刷部位	0.45	0.50	0.50

(5)混凝土的坍落度可参照表2-19选定。

表 2-19 不同浇筑部位混凝土的坍落度 (单位:cm)

混凝土类别	部位		机械捣固	人工捣固
混凝土	渠底		1~3	3~5
	渠坡	有外模板	1~3	3~5
		无外模板	1~2	—
钢筋混凝土	渠底		2~4	3~5
	渠坡	有外模板	2~4	5~7
		无外模板	1~3	—

注:1. 低温季节施工时,坍落度宜适当减小;高温季节施工时,坍落度宜适当增大。

2. 采用衬砌机施工时,坍落度不大于 2 cm。

(6)大、中型渠道所用的混凝土,其水泥的最小用量宜不小于 225 kg/m^3;严寒地区宜不小于 275 kg/m^3。用人工捣固时,增加 25 kg/m^3;当掺用外加剂时,可减少 25 kg/m^3。

(7)混凝土的用水量及砂率可分别按表 2-20 及表 2-21 选用。

表 2-20 混凝土的用水量 (单位:kg/m^3)

坍落度(cm)	不同石料最大粒径(mm)的混凝土用水量		
	20	40	80
1~3	155~165	135~145	110~120
3~5	160~170	140~150	115~125
5~7	165~175	145~155	120~130

注:1. 表中值适用于卵石、中砂和普通硅酸盐水泥拌制的混凝土。

2. 用火山灰硅酸盐水泥时,用水量宜增加 15~20 kg/m^3。

3. 用细砂时,用水量宜增加 5~10 kg/m^3。

4. 用碎石时,用水量宜增加 10~20 kg/m^3。

5. 用减水剂时,用水量宜减少 10~20 kg/m^3。

表 2-21 混凝土的砂率

石料最大粒径(mm)	水灰比	砂率(%)	
		碎石	卵石
40	0.4	26~32	24~30
	0.5	30~35	28~33
	0.6	33~38	31~36

注:石料常用两级配,即粒径 5~20 mm 的占 40%~45%,粒径 20~40 mm 的占 55%~60%。

(8)渠道防渗工程所用水泥品种以 1~2 种为宜,并固定厂家。当混凝土有抗冻要求时,优先选择普通硅酸盐水泥;当灌溉水对混凝土有硫酸盐侵蚀时,优先选择抗硫酸盐水泥。

(9)粉煤灰等掺和料的掺量,大、中型渠道按《水工混凝土掺用粉煤灰技术规范》

(DL/T 5055—2007)通过试验确定;小型渠道混凝土的粉煤灰掺量可按表2-22选定。

表 2-22　粉煤灰掺量

水泥等级	混凝土性能指标		粉煤灰掺量(%)
	强度	抗冻	
32.5	C10	F50	20~40
	C15	F50	30
	C20	F50	25

(10)混凝土根据需要掺入适量外加剂,其掺量通过试验确定。

(11)设计细砂、特细砂混凝土配合比时,符合下列要求:①水泥用量较中砂、粗砂混凝土宜增加20~30 kg/m³,并宜掺加塑化剂,严格控制水胶比;②砂率较中砂混凝土减小15%~30%;③砂、石的允许含泥量,应符合《渠道防渗工程技术规范》(GB/T 50600—2010)的规定;④采用低流态或半干硬性混凝土时,坍落度不大于3 cm,工作度不大于30 s。

(12)喷射混凝土的配合比可参照下列要求,并通过试验确定:①水泥、砂和石料的质量比,宜为水泥:砂:石子=1:(2~2.5):(2~2.5);②宜采用中砂、粗砂,砂率宜为45%~55%,砂的含水率宜为5%~7%;③石料最大粒径不宜大于15 mm;④水灰比宜为0.4~0.5;⑤宜选用普通硅酸盐水泥,其用量为375~400 kg/m³;⑥速凝剂的掺量宜为水泥用量的2%~4%。

(二)防渗结构设计

防渗结构设计应符合下列规定:

(1)混凝土防渗结构形式见图2-4,按下列要求选定:①宜采用等厚板;②当渠基有较大膨胀、沉陷等变形时,除采取必要的地基处理措施外,对大、中型渠道宜采用楔形板、肋梁板、中部加厚板、Π形板;③小型渠道应采用整体式U形或矩形渠槽,槽长宜不小于1.0 m;④特种土基宜采用板膜复合式结构。

(2)当流速小于3 m/s时,梯形渠道混凝土等厚板的最小厚度应符合表2-23的规定;当流速为3~4 m/s时,最小厚度宜为10 cm;当流速为4~5 m/s时,最小厚度宜为12 cm;当水流中含有砾石类推移质时,渠底板的最小厚度为12 cm;渠道超高部分的厚度可适当减小,但不应小于4 cm。

表 2-23　混凝土防渗层的最小层度 δ　　(单位:cm)

工程规模	温和地区			寒冷地区		
	钢筋混凝土	混凝土	喷射混凝土	钢筋混凝土	混凝土	喷射混凝土
小型		4	4		6	5
中型	7	6	5	8	8	7
大型	7	8	7	9	10	8

(3)肋梁板和Π形板的厚度比等厚板可适当减小,但不应小于4 cm。肋高宜为板厚

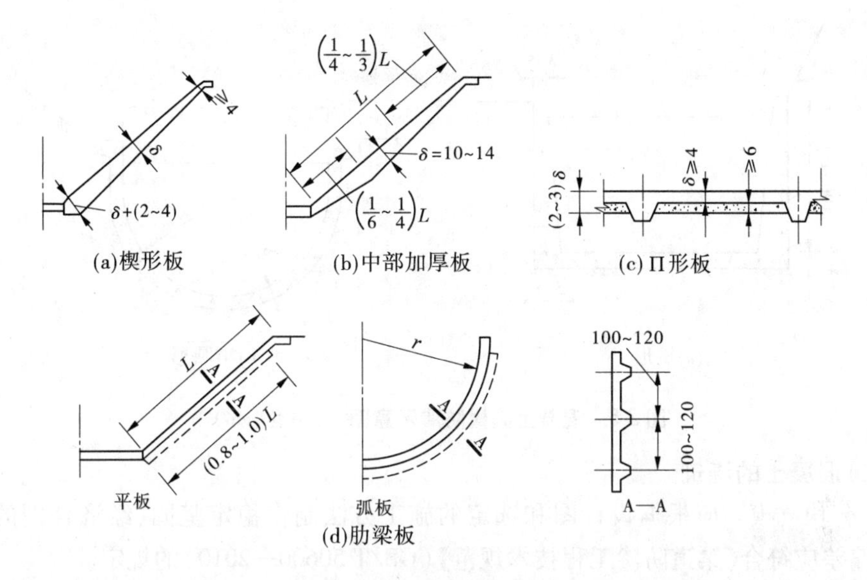

图2-4　混凝土防渗结构形式（单位:cm）

的2～3倍。楔形板在坡脚处的厚度比中部宜增加2～4 cm,中部加厚板部位的厚度宜为10～14 cm。板膜复合式结构的混凝土板厚度可适当减小,但不应小于4 cm。

(4)基土稳定且无外压力时,U形渠和矩形渠防渗层的最小厚度按表2-23选用;渠基土不稳定,或存在较大外压力,U形渠和矩形渠一般宜采用钢筋混凝土结构,并根据外荷载进行结构强度、稳定性及裂缝宽度验算。

(5)预制混凝土板的尺寸根据安装、搬运条件确定。

(6)钢筋混凝土无压暗渠的设计荷载包括自重、内外水压力、垂直和水平土压力、地面活荷载和地基反力等。

混凝土防渗结构应采用最大粒径不大于混凝土板厚度的1/3～1/2(钢筋混凝土应采用不大于钢筋净间距的2/3、板厚的1/4)、抗压强度为1.5倍混凝土强度的石料。温暖地区中、小型渠道的混凝土防渗结构,当没有合格石料时,允许采用抗压强度大于10.0 MPa的石料,拌制抗压强度为7.5～10.0 MPa的混凝土。混凝土衬砌防渗常采用板形、槽形等结构形式,见图2-4、图2-5。

三、混凝土防渗工程施工

混凝土防渗层的施工应依据设计及《水工混凝土施工规范》(SL 677—2014)进行。现将主要施工工序概述如下。

(一)施工准备

(1)混凝土用的碎石,要冲洗干净,不能含有风化石,砂的含泥量在3%以内。

(2)定线放样。严格测定渠道中线和纵横断面各点的位置和高程。

(3)清基整坡。无论是铺筑预制块或是现浇混凝土,都要进行清基整坡,并开挖好上、下齿墙。

(4)混凝土预制场要整平或用低强度等级砂浆打平,保证预制板均匀等厚。

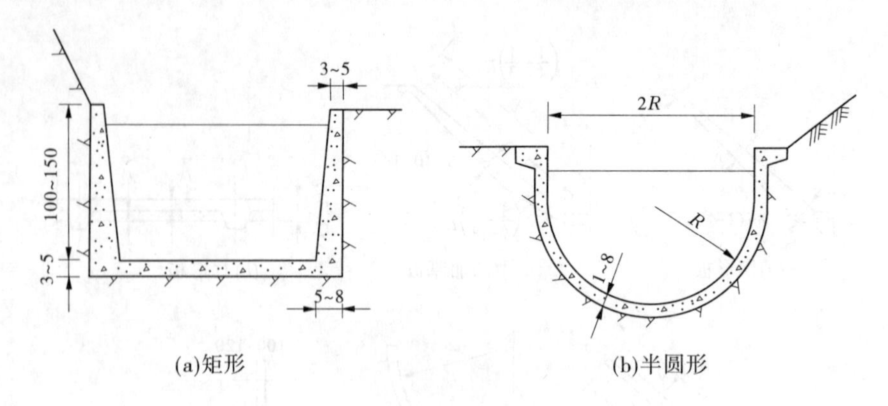

(a)矩形 (b)半圆形

图2-5 混凝土渠槽防渗示意图 （单位:cm）

(二)混凝土的浇筑

(1)分块立模。应根据设计图和选定的施工方法制作稳定坚固、经济合理的模板。其允许偏差应符合《渠道防渗工程技术规范》(GB/T 50600—2010)的规定。

(2)配料拌和。按设计配合比控制下料,严格控制水灰比。混凝土应采用机械拌和,拌和时间不应少于2 min。掺用掺合料、减水剂、引气剂的混凝土及细砂、特细砂混凝土用机械拌和的时间,应较中、粗砂混凝土延长1~2 min。例如人工拌,其拌和顺序及翻拌次数应遵守“三三”制,即首先把砂料和水泥干拌3次,直至颜色一致;再加适量的水,湿拌3次,使砂浆干湿均匀;最后加入石子及剩余水量,拌和3次,直至均匀。混凝土应随拌、随运、随用。因故发生分离、漏浆、严重泌水和坍落度降低等问题时,应在浇筑地点重新拌和。若混凝土初凝,应按废料处理。

(3)浇筑振捣。通常是先浇边坡,后浇渠底。渠坡、渠底一般都采用跳仓法浇筑(先浇单数块,后浇双数块),渠底有时也按顺序分块连续浇筑。浇筑混凝土前,土渠基应先洒水湿润;岩石渠基或需要与早期混凝土结合时,应将基岩与早期混凝土凿毛刷洗干净,铺一层厚度为1~2 cm的水泥砂浆,水泥砂浆的水胶比应较混凝土小0.03~0.05。混凝土宜采用机械振捣,使用表面式振动器时,振板行距宜重叠5~10 cm。振捣边坡时,应上行振动、下行不振动。使用小型插入式振捣器,或人工捣固边坡混凝土时,入仓厚度每层不应大于25 cm,并插入下层混凝土5 cm左右。振捣器不要直接碰撞模板、钢筋及预埋件。使用插入式振捣器捣固时,边角部位及钢筋预埋件周围应辅以人工捣固。机械和人工捣固的时间应以混凝土开始泛浆时为准。衬砌机的振动时间和行进速度宜经过试验确定。

(4)收面养护。现场浇筑混凝土完毕,应及时收面。细砂、特细砂混凝土应进行二次收面。收面后,混凝土表面应密实、平整、光滑,且无石子外露。混凝土预制板初凝后即可拆模,拆模后应指定专人立即洒水养护至少14 d。强度达到设计强度的70%以上时方可运输。

(5)混凝土预制板铺砌。应用水泥砂浆或水泥混合砂浆砌筑,水泥砂浆勾缝,安砌平整、稳固。砌缝宜用梯形或矩形缝,水平缝要一条线,垂直缝上、下错开,缝宽1.5~2.5 cm。缝内砂浆应填满、捣实、压平、抹光,初凝后定期洒水保养。

混凝土伸缩缝应按设计要求施工。采用衬砌机浇筑混凝土时,可用切缝机或人工切制半缝形的伸缩缝,并按相关规范的规定填充。伸缩缝填充前,应将缝内杂物、粉尘清除干净,并保持缝壁干燥。伸缩缝宜用弹塑性止水材料,如焦油塑料胶泥填筑,或缝下部填焦油塑料胶泥,上部用沥青砂浆填筑。

(三)U 形渠槽浇筑

U 形渠槽浇筑方法与等厚板基本相同。其施工顺序是先立边挡板架,浇筑底部中间部分;再立内模架,安装弧面部分的模板,两边同时浇筑;最后立直立段模板,直至顶部。其他如浇捣要求、拆模、收面、养护等同等厚板浇筑。U 形渠道砌体薄,曲面多,人工浇筑较困难。近年来,用衬砌机浇筑较为广泛。它具有混凝土密实、质量好、效率高、模板用材少、施工费用低等优点。目前常用的衬砌机主要有 D40、D60、D80、D100、D120 等几种,可根据工程实际情况选用。

任务五　膜料防渗技术

一、膜料防渗的特点

膜料防渗就是用不透水的土工织物(土工膜)来减少或防止渠道渗漏损失的技术措施。

土工膜是一种薄型、连续、柔软的防渗材料,具有以下主要特点:

(1)防渗性能好。膜料防渗渠道一般可减少渗漏水量 90% ~95% 。

(2)适应变形能力强。土工膜具有良好的柔性、延伸性和较强的抗拉能力,不仅适用于各种不同形状的渠道断面,而且适用于可能发生沉陷和位移的渠道。

(3)质轻、用量少、运输量小。土工膜薄且质轻,故单位重量的膜料衬砌面积大,用量少,同时运输量也小。

(4)施工简便,工期短。土工膜质轻、用量少,施工主要是挖填土方、铺膜和膜料接缝处理等,不需要复杂的技术,方法简便易行,能大大缩短工期。

(5)耐腐蚀性强。土工膜具有较好的抵抗细菌侵害和化学作用的性能,它不受酸、碱和土壤微生物的侵蚀,因此特别适用于有侵蚀性水文地质条件及盐碱化地区的渠道或排污渠道的防渗工程。

(6)造价低。据经济分析,每平方米塑膜防渗的造价为混凝土防渗的 1/10 ~1/5,或为浆砌卵石防渗的 1/10 ~1/4。一层塑膜的造价仅相当于 1 cm 厚混凝土板的造价。

以上为膜料防渗的优点,其缺点是抗穿刺能力差,易老化,与土的摩擦系数小,不利于渠道边坡稳定。

二、膜料防渗的类型

膜料的基本材料是聚合物和沥青,但种类很多,可按下述两种方法分类。

(一)按防渗材料分类

(1)塑料类。如聚乙烯、聚氯乙烯、聚丙烯和聚烯烃等。

(2)合成橡胶类。如异丁烯橡胶、氯丁橡胶等。

(3)沥青和环氧树脂类。

(二)按加强材料组合分类

(1)不加强土工膜。①直喷式土工膜:在施工现场直接用沥青、氯丁橡胶混合液或其他聚合物液喷射在渠床上,一般厚度为3 mm;②塑料薄膜:在工厂制成聚乙烯、聚氯乙烯、聚丙烯等薄膜,一般厚度为0.12~0.24 mm。

(2)加强土工膜。用土工织物(如玻璃纤维布、聚酯纤维布、尼龙纤维布等)做加强材料。例如,在玻璃纤维布上涂沥青玛琋脂压制而成的沥青玻璃纤维布油毡,厚度为0.60~0.65 mm;用聚酯平布加强,上涂氯化聚乙烯,膜料厚度为0.75 mm;用裂膜聚酯编织布加强,上涂氯磺化聚乙烯,膜料厚度0.9 mm等。

(3)复合土工膜。用土工织物做基料,将不加强的土工膜或聚合物用人工或机械方法,把两者合成的膜料称为复合土工膜,可分单面复合土工膜(在土工织物上复合一层不加强的土工膜)和双面复合土工膜(在不加强土工膜的两面复合土工织物的土工膜)。

目前,我国渠道防渗工程普遍采用聚乙烯和聚氯乙烯塑膜,其次是沥青玻璃纤维布油毡。此外,复合土工膜和线性低密度聚乙烯等其他塑膜近几年也在陆续采用。聚乙烯和聚氯乙烯塑膜的性能应符合表2-24的要求。沥青玻璃纤维布油毡的性能除应符合表2-25的要求外,还应厚度均匀,无漏涂、划痕、折裂、气泡及针孔,在0~40 ℃气温下易于展开。

表2-24　聚乙烯和聚氯乙烯塑膜的技术要求

技术项目	聚乙烯	聚氯乙烯
密度(kg/m^3)	≥900	1 250~1 350
断裂拉伸强度(MPa)	≥12	纵≥15,横≥13
断裂伸长率(%)	≥300	纵≥220,横≥200
撕裂强度(kN/m)	≥40	≥40
渗透系数(cm/s)	$<10^{-11}$	$<10^{-11}$
低温弯折性	-35 ℃无裂纹	-20 ℃无裂纹
-70 ℃低温冲击脆化性能	通过	—

表2-25　沥青玻璃纤维布油毡的技术要求

项目	技术指标
单位面积涂盖材料质量(g/m^2)	≥500
不透水性(动水压法,保持15 min)(MPa)	≥0.3
吸水性(24 h,18 ℃±2 ℃)($g/100\ cm^2$)	≤0.1
耐热度(80 ℃,加热5 h)	涂盖无滑动,不起泡
抗剥离性(剥离面积)	≤2/3
柔度(0 ℃下,绕直径20 mm圆棒)	无裂纹
拉力(18 ℃±2 ℃下的纵向拉力)(kg/2.5 cm)	≥54.0

三、膜料防渗工程设计

(一)材料选择

塑膜的变形性能好、质轻、运输量小,宜优先选用。因深色塑膜的透明度差,较浅色膜的吸热量大,有利于抑制杂草生长和防止冻害,所以中、小型渠道宜用厚度为0.2~0.3 mm的深色塑膜,大型渠道宜用厚度为0.3~0.6 mm的深色塑膜,小型渠道也可选用厚度不小于0.12 mm的塑膜。特种土基,应结合基土处理情况采用厚度为0.2~0.6 mm的深色塑膜。在寒冷和严寒地区,可优先采用聚乙烯膜;在芦苇等穿透性植物丛生地区,可优先采用聚氯乙烯膜。

沥青玻璃纤维布油毡(简称油毡),抗拉强度较塑膜大,不易受外力破坏,施工方便,工程中也可选用,中、小型渠道宜用厚度为0.6~0.65 mm的油毡。为了提高油毡抗老化能力,保证工程寿命,应选用无碱或中碱玻璃纤维布机制的沥青玻璃纤维布油毡。

有特殊要求的渠基宜采用复合土工膜。复合土工膜具有防渗和平面导水的综合功能,抗拉强度较高,抗穿透和老化等性能好,可不设过渡层,但价格较高,适用于地质及水文地质条件差、基土冻胀性较大或标准较高的渠道防渗工程。根据工程具体条件可选用单面复合或双面复合土工膜。例如用塑膜复合无纺布而成的复合土工膜,其厚度一般为1~3 mm。

(二)防渗结构类型

膜料防渗结构一般都采用埋铺式膜料防渗。

埋铺式膜料防渗结构如图2-6所示,一般包括膜料防渗层、过渡层、保护层等。无过渡层

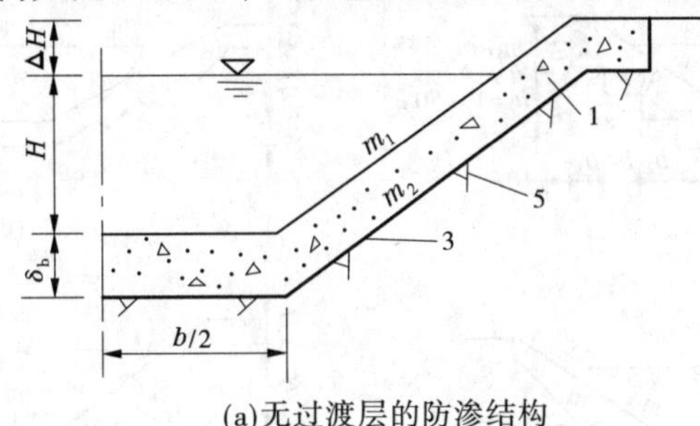

(a)无过渡层的防渗结构

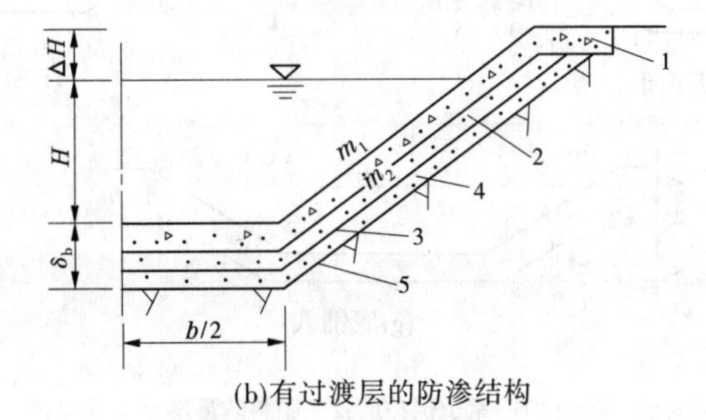

(b)有过渡层的防渗结构

1—黏性土、灰土或混凝土、石料、沙砾石等保护层;2—膜上过渡层;
3—膜料防渗层;4—膜下过渡层;5—土渠基或岩石、沙砾石渠基

图2-6 埋铺式膜料防渗结构

的防渗结构(见图2-6(a))适用于土渠基和用黏性土、水泥土做保护层的防渗工程;有过渡层的防渗结构(见图2-6(b))适用于岩石、沙砾石、土渠基和用石料、沙砾石、现浇碎石混凝土或预制混凝土做保护层的防渗工程;当采用复合土工膜做防渗层时,可不再设过渡层。过渡层材料,在温和地区宜选用灰土或水泥土;在寒冷和严寒地区宜选用水泥砂浆。采用素土及砂料做过渡层时,应采取防止淘刷的措施。

膜料防渗层按铺膜范围可分为全铺式、半铺式和底铺式三种。全铺式为渠坡、渠底全铺,渠坡铺膜高度与渠道正常水位齐平;半铺式为渠底全铺,渠坡铺膜高度为渠道正常水位的1/2~2/3;底铺式仅铺渠底。一般多采用全铺式膜料防渗渠道。半铺式和底铺式主要适用于宽浅式渠道,或渠坡有树木的改建渠道。

素土渠基铺膜基槽断面形式有梯形、台阶形、锯齿形和五边形等,如图2-7所示。在设计中应根据渠道的流量、流速、渠基土质、边坡系数、保护层材料、芦苇生长等因素,综合分析选择。全铺式塑膜防渗宜选用梯形、台阶形、五边形和锯齿形铺膜断面;半铺式和底铺式塑膜防渗可选用梯形铺膜基槽断面。油毡防渗宜选用梯形和五边形铺膜基槽断面。

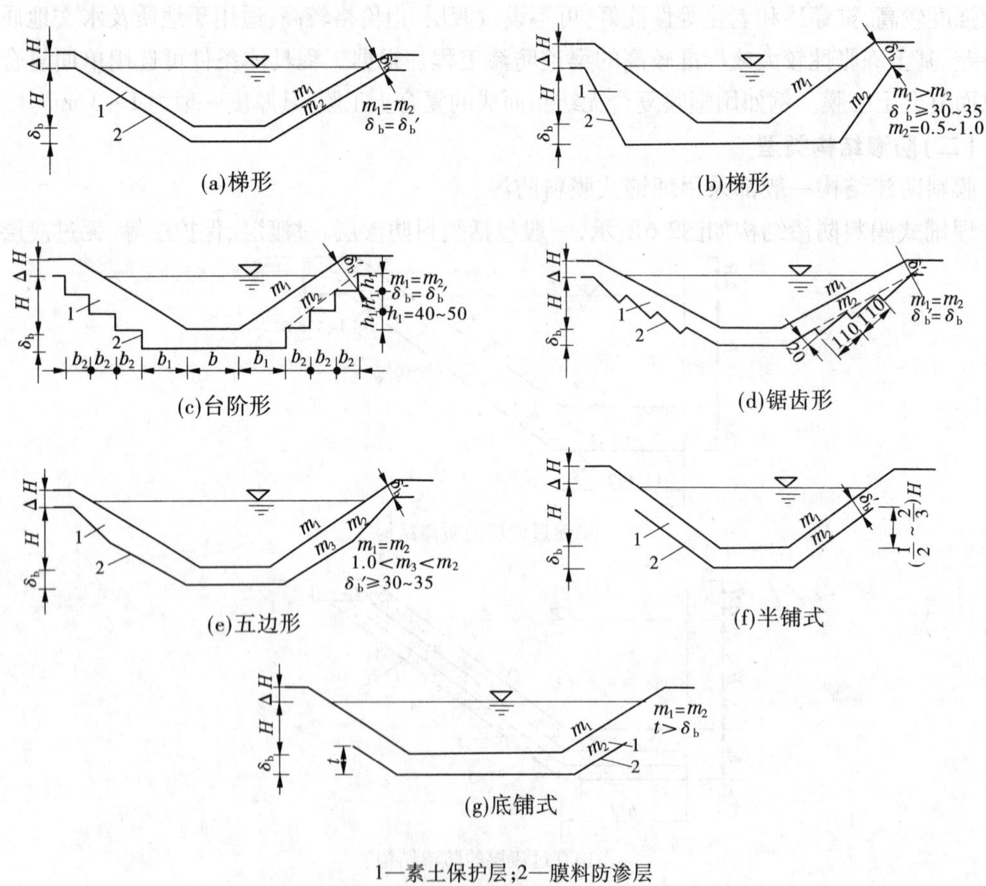

1—素土保护层;2—膜料防渗层

图2-7　铺膜基槽断面形式　(单位:cm)

(三)保护层厚度及干密度

根据国内外工程实践资料,并考虑我国南、北方气候不同等因素,土保护层厚度应按下列要求选定:

(1)当 $m_1=m_2$时,全铺式的梯形、台阶形、锯齿形断面,半铺式的梯形和底铺式断面,其保护层厚度、边坡与渠底相同。根据渠道流量大小和保护层土质情况,按表 2-26 选用。

表 2-26　土保护层的厚度　(单位:cm)

保护层土质	不同渠道设计流量(m^3/s)的土保护层的厚度			
	<2	2~5	5~20	>20
沙壤土、轻壤土	45~50	50~60	60~70	70~75
中壤土	40~45	45~55	55~60	60~65
重壤土、黏土	35~40	40~50	50~55	55~60

(2)当 $m_1\neq m_2$时,梯形和五边形渠底土保护层的厚度按表 2-26 选用,渠坡膜层顶部土保护层的最小厚度,温暖地区为 30 cm、寒冷和严寒地区为 35 cm。

土保护层的厚度还可根据渠道水深用式(2-3)、式(2-4)计算,即

温暖地区
$$\delta_b=\frac{h}{12}+25.4 \tag{2-3}$$

寒冷和严寒地区
$$\delta_b=\frac{h}{10}+35.0 \tag{2-4}$$

式中　δ_b——土保护层厚度,cm;

h——渠道水深,cm。

土保护层的设计干密度应通过试验确定。无试验条件时,若采用压实法施工,则壤土和沙壤土的干密度不小于 1.50 g/cm^3;若采用浸水泡实法施工,则沙壤土、轻壤土、中壤土的干密度宜为 1.40~1.45 g/cm^3。

(四)防渗体与建筑物的连接

防渗体与渠系建筑物的连接是否正确,将直接影响渠道防渗效果和工程使用寿命。因此,应用黏结剂将膜料与建筑物粘牢,建筑物不过水部分与膜料应有足够的搭接宽度。土保护层与跌水、闸、桥连接时,应在建筑物上下游改用石料、水泥土、混凝土保护层,以防流速、流态变化及波浪淘刷等影响,引起边坡滑塌等事故。水泥土、石料和混凝土保护层与建筑物连接,应按相关规范要求设置伸缩缝。

四、膜料防渗工程施工

膜料防渗工程施工过程大致可分为基槽开挖、膜料加工及铺设、保护层施工等三个阶段。岩石、沙砾石基槽或用沙砾料、刚性材料做保护层的膜料防渗工程,在铺膜前后还要进行过渡层施工。

(一)基槽开挖

基槽开挖应按渠道设计断面和防渗结构设计,沿渠道纵向分段进行,必须清除渠床杂草、树根、瓦砾、碎砖、料姜石、硬土块等杂物和淤积物。各种基槽断面形式的开挖均应保证渠坡的稳定,且有利于施工。渠道填方部分,先填到铺膜高度,其上部可与保护层一起填筑。渠槽开挖应严格控制基槽的高程和断面尺寸,防止超挖,并保证保护层的厚度。渠槽土基要夯实、整平、顺直。岩石或沙砾石基槽要用适宜材料(砂浆、水泥土和砂等)整平,并铺设过渡层。

(二)膜料加工及铺设

膜料加工主要是指剪裁和接缝等工作。成卷膜料应根据铺膜基槽断面尺寸大小及每段长度剪裁。剪裁时,应考虑膜料的伸缩性、搭接、搬运、铺设等因素,一般应比基槽实际轮廓长度长5%。

膜料连接的处理方法有搭接法、焊接法和黏接法等。搭接法主要用于小型的膜料防渗渠道,或大块膜料施工中的现场连接,搭接宽度一般为20 cm。膜层应平整,层间要洁净,且上游一幅压下游一幅,并使缝口吻合紧密,接缝垂直于水流方向铺设膜层。焊接法是用专用焊接机或电熨斗焊接。焊接温度可在现场通过试验确定,一般为160~180 ℃,焊接宽度一般为5~6 cm。黏接法是用专门的或配制的胶黏剂进行黏接。黏接宽度一般为15~20 cm,黏接面必须干净。油毡多采用热沥青或沥青玛瑺脂黏接。

铺膜基槽检验合格后,可在基槽表面洒水湿润,先将膜料下游端与已铺膜料或原建筑物焊接(或黏接)牢固,再向上游拉展铺开,自渠道下游向上游,由渠道一岸向另一岸铺设膜料,不要拉得太紧,特别是塑膜要留有均匀的小褶皱。铺膜速度应和过渡层、保护层的填筑速度相配合,当天铺膜,当天应填筑好过渡层和保护层,以免膜层裸露时间过长。无论什么基槽形式和铺膜方式,都必须使膜料与基槽紧密吻合和平整,并将膜下空气完全排出来。注意检查并粘补已铺膜层的破孔,粘补膜应超出破孔周边10~20 cm。施工人员应穿胶底鞋或软底鞋,谨慎施工。

(三)保护层施工

土保护层施工,一般采用压实法;如果保护层土料是沙土、湿陷性黄土等不易压实的土类,可采用浸水泡实法。

(1)压实法。填土时,应先将土中的草根、苇根、树根、乱砾等杂物拣出。第一层最好使用湿润松软的土料,从上游向下游填土,并注意排气。根据保护层的厚度,可一次回填或分层回填。人工夯实,每次铺土厚为20 cm;履带式拖拉机碾压,每次铺土厚为30 cm。禁止使用羊脚碾压实。各回填段接槎处应按斜面衔接。

(2)浸水泡实法。这种方法是一次性填筑好保护层,然后往渠中放水浸泡。填筑过程中,应将填土稍加拍实。填筑尺寸预留10%~15%的沉陷量。放水时注意逐渐抬高水位,待保护层反复浸水沉陷稳定后,再缓慢泄水,填筑裂缝并拍实,整修成设计断面。

沙砾料保护层施工时,首先将膜料铺好,再铺膜面过渡层,最后铺筑符合级配要求的沙砾料保护层,并逐层插捣或振压密实。压实度不应小于0.93,渠道断面应符合设计要求。

任务六 渠道防冻胀技术

一、渠道冻胀破坏形式

(一)渠道防渗工程冻害类型

由于负气温对渠道防渗衬砌工程的破坏作用而使其失去了防渗意义,统称为渠道防渗工程的冻害。

渠道冻害破坏类型有冻胀破坏、冰冻破坏、冻融破坏。冻胀破坏为渠基土冻胀和融沉对混凝土衬砌结构的破坏,破坏形式为衬砌体的鼓胀、裂缝、隆起、滑塌等。冰冻破坏为冬季输水渠道水体结冰对混凝土衬砌结构的破坏,破坏形式为衬砌体的移位、鼓胀、渠水漫溢、溃渠等。冻融破坏为混凝土衬砌材料内部孔隙水的冻融导致衬砌板的破坏,破坏形式为衬砌体的裂缝、表层剥落、冻酥等。

1.渠道防渗材料的冻融破坏

渠道防渗材料具有一定的吸水性,这些吸入到材料内的水分在负气温下冻结成冰,体积发生膨胀。当这种膨胀作用引起的应力超过材料强度时,就会产生裂缝并增大吸水性,使第二个负气温周期中结冰膨胀破坏的作用加剧。如此经过多次冻结-融化循环和应力的作用,使材料破坏、剥蚀、冻酥,从而使结构完全受到破坏而失去防渗作用。

2.渠道中水体结冰造成防渗工程破坏

当渠道在负气温期间通水时,渠道内的水体发生冻结。在冰层封闭且逐渐加厚时,对两岸衬砌体产生冰压力,造成衬砌体破坏或产生破坏性变形。

3.渠道基土冻融造成防渗工程破坏

由于渠道渗漏、地下水和其他水源补给、渠道基土含水率较高,在冬季负气温作用下,土壤中的水分发生冻结而造成土体膨胀,使混凝土衬砌开裂、隆起而折断;在春季消融时又造成渠床表土层过湿、疏松而使基土失去强度和稳定性,导致衬砌体的滑塌。

(二)渠道冻胀产生的原因

1.渠床水分

土体冻结前,其本身的含水率决定着土体的冻胀与否,只有当土中水分超过一定界限值时,才能产生冻胀。在无外界水源补给时,土体的冻胀强弱主要取决于土中含水率;在有外界水源补给时,尽管土体初始含水率不大,但在冻结时外界水源的补给却可使土体的冻胀性剧烈增加。

2.渠床土质

能发生冻胀的土称为冻结敏感性土。冻结过程中的水分积聚和冻胀与土质密切相关,通常认为与土的粉黏粒含量成正相关。当渠床为细粒土,特别是粉质土时,在渠床土含水率较大,且有地下水补给时,就会产生很大的冻胀量。粗颗粒土壤则冻胀量较小。

3.温度

温度条件包括外界负气温、土温、土中的温度梯度和冻结速度等。土的冻胀过程的温度特征值有冻胀起始温度和冻胀停止温度,土的冻胀停止温度值表征当温度达到该值后,土中水的相变已基本停止,土层不再继续冻胀。不同土的冻胀停止温度不同。在封闭系统中,黏土的冻胀停止温度为 -10~-8 ℃、亚黏土的为 -7~-5 ℃、亚沙土的为 -5~-3 ℃、沙土的为 -2 ℃。

4. 压力

增加土体外部荷载可抑制一部分水分迁移和冻胀。如果继续增加荷载,使其等于土粒中冰水界面产生的界面能量,则冻结锋面将不能吸附未冻土体中的水分,土体冻胀停止。为防止地基土的冻胀所需的外荷载是很大的,因而单纯依靠外荷载抑制冻胀是不现实的。

5. 人为因素

渠道防渗衬砌工程会由于施工和管理不善而加重冻害破坏,如抗冻胀换基材料不符合质量要求或铺设过程中掺混了冻胀性土料;填方质量不善引起沉陷裂缝或施工不当引起收缩裂缝,加大了渗漏,从而加重了冻胀破坏;防渗层施工未严格按施工工艺要求,防渗效果差,使冻胀加剧;排水设施堵塞失效,造成土层中壅水或长期滞水等。另外,渠道停水过迟,土壤中水分不及时排除就开始冻结。开始放水的时间过早,甚至还在冻结状态下,极易引起水面线附近部位的强烈冻胀,或在冻结期放水后又停水,常引起滑塌破坏;对冻胀裂缝不及时修补,引起裂缝年复一年的扩大,变形积累,造成破坏。

三、渠道防冻胀措施

根据冻害成因分析,防渗工程是否产生冻胀破坏、其破坏程度如何,取决于土冻结时水分迁移和冻胀作用,而这些作用又与当时当地的土质、土的含水率、负气温及工程结构等因素有关。因而,防治衬砌工程的冻害,要针对产生冻胀的因素,根据工程具体条件从渠系规划布置、渠床处理、排水、保温,以及衬砌的结构形式、材料、施工质量、管理维修等方面着手,全面考虑。

(一)回避冻胀法

回避冻胀是在渠道衬砌工程的规划设计中,注意避开出现较大冻胀量的自然条件,或者在冻胀性土存在地区,注意避开冻胀对渠道工程的作用。

回避冻胀法有以下几种:

(1)避开较大冻胀存在的自然条件。规划设计时,应尽可能避开黏土、粉质土壤、松软土层、淤泥土地带、有沼泽和高地下水位的地段,选择透水性较强且不易产生冻胀的地段或地下水位埋藏较深的地段,将渠底冻结层控制在地下水毛管补给高度以上。

(2)置槽措施。置槽可避免侧壁与土接触以回避冻胀,常被用于中小型填方渠道上,是一种廉价的防治措施。

(3)埋入措施。将渠道做成管或涵埋入冻结深度以下,可以免受冻胀力、热作用力等影响,是一种可靠的防冻胀措施,它基本上不占地,易于适应地形条件。

(4)架空渠槽。用桩、墩等构筑物支撑渠槽,使其与基土脱离,避免冻胀性基土对渠槽的直接破坏作用,但必须保证桩、墩等不被冻拔。此法形似渡槽,占地少,易于适应各种地形条件,不受水头和流量大小限制,管理、养护方便,但造价高。

(二)消减冻胀法

当估算渠道冻胀变形值较大,且渠床在冻融的反复作用下,可能产生冻胀累积或后遗性变形情况时,可采取消减冻胀的措施,将渠床基土的最大冻胀量消减到衬砌结构允许变位范围内。

消减冻胀措施有以下几种:

(1)置换法。置换法是在冻结深度内将衬砌板下的冻胀性土换成非冻胀性材料的一种方法,通常采用铺设沙砾石垫层。沙砾石垫层不仅本身无冻胀,而且能排除渗水和阻止下层水向表层冻结区迁移,所以沙砾石垫层能有效地减少冻胀,防止冻害现象发生。

(2)隔垫保温。将隔热保温材料(如炉渣、石蜡渣、泡沫水泥、蛭石粉、玻璃纤维、聚苯乙烯泡沫板等)布设在衬砌体背后,以减轻或消除寒冷因素,并可减小置换深度,隔断下层土的水分补给,从而减轻或消除渠床的冻深和冻胀。

目前采用较多的是聚苯乙烯泡沫塑料,具有自重轻、强度高、吸水性低、隔热性好、运输和施工方便等优点,主要适用于强冻胀大中型渠道,尤其适用于地下水位高于渠底冻深范围且排水困难的渠道。

(3)压实法。压实法可使土的干密度增加,孔隙率降低,透水性减弱。密度较高的压实土冻结时,具有阻碍水分迁移、聚集,从而消减甚至消除冻胀的能力。压实法尤其对地下水影响较大的渠道有效。

(4)防渗排水。当土中的含水率大于起始冻胀含水率时,才明显地出现冻胀现象。因此,防止渠水和渠堤上的地表水入渗,隔断水分对冻层的补给,以及排除地下水,是防止地基土冻胀的根本措施。

(三)优化结构法

所谓优化结构法,就是在设计渠道断面衬砌结构时采用合理的形式和尺寸,使其具有消减、适应、回避冻胀的能力。

弧形渠底梯形断面和U形渠道已在许多工程中应用,证明对防止冻胀有效。弧形渠道梯形断面适用于大中型渠道,虽然冻胀量与梯形断面相差不大,但变形分布要均匀得多,消融后的残余变形小,稳定性强;U形断面适用于小型支渠、斗渠,冻胀变形为整体变位,且变位较均匀。

(四)加强运行管理

冬季不行水渠道,应在基土冻结前停水;冬季行水渠道,在负气温期宜连续行水,并保持在最低设计水位以上运行。

每年应进行一次衬砌体裂缝修补,使砌块缝间填料保持原设计状态,衬砌体的封顶应保持完好,不允许有外水流入衬砌体背后。

应及时维修各种排水设施,保证排水畅通。冬季不行水渠道,应在停水后及时排除渠内和两侧排水沟内积水。

小 结

渠道渗漏水量占渠系损失水量的绝大部分,在加强渠系配套和维修养护、实行科学的水量调配、提高灌区管理水平的同时，对渠道进行衬砌防渗，减少渗漏水量，提高渠系水利用系数，是节约水量、实现节水灌溉的重要措施。

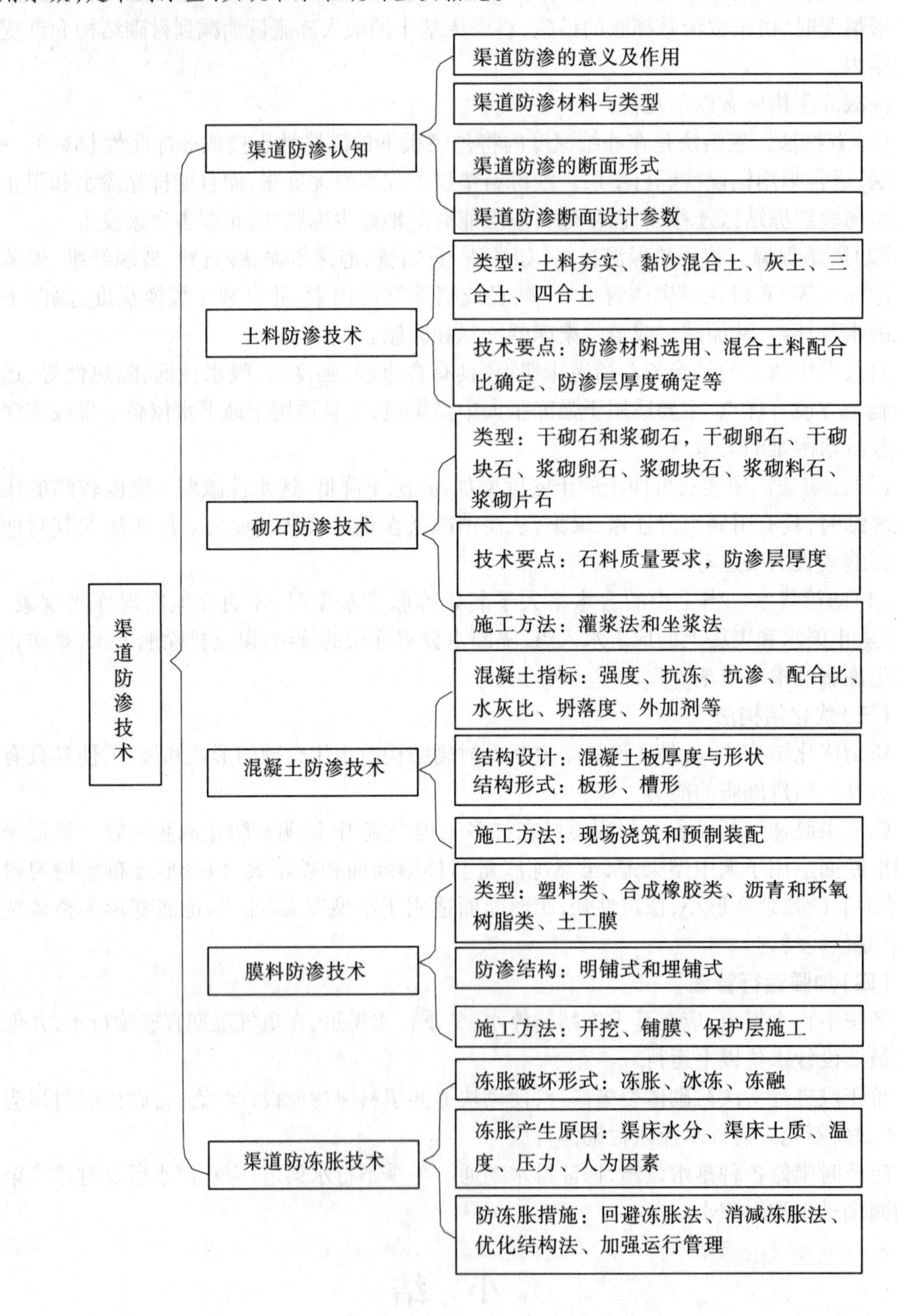

思考与练习题

一、填空题

1. 渠道衬砌防渗按其所用材料的不同，一般分为________、________、________及________等类型。

2. 土料防渗包括________、________、________等。

3. 砌石防渗具有________、________、________、________等优点。石料有________、________、________、________等。砌筑方法有________和________两种。

4. 混凝土衬砌渠道是目前广泛采取的一种渠道防渗措施，它的优点是________、________、________，可提高渠道输水能力，减小渠道断面尺寸，适应性广、管理方便。混凝土衬砌方法有________和________两种。混凝土衬砌渠道的断面形式常为________或________。

5. 沥青防渗材料主要有________、________、________等。沥青材料防渗具有________、________、________、________、________、________、等优点。

6. 膜料防渗具有________、________、________、________、________、________、________等优点。________防渗是膜料防渗中采用最为广泛的一种，目前通用的塑料薄膜为________和________。

7. 渠道冻害破坏类型有________、________、________。

二、名词解释

1. 混凝土防渗　2. 膜料防渗　3. 最优含水率　4. 复合土工膜
5. 冻胀破坏　6. 冰冻破坏　7. 冻融破坏

三、简答题

1. 简述渠道防渗的意义。
2. 简述渠道衬砌防渗的作用。
3. 渠道衬砌防渗类型的选择依据是什么？
4. 土料防渗有哪些优缺点？
5. 土料防渗有哪些技术要求？
6. 怎样选定土料配合比？
7. 怎样确定土料防渗结构厚度？
8. 土料防渗工程施工前应做好哪些准备工作？
9. 土料防渗结构施工的技术要求是什么？
10. 混凝土防渗的技术要求是什么？
11. 砌石防渗对石料的质量有什么要求？
12. 混凝土防渗对混凝土材料的性能有什么要求？

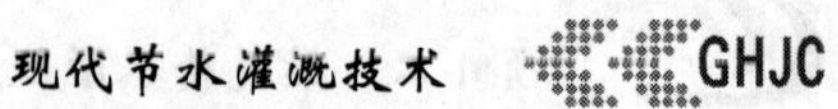

13.砌石防渗宜采取哪些措施防止渠基淘刷,提高防渗效果?
14.混凝土防渗工程施工工序有哪些?
15.膜料防渗材料的性能有哪些要求?
16.怎样选择膜料防渗所用的膜料材料?怎样选择膜料防渗结构类型?
17.怎样进行膜料防渗工程施工?
18.渠道冻胀产生的原因有哪些?
19.渠道防冻胀措施有哪些?

项目三 低压管道输水灌溉技术

【学习目标】

1. 了解低压管道输水灌溉工程的类型、适应条件和发展方向；
2. 了解低压管道输水灌溉工程的组成及特点；
3. 了解各种管材和管件的类型、规格、优缺点及适用范围；
4. 掌握低压管道输水灌溉工程的资料收集、整理及规划设计方法；
5. 掌握低压管道灌溉工程的管道铺设施工过程；
6. 掌握低压管道输水灌溉工程的运行管理内容。

【技能目标】

1. 能根据地形条件选择合理的低压管道输水灌溉工程的类型；
2. 能进行低压管道输水灌溉工程规划设计，能进行管网的水力计算、确定管径，选择水泵及动力型号；
3. 根据灌区的实际情况，能合理选择低压管道输水工程的管材和管件；
4. 能进行低压管道灌溉工程的管网的施工与安装；
5. 会进行低压管道灌溉工程设备常见问题的维护与处理。

任务一 低压管道输水灌溉的认识

低压管道输水灌溉技术是利用低能耗机泵或由地形落差所提供的自然压力水头将灌溉水加压，然后通过输配水管网，将灌溉水由出水口送到田间进行灌溉，以满足作物的需水要求。在输配水上，它是以管网代替明渠输配水的一种农田水利工程形式；而在田间灌水上，通常采用畦灌、沟灌等地面灌水方法。与喷灌、微灌相比，其末级管道出水口处的工作压力常常较低，一般仅为0.002～0.003 MPa（相当于20～30 cm水头）。由于管道系统的工作压力一般不超过0.4 MPa，故称为低压管道输水灌溉技术。

一、低压管道输水灌溉工程的特点与组成

（一）特点

1. 节水节能

管道输水减少渗漏损失和蒸发损失，与土渠相比，水利用率提高了30%～40%，比混凝土等衬砌方式节水5%～15%。而对于机井灌区，节水就意味着降低能耗。

2. 省地省工

用土渠输水，田间渠道用地一般占灌溉面积的1%～2%，多的达3%～5%，而管道输水，只占灌溉面积的0.5%，提高了土地利用率。同时管道输水速度快，避免了跑水、漏水现象，缩短了灌水周期，节省了巡渠和清淤维修用工。

3. 安全、经济、适应性强

低压管道输水灌溉工程是将管道系统中的各种设施与其他水利设施连接起来,使其成为一个有机的整体,能满足管理安全、设施经济可行等条件。另外,压力管道输水,可以越沟、爬坡和跨路,不受地形限制,施工安装方便,便于群众掌握,便于推广。

4. 增产

利用管道输配水灌溉,不仅减少了输水损失,而且扩大了灌溉面积和增加了灌溉次数,还因输水速度较快而有利于向作物适时适量地供水和灌水,从而有效地满足作物的需水要求,提高了作物的单位水量的产量。

低压管道输水灌溉系统与渠道灌溉系统相比,主要是建筑物类型比较多,需要的材料和设备多,因此其单位面积投资相对较高。

(二)低压管道输水灌溉系统的组成

低压管道输水灌溉系统由水源及首部枢纽、输配水管网系统和田间灌水系统三部分组成(见图3-1)。

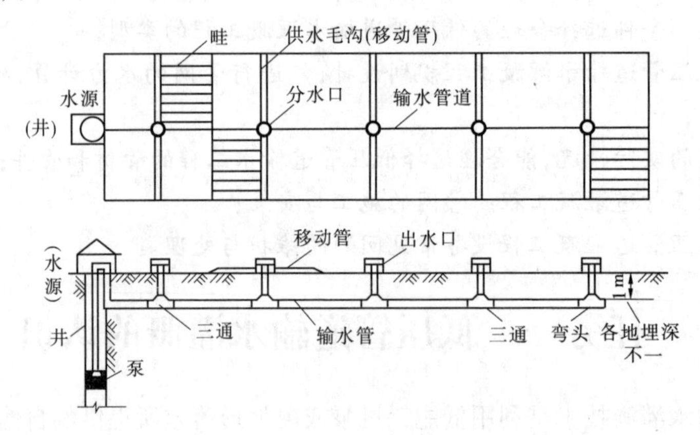

图3-1 低压管道输水灌溉工程组成

1. 水源及首部枢纽

水源有井、泉、沟、渠道、塘坝、河湖和水库等。与渠道灌溉水系统比较,低压管道灌更应注意水质,水质应符合《农田灌溉用水标准》(GB 5084—2005),且不含有大量杂草、泥沙等杂物。

首部枢纽形式取决于水源类型,作用是从水源取水并进行处理,以符合管网和灌溉在水量、水质和水压三方面的要求。低压管道输水灌溉系统中的灌溉水需要有一定的压力,一般是通过机泵加压,也可利用自然落差进行加压。对于大中型提水灌区,首部枢纽需要设置拦污栅、进水闸、分水闸、沉沙池及泵房等配套建筑物,作用是保证有足够的水量供应,同时保证水质清洁,避免管网堵塞。对于井灌区,首部枢纽应根据用水量和扬程大小,选择适宜的水泵和配套动力机、压力表及水表,并建有管理房。在有自然地形落差可利用的地形,应尽可能地发展自压式管道输水灌溉系统,以节省投资。

2. 输配水管网系统

输配水管网系统是指低压管道输水灌溉工程中的各级管道、管件、分水设施、保护装置及其他附属设施和附属建筑物。通常由干管、支管两级管道组成,干管起输水作用,支

管起配水作用。若输配水管网控制面积较大,管网可由干管、分干管、支管和分支管等多级管道组成。附属设备与建筑物包括给水栓、出水口、退水闸阀、倒虹吸管、有压涵管、放水井等。

3. 田间灌水系统

田间灌水系统指出水口以下的田间部分,它仍属地面灌水,因而应采用地面节水灌溉技术,达到灌水均匀、减少灌水定额的目的。常用的方法有:①采用田间移动软管输水,采用退水管法(或脱袖法)灌水;②采用田间输水垄沟输水,在田间进行畦灌、沟灌等地面灌水方法。

(三)低压管道输水灌溉工程的分类

低压管道输水灌溉系统按其压力获取方式、管网形式、管网可移动程度等可分为以下类型。

1. 按压力获取方式分类

按压力获取方式可分为机压输水系统和自压输水系统。

(1)机压输水系统。当水源的水位低于灌区的地面高程,或虽然略高一些但不足以提供灌区管网输水和灌水时所需要的压力时,则需要利用水泵机组进行加压。它又分为水泵直送式和蓄水池式。当水源水位不能满足自压输水要求时,要利用水泵加压将水输送到所需要的高度或蓄水池中,通过分水口或管道输水至田间。目前,井灌区大部分采用直送式。

(2)自压输水系统。在水源位置较高,水源水位高程高于灌区地面高程,可利用地形自然落差所提供的水头作为管道输水和灌水时所需要的工作压力。在丘陵地区的自流灌区多采用这种形式。

2. 按管网形式分类

按管网形式可分为树状网和环状网两种类型。

(1)树状网。管网成树枝状,水流通过"树干"流向"树枝",即从干管流向支管、分支管,只有分流而无汇流,见图3-2(a)。

(2)环状网。管网通过节点将各管道连接成闭合的环状,形成环状网,见图3-2(b)。环状网供水的保证率提高,但管材用量大、投资高,只在一些试点采用,国内目前主要为树状网。

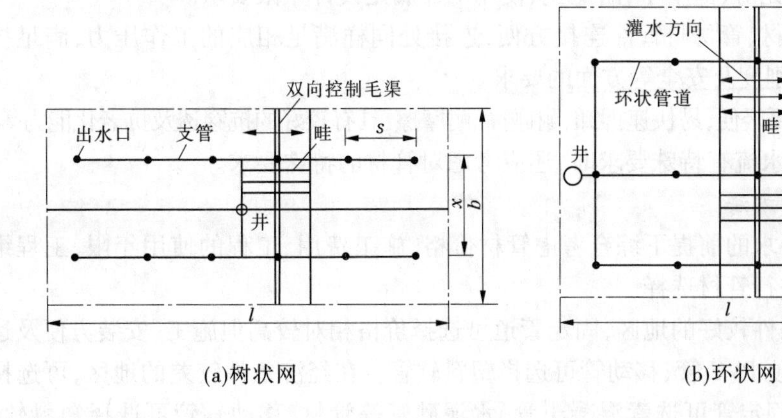

图3-2 管网系统示意图

3. 按管网系统可移动程度分类

管网系统按可移动程度分为移动式、固定式和半固定式。

(1)移动式。除水源外,机泵和输配水管道都是可移动的,特别适合于小水源、小机组和小管径的塑料软管配套使用,工作压力为0.02~0.04 MPa,长度约为200 m。其优点是一次性投资低、适应性强,常作抗旱临时应用,缺点是软管使用寿命短,易被杂草、秸秆划破,在作物生长后期,尤其是高秆作物灌溉比较困难。

(2)固定式。机泵、输配水管道,给水配水装置都是固定的,工作压力为0.04~0.10 MPa。灌溉水从管道系统的出水口直接分水进入田间畦、沟,因而管道密度大、投资高,在有条件的地区可应用这种形式。

(3)半固定式。机泵固定,干(支)管和给水栓等埋于地下,移动软管输水进入田间沟、畦,固定管道的工作压力为0.005~0.01 MPa。它把上述两种形式的优点结合在一起,是比较常用的一种形式。

二、低压管道输水灌溉工程常用管材

管材是低压管道输水灌溉工程的重要组成部分,其投资比重一般占工程总投资的60%,直接影响到低压管道灌溉系统的质量和造价。管材的选择将对工程质量和造价以及效益的发挥影响很大,规划设计时要慎重选用。一般情况下,管径在300 mm以上者,宜采用预制水泥管类(如混凝土管、水泥土管);管径在300 mm以下者,可用塑料制品管材。

(一)管材选择要求

1. 管材应达到的技术要求

(1)能承受设计要求的工作压力。管材允许工作压力应为管道最大工作压力的1.4倍,且大于管道可能产生水锤时的最大压力。

(2)管壁薄厚均匀,壁厚误差应不大于5%。

(3)地埋管材在农机具和外荷载的作用下管材的径向变形率不得大于5%。

(4)便于运输和施工,能承受一定的沉降应力。

(5)管材内壁光滑、糙率小,耐老化,使用寿命满足设计年限要求。

(6)管材与管材、管材与管件连接方便,连接处同样满足相应的工作压力,满足抗弯折、抗渗漏、强度、刚度及安全等方面的要求。

(7)移动管道要轻便,易快速拆卸,耐碰撞、耐摩擦,具有较好的抗穿透及抗老化能力等。

(8)当输送的水流有特殊要求时,还应考虑对管材的特殊要求。

2. 管材选择的方法

在满足设计要求的前提下综合考虑管材价格、施工费用、工程的使用年限、工程维修费用等经济因素进行管材选择。

通常在经济条件较好的地区,固定管道可选择价格相对较高但施工、安装方便及运行可靠、管理简单的硬PVC管;移动管可选择塑料软管。在经济条件较差的地区,可选择价格低廉的管材,如固定管可选素混凝土管、水泥砂管等管材,移动软管可选择塑料软管。在将来可能发展喷灌的地区,应选择承压能力较高的管材,以便今后发展喷灌时使用。

(二)管材分类

用于低压管道输水灌溉的管材较多,按管道材质可分为塑料管材、金属管材、水泥类管材和其他材料管四类。

1. 塑料管材

塑料管材具有重量轻、内壁光滑、输水阻力小、耐腐蚀、施工安装方便等特点,在地埋条件下,使用寿命在20年以上。塑料管有硬管和软管两类。

(1)硬管。如聚氯乙烯(PVC)管、高密度聚乙烯(HDPE)管、低密度聚乙烯(LDPE)管、改性聚丙烯(PP)管等,一般常作为固定管道使用,也可用于地面移动管道。其规格、公称压力和壁厚及公差见表3-1。

表3-1 塑料管材规格、公称压力和壁厚及公差 (单位:mm)

外径	公称压力0.6 MPa			公称压力0.4 MPa		
	PVC	PP	LDPE	PVC	PP	LDPE
90	3.0+0.6	4.7+0.7	8.2+1.1	—	3.2+0.6	5.3+0.8
110	3.7+0.7	5.7+0.8	10.0+1.2	3.2+0.5	3.9+0.6	6.5+0.9
125	4.0+0.8	6.5+0.8	11.4+1.4	—	4.4+0.7	7.4+1.0
160	5.0+1.0	8.3+1.1	14.0+1.7	4.0+0.8	5.7+0.8	9.5+1.2

(2)软管。软管分为塑料软管和涂塑布管。塑料软管主要有低密度聚乙烯(LDPE)软管、线性低密度聚乙烯(LLDPE)软管、锦纶塑料软管、维纶塑料软管等,锦纶、维纶塑料软管管壁较厚(1~2 mm),管径较小(一般在90 mm以下),爆破压力较高(均在0.5 MPa以上),造价相对较高,低压管道中不多用,常用线性低密度聚乙烯软管,其规格见表3-2。

表3-2 线性低密度聚乙烯软管规格

折径(mm)	直径(mm)	壁厚(mm)		单位质量(kg/m)		单位长度(m/kg)	
		轻型	重型	轻型	重型	轻型	重型
80	51	0.20	0.30	0.029	0.044	34.0	22.0
100	64	0.25	0.35	0.046	0.064	21.0	15.6
120	76	0.30	0.40	0.066	0.088	15.0	11.4
140	89	0.30	0.40	0.077	0.105	13.0	9.5
160	102	0.30	0.45	0.088	0.118	11.4	8.5
180	115	0.35	0.45	0.116	0.149	8.6	6.7
200	127	0.35	0.45	0.128	0.165	7.8	6.1
240	153	0.40	0.50	0.176	0.220	5.7	4.5

涂塑软管是以布管为基础,两面涂聚氯乙烯,并复合薄膜,黏接成管的。其特点是价格低,使用方便,易于修补,质软易弯曲,低温时不发硬,且耐磨损,工作压力为0.3~1

MPa。常用规格有φ40、φ65、φ80、φ100等。

2.金属管材

金属管材主要有各种钢管、铸铁管、铝合金管、薄壁钢管、钢塑复合管等,均为硬管材。钢管、铸铁管常用作固定管道,铝合金管、薄壁钢管用作移动管道。钢塑复合管是采用特殊方法由普通镀锌管和管件与PVC-U塑料管复合而成的,它吸取了传统镀锌钢管与塑料管的优点,避免了其各自存在的缺陷。钢塑复合管具有良好的耐酸、耐碱、耐盐特性,对冲击、扭弯、压力以及其他外来力具有极好的承受力,内壁光滑,其相对糙率为0.009,对水流动的阻力很小,可减少动力消耗,工作温度在-20~48℃范围内。

3.水泥类管材

水泥制品管材可分为现浇和预制两类。现浇管具有整体性好、造价低廉的优点,但由于目前国内现浇管的施工工艺比较落后,施工质量、进度受现场条件、气温、降水等多种因素的制约,施工进度难以控制,工程质量难以保证。因此,现浇管的应用受到很大的限制。

水泥预制管材具有原材料充足、造价低廉、强度高、使用寿命长和便于工厂化生产等优点。但这类管材性脆易断裂,管壁厚,重量大,运输易损坏,接头连接现场进行,费时费工,质量难以保证,尤其是大口径管材的接头连接问题仍没有得到很好的解决。如钢筋混凝土管、素混凝土管、水泥土管以及石棉水泥管等,用作地埋暗管。

4.其他材料管

如缸瓦管、陶瓷管、灰土管等,均属硬管,用作固定管道。

三、管件

管件用于将管道连接成完整的管路系统。管件的种类繁多,依其功能作用不同,可分为连接件和控制件两类。

(一)连接件

连接件主要有同径和异径三通、四通、弯头、堵头及异径渐变管和快速接头等多种。快速接头主要用于地面移动管道上,以迅速连接管道,节省操作时间和减轻劳动强度。

(二)控制件

控制件是用来控制管道系统中的流量和水压的各种装置或构件。在管道系统中最常用的控制附件有阀门、进(排)气阀、给水栓、逆止阀、安全阀、调压装置、带阀门的配水井和放水井等。

1.出水口及给水栓

出水口或给水栓是管道系统的重要部件,起着给水、配水的作用。其中出水口或接软管,可调节出水口流量的称为给水栓。一个良好的出水口或给水栓应具有以下条件:

(1)结构简单、灵活,安装、开启方便。

(2)止水效果好,能调节出水流量及方向。

(3)紧固耐用,防盗、防破坏性能好。

(4)造价低廉。

目前,在低压管灌中使用的出水口大都是由铸铁制成的,按栓体结构分为移动式、半固定式、固定式三类。

(1)移动式给水栓。它由上、下栓体两部分组成。其特点是:①止水密封部分在下栓体内,下栓体固定在地下管道的立管上,下栓体配有保护盖露出地表面或地下保护池内;②系统运行时不需停机就能启闭给水栓、更换灌水点;③上栓体移动式使用,同一管道系统只需配2~3个上栓体,投资较省;④上栓体的作用是控制给水、出水方向。如GY系列给水栓。

(2)半固定式给水栓。其特点是:①一般情况下,集止水、密封、控制、给水于一体,有时密封面也设在立管上;②栓体与立管螺纹连接或法兰连接,非灌溉期可以卸下室内保存;③同时工作的出水口必须在开机运行前安装好栓体,否则更换灌水点时需停机;④同一灌溉系统也可按轮灌组配备,通过停机而轮换使用,不需每个出水口配一套,与固定式给水装置相比投资较省。如螺杆活阀式给水栓、LG型系列给水栓、球阀半固定式给水栓等。

(3)固定式给水栓,也称整体固定式给水栓。其特点是:①集止水、密封、控制、给水于一体;②栓体一般通过立管与地下管道系统牢牢地结合在一起,不能拆卸;③同一系统的每一个出水口必须安装一套给水装置,投资相对较大。如丝盖式出水口、地上混凝土式给水栓、自动升降式给水栓等。

目前,我国定型给水装置较多,表3-3中列出使用较广泛的几种,供参考。

表3-3　常用给水装置的主要性能参数及特点

型号名称	公称直径(mm)	公称压力(MPa)	局部阻力系数	主要特点
G1Y3-H/L Ⅱ型、G1Y3-H/L Ⅲ型平板阀移动式给水栓	75,90,110,125,160	0.25,0.40	1.52~2.2	移动式,旋紧锁口连接,平板阀内外力结合止水,地上保护,适用于多种管材
G1Y3-H/L Ⅳ型平板阀移动式给水栓	75	0.60,1.00	5.76	螺纹式外力结合止水,可调控流量,其特点同Ⅱ、Ⅲ型
G1Y5-S型球阀移动式给水栓	110	0.20	A型:1.23	移动式,快速接头式连接,浮阀内力止水,地上保护,适用于塑料管材
G2Y5-H型球阀移动式给水栓	110	0.20	1.53	移动式,快速接头式连接,浮阀内力止水,地上保护,适用于塑料管材
C2G1-S型平板阀固定式给水栓	75	0.05	1.938	固定式,平板阀外力止水,地下保护,适用于塑料管材
C2G7-S型丝盖固定式给水栓	90,110	0.05		固定式,丝盖外力止水,地下保护,适用于塑料管材、压力较小的管道系统

2.安全保护装置

管道输水灌溉工程安全保护装置主要有进(排)气阀、安全阀、调压阀、逆止阀、泄水阀等。作用分别是破坏管道真空、排除管内空气、减少输水阻力,超压保护,调节压力,防止管道内的水回流引起水泵高速反转,水压过大时自动排水,保护管路安全。

(1)进(排)气阀。进(排)气阀按阀瓣结构分为球阀式、平板式进(排)气阀两大类。其工作原理是管道充水时,管内气体从进(排)气口排出,球(平板)阀靠水的浮力上升,在内水压力作用下封闭进(排)气口,使进(排)气阀密封而不渗漏,排气过程完毕。管道停止供水时,球(平板)阀因虹吸作用和自重而下落,离开球(平板)口,空气进入管道,破坏了管道真空或使管道水的回流中断,避免了管道真空破坏或因管内水的回流引起的机泵高速反转。进(排)气阀一般安装在顺坡布置的管道系统首部、逆坡布置的管道系统尾部、管道系统凸起处、管道朝水流方向下折及超过10°的变坡处。

(2)安全阀。安全阀是一种压力释放装置,安装在管路较低处,起超压保护作用。安全阀按其结构形式可分为弹簧式、杠杆重锤式,见图3-3。

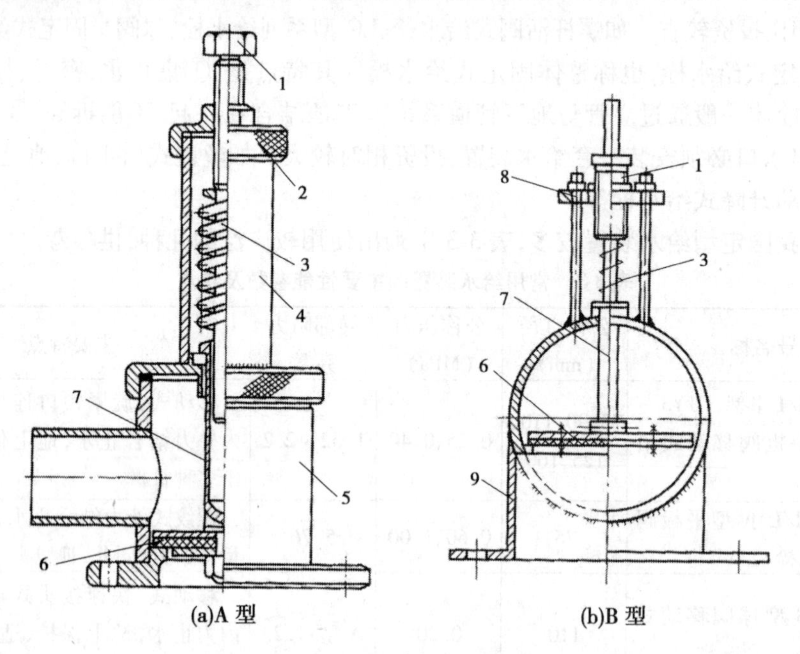

1—调压螺栓;2—压盖;3—弹簧;4—弹簧室壳;
5—阀室壳;6—阀瓣;7—导向套;8—弹簧支架;9—法兰管

图3-3 A3T-G 型弹簧式安全阀

安全阀的工作原理是将弹簧力或重锤的重量加载于阀瓣上来控制、调节开启压力(整定压力)。在管道系统压力小于整定压力时,安全阀密封可靠,无渗漏现象;当管道系统压力升高并超过整定压力时,阀门则立即自动开始排水,使压力下降;当管道系统压力降低到整定压力以下时,阀门及时关闭并密封如初。

(3)调压管。调压管又称调压塔、水泵塔、调压进(排)气井,其结构形式如图3-4所示。其作用是当管内压力超过管道的强度时,调压管自动放水,从而保护管道安全,可代替进(排)气阀、安全阀和止回阀。调压管(塔)有2个水平进、出口和1个溢流口,进口与水泵上水管出口相接,出口与地下管道系统的进水口相连,溢流口与大气相通。

3. 分(取)水控制装置

管道灌溉系统中常用的分(取)水控制装置主要有闸阀、截止阀以及结合低压管道系统特点研制的一些专用控制装置等。闸阀和截止阀大部分是工业通用产品。管道输水灌溉系统常用的工业阀门主要是公称压力不大于1.6 MPa的闸阀和截止阀,主要作用是接通或截断管道中的水流。

4.放水井

放水井是低压管网的控制设施之一,管网中的水由此井流到地面进行灌溉,见图3-5。

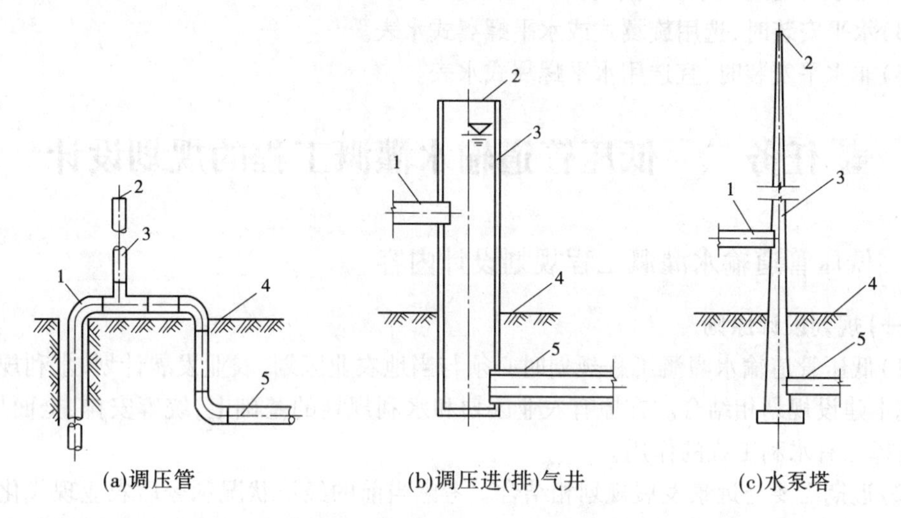

图3-4　调压管(塔)的结构示意图

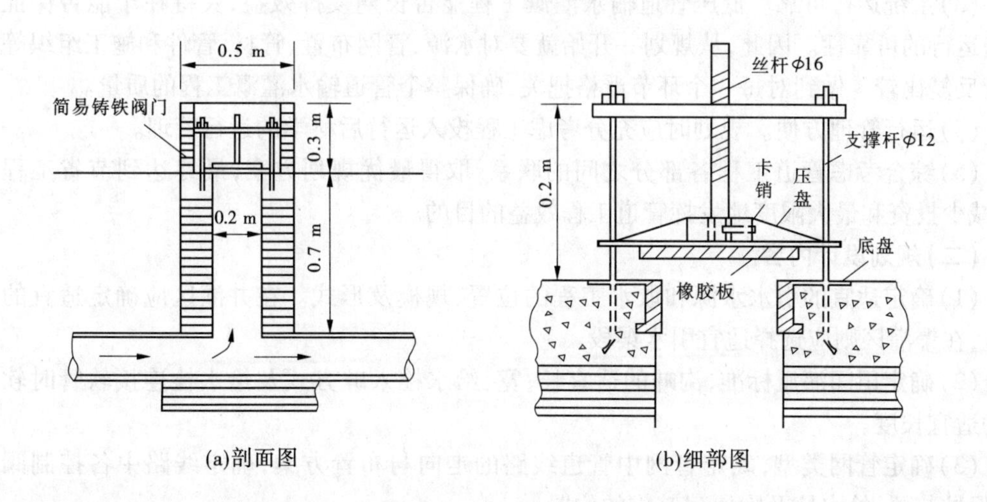

图3-5　放水井示意图

5.计量设备

为实现计划用水,按时计征水费,促进节约用水,在管道输水系统中安装量水设备。我国目前还没有专用的农用水表,在管道输水灌溉系统中通常采用工业与民用水表、流量计、流速仪、电磁流量计等进行量水。井灌区常用量水设备为水表,水表可以累计用水量,量水精度可以满足计量要求,且牢固耐用,便于维修。在选用水表时,应遵循以下原则:

(1)根据管道的流量,参考厂家提供的水表流量—水头损失曲线进行选择,尽可能使水表经常使用流量接近公称流量。

(2)用于管道灌溉系统的水表一般安装在野外田间,因此选用湿式水表较好。

(3)水平安装时,选用旋翼式或水平螺翼式水表。

(4)非水平安装时,宜选用水平螺翼式水表。

任务二　低压管道输水灌溉工程的规划设计

一、低压管道输水灌溉工程规划设计内容

(一)规划设计原则

(1)低压管道输水灌溉工程规划时必须与当地农业区划、农业发展计划、水利规划及农田基本建设规划相结合。在原有农业区划和水利规划的基础上,统筹安排、全面规划,充分发挥已有水利工程的作用。

(2)近期需要与远景发展规划相结合。考虑当前的经济状况和今后农业现代化发展的需要,如果管道系统有可能改建为喷灌或微灌系统,规划时,干支管应采用符合改建后系统压力要求的管材。

(3)系统运行可靠。低压管道输水灌溉工程能否长期发挥效益,关键在于能否保证系统运行的可靠性。因此,从规划一开始就要对水源、管网布置、管材、管件和施工组织等进行反复比较。做到对每一个环节严格把关,确保整个管道输水灌溉工程的质量。

(4)运行管理方便。规划时应充分考虑工程投入运行后科学的运行管理。

(5)综合考虑管道工程各部分之间的联系,取得最优规划方案,最终达到节省工程量、减少投资和最大限度地发挥管道工程效益的目的。

(二)规划设计内容

(1)确定适宜的引水水源和取水工程的位置、规模及形式。在井灌区应确定适宜的井位,在渠灌区则应选择适宜引水渠段。

(2)确定田间灌溉标准,沟畦的适宜长、宽,给水栓入畦方式及给水栓连接软管时软管的适宜长度。

(3)确定管网类型,确定管网中管道线路的走向与布置方案,确定线路中各控制阀门、保护装置、给水栓及附属建筑物的位置。

(4)拟定可供选择的管材、管件、给水栓、保护装置、控制阀门等设施的系列范围。

(三)规划设计的主要技术参数

(1)灌溉设计保证率,根据当地自然条件和经济条件确定,但应不低于75%。

(2)管道灌溉系统水利用系数不应低于0.95。

(3)田间水利用系数,旱作灌区不低于0.90,水稻灌区不低于0.95。

(4)灌溉水利用系数,井灌区不低于0.80,渠灌区不低于0.70。

(5)规划区灌水定额,根据当地试验资料确定,无资料地区可参考邻近地区试验资料确定。

(四)规划设计步骤

(1)调查收集规划前所需要的基本资料,当地农业区划、水利规划和农田基本建设规划等基本情况,并应进行核实和分析。

(2)进行水量平衡分析,确定管道输水灌溉区规模。

(3)实地勘测并绘制规划区平面图,在图中标明沟、渠、路、林及水源的位置和高程。

(4)确定取水工程位置,确定管网形式和畦田规格、范围及形式。

(5)进行田间工程布置,确定管网形式和畦田规格。

(6)根据管网类型、给水装置位置,选择适宜的管网线路,确定保护设施及其他附属建筑物位置。

(7)汇总管网类型、给水装置、保护设施、连接管件及其他附属建筑物的数量。

(8)选择适宜管材、给水分水装置及保护设施,对没有性能指标说明的材料和设备应通过试验确定基本性能。

(五)规划成果

规划阶段的成果是包括以下内容的工程规划报告:

(1)序言;

(2)基本情况与资料;

(3)主要技术参数;

(4)水量供需平衡分析;

(5)规划方案比较;

(6)田间工程布置;

(7)机井装置;

(8)投资估算;

(9)经济效益分析;

(10)附图:①1∶5 000～1∶10 000水利设施现状图;②1∶5 000～1∶10 000管道灌溉工程规划图;③1∶1 000～1∶2 000典型管道系统布置图。

二、低压管道输水灌溉工程的布置

(一)首部枢纽布置

低压管道输水灌溉工程的水源及首部枢纽的布置基本上与渠道灌溉工程的相似。渠灌区的低压管道输水灌溉工程大都是从支渠、斗渠或农渠上引水,其渠、管的连接方式和各种设备的布置取决于地形条件和水流特性及水质情况。通常渠道与管道连接时应设置进水闸,其后布置沉沙池,闸门进口前需安装拦污栅,并在适当位置处设置量水设备。井灌区的低压管道输水灌溉工程的水源与首部枢纽组合在一起进行布置,通常由水泵及动力设备、控制阀门、测量和保护装置等组成。井灌区的首部枢纽应根据用水量和扬程大小,选择适宜的水泵和配套动力机、压力表及水表,并建有管理房。自压灌区或大中型提水灌区的首部枢纽还应有进水闸、拦污栅及泵房等配套建筑物。首部枢纽担负着整个系统的驱动、检测和调控任务，是全系统的控制调度中心。

首部枢纽布置时要考虑水源的位置和管网布置方便，水源远离灌区时，先用输水管道（渠道）将水引至灌区内或边缘，再设首部枢纽。一般首部枢纽不宜放在远离灌区的水源附近，否则会使管理不方便，而且经过处理的水质，经远距离输送后可能再次被污染。当采用井水灌溉时，井和首部枢纽尽量布置在灌区的中心位置，以减少水头损失，降低运行费用，也便于管理。

（二）管网规划布置原则

管网规划与布置是管道系统规划中关键的一部分，是将水源与各给水栓（出水口）之间用管道连接起来形成管网，保证输送所需水量在输送过程中保持水质不发生变化，损耗的水量最少，使整个管网实现正常经济地运行。

（1）井灌区的管网常以单井控制灌溉面积作为一个完整系统。渠灌区应根据作物布局、地形条件、地块形状等分区布置，尽量将压力接近的地块划分在同一分区。

（2）规划时首先确定给水栓的位置。给水栓的位置应当考虑到灌水均匀。若不采用连接软管灌溉，向一侧灌溉时，给水栓纵向间距可在 40 ~ 50 m；横向间距一般按 80 ~ 100 m 布置。在山丘区梯田中，应考虑在每个台地中设置给水栓以便于灌溉管理。

（3）在已确定给水栓位置的前提下，力求管道总长度最短。

（4）管线尽量平顺，减少起伏和折点。

（5）最末一级固定管道的走向应与作物种植方向一致，移动软管或田间垄沟垂直于作物种植行。在山丘区，干管应尽量平行于等高线、支管垂直于等高线布置。

（6）管网布置要尽量平行于沟、渠、路、林带，顺田间生活路和地边布置，以利耕作和管理。

（7）充分利用已有的水利工程，如穿路倒虹吸和涵管等。

（8）充分考虑管路中量水、控制和保护等装置的适宜位置。

（9）尽量利用地形落差实施重力输水。

（10）各级管道尽可能采用双向供水。

（11）避免干扰输油、输气管道及电信线路等。

（三）管网布置类型

管网布置之前，首先根据适宜的畦田长度和给水栓供水方式确定给水栓间距，然后根据经济分析结果将给水栓连接而形成管网。

1. 井灌区典型管网布置形式

当给水栓位置确定时，不同的管道连接形式将形成管道总长度不同的管网。因此，工程投资也不同。在我国井灌区管道输水灌溉的发展过程中，许多研究和施工人员根据水源位置、控制范围、地面坡降、地块形状和作物种植方向等条件，总结出如图 3-6 ~ 图 3-11 所示的几种常见布置形式。

如机井位于地块一侧，控制面积较大且地块近似成方形，可布置成图 3-6、图 3-7 所示的形式。这些布置形式适用于井出水量 60 ~ 100 m^3/h、控制面积 150 ~ 300 亩、地块长宽比≈1 的情况。

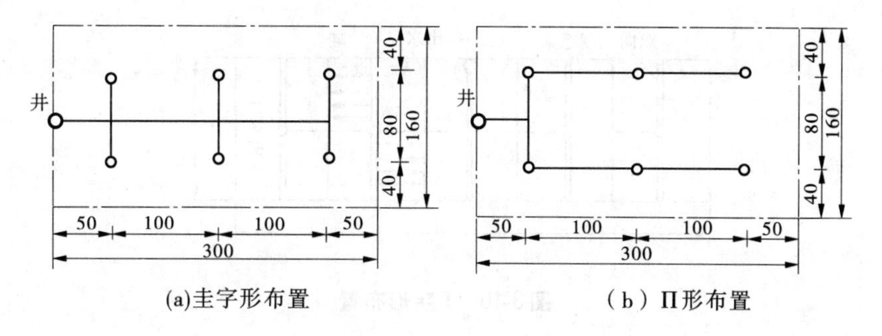

(a)圭字形布置 （b）Π形布置

图 3-6 给水栓向两侧分水示意图 （单位:m）

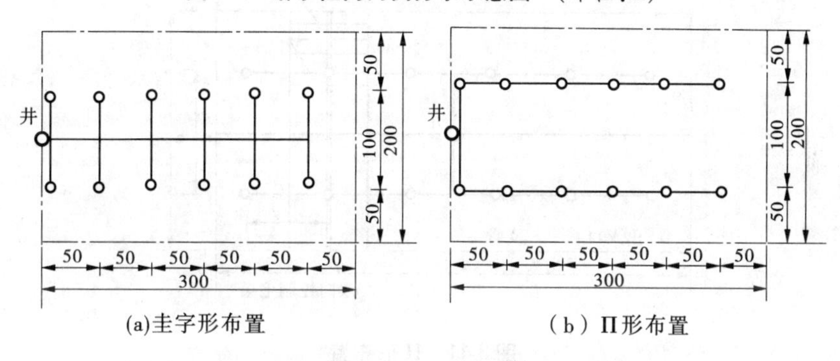

(a)圭字形布置 （b）Π形布置

图 3-7 给水栓向一侧分水示意图 （单位:m）

如机井位于地块一侧，地块呈长条形，可布置成一字形、L 形、T 字形，如图 3-8 ~ 图 3-10 所示，适用于井出水量 20 ~ 40 m^3/h、控制面积 50 ~ 100 亩、地块长宽比不大于 3 的情况。

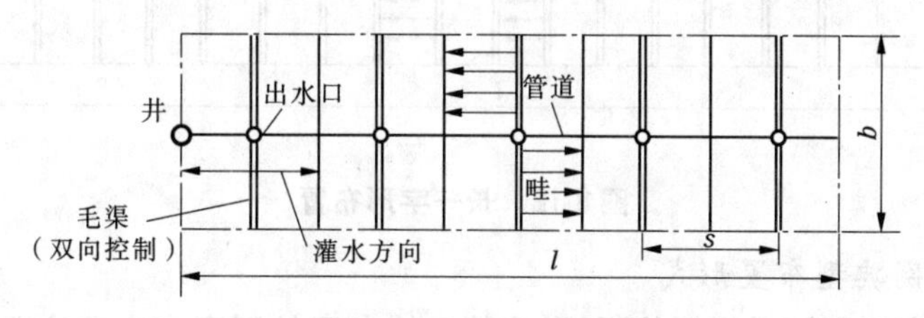

图 3-8 一字形布置

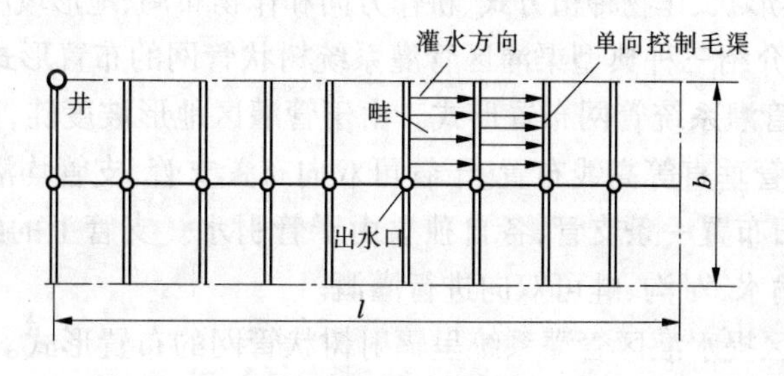

图 3-9 L 形布置

当机井位于地块中心时，常采用图 3-11 所示的 H 形布置形式。该布置适用于井出水量 40 ~ 60 m^3/h、控制面积 100 ~ 150 亩、地块长宽比不大于 2 的情况。当地块长宽比大于 2 时，宜采用图 3-12 所示的长一字形布置形式。

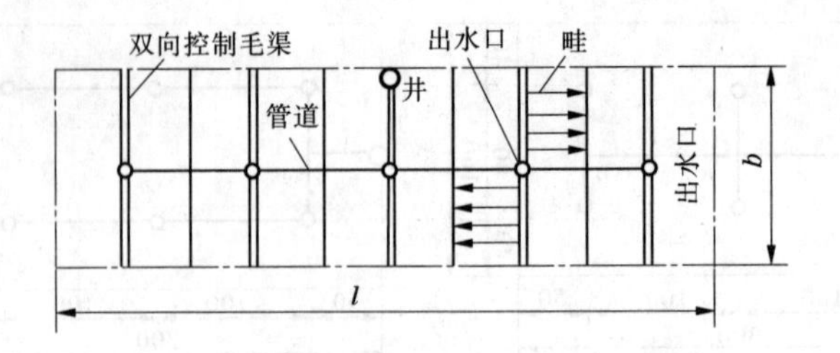

图 3-10　T 字形布置

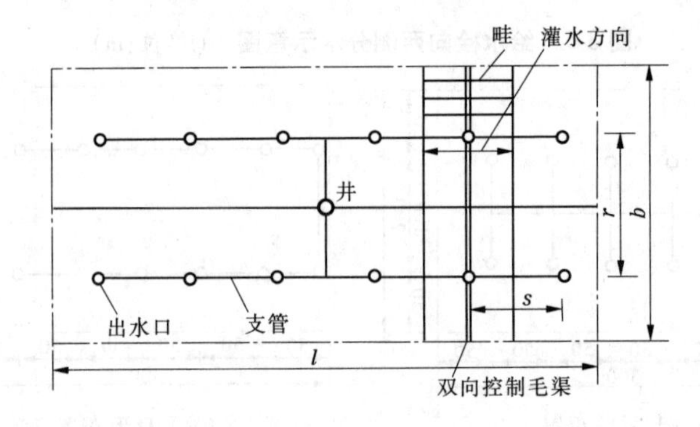

图 3-11　H 形布置

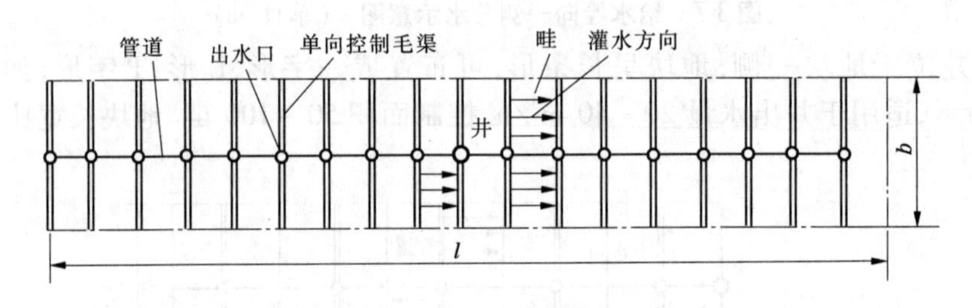

图 3-12　长一字形布置

2. 渠灌区管网典型布置形式

渠灌区管网布置主要采用树状网,影响其具体布置的因素有水源位置、灌区位置、控制范围和面积大小及其形状、作物种植方式、耕作方向和作物布局、地形坡度、起伏和地貌等。

根据地形特点,介绍三种典型渠灌区管灌系统树状管网的布置形式。

图 3-13 为梯田管灌系统管网布置形式。由于管灌区地形坡度陡,因此布置干管时沿地形坡度走向,即干管垂直等高线布置,干管可双向布置支管,支管均沿梯田地块,平行等高线布置。每块梯田布置一条支管,各自独立由干管引水。支管上的给水栓或出水口只能单向向输水垄沟输水,对沟、畦可双向进行灌溉。

图 3-14 为山丘区提水灌区管灌系统呈辐射树状管网的布置形式。该灌区地形起伏、坡度陡,水源位置低,故需水泵加压,经干、支管输水,由于干管实际上是水泵扬水压力管道,因此必须垂直等高线布置,以使管线最短。支管平行于等高线布置。斗管以辐射状由支管给水栓分水,并沿山脊线垂直等高线走向。斗管上布置出水口或给水栓,其平行等高线双向配水或灌水浇地。

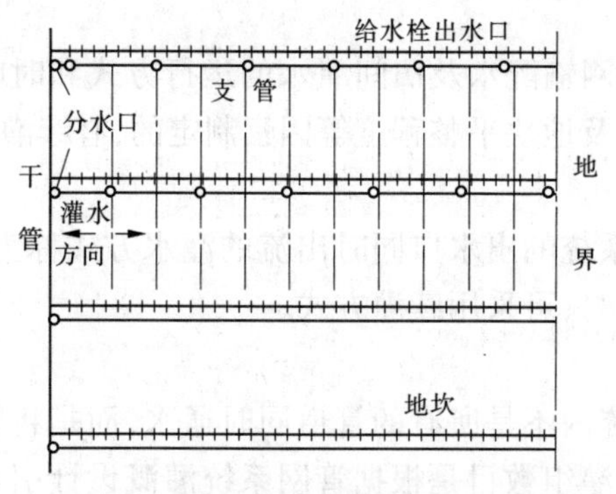

图 3-13　梯田管灌系统管网布置形式

图 3-15 为平坦地形,管灌区控制面积大,并有均一坡度情况下的典型树状管网布置形式,其管网由三级地埋暗管组成,即斗管、分管和引管。田间灌水可采用输水垄沟或地面移动软管,由引管引水。由于该类灌区既有纵向坡度,又有横向坡度,而且地形总趋势纵横均为单一比较均匀的向下的坡向,因此管网只能单向输水和配水。

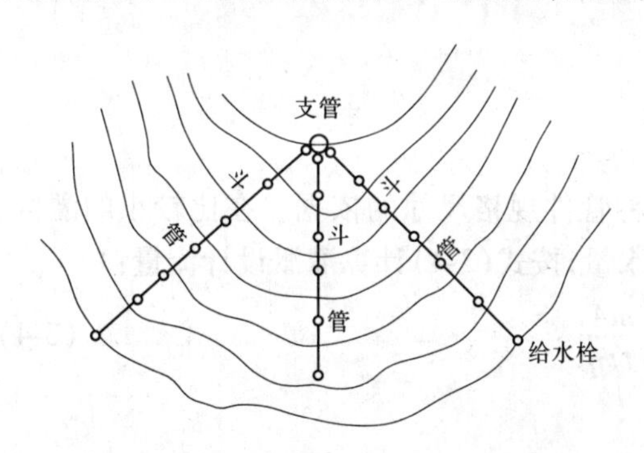

图 3-14　山丘区管灌系统辐射树状管网布置

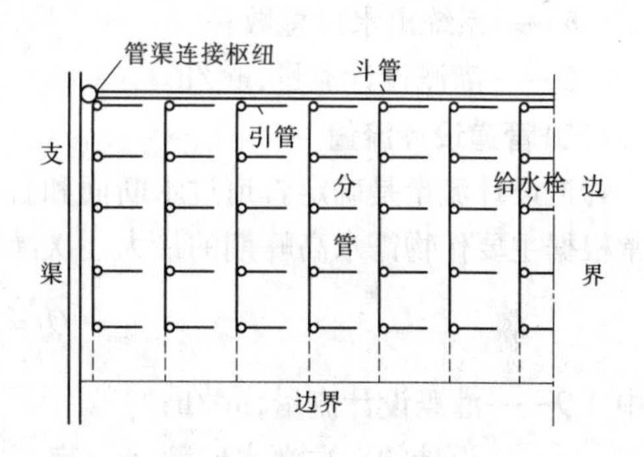

图 3-15　典型树状管网布置

三、管道水力计算

(一)灌溉制度

(1)设计灌水定额按照下式计算:

$$m = 10\gamma_d H(\beta_1 - \beta_2) \tag{3-1}$$

式中 m——设计灌水定额,mm;

γ_d——土壤干容重,g/cm^3;

H——计划湿润层深度,cm;

β_1、β_2——以干土重百分率表示的适宜土壤含水量的上限和下限(%)。

(2)设计灌水周期按照下式计算:

$$T = m/E_p \tag{3-2}$$

式中 T——设计灌水周期,d;

E_p——作物耗水强度,mm。

(二)灌溉工作制度

灌溉工作制度是指管网输配水及田间灌水的运行方式和时间,是根据系统的引水流量、灌溉制度、畦田的形状及地块平整程度等因素制定的,有续灌和轮灌两种方式。

1. 续灌方式

灌水期间,整个管网系统的出水口同时出流的灌水方式称为续灌。在地形平坦且引水流量和系统容量足够大时,可采用续灌方式。

2. 轮灌方式

在灌水期间,灌溉系统内不是所有的管道同时通水,而是将输配水管分组,以轮灌组为单元轮流灌溉。系统轮灌组数目是根据管网系统灌溉设计引水流量、每个出水口的设计出水量以及整个系统的出水口个数按式(3-3)计算的。

$$N = \mathrm{INT}[(\sum_{i=1}^{n} q_i)/Q] \tag{3-3}$$

式中　N——系统轮灌组数目;

q_i——第 i 个出水口设计流量,m^3/h;

n——系统出水口总数;

Q——灌溉设计流量,m^3/h。

(三)管道设计流量

管道设计流量是确定管道过水断面和各种管件规格尺寸的依据。在比较小的灌区,通常根据主要作物需水高峰期的最大一次灌水量,按式(3-4)计算灌溉设计流量:

$$Q = \frac{mA}{Tt\eta} \tag{3-4}$$

式中　Q——灌溉设计流量,m^3/h;

m——设计的一次灌水定额,m^3/亩;

A——灌溉设计面积,亩;

T——一次灌水的连续时间,d;

t——每天灌水时间,h;

η——灌溉水利用系数。

对于树状管网来说,当水泵流量 Q_0 大于灌溉设计流量 Q 时,应取 Q 为管道设计流量;当水泵流量 Q_0 小于灌溉设计流量 Q 时,应取 Q_0 为管道设计流量。

对于环状管网来说,管道设计流量取入管网总流量的一半,可最大限度地满足供水可靠性和流量均匀分配的要求。

(四)管径计算

合理确定管径既可降低工程造价,又可减少施工的难度,它是管网设计中的一项重要内容。管灌系统的各级管径一般可根据田间灌水入沟流量、入畦流量和管道适宜流速等因素来确定。计算公式为:

$$d = \sqrt{\frac{4Q}{\pi V}} = 1.13\sqrt{\frac{Q}{V}} \tag{3-5}$$

式中　d——管道直径,m;

Q——管道内通过的设计流量,m^3/s;

V——管道内水的流速,m/s。

不同管材的适宜流速见表3-4。

表3-4 不同管材的适宜流速

管材	硬塑料管	石棉水泥管	混凝土管	水泥砂管	地面移动软管	钢筋混凝土管
适宜流速(m/s)	1.0~1.5	0.7~1.3	0.5~1.0	0.4~0.8	0.4~0.8	0.8~1.5

为了防止管道中产生水锤破坏管网,在技术上限制管道内最大流速在2.5~3.0 m/s;为了避免在管道内沉积杂物,最小流速不得低于0.5 m/s。

(五)管道水头损失计算

确定管网中的水头损失也是设计管网的主要任务。知道了管道的设计流量和经济管径,便可以计算水头损失。管道水头损失包括沿程水头损失和局部水头损失两部分。

1.沿程水头损失

沿程水头损失常用式(3-6)计算:

$$h_f = fL\frac{Q^m}{d^b} \tag{3-6}$$

式中 h_f——沿程水头损失,m;

Q——管道设计流量,$m^3/h(m^3/s)$;

L——管道长度,m;

d——管道内径尺寸,mm;

f、m、b——系数和指数,见表3-5。

表3-5 f、m、b值

管道种类		m	b	f	
				$Q(m^3/s),d(mm)$	$Q(m^3/h),d(mm)$
PVC管		1.77	4.77	0.000 915	0.948×10^5
铝管		1.74	4.74	0.000 800	0.861×10^5
钢(铸铁)管		1.9	5.10	0.001 790	6.250×10^5
钢筋混凝土管	糙率 $n=0.013$	2	5.33	0.001 74	1.312×10^6
	$n=0.014$	2	5.33	0.002 01	1.516×10^6
	$n=0.016$	2	5.33	0.002 32	1.749×10^6
	$n=0.017$	2	5.33	0.002 97	2.240×10^6

注:地埋塑料管的f值,宜取表列中塑料管f值的1.05倍。

2.局部水头损失计算

在工程实践中,经常根据水流沿程水头损失和局部水头损失在总水头损失中的分配情形,将有压管道分为长管与短管两种。前者沿程水头损失起主要作用,局部水头损失和流速水头可以忽略不计;后者局部水头损失和流速水头与沿程水头损失相比不能忽略。

习惯上将局部水头损失和流速水头占沿程水头损失的5%以下的管道称为长管;反之,局部损失和流速水头损失占沿程水头损失的5%以上的管道称为短管。

一般的低压管道工程常取局部水头损失为沿程水头损失的5%～10%。预制混凝土管接头较多,可取较大值,塑料硬管可取较小值。

(六)水泵扬程计算与水泵选择

1. 确定管网水力计算控制点

管网水力计算控制点是指管网运行时所需最大扬程的出流点,即最不利灌水点。一般应选取离管网首端较远而地面高程较高的地点。在管网中这两个条件不可能同时具备时,应在符合以上条件的地点综合考虑,选出一个最不利灌水点为设计控制点。在轮灌方式中,不同轮灌组应选择各轮灌组的设计控制点。

2. 确定管网水力计算的线路

管网水力计算线路是自设计控制点到管网首端的一条管线。对于不同轮灌组,水力计算的线路长度和走向不同,应确定各轮灌组的水力计算线路;对于续灌方式,则只需选择一条计算线路。

3. 各管段水头损失计算

1)给水栓工作水头

在采用移动软管的系统中,一般采用管径为50～110 mm的软管,长度一般不超过100 m。给水栓工作水头计算如下:

$$H_g = h_{yf} + h_g + \Delta h_{gy} + (0.2 \sim 0.3) \tag{3-7}$$

式中 H_g——给水栓工作水头,m;

h_{yf}——移动软管沿程水头损失,m;

h_g——给水栓局部水头损失,m;

Δh_{gy}——移动软管出口与给水栓出口高差,m。

当出水口直接配水入渠时,式(3-7)中 $h_{yf}=0$,$\Delta h_{gy}=0$。

2)不同管段水头损失计算

根据不同管材、管长和管径,计算各管段沿程水头损失和局部水头损失。不同轮灌组各管段水头损失应分别计算。控制线路各管段水头损失可采用表3-6格式进行。

表3-6　控制线路管段水头损失计算

管段	长度(m)	流量(m^3/h)	管径(mm)	h_f(m)	h_i(m)	h_w(m)
1—2						
2—3						
⋮						
$(n-1)$—n						
合计						

注: 表中 h_f 为沿程水头损失;h_i 为局部水头损失;h_w 为总水头损失。

4. 管网入口设计压力计算

管网入口是指管网系统干管进口,管网入口设计可按式(3-8)计算,在采用潜水泵或深井泵的井灌区,管网入口在机井出口处,使用离心泵则管网入口在水泵出口处。

$$H_{in} = \sum h_f + \sum h_i + \Delta z + H_g \tag{3-8}$$

式中 H_{in}——管网入口设计压力,m;

$\sum h_f$——计算管线沿程水头损失之和,m;

$\sum h_i$——计算管线局部水头损失之和,m;

Δz——设计控制点与管网入口地面高程之差,m,逆坡取正值,顺坡取负值。

H_g——给水栓工作水头, m。

5. 水泵扬程计算

对于使用潜水泵和深井泵的井灌区,水泵扬程按式(3-9)计算:

$$H_p = H_{in} + H_m + h_p \tag{3-9}$$

式中 H_p——水泵扬程,m;

H_m——机井动水位与井台高差,m;

h_p——机井井台至动水位以下3~5 m的总水头损失,m;

H_{in}——管网入口设计压力,m。

对于使用离心泵则采用式(3-10)计算:

$$H_p = H_{in} + H_s + h_p \tag{3-10}$$

式中 H_s——水泵吸程,m;

h_p——吸水管路水头损失之和,m。

6. 水泵选型

根据以上确定的水泵扬程和系统设计流量选取水泵,并校核水泵工况点,使水泵在高效区运行。若控制面积大且各轮灌组流量与扬程差别很大,可采用变频调节,几台水泵并联或串联,以节省运行费用。

低压管道输水灌溉系统中的水泵动力机的选择,应满足以下要求:

(1)根据管道输水工程的流量和扬程正确选择与安装水泵,使其在高效性能区运行。

(2)尽量选购机泵一体化或机泵已经组装配套的产品,并必须选购国家规定的节能产品。

(3)在电力供应有保障的地区,尽量采用电动机。

(4)用于管道输水的水泵主要是离心泵、潜水电泵、长轴井泵等。

(5)井灌区管道输水一般使用配套好的离心泵或潜水泵。

任务三 低压管道输水灌溉工程施工与管理

一、低压管道输水灌溉工程的施工

(一)低压管道输水灌溉工程施工的基本要求

(1)低压管道输水灌溉工程施工必须严格按设计进行。修改设计应先征得设计部门同意,经协商取得一致意见后方可实施,必要时需经主管部门审批。

(2)施工前应检查图纸、文件等是否齐全,并核对设计是否与灌区地形、水源、作物种植及首部枢纽位置等相符。

(3)施工前应检查现场,制定必要的安全措施,严防发生各种事故。

(4)施工前应严格按照工期要求制订计划,确保工程质量,并按期完成。

(5)施工中应随时检查质量,发现不符合要求的应坚决返工,不留隐患。

(6)施工中应注意防洪、排水、保护农田和林草植被,做好弃土处理。

(7)在施工过程中应做好施工记录。

(二)施工准备工作

低压管道输水灌溉工程施工必须严格按照设计要求和施工程序精心施工,严格执行规范和相应的技术标准,做好设备安装和工程验收工作。

施工前的准备工作应包括下列内容:

(1)编制施工计划,建立施工组织,对施工队伍进行必要的技术培训。

(2)施工队伍应在施工前熟悉工程的设计图纸、设计说明书和施工技术要求、质量检验标准等技术文件,应认真阅读工程所用设备安装说明书,掌握其安装技术要求。

(3)施工队伍应根据工程特点和施工要求编制劳力、工种、材料、设备、工程进度计划,制定质量检查方法和安全措施及施工管理方法。

(4)按设计要求检查工程设备器材。购置原材料和设备必须严格控制进行质量检验,杜绝使用不合格产品和劣质材料,确保工程质量。

(5)准备好施工工具,临时供水、供电等设施,能满足施工要求。

(三)管道施工

低压管道输水灌溉系统的管道施工流程如图3-16所示。

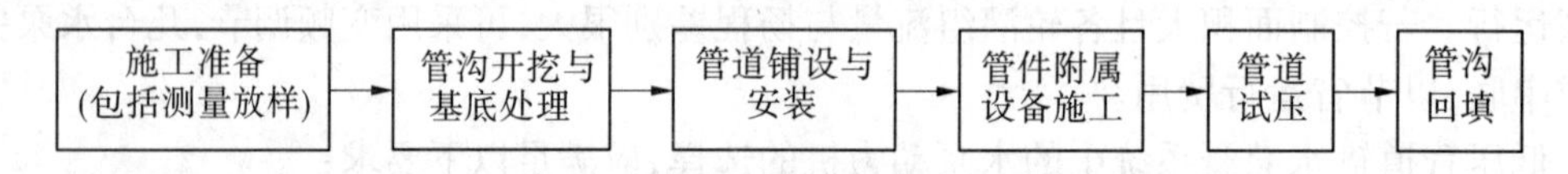

图3-16 管道施工流程

1.测量放样

放线从首部枢纽开始,定出建筑物主轴线、机房轮廓线及干、支管进水口位置,用经纬仪从干管出水口引出干管中心线后,再放支管中心线,打下中心桩。主干管直线段宜每隔30 m设一标桩;分水、转弯、变径处应加设标桩;地形起伏变化较大地段,宜根据地形条件适当增设标桩。根据开挖宽度,用白灰画出开挖线,并标明各建筑物设计标高及出水口位置。

2.管槽开挖

开挖时必须保证基坑边坡稳定,若不能进行下道工序,应预留15~30 cm土层不挖,待下道工序开始前再挖至设计标高;及时排走坑内积水。

管槽断面形式依土质、管材规格、冻土层深度及施工安装方法而定。一般采用矩形断面,其宽度可由下式计算:

$$B \geqslant D + 0.5 \tag{3-11}$$

式中　B——管槽宽度,m;

D——管材外径,m。

管道埋深应根据设计计算确定,一般情况下,埋深不应小于70 cm。为了减少土方工程量,在满足要求的前提下,管槽宽度、深度应尽量取最小值。为了施工安装和回填,开挖时弃土应堆放在基槽一侧,并应距边线0.3 m以远。在开挖过程中,不允许出现超挖,要经常进行挖深控制测量。遇到软基土层时,应将其清除后换土并夯实。

当选用的管材为水泥预制管材时,为避免管道出现不均匀沉陷,需要沿槽底中轴线开挖一弧形沟槽,变线接触为面接触,以改善地基应力状况。槽的弧度要与管身相吻合,其宽度依管径的不同而异。基槽和沟槽均应做到底部密实平直、无起伏。另外,还应在承插口连接处垂直沟轴线方向开挖一管口槽,其长宽和深度视管材口径大小而定。

一个合格的管槽应沟直底平,宽、深达到设计要求,严禁沟壁出现扭曲,沟底起伏产生"驼峰",百米高差应控制在±3.0 cm以内。

3. 管道安装

低压管道输水系统所用管材主要有塑料管、钢管、铸铁管、铝合金管等。管道安装必须在管槽开挖和管床处理验收合格后进行。

1) 管道安装的一般要求

(1) 管道安装应检查管材、管件外观,检查管材的质量、规格、工作压力是否符合设计要求,是否具有材质检验合格证,管道是否有裂纹、扭折,接口是否有崩裂等损坏现象,禁止使用不合格的管道。

(2) 管道安装宜按从首部到尾部、从低处到高处、先干管后支管的顺序安装;承插管材的插口在上游,承口在下游,依次施工。

(3) 管道中心线应平直,管底与管基应紧密接触,不得用木、砖或其他垫块。

(4) 安装带有法兰的阀门和管件时,法兰应保持同轴、平行,保证螺栓自由穿入,不得用强紧螺栓的方法消除歪斜。

(5) 管道安装应随时进行质量检查,分期安装或因故中断应用堵头封堵,不得将杂物留在管内。

(6) 管道穿越道路或其他建筑物时,应加套管或修涵洞加以保护。管道系统上的建筑物必须按设计要求施工,出地竖管的底部和顶部应采取加固措施。

2) 塑料管道安装

常用塑料管材有硬聚氯乙烯管(UPVC)、聚乙烯管(PE)和聚丙烯管(PP)。

a. 硬塑料管连接

连接形式主要有扩口承插式、胶接黏合式、热熔连接式等。

(1) 扩口承插式连接是目前应用最广的一种形式,其连接方法有热软化扩口承插连接和扩口加密封圈承插连接。

热软化扩口承插连接法是利用塑料管材对温度变化灵敏的热软化、冷硬缩特点,在一定温度的热介质里(或用喷灯)加热,将管子一端(承口)软化后与另一节管子的插口现场连接,使两节管子牢固地结合在一起。这种方法的特点是,承口不需要预先制作,人工现场操作,方法简单,连接速度快,接头费用低。

扩口加密封圈连接法主要适用于双壁波纹管和用弹性密封圈连接的光滑管材。每节管长一般为5~6 m,采用承插(子母口)连接。管材的承口是在工艺生产时直接形成或施工前用专用撑管工具软化管端加工而成的。为承受一定的水压力,达到止水效果,插头处配有专用的密封橡胶圈。连接施工时,先在子口端装上专用橡胶密封圈,然后在要连接的母口内壁和子口外壁涂刷润滑剂(可采用肥皂液,禁止用黄油或其他油类作润滑剂),将子口和母口对齐,同心后,用力将子口端插入母口,直到子口端与母口内底端相接。管道和管件间的连接方法与管道连接相同。

(2)胶接黏合式连接法是利用黏合剂将管子或其他被连接物胶接成整体的一种应用较广泛的连接方法。可在管子承口端内壁和插头端外壁涂抹黏合材料承插连接管段,或用专用套管将两节(段)管子涂抹黏合剂后承插连接,其接头密封压力均较高。黏合剂选择必须根据被胶接管道的材料、系统设计压力、连接安装难易、固结时间长短等因素来确定。使用黏合剂连接管子时,应注意以下几点:被胶接管子的端部要清洁,不能有水分、油污、尘砾;黏合剂应用毛刷迅速均匀地涂刷在承口内壁和插口外壁;承插口涂刷黏合剂后,应立即找正方向将管端插入承口,用力挤压,并稳定一段时间;承插接口连接完毕后,应及时将挤出的黏合剂擦洗干净。黏合后,不得立即对接合部位强行加载。其静置固化时间不应低于45 min,且24 h内不能移动管道。

(3)热熔连接是在两节管子的端面之间用一块电热金属片加热,使管端呈发黏状态,抽出加热片,再在一定的压力下对挤,自然冷却后两节管子即牢固结合在一起。这种热熔对接方式需使用专门的工具,不便于野外施工,工程较大时不便采用,一般多用于管道的修复。

b. 软管连接

(1)揣袖法。揣袖法就是顺水流方向将前一节软管插入后一节软管内,插入长度视输水压力的大小而定,以不漏水为宜。该法多用于质地较软的聚乙烯软管的连接,特点是连接方便,不需要专用接头或其他材料,但不能拖拉。连接时,接头处应避开地形起伏较大的地段和管路拐弯处。

(2)套管法。套管法一般用长15~20 cm的硬塑料管作为连接管,将两节软管套接在硬塑料管上,用活动管箍固定,也可用铁丝或绳子绑扎。该法的特点是接头连接方便,承压能力高,拖拉时不易脱开。

(3)快速接头法。软管的两端分别连接快速接头,用快速接头对接。该法连接速度快,接头密封压力高,使用寿命长,是目前地面移动软管灌溉系统应用最广泛的一种连接方法,但接头价格较高。

3)水泥预制管道安装

水泥预制管道常作为固定管道,每节长1.0~1.5 m,整个管道接头多,连接复杂,若接头漏水,将影响整个系统的正常工作,所以管道接头连接便成为管道安装的关键工序。

a. 钢筋混凝土管的安装

钢筋混凝土管承压能力较大,可采取承插式连接。连接方式有两种:一种可用橡胶密封圈做成柔性连接,一种用石棉水泥和油麻填塞接口。后一种接口施工方法同铸铁管安装。钢筋混凝泥土管的柔性连接应符合下列要求:

(1)承口向上游,插口向下游。

(2)套胶圈前,承口应刷干净,胶圈上不得粘有杂物,套在插口上的胶圈不得扭曲、偏斜。

(3)插口应均匀进入承口,回弹就位后,应保持对口间隙 10 ~ 17 mm。

(4)在沟槽土壤或地下水对胶固有腐蚀性的地段,管道覆土前应将接口密封。

b. 混凝土管的安装

混凝土管承压能力较低,应按下列方法连接:

(1)平口(包括楔口)式接头宜采用纱布包裹水泥砂浆法连接,要求砂浆饱满,纱布和砂浆结合严密。严禁管道内残留砂浆。

(2)承插式接头,承口内应抹 1∶1水泥砂浆,插管后再用 1∶3水泥砂浆封口,接管时应固定管身。

(3)预制管连接后,接头部位应立即覆盖 20 ~ 30 cm 的湿土。

4)铸铁管的安装

铸铁管通常采用承插连接,其接头形式有刚性接头和柔性接头两种。安装前应首先检查管子有无裂纹、砂眼、结疤等缺陷,清除承口内部及插口外部的沥青及涩边毛刺,检查承口和插口尺寸是否符合要求。安装时,应在插口上做插入深度的标记,以控制对口间隙在允许范围内。承插口的嵌缝材料为水泥类的接头称为刚性接头。刚性接头的嵌缝材料主要为油麻、石棉水泥或膨胀水泥等。

(1)采用油麻填塞时,油麻应拧成辫状,粗细应为接头缝隙的 1.5 倍,麻辫搭接长度为 100 ~ 150 mm,接头应分散,填塞时应打紧塞实。打紧后的麻辫填塞深度应为承插深度的 1/3 ~ 1/2。

(2)采用膨胀水泥填塞时,配合比一般为膨胀水泥∶砂∶水 =1∶1∶0.3,拌和膨胀水泥用的砂应为洁净的中砂,粒度为 0.1 ~1 mm,洗净晾干后再与膨胀水泥拌和。

(3)采用石棉水泥填塞时,水泥一般选用 42.5 级硅酸盐水泥,石棉水泥材料的配合比为3∶7(质量比),水与水泥加石棉质量和之比为 1∶10 ~1∶12,调匀后手捏成团,松手跌落后散开即为合适。填塞深度应为接口深度的1/2 ~2/3,填塞应分层捣实、压平,并及时养护。

使用橡胶圈作为止水的接头称为柔性接头,它能适应一定量的位移和振动。胶圈一般由管材生产厂家配套供应。柔性接头的施工程序为:①清除承插口工作面上的附着污物;②向承口斜形槽内放置胶圈;③在插口外侧和胶圈内侧涂抹肥皂液;④将插口引入承口,确认胶圈位置正常,承插口的间隙符合要求后,将管子插入到位,找正后即可在管身覆土以稳定管子。用柔性接头承插的管子,若沿直线铺设,承口和插口的安装间隙一般为 4 ~6 mm,曲线铺设时为 7 ~14 mm。

4. 附属设备施工与安装

材质和管径均相同的管材、管件连接方法与管道连接方法相同;相同管径之间的连接一般不需要连接件,只是在分流、转弯、变径等情况下才使用管件。管径不同时由变径管来连接。材质不同的管材、管件连接需通过加工一段金属管来连接,接头方法与铸铁管连接方法相同。

1)附属设备安装

安装方法一般有螺纹连接、承插连接、法兰连接、管箍连接、黏合连接等。其中,法兰连接、管箍连接、螺纹连接拆卸比较方便;承插连接、黏合连接拆卸比较困难或不能拆卸。在工程设计时,应根据附属设备维修、运行等情况来选择连接方法。公称直径大于50 mm的阀门、水表、安全阀、进(排)气阀等多选用法兰连接;给水栓则可根据其结构形式,选用承插连接或法兰连接等方法;对于压力测量装置以及公称直径小于50 mm的阀门、水表、安全阀、进(排)气阀等多选用螺纹连接。附属设备与不同材料管道连接时,通过一段钢法兰管或一段带丝头的钢管与之连接,并应根据管材采用不同的方法。与塑料管道连接时,可直接将法兰管或钢管与管道承插连接后,再与附属设备连接。与混凝土管及其他材料管道连接时,可先将法兰管或常丝头的钢管与管道连接后,再将附属设备连接上。

2)出水口安装

井灌区管灌工程所用的出水口直径一般均小于110 mm,可直接将铸铁出水口与竖管承插,用14号铁丝把连接处捆扎牢固。在竖管周围用红砖砌成40 cm×40 cm的方墩,以保护出水口不致松动。方墩的基础,要认真夯实,防止产生不均匀沉陷。渠灌区管灌工程采用水泥预制管时,有可能使用较大的出水口。施工安装时,首先在出水竖管管口抹一层灰膏,坐上下栓体并压紧,周围用混凝土浇筑,使其连成一整体;然后套一节0.2 m高的混凝土预制管作为防护,最后填土至地表即可。

3)分水闸施工

用于砌筑分水闸的砂浆标号不低于M10,砖砌缝砂浆要饱满,抹面厚度不小于2 cm,闸门要启闭灵活,止水抗渗。

5. 管道试压

低压管道灌溉工程在施工安装期间应分段进行水压试验。施工安装结束后应对整个管网进行水压试验。水压试验的目的是检查管道安装的密封性是否符合规定,同时对管材的耐压性能和抗渗性能进行全面复查。

水压试验是将待试管端上的排气阀和末端出水口处的闸阀打开,然后向管道内徐徐充水,当管道全部充满水后,关闭排气阀及出水阀,使其封闭,再用水泵等加压设备使管道水压逐渐增至规定数值,并保持一定时间。如管道没有渗漏和变形即为合格。水压试验必须按以下规定进行:

(1)压力表应选用0.35级或0.4级的标准压力表,加压设备应能缓慢调节压力。

(2)水压试验前应检查整个管网的设备状况,阀门启闭应灵活,开度应符合要求,进、排气装置应畅通。

(3)检查管道填土定位是否符合要求,管道应固定,接头处应显露并能观察清楚渗水情况。

(4)冲洗管道应由上至下逐级进行,支、毛管应按轮灌组冲洗,直至排水清澈。

(5)冲洗后应使管道保持注满水的状态,金属管道和塑料管必须经24 h,水泥制品管必须经48 h后方可进行耐水压试验,否则会因为空气析出影响试验结果,甚至影响水泥制品管的机械性能。

(6)试验管段长度不宜大于1 000 m,试验压力不应低于系统设计压力的1.25倍。

压力操作必须边看压力表读数，边缓慢进行，压力接近试验压力时更应避免压力波动。水压试验时，保压时间应不小于 1 h，沿管路逐一进行检查，重点查看接头处是否有渗漏，然后对各渗漏处做好标记，根据具体情况分别进行修补处理。

试水不合格的管段应及时修复，修复后可重新试水，直至合格。

6. 管沟回填

管道系统安装完毕，经水压试验符合设计要求后，方可进行管沟回填。管沟回填应严格按设计要求和施工程序进行。回填方法一般有水浸密实法和分层夯实法等。

水浸密实法是采用向沟槽充水、浸密回填土的方法。当回填土料至管沟深度的一半时，可用横埂将沟槽分段（10 ~ 20 m），逐段充水。第一次充水 1 ~ 2 d 后，可进行第二次回填、充水，使回填土密实度达到设计要求。

分层夯实法是向管沟分层回填土料，分层夯实，分层厚度不宜大于 30 cm。一般分两步回填：第一步回填管身和管顶以上 15 cm；第二步分层回填其余部分，考虑到回填后的沉陷，回填土应略高于地面。回填土的密实度不能小于最大密实度的 90%。

管沟回填前应清除石块、杂物，排净积水。回填必须在管道两侧同时进行，严禁单侧回填。所填土料含水量要适中，管壁周围不得含有 $d>2.5$ cm 的砖瓦碎片、石块及 $d>5$ cm 的干硬土块。塑料管道沟槽回填前，应先使管道充水承受一定的内水压力，以防管材变形过大；回填应在地面和地下温度接近时进行，例如夏季，宜在早晨或傍晚回填，以防填土前后管道温差过大，对连接处产生不利影响。水泥预制管的土料回填应该先从管口槽开始，采用夯实法或水浸密实法，分层回填到略高出地表。对管道系统的关键部位，如镇墩、竖管周围及冲沙池周围等的回填应分层夯实，严格控制施工质量。

（四）管网首部枢纽施工安装

低压管道输水灌溉首部枢纽主要包括水泵、动力机、阀门、逆止阀、压力表、水表、安全保护装置等设备。泵房建成经验收合格后，即可在泵房内进行枢纽部分的组装，其组装顺序为：水泵→动力机→压力表→真空泵→逆止阀→水表→主阀门→接管网。枢纽部分连接一般为金属件，多采用法兰或螺纹连接，各管件与管道的连接，应保持同轴、平行、螺栓自由穿入。用法兰连接时，须安装止水胶垫。首部枢纽的各项设备应沿水泵出水管中心线安装，管道中心线距离地面高以 0.5 m 左右为宜。

井灌区水泵与干管间为防止机泵工作时产生振动，可采用软质胶管来连接。渠灌区机泵与干管间的连接及各种控制件、安全件的安装，可参照图 3-17 进行。在管网首部及管道的各转弯、分叉处，均应砌筑镇墩，防止管道工作时产生位移。

（五）工程验收

工程验收是对工程设计、施工的全面审查。工程施工结束后，应由主管部门组织设计、施工、使用单位成立工程验收小组，对工程进行全面检查验收。工程未验收移交前，应由施工单位负责管理和维护，工程验收分为施工期间验收和竣工验收两步进行。

1. 施工期间验收

隐蔽工程必须在施工期间及时进行检查验收，检查合格后方可进行下道工序的施工。重点检查水源工程，泵站的基础尺寸和高程，预埋件和地脚螺丝的位置和深度，孔、洞、沟及沉陷缝、伸缩缝的位置和尺寸等是否符合设计要求；地埋管道的管槽深度、底宽、坡向以

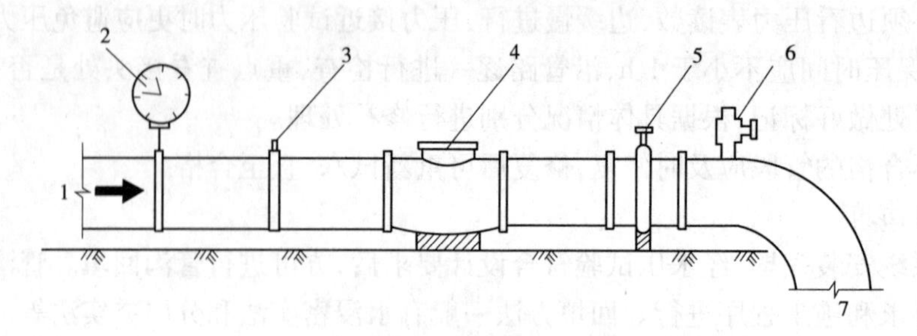

1—接水泵出水管;2—压力表;3—真空泵接口;

4—逆止阀;5—闸阀;6—排气阀;7—接低压管网

图3-17 首部安装示意图

管床处理、施工安装质量等是否符合设计要求和有关规定;水压试验是否合格。施工期间验收合格的项目应有检查、检测报告和验收报告。

2. 竣工验收

工程竣工验收前应提交下列文件资料:

(1)全套设计文件。包括全套设计图纸、文字说明、方案变更记录及批复文件等。

(2)施工期间的验收报告、水压试验报告和试运行报告。

(3)工程预算和工程决算。

(4)有关操作、管理规定和运行管理办法等。

(5)竣工图及竣工报告。

对于较小的工程,验收前只需提交设计文件、竣工图纸和竣工报告以及管理要求。

工程竣工验收应包括下列内容:

(1)审查技术文件是否齐全,技术数据是否正确、可靠。

(2)检查土建工程是否符合设计要求和有关规定。

(3)审查管道铺设长度、管道系统布置及田间工程配套是否合理。

(4)检查设备选择是否合理,安装质量是否达到技术规范的规定。

(5)对系统进行全面的试运行,对主要技术参数和技术指标进行实测。

(6)工程验收后,应编写竣工验收报告,对工程验收内容、验收结论、工程运用意见及建议等如实予以说明,形成文件后,由验收组成员共同签字,加盖设计、施工、监理、使用单位公章。

工程验收合格后,方可交付使用单位投入运行。

二、低压管道输水灌溉系统的运行管理

低压管道输水灌溉工程建成以后,为农业抗旱、促进作物增产提供了基础条件。要使工程充分发挥应有的作用和效益,就必须认真做好运行管理与维护工作,以保证工程设施处于良好的状态,以最低成本获得持续稳定的最好的经济效益。低压管道输水灌溉系统的管理主要包括组织管理、用水管理及工程管理等内容。

(一)组织管理

实施工程的管理工作,首先应建立、健全相应的管理组织,配备专管人员,制定完善的

管理制度,实行管理责任制,调动管理人员的积极性,提高他们的责任感,把管理工作落到实处。工程管理一般实行专业管理和群众管理相结合、统一管理和分级负责相结合的管理体制。对于较大的灌区,不论国家所有或集体所有,都应在上级(当地水利主管部门)的统一领导下,实行分级管理;对于小型或具有移动性的管灌工程系统,可在乡(村)统一领导下,实行专业承包。

1.管理组织形式

低压管道输水灌溉系统的管理组织形式要因地制宜,以有利于工程管理和提高经济效益为原则。

(1)对于村级管理工程,可成立村级管理组织。由村干部、2~3名管理人员组成灌溉专业队,应包括专业电工、业务素质较好的机手等,村干部和机手任正、副队长。

(2)对于规模较小的工程,可实行专业户承包。水源、工程设施及机电设备归村所有,专业队看管、养护、使用。行政村或自然村应与专业队签订管理承包合同。

(3)农户建成灌溉工程,一般面积较小,可由农户自行管理。农户虽然责任心强,但往往缺乏管理知识,可由专业技术人员帮助制定灌溉制度、传授管理维修知识。

(4)市、县水利部门要对工程主管人员和专职管理人员进行管理知识的技术培训,提高专职人员的技术素质,并指导他们对工程进行科学管理,及时解决管理运用中存在的问题,总结成功的管理经验,并予以推广。

(5)建立基层水利服务体系,供应低压管灌设施所需的零配件、易损件,规格品种要符合当地需要,起到用户与生产厂家间的桥梁作用。

2.管理规章制度

工程管理机构内部应建立和健全各项规章制度,明确管理范围和职责。如建立和健全工程管理制度,设备保管、使用、维修、养护制度,用水管理制度,水费征收办法,工程运行程序,机电设备的操作规程,考核与奖惩制度等。要把工程运行管理、维修、养护与工程管理人员的经济利益相联系,充分调动管理人员的积极性。

管理人员应做到"三懂"(懂机械性能、懂操作规程、懂机械管理)和"四会"(会操作、会保养、会维修、会消除故障),对管理人员实行"一专"(固定专人)、"五定"(定任务、定设备、定质量、定维修消耗费用、定报酬)的奖惩责任制。管理人员的主要任务如下:

(1)管理、使用灌溉系统及其设备和配套建筑物,保证其完好能用。

(2)按编制好的用水计划及时开机,保证作物适时灌溉。

(3)按操作规程开机放水,保证安全运行。

(4)按时记录开停机时间、灌水流量、能耗及浇地亩数等。

(5)合理核算灌水定额、灌水总量、灌溉成本,按时征收水费。

(二)用水管理

灌溉用水管理的主要任务,是通过对管道灌溉系统中各种工程设施的控制、调度、运用,合理分配与使用水源的水量,并在田间推行科学的灌溉制度和灌水方法,以达到充分发挥工程作用,合理利用水资源,促进农业高产稳产和获得较高的经济效益的目的。

1.科学编制用水计划

为了合理指导作物灌溉,实现供需水量平衡,提高水的利用效率,灌区应在灌溉季节前参考历年的灌水经验或试验成果,结合当年的天气预报情况、作物种植状况等,编制整个灌区的年用水计划。用水计划的主要内容包括灌区面积、种植比例、灌溉制度、计划供水时间、供水流量及灌溉用水总量等,特别是在水源紧张的情况下,年用水计划应能指导水资源的合理分配和高效利用。

2. 合理确定灌水计划

每次灌水前,应根据年用水计划并结合当时的实际情况,制订灌水计划(作业计划)。灌水计划的内容包括灌水定额、灌水周期、灌水持续时间、各轮灌组的灌水量、灌水时间及灌水次序等。轮灌组的划分一般维持原设计不应变更,但轮灌方式则可根据田间作业及管理要求合理确定,每次灌水时,可根据当时作物生长及土壤墒情的实际情况,对灌水计划加以修正。

3. 建立工程技术档案

为了评价低压管灌工程的运行状况,提高灌溉用水管理水平和进行经济核算,应建立工程技术档案和运行记录制度,及时填写机泵运行和田间灌水记录表。记录的内容应包括灌水计划、灌水时间(开、停机时间)、种植作物、灌溉面积、灌溉水量、机泵型号、水泵流量、施肥时间、肥料用量、畦田规格、改水成数、水费征收、作物产量等。每次灌水结束后,应观测土壤含水率、灌水均匀度、计划湿润层深度等指标。根据记录进行有关技术指标的分析,以便积累经验,改进用水管理工作。

(三)工程管理

工程管理的基本任务是保证水源、机泵、输水管道及建筑物的正常运行,延长工程设备的使用年限,发挥最大的灌溉效益。工程管理的主要内容包括工程设施和设备的运行、维修养护,工程的观测、改建,设备设施的完善等。

1. 水源工程的使用与维护

对水源工程除正常性的养护外,每年灌溉季节前后,都应及时清淤除障或整修。若水源为机井,管理时注意井口保护设施的维护,加设井台、井盖,以防地面积水、杂物对井水的污染。在机井使用过程中,要注意观察水量和水质的变化。若发生异常现象,应查明原因,采取相应的洗井、维修改造等措施。若水源为蓄水池,应注意定期清理拦污栅、沉沙池;维修好各种设施,防止水质污染;应对防渗工程经常进行检查,对渗漏部位及时进行维修。

2. 机泵的运行与维修

在开机前应对机泵进行一次全面、细致的检查,检查各固定部分是否牢固、转动部分是否灵活、机电设备是否正常。开机应按操作程序进行,开机后应观察出水量、轴承温度、机泵运转声音及各种仪表是否正常,如不正常或出现了故障,应立即检修;停机后,要打开泵壳下面的放水塞,把水放净,防止水泵冻坏或锈蚀。停灌期间,应把地面可拆卸的设备收回,妥善保管和养护。为了延长泵机的使用寿命,除正常操作外,还要定期对机泵进行检查维修,机泵运行一年,在冬闲季节要进行一次彻底检修、清洗、除锈去垢、修复或更换损坏的零部件。

3. 管道的运行与维修

1)固定管道的运行与维修

固定管道在初次投入使用或每年灌溉季节开始前,应全面进行检查、试水,保证管道通畅;无渗水、漏水现象,裸露在地面的管道部分应完整无损;闸阀及安全保护设备应启动自如;量测仪表盘面清晰、指示灵敏。每年灌溉季节结束,对管道应进行冲洗,排放余水,进行维修;闸门井加盖保护,在寒冷地区阀门井与干支管接头处应采取防冻措施。

在管道充水和停机时,由于水锤作用,管道压力会急剧上升或下降,易发生爆管。因此,应严格按照管道安全运行程序操作。具体应注意以下几点:

(1)开机时,严禁先开机后打开出水口。应首先打开计划放水的出水口,必要时还应打开管道上的其他出水口排气,然后开机缓慢充水。当管道充满水后,应缓慢关闭作为排气用的其他出水口。

(2)当同时开启的一组出水口灌水结束,需开启下一组出水口时,应先打开后一组出水口,再缓慢关闭前一组出水口。

(3)管道运行时,严禁突然关闭闸阀、给水栓等出水口,以防爆管和毁泵。

(4)管道停止运行时,应先停机或先缓慢关闭进水闸、闸阀,然后缓慢关闭出水口;有多个出水口停止运行时,应自下而上逐渐关闭;同时借助进气阀、安全阀或逆止阀向管内补气,防止产生水锤或负压破坏管道,后关出水口。

(5)管道维修。埋设田间的管道,由于施工质量的缺陷、不均匀沉陷、农用机械碾压等原因,可能使管道损坏漏水,发现漏水应立即进行修补。

2)移动塑料软管的使用与维修

田间使用的软管,由于管壁薄,经常移动,使用时应注意以下事项:

(1)使用前,要认真检查管子的质量,并铺平整好管路线,以防尖状物扎破软管。

(2)使用时,管子要铺放平整,严禁拖拉,以防破裂。

(3)软管输水过沟时,应架托保护,跨路应挖沟或填土保护,转弯要缓慢,切忌拐直角弯。

(4)用后清洗干净,卷好存放在空气干燥、温度适中的地方;软管应平放,防止重压和磨坏软管折边;不要将软管与化肥、农药等放在一起,以防软管黏结。

(5)软管使用中发现损坏,应及时修补。若出现漏水,可用塑料薄膜补贴,也可用专用黏合剂修补。

4.管路附件与附属设备的维护和修理

管路附件与附属设备主要有给水装置、分水池、控制闸阀、保护装置、测量仪表等。

(1)给水装置。多为金属结构,要防止锈蚀,每年要涂防锈漆两次。对螺杆和丝扣,要经常涂黄油,防止锈固,便于开关。

(2)分水池。起着防冲、分水和保护出水口的作用。发现损坏应及时修复;在出水池外壁涂上红、白色涂料,引人注目,防止损坏。

(3)控制闸阀。闸阀、蝶阀应定期补充填料,螺纹和齿轮处应定期加注润滑油以防止锈死。逆止阀应定期检查动作是否灵活。

(4)保护装置。如安全阀、进排气阀等要经常检查维修,保证其运行灵活,进排气阀畅通。阀门井应具有良好的排水或渗水条件,如有积水应及时查明原因并予以解决。阀门井应加盖保护,冬季应有防冻措施。

(5)测量仪表。灌溉季节结束后,压力表、水表应卸下排空积水后存放在室内,防止冻胀破坏。电气仪表应保持清洁干燥。

任务四 低压管道输水灌溉工程规划设计示例

一、自然概况

某自然村位于山前平原，有835户共3 760人，耕地238.86 hm^2，以井灌为主。近年来，随着工农业用水量的不断增加，地下水位逐年下降，灌溉用水日益紧张。为节约用水，保证增产，根据当地条件和群众要求，兴建低压管道输水灌溉试区。

试区共有机井6眼，单井涌水量为48～125 m^3/h。农作物以小麦、玉米为主，辅以林果和蔬菜。土壤质地为中壤土，容重 $\gamma_d = 1.47\ g/cm^3$，田间持水率 $\beta = 22.5$（质量百分数），土壤最大冻深为0.5 m，日最大蒸发量为5.5 mm，多年平均年降水量357 mm，当保证率为80%时，年降水量为560 mm。据分析，小麦全生育期需水357 mm，生育期内降水量为120.7 mm，尚缺2 362.5 m^3/hm^2，需补充灌溉。

二、设计依据

（1）《节水灌溉工程技术规范》（GB/T 50363—2006）。

（2）《低压管道输水灌溉工程技术规范（井灌部分）》（SL/T 153—95）。

三、灌溉制度确定

（一）设计灌水定额

试区种植作物为一年两季，小麦是需水量大的作物；玉米生长期正逢雨季，适时灌水即可满足；蔬菜灌水次数多，但定额小。因此，设计时以小麦需水量最高的灌浆期确定灌水定额。取 $H = 60$ cm，$\beta_1 = 95\%$（田间持水率的百分数，下同），$\beta_2 = 65\%$，则设计净灌水定额为：

$$m = 10 \times 1.47 \times 0.6 \times 22.5 \times (95\% - 65\%) = 59.53(\text{mm})$$

根据小麦全生育期需补充的灌水大小和设计灌水定额，需灌水4次。按当地灌水经验，分为返青水、拔节水、抽穗水和灌浆水。玉米生育期一般灌溉2次即可。

（二）设计灌水周期

根据小麦需水规律，其需水高峰在灌浆期，此时 $E_p = 5.5$ mm/d，则

$$T = m/E_p = 59.53/5.5 = 10.82(\text{d})$$

取 $T = 10$ d。

四、设计灌水流量计算

设计灌水流量用下式计算：

$$Q = \frac{mA}{\eta T t}$$

取 $t = 13$ h，$\eta = 0.95 \times 0.85 = 0.81$。

计算结果见表 3-7。

表 3-7 设计流量计算结果

分区	机井编号	井出水量（m^3/h）	A（hm^2）	T（h）	t（h）	Q（m^3/h）	流量取值（m^3/h）
一	1	74	25.2	10	13	142.5	74
	2	48.8	10.0	10	13	56.6	48.8
二	3	68.3	15.7	10	13	88.6	68.3
	5	125.0	27.7	10	13	156.5	125.0
三	7	72	23.7	10	13	134.2	72
四	10	75.4	18.9	10	13	107.1	75.4

计算结果表明，设计流量大于单井出水量，故采用单井出水量为设计流量。

五、管道系统布置

各机井管网布置见图 3-18，管网规划布置结果见表 3-8。

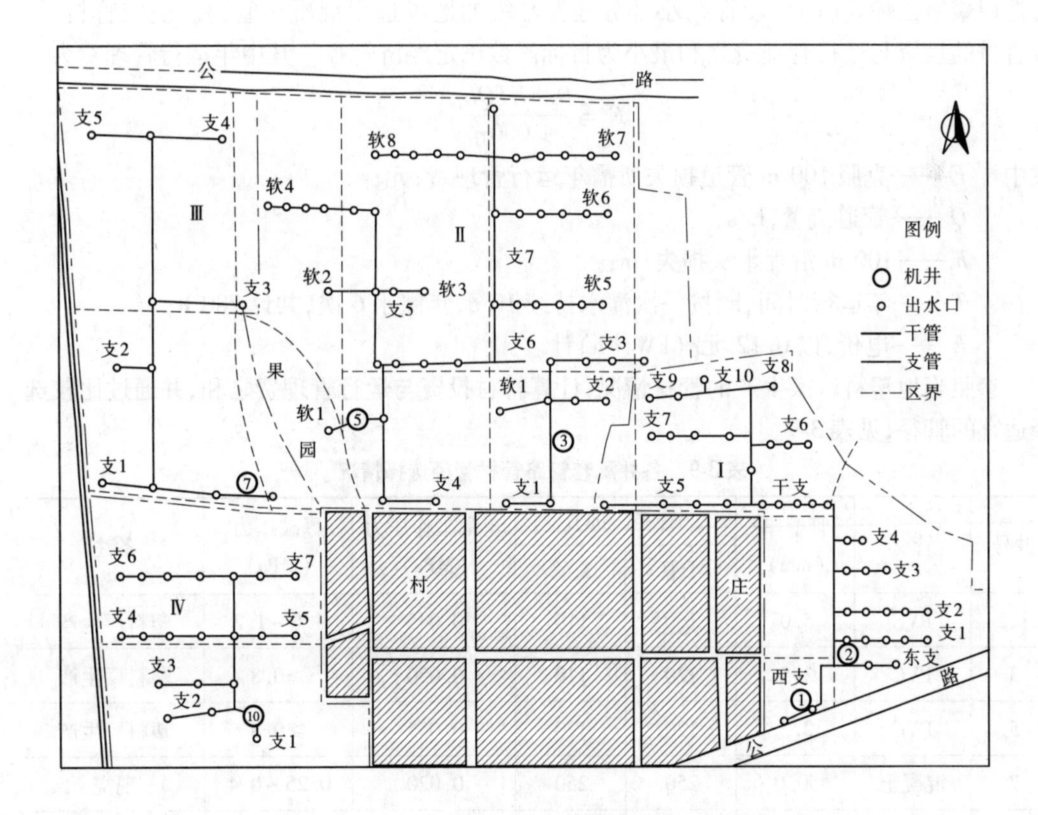

图 3-18 某村半固定式管道灌溉工程各机井管网布置

表 3-8 管网规划布置结果

分区	机井编号	井出水量（m^3/h）	控制面积（hm^2）	干管		支管		出水口		控水箱（个）
				条数	长度（m）	条数	长度（m）	个数	间距（m）	
一	1	74	25.2	1	790	12	1 600	52	35～40	3
	2	48.8	10.0							3
二	3	68.3	15.7	1	172	3	300	8	50～70	6
	5	125.0	27.7	2	1 050	4	1 436	16		
三	7	72	23.7	1	813	5	489	13	35～40	3
四	10	75.4	18.9	1	420	7	670	14	40～50	
合计	—	—	121.2	6	3 245	31	4 495	103	—	15

六、管材与管径选择

试区地形较复杂，水泵扬程较高，压力波动大，要求管材耐压能力较强，所以大部分管材选用聚氯乙烯管（PVC 硬管），小部分地形平缓的地段选用混凝土管材。确定管材后，按管材的投资与运行管理费之和最小为目标函数确定经济管径。其中年运行管理费为

$$F = \frac{9.8ETQh_f}{1\ 000\eta}$$

式中 F——克服 100 m 管道损失所需年运行管理费，元；

Q——管道流量，L/s；

h_f——100 m 沿程水头损失，m；

T——年运行时间，h，按一次灌水持续 10 d，年灌水 6 次，共计 780 h；

E——电价，以 0.12 元/(kW·h)计。

参照当地塑料厂家生产的管材情况，计算管材投资与运行管理费之和，并通过比较选择适宜的管径，见表 3-9。

表 3-9 各井配套管路管材管径选择情况

井号	管材	管壁厚（mm）	管径（mm）		正常工作压力（MPa）	爆破压力（MPa）	备注
			干管	支管			
1、2	PVC	5.0	160	110	0.045	1.0～1.2	塑料厂生产
3	PVC	2.5	120	110	0.050	≥0.8	塑料厂生产
5	PVC	2.5	120	120	0.055	≥0.8	塑料厂生产
7	混凝土	50.0	250	250	0.020	0.25～0.4	现浇
10	PVC	2.5	120	120	0.035	≥0.8	塑料厂生产

七、管道水力计算

管网沿程水头损失与局部水头损失计算结果见表3-10。

表3-10　管网水头损失计算

井号	干管				支管				沿程水头损失 $\sum h_f$(m)	局部水头损失 $\sum h_j$(m)
	管径(mm)	流量(m^3/h)	管长(m)	水头损失(m)	管径(mm)	流量(m^3/h)	管长(m)	水头损失(m)		
1	100	74.0	140	5.60	—	—	—	—	—	—
	150	123.0	140	1.95	100	37.0	230	3.01	5.60+1.95+2.57+3.01=13.13	1.70
2	150	48.8	390	2.57	—	—	—	—	2.57+3.01=5.58	1.36
3	115	68.3	130	2.73	115	68.4	160	3.36	2.73+3.36=6.09	1.23
5	2×115	125.0	530	5.51	115	62.0	50	0.90	5.51+0.90=6.41	1.61
7	250	72.0	813	0.80	250	72.0	78	0.10	0.80+0.10=0.90	1.88
10	115	75.4	150	4.60	115	37.7	150	1.20	4.60+1.20=5.80	1.89

八、设计扬程计算与水泵选型

水泵设计扬程由管路系统的水头损失、机井动水位、至试区内供水最高点的高差等确定。计算公式如下,计算结果见表3-11。

$$H_{扬} = H_m + \sum h_f + \sum h_j + h_g + \Delta Z + h_p$$

表3-11　水泵的设计扬程计算

井号	$H_m + H_p$	$\sum h_f$	$\sum h_j$	ΔZ	h_g	$H_{扬}$
1	50.63	13.13	1.70	−5.60	0.1	59.96
2	50.16	5.58	1.36	−4.30	0.1	52.90
3	35.30	6.09	1.23	−2.10	0.1	40.62
5	35.50	6.41	1.61	−1.98	0.1	41.64
7	45.56	0.90	1.88	−2.12	0.1	46.32
10	47.60	5.80	1.89	−1.31	0.1	54.08

按照设计流量、设计扬程进行水泵选型。根据水泵工作性能,6眼机井选配水泵型号及性能情况见表3-12。经水泵工况校核,各井管道运行时水泵均处在高效区工作。

表 3-12　配套井泵性能情况表

井号	泵型号	额定流量 (m^3/h)	额定扬程 (m)	转速 (r/min)	水泵效率 (%)	电机功率 (kW)	水泵外径 (mm)
1	200QJ80-55	80	55	2 850	73	22	184
2	丰产 480	56	64	2 900	68	22	150
3	200QJ80-44	80	44	2 850	73	13	184
5	10JD140×12	140	60	1 460	72	40	220
7	8JD80×15	80	60	1 460	70	22	185
10	200QJ80-50	80	50	2 850	73	18.5	184

九、主要设备、材料及土建投资预算

工程投资预算可按表 3-13 和表 3-14 的格式进行分项计算。

表 3-13　主要设备、材料投资预算

设备、材料名称	单位	规格型号	数量	单价(元)	合价(元)	备注

表 3-14　管灌工程预算项目

序号	项目	金额(元)	所占比例(%)	备注
1	设备、材料			
2	土建			
3	不可预见费			
合计				

小　结

低压管道输水灌溉技术是利用低能耗机泵或由地形落差所提供的自然压力水头将灌溉水加压，然后通过输配水管网，将灌溉水由出水口送到田间进行灌溉，以满足作物的需水要求的输水灌溉技术。

- 低压管道输水灌溉技术
  - 低压管道输水灌溉技术的认识
    - 组成：水源及首部枢纽、输配水管网、田间灌水系统
    - 类型：机压式、自压式，树状网、环状网，固定式、半固定式、移动式
    - 管材：固定管道有塑料硬管、金属管、水泥类管；移动管道：塑料软管和涂塑软管
    - 管件：连接件有三通、四通、弯头、异径管和堵头等；控制件:给水栓、阀门、安全阀、进排(气)阀、逆止阀、调压井、放水井等
  - 低压管道输水灌溉工程规划设计
    - 规划设计：原则、主要内容、主要技术参数、设计步骤、设计成果
    - 管网布置：一字形、长一字形、L形、丰字形、Π字形、H形、T字形
    - 管网水力计算：灌溉、工作制度、管道流量、管径计算、管网水头损失计算、水泵扬程计算、水泵选型
  - 低压管道输水灌溉工程施工与管理
    - 施工：管网施工主要有施工准备、管槽开挖、管道安装、附属设备安装、管道试水、回填和验收等几个步骤；首部枢纽安装有水泵、动力机、逆水阀、压力表、水表、安全保护装置等
    - 管理：包括组织管理、用水管理及工程管理等内容

思考与练习题

一、填空题

1. 灌溉管道系统是从水源取水经处理后，用________代替明渠输水灌溉的一种工程形式。一般由________、________和________等部分组成。

2. 低压管道输水灌溉系统按输配水管网形式的不同，一般可分为________和________。

3. 低压管道输水灌溉系统按获得工作压力方式的不同可分为________和________。

4. 低压管道输水灌溉系统按工作时是否可移动程度分为________、________和________。

5. 低压管道输水灌溉系统的工作制度有________和________两种方式。

6. 在面积较大灌区，低压管道输水灌溉系统的管网可由________、________、________和________等多级管道组成。

7. 低压管道输水灌溉系统的管道施工程序是________、________、________、________、________、________。

8. 低压管道输水灌溉系统的运行管理主要包括________、________及________等内容。

二、选择题

1. 目前,灌区移动式管道输水中所用管材主要是(　　)。
A. 塑料硬管　B. 塑料软管　C. 水泥预制管　D. 现场连续浇筑管
2. 管材和附属设施是低压管道输水灌溉系统的重要组成部分,其投资约占总投资的(　　)。
A. 50% ~60%　B. 60% ~70%　C. 70% ~80%　D. 80% ~90%
3. 塑料硬管在管灌中得到广泛应用,埋在地下寿命可达(　　)。
A. 10 年以上　B. 20 年以上　C. 25 年以上　D. 30 年以上

三、名词解释

1. 低压管道输水灌溉系统　2. 沿程水头损失　3. 局部水头损失
4. 出水口　5. 给水栓　6. 给水装置
7. 组织管理　8. 用水管理　9. 工程管理

四、简答题

1. 与一般明渠灌溉相比较,低压管道输水灌溉系统具有哪些优点?
2. 低压管道输水灌溉系统(管网系统)由哪几部分组成?
3. 低压管道输水灌溉系统(管网系统)有哪几种类型? 各有什么特点?
4. 低压管道输水灌溉系统中的管道系统布置有哪些原则与要求?
5. 低压管道输水灌溉系统中管网布置形式有几种?
6. 井灌区低压管道输水灌溉工程应符合哪些要求?
7. 在管网设计中如何选配水泵动力机?
8. 管道输水灌溉常用的管材有哪些?
9. 管道系统中的安全保护装置有哪些?
10. 简述低压管道输水灌溉系统中管网施工的主要程序。
11. 管道系统在运行管理中应注意哪些事项?
12. 管道安装一般应满足哪些要求?
13. 塑料类管道是如何连接的? 应注意些什么?
14. 管道试压应遵循哪些技术要求?
15. 管道运行过程中应如何防止水锤破坏?

五、计算题

某灌区拟规划为管道输水灌溉工程,现有井的出水量为 80 m^3/h,干管设计流量为 85 m^3/h,拟用 PVC 管材,经济流速为 1.2 m/s,试求干管的管径。(参考答案:154 mm。参考市场标准确定管道直径)

项目四　地面节水灌溉技术

【学习目标】

1. 了解小畦灌、长畦分段灌、水平畦灌技术的概念、优点，以及水平畦灌技术的土地平整方法；

2. 了解细流沟灌、沟垄灌、沟畦灌、隔沟交替灌技术的概念、优点，以及细流沟灌的形式；

3. 了解水稻控制灌溉、“薄、浅、湿、晒”灌溉、薄露灌溉技术的概念和特点；

4. 了解波涌灌技术的机制、组成、类型、灌水技术要素，以及膜上灌技术的特点、类型；

5. 掌握小畦灌、长畦分段灌、水平畦灌、细流沟灌技术要素；

6. 掌握水稻控制灌溉、“薄、浅、湿、晒”灌溉、薄露灌溉技术的实施要点；

7. 掌握膜孔(缝)灌的技术要素。

【技能目标】

1. 会确定小畦灌、长畦分段灌、水平畦灌、细流沟灌、膜孔(缝)灌的灌水技术要素；

2. 能确定水稻控制灌溉、“薄、浅、湿、晒”灌溉、薄露灌溉技术的实施要点。

地面灌溉是指灌溉水在田面流动的过程中，形成浅薄水层和细小水流，借重力作用和毛细管作用入渗湿润土壤的灌溉方法。目前，全世界90%以上的灌溉土地仍在采用地面灌溉，我国地面灌溉面积高达95%以上。在可以预期的将来，大部分灌溉土地仍将维持地面灌溉。在适当的田间工程条件下，良好的设计和管理可以使地面灌溉达到与有压灌溉相近的灌水效率，实现灌溉自动化从而降低劳动强度。近年来，我国推广应用了许多先进的地面灌溉节水技术，取得了明显的节水和增产效果。这些地面灌溉节水技术包括节水型畦分段灌技术、节水型沟灌技术、水稻节水灌溉技术等。

任务一　节水型畦灌技术

畦灌是将灌溉土地用低矮土埂分割成许多矩形条状田块，即畦田，灌水时，灌溉水从输水垄沟或直接从田间毛渠引入畦田后，在畦田田面上形成很薄的水层，沿畦长坡度方向均匀流动，在流动的过程中主要借助重力作用垂直下渗、逐渐湿润土壤的灌水方法。主要适用于窄行距密植作物或撒播作物的灌溉，如小麦、谷子等粮食作物，花生、芝麻等油料作物，牧草和菠菜、芫荽等速生性密植蔬菜。目前常用的节水型畦灌技术有小畦灌技术、长畦分段灌技术、水平畦灌技术等。

一、小畦灌技术

小畦灌主要是指畦田“三改”灌水技术，也就是“长畦改短畦，宽畦改窄畦，大畦改小畦”。

(一)小畦灌技术的主要技术要素

小畦灌的技术要素包括畦长、畦宽、放水时间、入畦流量等,应根据不同的土壤质地、田面坡度和地下水埋深,通过对比试验选择灌水均匀度、田间水利用率及灌溉水储存率较高的灌水技术要素组合作为灌水的依据。

通常,小畦灌“三改”灌水技术适宜的技术要素为:畦田地面坡度1/400~1/1 000,单宽流量2.0~4.5 L/(s·m),灌水定额300~675 m^3/hm^2。畦田长度,自流灌区以30~50 m为宜,最长不超过70 m;机井和高扬程提水灌区以30 m左右为宜。畦田宽度,自流灌区以2~3 m为宜;机井提水灌区以1~2 m为宜。畦埂高度一般为0.2~0.3 m,底宽0.4 m左右,地头埂和路边埂可适当加宽培厚。

(二)小畦灌技术的优点

1.节约水量,易于实现小定额灌水

试验表明,入畦单宽流量一定时,灌水定额随畦长的增加而增大,也就是说,畦长越长,畦田水流的入渗时间越长,因而灌水量也就越大。小畦灌通过缩短畦长,减少灌水定额,一般不超过675 m^3/hm^2,可节约水量20%~30%。

2.灌水均匀,浇地质量高

小畦灌畦块面积小,水流流程短且比较集中,水量易于控制,入渗比较均匀。据测试,不同畦长的灌水均匀度为:畦长30~50 m时,灌水均匀度都在80%以上,符合科学用水的要求;而畦长大于100 m时,灌水均匀度则达不到80%的要求。

3.防止深层渗漏,提高田间水的有效利用率

小畦灌深层渗漏很小,从而可防止灌区地下水位上升,预防土壤沼泽化和土壤盐碱化发生。据灌水前后对200 cm土层深度的土壤含水量测定,畦长30~50 m时,未发现深层渗漏(入渗未超过1.0 m土层深度);畦长100 m,深层渗漏量较微;畦长200~300 m,深层渗漏水量平均要占灌水量的30%左右,几乎相当于小畦灌法灌水定额的50%。

4.减轻土壤冲刷,减少土壤养分淋失,土壤板结减轻

传统畦灌的畦块大、畦块长,灌水量大,容易严重冲刷土壤,易使土壤养分随深层渗漏而损失。而小畦灌灌水量小,有利于保持土壤结构,保持和提高土壤肥力,促进作物生长,增加产量10%~15%。

5.土地平整费用低

由于畦块面积小,可以做到小平大不平,对整个田块平整度要求不高,只要保证小畦块内平整就行了,这样既减少了大面积平地的土方工程量,又节约了平地用工量。

二、长畦分段灌技术

长畦分段灌又称为长畦短灌,是我国北方一些渠、井灌区群众在长期的灌水实践中摸索出的一种节水灌溉技术。灌水时,将一条长畦分为若干个横向畦埂的短畦,采用低压塑料薄壁软管或地面纵向输水沟,将灌溉水输送入畦田,然后自下而上或自上而下依次逐段向短畦内灌水,直至全部短畦灌完,如图4-1所示。

长畦分段灌若用输水沟输水,同一条输水沟第一次灌水时,应由长畦尾端的短畦开始

自下而上分段向各个短畦内灌水；第二次灌水时，应由长畦首端开始自上而下向各分段短畦内灌水，输水沟内一般仍可种植作物。长畦分段灌若用低压薄壁塑料软管（俗称小白龙）输水、灌水，每次灌水时均可将软管直接铺设在长畦田面上，软管尾端出口放置在长畦的最末一个短畦的上端放水口处开始灌水，该短畦灌水结束后可采用软管“脱袖法”脱掉一节软管，自下而上逐个分段向短畦内灌水，直至全部短畦灌水结束。

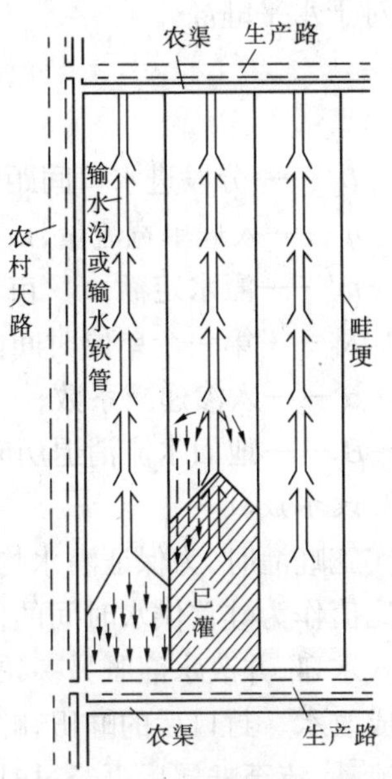

图 4-1　长畦分段灌示意图

（一）长畦分段灌的技术要素

长畦分段灌与传统畦灌对地面坡度的要求相同，要求均一纵坡，一般适宜的田面坡度为 1/1 000～3/1 000，最大不超过 1/50；但畦宽可以宽至 5～10 m，畦长可达 200 m 以上，一般在 100～400 m，但其单宽流量并不增大。

这种灌水技术的要求是正确确定入畦灌水流量、侧向分段进水口的间距（短畦长度与间距）和分段改水时间或改水成数。

1. 单宽流量

由畦灌灌水技术要素之间的关系可知，进入畦田的总灌水量应与计划灌水量相等，即

$$3\,600qt = mL \tag{4-1}$$

式中　q——入畦单宽流量，L/(s·m)；

t——畦首处畦口的供水时间，h；

m——灌水定额，m^3/亩；

L——畦长，m。

由式（4-1）可计算已知畦田长度情况下的入畦单宽流量 q。由式（4-1）可知，在相同的土质、地面坡度和畦长情况下，入畦单宽流量的大小主要与灌水定额有关。二者一般呈负相关关系，即入畦单宽流量愈小，灌水定额愈大；入畦单宽流量愈大，灌水定额愈小。因此，可在不同条件下引用不同的入畦单宽流量，以控制达到计划的灌水定额。地面坡度大的畦田，入畦单宽流量应选小些；地面坡度小的畦田，入畦单宽流量则可选大些。如在相同地面坡度条件下，畦田长，入畦单宽流量可大些；畦田短，入畦单宽流量可小些。沙质土地畦田渗水快，入畦单宽流量应大；黏重土地或壤土地畦田渗水慢，入畦单宽流量宜小。地面平整差的畦田，入畦单宽流量可大些；地面平整好的畦田，入畦单宽流量可小些。

2. 分段进水口的间距

根据水量平衡原理及畦灌水流运动基本规律，在满足计划灌水定额和十成改水的条件下，计算侧向分段进水口的间距的基本公式如下：

对于有坡畦灌

$$L_0 = \frac{40q}{1+\beta_0}\left(\frac{1.5m}{K_0}\right)^{\frac{1}{1-\alpha}} \tag{4-2}$$

对于水平畦灌

$$L_0 = \frac{40q}{m}\left(\frac{1.5m}{K_0}\right)^{\frac{1}{1-\alpha}} \tag{4-3}$$

式中 L_0——分段进水口间距,m;

q——入畦单宽流量,L/(s·m);

m——灌水定额,m^3/亩;

K_0——第一个单位时间内的土壤平均入渗速度,mm/min;

α——入渗递减系数;

β_0——地面水流消退历时与水流推进历时的比值,一般为0.8~1.2。

3. 改水成数

实施畦灌时,为保证灌水均匀,通常采用改水成数法,即以畦田薄水层水流长度与畦长的比值作为畦首供水时间的依据,也就是当薄层水流到达畦长的一定距离时就封堵该畦田入水口,并改水灌溉另一块畦田。例如,薄层水流流至畦长的80%时,封口改水,即为八成改水。封口后的畦田,畦口虽已停止供水,但畦田田面上剩余薄层水流仍将继续向畦尾流动,流至畦尾后再经过时间t,畦尾存水刚好全部渗入土壤,以使整个畦田湿润土壤达到既定的灌水定额。这样可使畦田上的薄层水流在畦田各点处的滞留时间大致相等,从而使畦田各点处的土壤入渗时间和渗入土壤中的水量大致相等。

改水成数应根据灌水定额、土壤性质、地面坡度、畦长和单宽流量等条件确定,一般可采用七成、八成、九成或满流封口(十成)改水措施。当土壤透水性较小,畦田田面坡度较大,灌水定额不大时,可采用七成或八成改水措施;当土壤透水性强,畦田田面坡度小,灌水定额又较大时,应采用九成改水措施。封口过早,会使畦田灌水不足,甚至无水;封口过晚,畦尾又会产生跑水、积水现象,浪费灌溉水量。总之,正确控制封口改水,可以防止畦尾漏灌,或发生跑水流失。据各地灌水经验,在一般土壤条件下,畦长50 mm时宜采用八成改水,畦长30~40 mm时宜采用九成改水,畦长小于30 mm时应采用十成改水。

长畦分段灌灌水技术要素还可以参照表4-1。

(二)长畦分段灌灌水技术的优点

1. 节水

长畦分段灌灌水技术可以实现灌水定额450 m^3/hm^2左右的低定额灌水,灌水均匀度、田间灌水储存率和田间灌水有效利用率均大于80%,且随畦长而增大。与畦田长度相同的传统畦灌方法相比较,可节水40%~60%,田间灌水有效利用率可提高1倍左右或更多。

2. 省地

长畦分段灌灌溉设施占地少,可以省去1~2级田间输水渠沟,且畦埂数量少,可以减少田间做埂的用工量,同时节约耕地。

3. 适应性强

与传统的畦灌方法相比,可以灵活适应地面坡度、糙率和种植作物的变化,可以采用较小的单宽流量,减小土壤冲刷。

表 4-1 长畦分段灌灌水技术要素

序号	输水沟或灌水软管流量(L/s)	灌水定额		畦长(m)	畦宽(m)	单宽流量(L/(s·m))	单畦灌水时间(min)	长畦面积		分段长度(m)×段数
		m^3/亩	mm					m^2	亩	
1	15	40	6	200	3	5.00	40.0	600	0.9	50×4
					4	3.76	53.3	800	1.2	40×5
					5	3.00	66.7	1 000	1.5	35×6
2	17	40	6	200	3	5.67	35.0	600	0.9	65×3
					4	4.25	47.0	800	1.2	50×4
					5	3.40	58.8	1 000	1.5	40×5
3	20	40	6	200	3	3.67	30.0	600	0.9	65×3
					4	5.00	40.0	800	1.2	50×4
					5	4.00	50.0	1 000	1.5	40×5
4	23	40	6	200	3	7.67	26.1	600	0.9	70×3
					4	5.76	34.8	800	1.2	65×3
					5	4.60	43.5	1 000	1.5	50×4

4. 易于推广

该技术投资少,节约能源,管理费用低,技术操作简单,因而经济实用,易于推广应用。

5. 便于田间耕作

田间无横向畦埂或渠沟,方便机耕和采用其他先进的耕作方法,有利于作物增产。

三、水平畦灌技术

(一)水平畦灌技术的特点

水平畦灌是田块纵向和横向两个方向的田面坡度均为零时的畦田灌水方法,是一种先进的节水灌水技术。实施灌水时,通常要求引入畦田的流量很大,以使进入畦田的薄水层水流能在很短的时间内迅速覆盖整个畦田田面,然后以静态方式在重力作用下逐渐渗入作物根系土壤中。

水平畦灌的畦田田面各方向的坡度都很小,整个畦田田面可看作水平田面。所以,水平畦田上的薄层水流在田面上的推进过程不受畦田田面坡度的影响,而只借助于薄层水流沿畦田流程上水深变化所产生的水流压力向前推进。推进阶段结束后,蓄在水平畦田的水层主要借助重力作用,以静态方式逐渐渗入作物根系土壤区内,因此它的水流消退曲线为一条水平直线。

如图 4-2 所示为某水平畦灌水流推进过程,畦田长度和宽度均为 183 m,引入总流量为 0.43 m^3/s,从一角放水仅用 125 min 流到对角,再经过 18.5 h 畦田上的薄层水流全部渗入土壤内。

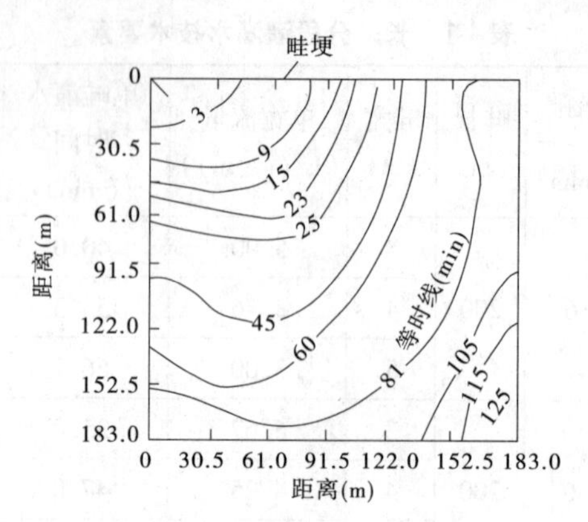

图 4-2　水平畦灌水流推进过程

水平畦灌法具有灌水技术要求低、深层渗漏小、水土流失少、方便田间管理，适宜于机械化耕作、所有作物和各种土壤，以及可直接应用于冲洗改良盐碱地等优点。与传统畦灌相比，水平畦灌可节水 20% 以上。在土壤入渗速度较低的条件下，田间灌水效率可达 95% 以上，灌水均匀度可达 90% 以上，因而在美国等一些国家已得到广泛应用。

（二）水平畦灌法土地的平整

水平畦灌法对土地平整的要求很高，一般要求田面高程标准偏差小于 2 cm，因此必须进行严格平整。以往采用传统的土地平整测量方法和平整工具，既费工，也很难达到精确的平整要求。但是由于激光控制平地技术的出现，高精度平整土地已经容易实现。激光控制平地系统（见图 4-3）一般由激光发射装置、激光接收装置、控制器、平地铲运和牵引设备等 4 部分组成，其工作原理是在水平畦田地块中间或者一端设置激光发生器，发射一束激光。激光信号接收装置安装在平地铲运机上，激光发生器可以按照设计者平整土地的意图发射出一束水平的或者与水平面呈所需要角度的激光光束。平地铲运机就依据激光光束产生的虚拟光面和指导位置，上下移动铲运机铲板，自动调节铲刀位置于适当高度，并在平地铲运机行进过程中，或将地面高处铲平，或将低处地面填土整平。激光接收器上安装有硅酮光电管，用于指示激光的位置。当激光接收器收到激光信号后，即可向安装在拖拉机驾驶室内与控制系统相连接的阀门发出信号，操作人员可在驾驶室内监视全套系统装置的运行情况，激光发生器在工作过程中可以以一定的角速度旋转，由于激光本身在空气中具有很强的穿透力（在 20 km 处都能接收到），所以平地铲运机在水平畦田地块的任何位置都能接收到激光信号。

根据水平畦田地块原有平整程度的好坏，可以选用粗平机具和精平机具。若原畦田田面起伏较大，就需要粗平机具先将地块田面大致整平，然后进行精平。对于以前曾平整过的水平畦田，下次结合耕作一般只需精平即可。

对于水平畦田的土地平整程度，美国土地保持局要求的标准是 80% 的水平畦田地块田面平均高差应在 ±1.5 cm 以内。实际上，利用激光控制的平地铲运机平整土地，其平整后的地面高差平均误差均在 ±1.5 cm 以内。

（三）水平畦灌法的技术要素

水平畦灌设计可以采用美国农业部旱地农业研究中心开发的 WinSRFR 软件等灌溉

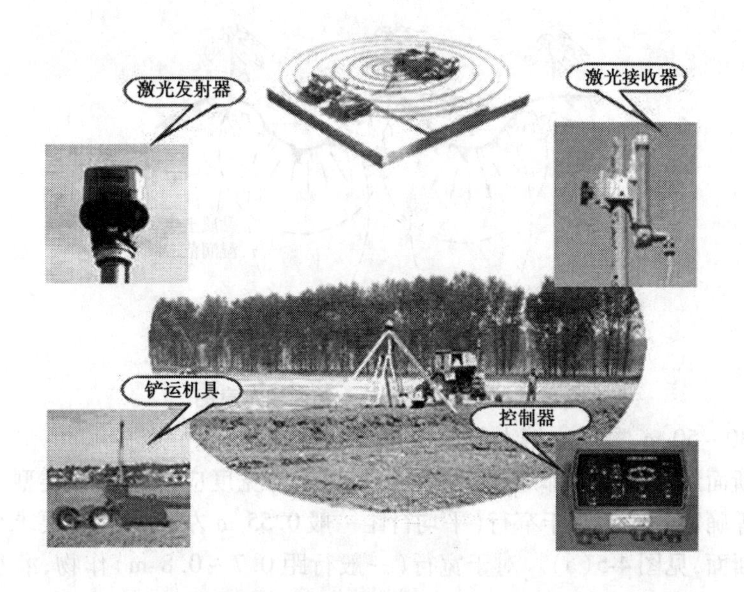

图 4-3　激光控制平地系统示意图

水流模拟软件来完成。我们也可根据试验来确定畦长、畦宽、单宽流量等灌水技术要素：畦田平整精度小于 2 cm 时，畦长可达 100 m，畦宽可达 10 m；入畦单宽流量一般以 3 ~ 5 L/(s · m)为宜，最大不超过 5 L/(s · m)。

此外，由于水平畦灌供水流量大，故在水平畦田进水口处还需要较完善的防冲措施。同时，又由于水平畦田宽度较大，为保证沿水平畦田全宽度都能按确定的单宽流量均匀灌水，必须采取与之相适应的田间配水方式、田间配水装置及田间配水技术措施。

任务二　节水型沟灌技术

沟灌是在作物种植行间开挖灌水沟，灌溉水由输水沟或毛渠进入灌水沟后，在流动的过程中主要借土壤毛细管作用和重力作用从沟底和沟壁向周围渗透而湿润土壤的灌水方法。主要适用于灌溉宽行距的中耕作物，如棉花、玉米和薯类等作物，番茄、茄子、黄瓜、南瓜等蔬菜。适宜于沟灌的地面坡度一般在 1/200 ~ 1/50。目前，常用的节水型沟灌技术有细流沟灌、沟垄灌、沟畦灌、隔沟灌等。

一、灌水沟

为了使土壤湿润均匀，灌水沟的间距应使土壤的浸润范围相互连接。如图 4-4 所示，在透水性强的沙质土壤上，灌水沟间距应较窄，多为 50 ~ 60 cm；而在透水性弱的黏质土壤上，灌水沟间距应较宽，多为 75 ~ 80 cm；中质土壤透水性居于二者之间，灌水沟间距也多为 65 ~ 75 cm。实际生产中为了方便操作，一般情况下，灌水沟间距应尽可能与作物的行距相一致。

由于沟灌主要是借毛细管力湿润土壤，土壤入渗时间较长，灌水沟的长度与土壤的透水性和地面坡度有直接关系。根据灌溉试验结果和生产实践经验，一般沙质土壤上的灌

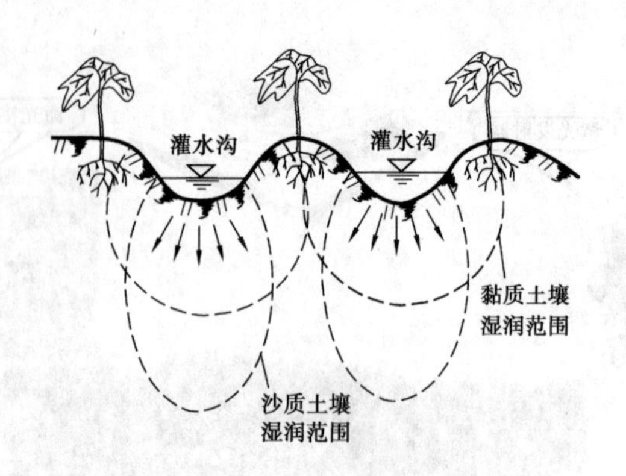

图4-4 灌水沟水流土壤湿润示意图

水沟长度为30~50 m,黏质土壤上的沟长为50~100 m。

灌水沟断面形状一般为梯形和三角形。其深度与宽度应依据土壤类型、地面坡度及作物的种类等确定。通常对于窄行(平均行距一般0.55 m左右)作物,要求小水浅灌,多采用三角形断面,见图4-5(a)。对于宽行(一般行距0.7~0.8 m)作物,灌水量较大,多采用梯形断面,见图4-5(b)。三角形断面的灌水沟,上口宽为0.4~0.5 m,沟深0.16~0.2 m;梯形断面的灌水沟,上口宽为0.6~0.7 m,沟深0.2~0.25 m,底宽0.2~0.3 m。灌水沟中水深一般为沟深的1/3~2/3。梯形断面灌水沟实施灌水后,往往会变成近似抛物线形断面,见图4-5(c)。

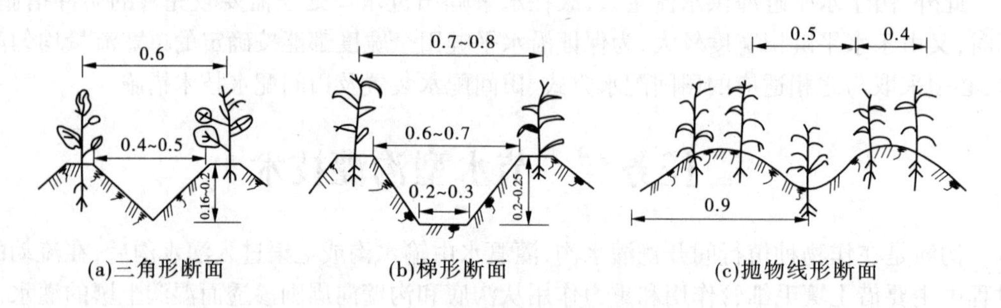

图4-5 灌水沟灌面图 (单位:m)

二、细流沟灌技术

细流沟灌是用短管(或虹吸管)或从输水沟上开一小口引水,流量较小,单沟流量为0.1~0.3 L/s。灌水沟内水深一般不超过沟深的1/2,一般为1/5~2/5沟深。因此,细流沟灌在灌水过程中,水流在灌水沟内边流动边下渗,直到全部灌溉水量渗入土壤计划湿润层内,一般放水停止后在沟内不会形成积水,属于在灌水沟内不存蓄水的封闭沟类型。

(一)细流沟灌的形式

细流沟灌的形式一般有如下三种。

1.垄植沟灌

在田间顺地面最大坡度方向做垄,作物播种或栽植在垄背上。第一次灌水前在行间开沟,用于作物灌溉。这种形式适用于雨量大而集中的地区,所开的沟可作为排水沟使

用,能有效防止作物遭受涝害和渍害,大部分果实类蔬菜作物,如番茄、茄子、黄瓜等采用这种形式,如图4-6(a)所示。

2.沟植沟灌

灌水前先开沟,并在沟底播种或栽植作物,其沟底宽度应根据作物要求的行距和行数而定。沟植沟灌中所开的沟可起到一定的防风作用,最适用于风大,冬季不积雪,而又有冻害的地区,如图4-6(b)所示。

3.混植沟灌

在垄背及灌水沟内都种植作物。这种形式不仅适用于中耕作物,也适用于密植作物,如图4-6(c)所示。

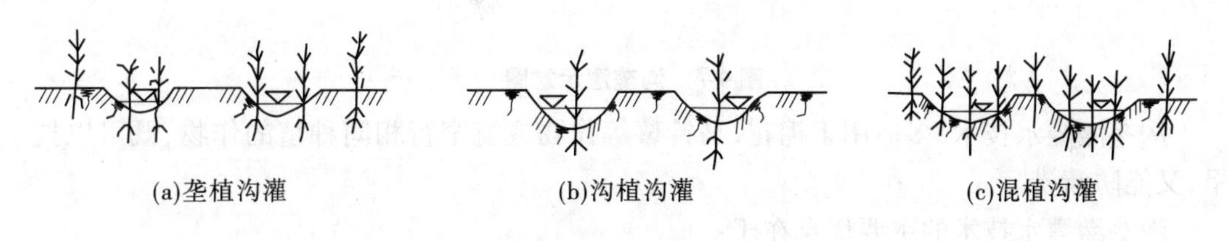

(a)垄植沟灌　(b)沟植沟灌　(c)混植沟灌

图4-6　细流沟灌形式

(二)细流沟灌技术要素

细流沟灌的技术要素主要包括入沟流量、沟的规格、放水时间等。

1.入沟流量

入沟流量控制在0.2～0.4 L/s最为适宜;入沟流量大于0.5 L/s时沟内将产生严重冲刷,湿润均匀度差。

2.沟的规格

沟的规格包括沟长、沟宽、沟深和间距。

(1)沟长。壤土、沙壤土,地面坡度在1/100～1/50时,沟长一般控制在60～120 m。

(2)沟宽、沟深和间距。灌水沟应在灌水前开挖,以免损伤作物秧苗,沟断面宜小,一般沟底宽12～13 cm,上口宽25～30 cm,深度一般8～10 cm,间距60 cm。

3.放水时间

细流沟灌主要借毛细管力下渗,对于壤土和沙壤土,一般采用十成改水;土壤透水性差的黏性土壤,可以允许在沟尾稍有余水。

(三)细流沟灌的优点

1.土壤结构破坏小

由于沟内水浅,流动缓慢,主要借毛细管作用浸润土壤,水流受重力作用湿润土壤的范围小,所以对保持土壤结构有利。

2.地面蒸发量减少

与存蓄水的封闭沟灌相比,蒸发损失量可减少2/3～3/4。

3.表层土温提高

与存蓄水的封闭沟灌相比,可使土壤表层温度提高2 ℃左右。

4.保墒效果好

湿润土层均匀,而且深度大,保墒时间长。

三、沟垄灌灌水技术

沟垄灌灌水技术是在作物播种前,根据其行距要求,先在田块上每隔两行作物做成一个沟垄,在垄上种植两行作物,则垄间就形成灌水沟,留作灌水使用,如图 4-7 所示。灌水时,主要靠灌水沟内的旁侧土壤毛细管作用渗透湿润作物根系区的土壤。

图 4-7 沟垄灌示意图

沟垄灌灌水技术,多适用于棉花、马铃薯等作物或宽窄行相间种植的作物,既可以抗旱,又能防渍涝。

沟垄灌灌水技术的主要优点在于:

(1)灌水沟垄部位的土壤疏松,通气状况好,土壤保持水分的时间持久,有利于抗御干旱。

(2)作物根系区的土壤温度较高。

(3)灌水沟垄部位土壤水分过多时,可以通过沟侧土壤向外排水,土壤和作物不容易发生渍涝危害。

但该技术也存在缺点,主要是修筑沟垄比较费工,沟垄部位蒸发面大,容易跑墒。

四、沟畦灌灌水技术

沟畦灌是以 3 行作物为一个单元,把每 3 行作物中的中行作物行间部位处的土壤向两侧的两行作物根部培土,形成土垄,而中行作物只对单株作物根部周围培土,这样行间就形成浅沟,留作灌水时使用,如图 4-8 所示。

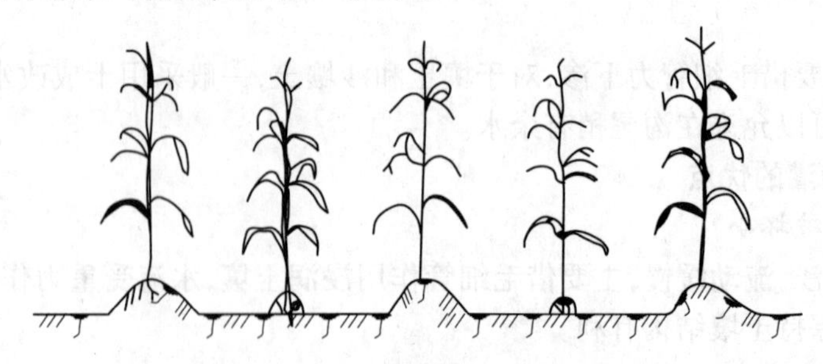

图 4-8 沟畦灌示意图

沟畦灌灌水技术大多用于玉米的灌溉。它的主要优点是培土行间以旁侧入渗方式湿润作物根系区土壤,湿润土壤均匀;可使作物根部土壤保持疏松,通气性好,利于根系下扎生长;结合培土,还可以进行根部施肥操作,同时提高作物抗倒伏能力。

五、播种沟灌灌水技术

播种沟灌灌水技术主要适用于沟播作物播种缺墒时灌水使用，在作物播种期遭遇干旱时，为了抢时播种促使种子发芽，保证出苗齐、出苗壮，而采用的一种沟灌灌水技术。

播种沟灌的具体技术是依据作物计划的行距要求，第一犁开沟时随即播种下籽；犁第二沟时，将翻出来的土正好覆盖住第一犁沟内播下的种子，同时立即向该沟内灌水；之后，依次类推，直至全部地块播种结束。

这种沟灌技术，种子沟土壤所需要的水分是靠灌水沟内的水通过旁侧渗透浸润得到的。因此，可以使各种播种种子沟土壤不会产生板结，通气性良好、疏松，非常有利于种子发芽和出苗。播种种子沟可以采取先播种，再灌水，或随播随灌等方式，以不延误播种期，并为争取适时早播提供方便条件。

六、隔沟交替灌灌水技术

隔沟交替灌属于一种控制性分根交替灌溉技术。灌水时隔一沟灌一沟，在下一次灌水时，只灌上次没有灌过的沟，实行交替灌溉。隔沟灌灌水技术主要是用于作物需水少的生长阶段，或地下水位较高的地区，以及宽窄行种植作物。

隔沟交替灌溉有以下优点：

(1)根系一半区域保持干燥，而另一半区域灌水湿润，在干旱区促进了根系向深层发展，根系产生的缺水信号，使作物叶片气孔开度减小，有利于减少无效蒸腾，提高作物的水分利用效率。

(2)作物不同区域根系干湿交替，可提高根系的水分吸收能力，增加根系对水、肥的利用效率。

(3)对于部分果树，由于隔沟交替灌溉可以干湿交替，使光合产物在不同器官之间得以优化分配，提高果实品质。

(4)减少了田间土壤的湿润面积，降低了灌溉水的深层渗漏和棵间蒸发损失，实现了节水。另外，隔沟灌溉的地块有一半左右的地表面积处于相对较为干燥的状态，土壤的入渗性能较高，较多的雨水被储存在作物根系层中，从而减少了田间径流量。

隔沟交替灌溉，每沟的灌水量比正常多30%左右，总灌水量比漫灌省水30%以上，比常规沟灌省水15%以上。

为了解决因人工开口放水入沟劳动强度大，而且入沟流量控制不准，水流还容易冲大放水口，造成漫沟，浪费水量的问题，可采用虹吸管将输水沟中的水灌入沟中。

任务三　水稻节水灌溉技术

水稻节水灌溉是根据水稻不同生育阶段的耗水规律和适宜水分指标，充分利用天然降水和土壤的调蓄能力，要求水稻生长期稻田土壤水分状况的多样化，在保证水稻正常生长的前提下，确保水稻关键需水期的水分供应，减少灌水次数，抑制田间水分的无效消耗，使有限的水资源获得更高的产量，提高水分生产效率。

一、水稻控制灌溉技术

(一)水稻控制灌溉的依据

水稻控制灌溉是指秧苗移栽后,田面保持5~25 mm薄水层返青活苗,在返青以后的各个生育阶段,田面不建立灌溉水层,以根层土壤含水量作为控制指标,确定灌水时间和灌水定额。土壤水分控制上限为饱和含水率,下限则视水稻不同生育阶段,分别取土壤饱和含水率的60%~80%。根据水稻在不同生育阶段对水分需求的敏感程度和节水灌溉条件下水稻新的需水规律,在发挥水稻自身调节机能和适应能力的基础上,适时适量科学供水的灌水新技术。

在控制灌溉过程中,在水稻非关键需水期,通过控制土壤水分造成适度的水分亏缺,改变水稻生理生态活动,使水稻根系及株型生长更趋合理。在水稻需水关键期,通过合理供水改善根系土壤水、气、热、养分状况及田面附近小气候,使水稻对水分和养分的吸收更加有效、合理,促进水稻生长,形成合理的群体结构和较理想的株型,从而获得高产。控制灌溉技术在显著减少水稻棵间蒸发和田间渗漏耗水的同时,有效地减少了水稻蒸腾耗水,使水稻蒸腾和光合作用处于一种新的协调状态。对水稻根系生长和株型形成具有显著的促控作用,可消除或减少土壤中有毒有害物质,具有良好的保肥改土作用,土壤水分和养分利用率高,既节水又增产,稻米品质明显改善。因此,水稻控制灌溉技术具有节水、高产、优质、低耗、保肥、抗倒伏和抗病虫害等优点。

控制灌溉技术不同于传统淹灌和在此基础上发展起来的湿润灌溉技术。它突破了稻田的水层管理旧框框;也有别于近期国内外介绍的非充分灌溉(或称缺水灌溉、限制性灌水)。湿润灌溉的上限为灌水层,下限为土壤饱和含水量或稍低。而控制灌溉的灌水上限仅为饱和含水量,下限在田间持水率以下,返青后田间无灌水层。非充分灌溉是在有限水资源条件下,通过减少灌水定额扩大灌溉面积,以适当减少单产追求整体最大效益。而控制灌溉则是以减少灌溉供水,控制土壤水分,在增产的同时节约水量。因此,控制灌溉在节水幅度、稳定单产和整体效益方面均优于非充分灌溉和湿润灌溉技术。另外,水稻控制灌溉技术发挥了水稻根系层水分调节作用,减少了无益的水量消耗,使稻田根层土壤具有较强的调蓄功能,改变了传统灌溉条件下稻田的生态环境,使水稻与环境的协调处于最佳状态,达到了高产、节水的目的。

(二)水稻控制灌溉技术的特点

1. 根据不同生育期合理调节土壤水分的供应

控制灌溉技术试验研究结果显示,水稻仅仅在其关键需水期,才必须充足或较为充足地供应水分。在非关键需水期,就不必充分供水,按照水稻各个生育期对水分的敏感程度,调节土壤水分的合理供应,能有效地减少作物无效蒸腾量、棵间蒸发量和田间渗漏量,水稻田间耗水量明显降低。蒸腾蒸发量的减少,不仅没有减产,而且有益于增产。

2. 符合水稻高产需水规律

试验证明,控制灌溉技术通过控制土壤含水量的大小,既减少了叶面蒸腾,又降低了棵间蒸发,田间渗漏量降幅更大。不同灌溉技术处理水稻需水量及其变化规律分析表明,采用控制灌溉后,水稻全生育期田间土壤水分状况的变化,使主要耗水组成部分均有明显

改善,其叶面蒸腾、棵间蒸发和田间渗漏均明显减少,使稻体和生长环境的协调处于较佳状态,高产稳产和增产节水作用较佳。

3. 减少灌溉用水量

某一水稻区淹水灌溉的灌溉水量多年平均值为6 957 m^3/hm^2。控制灌溉的灌水量多年平均值为3 340.5 m^3/hm^2,比淹水灌溉节约灌溉用水量3 616.5 m^3/hm^2,节水52%。

4. 促进水稻增产

控制灌溉技术对水稻的根系生长、株型及群体结构形成,具有较好的促控作用,实现了水稻高产基础上的再增产。从水稻产量的对比分析可知,控制灌溉水稻的产量各年均高于淹水灌溉,水稻产量多年平均值比淹水灌溉的水稻增产823.5 kg/hm^2,增产9.5%。

5. 提高稻米品质

化验分析表明,采用控制灌溉的稻米的粗蛋白质含量在10%以上,比淹水灌溉的稻米(同一种品种的稻谷)提高了22.8%,组成蛋白质的17种氨基酸的总和以及7种人体必需的氨基酸含量均明显高于淹灌稻米。

6. 水稻水分生产效率成倍提高

消耗每单位水量所生产的稻谷重量称为水稻水分生产效率,这一指标可用于衡量水资源开发利用程度。采用淹水灌溉的水稻灌溉水生产效率多年平均值为1.250 kg/m^3,而控制灌溉的水稻灌溉水生产效率达到了2.515～3.378 kg/m^3,多年平均值为2.864 kg/m^3,比淹水灌溉的多年平均值提高了129.12%。

7. 有效地利用了水稻生育期的光热资源

根据试验分析,水稻在本田全生长期内,淹水灌溉的水稻植株蒸腾量为361.8 mm,控制灌溉的水稻植株蒸腾量为251.8 mm,两者相差110 mm,按汽化潜热2 424～2 466 J/g计算,控制灌溉比淹水灌溉的水稻仅植株蒸腾一项,每公顷水稻就可以减少(2.67～2.71)$\times 10^{12}$ J的热量消耗。

水稻植株的能量来源于其生育期内的日光辐射,通过稻体的光合作用将太阳能转化为化学能,并积累于稻体中。所以,减少了水稻植株无效蒸腾引起的热能消耗,能更有效地利用水稻生育期的光热资源,从而促使水稻增产、优质。

8. 减少了田间渗漏量及土壤肥力的流失

采用控制灌溉技术,田间渗漏量大为减少,溶于水中的土壤养分流失必然随之减少,也减少了根层土壤中细颗粒土的流失,这对保持根层土壤的肥力和土壤的结构都具有明显的作用,对减少面源污染和灌区地下水污染都有一定的作用。

9. 投入少而收益高

推广应用控制灌溉新技术的实际投入,主要是技术培训、宣传费用,以及在田间增设必要测水量水设施费用。根据济宁市实际大面积推广运用这项新技术的情况,折合每公顷投入仅3.0元,而每公顷推广运用所取得的直接经济效益为943.2元,投入产出比为1∶314,效益十分显著。

综上所述,采用控制灌溉技术种植水稻,不仅节水、高产、优质、高效、节能、保肥,而且投入极少而效益显著。这项先进的新灌溉技术推广深受广大农民欢迎,具有广阔的应用前景。

(三)水稻控制灌溉技术要点

1. 秧苗移栽

(1)移栽前的准备工作。在泡田前要施足底肥,整平田块,便于灌排,无积水。秧苗移栽前施碳酸氢铵作基肥,应特别注意施肥时间及撒施的均匀程度。一定要注意施肥技术,最好施肥时间在插秧的前一天,严格掌握施肥的数量和撒施的均匀度,以避免因施肥过量和不均匀造成烧苗。

(2)移栽秧苗。插秧时一定要注意泥浆沉实,薄水浅插。

2. 返青期

水稻返青期一般经历6~8 d,控制灌水上限为25~30 mm。如遇晴天,尤其在阳光暴晒的中午,要求薄水层不超过35 mm,不淹苗心,最好田不晒泥。如遇干旱缺水,下限值也应控制在饱和含水量或微露田(饱和含水量的90%)以上。

水稻秧苗移栽后,必须灌薄水满足水稻的生理生态需水,加速返青,提前分蘖。

3. 分蘖期

分蘖期控制灌溉的标准是上限控制在土壤饱和含水量,下限控制在饱和含水量的50%~60%。该生育期大体经历30 d左右,此期的灌水方法与淹灌大不一样。淹水灌溉在分蘖末期才开始晒田;而控制灌溉在分蘖前期就进行干湿露田。主要做法概括为:前期轻控促苗发,中期中控促壮蘖,后期重控促转换。具体控制方法如下:

(1)前期轻控促苗发。每次灌水量150~225 m^3/hm^2,以后自然干到田不开裂。当土壤含水量小于或等于下限值才进行下一次灌水。土壤含水量的测定方法,可用简易取土称重法等方法测定,无条件时可用表4-2目测法估计。

表4-2 田面土壤含水量目测表

稻田状况	土壤含水量(%)	占饱和含水量(%)
汪泥塌水陷脚脖	36.6	100
田泥粘脚稍沉实	30~31	81~84
不粘手、不陷脚	24~25	66~68
地板硬、轻开裂	19~20	52~55

(2)中期中控促壮蘖。在做好前期栽培管理措施的基础上,本期控制灌溉方法应控制好上、下限标准。上限为饱和含水量,下限控制在饱和含水量的65%~70%,一般年份灌水次数不多,如雨水过多,还要注意适时排水。

(3)后期重控促转换。水稻分蘖后期,为了防止无效分蘖的滋生,根层土壤含水量下限值应按偏低控制,一般为饱和含水量的60%。这时正逢汛期,应特别注意适时排水,及时晒田,使表土层呈干旱状态,减少水稻根系对氮素的吸收,使叶片变硬而色淡,抑制无效分蘖的滋生,有利于巩固和壮大有效分蘖,增强土层透气性能,使稻根扎得深,促进根系发展,叶的生长受到控制,叶色略黄。

应根据稻苗生长状况和土质、肥料、气候条件等因素确定控制的适宜时间和程度。具体做法是:一看苗量,当达到亩穗数要求后进行重控。二看苗势,稻苗长势过旺,封垄过早,应早重控;反之,则可迟些重控。三看叶色,叶色浓绿应早控;叶色轻浅可迟控或轻控。四看天气,天气阴雨连绵应早排水抢晴天露田。五看肥力,土质肥沃及地下水位高的田块要早控;反之,土质差,沙性重、保水能力弱,前期施肥又不多的稻田应轻控。

适时适度地控制土壤水分是水稻发育过程中生理转折的需要,拔节后至穗分化前尤为重要,能促使根群迅速扩大下扎,调整稻作生理状态,由分蘖期氮代谢旺盛逐渐转向碳代谢,有利于有机物质在茎秆、叶鞘的积累和向幼穗转移,达到抑氮增糖、壮秆强根,为灌浆结实创造必要的条件,具体的控制标准如表4-3所示。

表4-3　控制露田标准

类别	水稻田面状况	稻田含水量占饱和含水量(%)
轻控	田面沉实,脚不粘泥	70
中控	踩踏无脚印,地硬稍裂纹	60
重控	田面遍裂纹,宽度1~2 cm	50

4.拔节孕穗期

水稻的拔节孕穗期是生育过程中的需水临界期,水稻对气候条件和水肥的反应比较敏感,稻田不可缺水受旱,否则易造成颖花分化少而退化多、穗小、产量低。

按照本期水稻生长发育的特点,确定该期的主攻方向为:促进壮秆、大穗,促使颖花分化,减少颖花退化,为争取较理想的亩穗数、穗粒数、结实率、千粒重打下基础。

(1)适时确定灌溉日期。①根据抽穗日期定减数分裂时间。对当地粳稻而言,减数分裂开始的时间一般在抽穗前15 d左右。②以水稻剑叶的出现定日期。当稻株最后一个叶刚长出以后的7 d左右,正是稻穗迅速猛长时间,上部很快发育,日增长量也逐渐增大。③剥稻穗、量穗长定时间。采用对角线五点取样法,选有代表性的稻株剥其穗、量长度,当穗伸长到8~10 cm时为花粉母细胞减数分裂期。用上述3种方法确定时间,可做到适时灌水。

(2)在巧施穗肥的基础上,此阶段灌水方法上限为饱和含水量,下限为饱和含水量的70%~80%,灌一遍水,露几天田。应注意逢雨不灌,大雨排干,调气促根保叶。

5.抽穗开花期

水稻抽穗开花期光合作用强,新陈代谢旺盛,是水稻一生中需水较多时期,要合理调控土壤中水、氧关系,尽力保护根系,延长根系生命,保持根系活力和旺盛的吸收功能,维持正常新陈代谢能力。以期养根保叶,迅速积累有机物,提高水稻结实率。

此阶段控制灌溉采取灌水至饱和,露一次田3~5 d,土壤水分控制下限为饱和含水量的70%~80%,照此方法灌水10~15 d。

6.灌浆期

水稻生育后期管理措施不可忽视,否则易造成大幅度减产。据测定,上部叶片(剑叶、倒二叶、倒三叶)所形成的碳水化合物占稻谷碳水化合物总量的60%~80%,积累的干物质重占水稻一生中总干物质量的70%左右。上部叶片(指倒三叶)制造的有机物基本上送给了稻穗,不再向下输送,下部的叶片所制造的养分向根部和下部节间输送。因此,要养稻根、保“三叶”(剑叶、倒二叶、倒三叶)、长大穗、攻大粒。

此阶段控制灌溉的具体做法是田面干、土壤湿,3~4 d 灌一次水。控制灌溉有利于通气、养根、保三叶、促灌浆,提高粒重和产量,使水稻后期具有“根好叶健谷粒重,秆青籽实产量高”的长相。

(四)水稻根系活力、露田状况、灌浆速度判断方法

在不同生育阶段判断稻根生长好坏及稻株需水是正常还是亏缺,可采用以下比较简单的办法。

1. 判断稻根活力强弱的方法

(1)用拔稻根法作间接判断。健康活力强的稻根,扎得深,拔稻棵时较费力,拔起来的根尽管被拔断,但靠茎基部的根多且长。早衰活力弱的稻根,根系扎得浅,易拔起,白根量少且短,黑根多。

(2)用傍晚稻叶“叶水”情况作判断。在没有大风且温度又不高的傍晚,观看叶尖,特别是挺直的叶尖雪亮的水珠,对稻根活力进行判断:稻叶“吐水”早、水珠大的,根系活力强;根系衰退的稻根“吐水”迟,水珠小;稻根已衰亡的叶尖就不“吐水”。

2. 稻株生理、生态需水判断方法

利用观察稻叶“吐水”法,还可以判断返青期稻根吸水功能、露田的适度、抽穗开花期灌浆的速度等。

(1)移栽后可判断稻苗是否返青活棵。具体方法是傍晚或夜里看不到稻叶“吐水”,则稻根受伤未恢复,吸水能力弱,水分供应不足。当叶尖吐水时,说明根系恢复了吸水功能。

(2)如果稻田脱水过了头,稻根的吸水受限制,因而稻叶的“吐水”就减少,水珠也小。

(3)判断抽穗开花期灌浆的快慢。开花期稻叶“吐水”多,水珠大,则根生长健壮,灌浆速度快;反之,则灌浆速度慢。

二、水稻“薄、浅、湿、晒”灌溉技术

水稻“薄、浅、湿、晒”灌溉是根据水稻移植到大田后各生育期的需水特性和要求,进行灌溉排水,为水稻生长创造良好的生态环境,达到节水、增产的目的。概括地说,就是薄水插秧,浅水返青,分蘖前期湿润,分蘖后期晒田,拔节孕穗期回灌薄水,抽穗开花期保持薄水,乳熟期湿润,黄熟期湿润落干。

(一)“薄、浅、湿、晒”灌溉技术的特点

1. 实现了高产水平下的再增产

据广西壮族自治区水稻试验产量统计分析,结果表明,采用“薄、浅、湿、晒”灌溉制度的水稻产量都超过采用浅灌方法的产量,“薄、浅、湿、晒”灌溉制度的水稻平均增产7.72%。

试验表明,“薄、浅、湿、晒”灌溉制度比浅灌有效分蘖率高0.5%~8.6%;水稻植株高度较短、茎秆较粗(与浅灌灌溉制度相比),对于防止或减少倒伏、提高单产都具有显著的作用;水稻增长0.1~0.9 cm,结实率提高1.1%~10.6%;谷粒饱满,千粒重高,而且谷粒较大,早稻千粒重提高0.3~1.6 g,晚稻千粒重提高0.3~1.5 g;伤流量增加,干物质积累

较多,光合生产率高,每棵植株干重较大,特别在作物生长的中后期更明显。这些因素促成了"薄、浅、湿、晒"灌溉制度比浅灌高产。

2. 降低了田间耗水量

水稻耗水量试验对比成果表明,"薄、浅、湿、晒"相结合灌溉比全期浅灌方法田间耗水量减少,平均耗水量减少 32.2 ~ 39 m^3/亩。

(二)"薄、浅、湿、晒"灌溉技术实施要点

1. 薄水插秧,浅水返青

插秧时,田间保持薄水层,要求水层不超过 20 mm。栽插后,田间保持一定的浅水层,可以保持一个良好的温湿环境,使根系恢复生长,促进秧苗快速返青。

返青期田间水层保持在 40 mm 以内,低于 5 mm 应及时灌水。浅水层的掌握也要因地制宜,根据具体情况而定。如秧龄长、较高的秧苗,水层可以深一些,采用 40 mm 左右的水层;秧龄短、秧苗幼小,可以采用 30 mm 左右的水层。施用面肥时,插秧的田间水层宜深些;反之,施底肥的水层宜浅些。在高温或低温条件下,田间水层都应加深到 50 ~ 65 mm。

2. 分蘖前期湿润,分蘖后期晒田

秧苗返青后,根系生长恢复正常,保持田面处于湿润状态,有利于增强根系活力,促进分蘖早发,分蘖前期应 3 ~ 5 d 灌一次 10 mm 以下的薄水层,经常保持田间土壤水分处于饱和状态。

分蘖后期,为了抑制无效分蘖的发生,促进根系的伸长,为生殖生长打下基础,需要进行晒田。晒田必须严格掌握好时间和程度,才能充分发挥晒田的作用。因此,晒田时间应在分蘖后期至幼穗分化前,杂交品种分蘖能力强,应在分蘖苗数达到计划苗数的 80% ~ 90% 时就开始晒田,这是由于刚开始晒田的头 2 ~ 3 d,秧苗仍在继续分蘖,当晒田由轻到重时,分蘖也就停止了,这样总的分蘖数也就可达到计划苗数时进行晒田的要求。

晒田的程度,要看田、看苗、看天决定。一般是叶色浓绿生长旺盛的肥田、冷底田、低洼田、黏土田要重晒;而叶色青绿,长势一般,肥料不多,瘦田、高坑田、沙质土田要轻晒。因为冷底田、低洼田、肥田、黏土田保水能力强,不易晒透,所以要重晒;沙土田、瘦田保水能力差,漏水性强,不宜重晒,要轻晒。重晒田一般 7 ~ 10 d,晒到田中间出现 3 ~ 5 mm 的裂缝,田边土略白,叶色退淡,呈青绿,叶片挺直如剑为宜。轻晒田一般晒 5 ~ 7 d,晒到田中间泥土沉实,脚踩不陷,田边呈鸡爪裂缝,叶色稍为转淡为宜。晒田的天数还要看天气,如晒田期间气温高,空气湿度小,晒田的天数应少些;而气温低、湿度大的阴雨天气,则晒田天数应多些。

当然,晒田还要根据水源条件和灌区渠系配套情况,分片进行晒田,避免晒田后灌水来不及而造成干旱,影响作物生长。

3. 拔节孕穗期回灌薄水

拔节孕穗期是水稻的需水临界期,也是水稻吸肥最旺盛的时期,保证充足的水分供应,有利于壮秆,并为大穗打下基础。此期田间应保持 10 ~ 20 mm 的浅水层,在地下水位比较高的田块,也可以采用湿润灌溉方法。

4. 抽穗开花期保持薄水

抽穗开花期，水稻光合作用强，新陈代谢旺盛，也是水稻对水分反应较敏感的时期，耗水量仅次于拔节孕穗期，这个时期应采用薄水层 5～15 mm 灌溉。特别要注意，抽穗开花期时早稻往往碰到高温，晚稻遇上寒露风而减产。

据有关的试验资料，当日最高温度达到 35 ℃时，就会影响稻花的授粉和受精，降低结实率和千粒重。遇上寒露风的天气，也会使空粒增多、谷粒重降低。因此，为了防止高温和寒露风的伤害，除适当加深灌溉水层外（一般把水层加深到 33～50 mm），最好同时采用喷灌，利用平时喷农药的工具进行喷灌。

高温时喷灌，可以使田间气温降低 0.6～1.5 ℃，空气相对湿度增加 3.4%～6.3%，提高结实率 2.1%～2.8%。遇寒露风时喷灌，可以调节田间气候。水滴洒在土壤上，能起保持土温和提高田间湿度的作用，而且由于茎叶上的水滴堵塞了一部分气孔，使植株水分蒸发减少。这样植物体内随水分蒸发而散发出来的热量也相应地减少，植株体内细胞汁的温度就可以比较缓慢地下降，从而减轻寒露风的危害。喷水雾化强度越大，喷水时间越长，防寒露风伤害的效果就越好。

5. 乳熟期湿润

乳熟期是净光合生产率最高的时期，水分管理应以养根保叶为目的。此期田间的土壤水分要保持湿润饱和状态。一般掌握 3～5 d 灌一次 10 mm 以下的薄水层。

6. 黄熟期湿润落干

黄熟期水稻田间耗水量已急剧下降。为了保证籽粒饱满，前期保持湿润，后期使其落干，遇雨应排水。

三、水稻薄露灌溉技术

薄露灌溉是一种稻田灌薄水层、适时落干露田的灌水技术。“薄”是指灌溉水层要薄，一般为 20 mm 以下，习惯上深灌为 60 mm 以上，浅灌为 30～60 mm。“露”是指田面表土要经常露出来，表层土面不要长期淹盖着一层水。露田程度要根据水稻不同生育阶段的需水要求而定。遇连续降雨，稻田淹水超过 5 d 时，要排水落干露田。薄露灌溉改变了稻田长期淹水的状态，有效改善了水稻的生态条件，促使水稻生长发育，形成高产基础上的增产，能改变水稻蒸发，减少田间渗漏，提高降雨的有效利用，显著减少灌溉水量。薄露灌溉技术能广泛适用于水稻种植区，平原地区和较肥沃的黏壤土水稻区最为适宜。

（一）水稻薄露灌溉技术的特点

目前，水稻灌溉所采用“浅灌勤灌”的方法，稻田处于长期淹灌状态，称之为淹灌，长期淹灌的最大弊病就是土壤通透不良，腐殖质化容易产生大量的有机酸、酮等中间产物和亚铁、硫化氢、甲烷等还原性有毒物，对作物及土壤中的微生物产生毒害作用，尤其会对水稻的根系造成伤害，使根系活力下降，减弱根系对水分和养分的吸收，严重影响水稻生长发育及产量。

薄露灌溉彻底改变了长期淹灌的状态，有效地改善了水稻的生态条件，明显地减少了灌溉水量。其具体表现如下。

1. 有效改善水稻生长环境,促进水稻高产

1)增强土壤通气性,改善根系生长环境

薄露灌溉技术在水稻移栽后的第5天就要落干露田,一般早稻露田有9~12次,晚粳稻露田有12~16次。落干露田时,土壤的水分减少,空气在大气压力作用下进入土壤孔隙;露田结束灌溉时,水中所含的氧气随水分充入土壤孔隙并吸附于土壤中,增加了土壤的氧气含量。随着淹水时间的延长,土壤中有机质的腐殖化产生了还原性物质,氧溶解减少,逐渐造成缺氧。多次测定的规律大体相同,即灌后到第6天,土壤中的含氧量已耗尽。因此,水稻薄露灌溉技术要点提出,连续淹水超过5 d就要排水落干露田。

研究中对薄水层和深水层的含氧量也做了测定。结果显示,薄露灌溉比深灌的水层含氧量高1倍以上。

薄露灌溉不仅使土壤通气,减少还原性物质,而且活跃了好气性微生物的活动,促进有机质的矿物质化,有利于根系的健康生长。根系生长好,吸收水分和养分的功能强,能促进地上植株的茎、叶生长粗壮挺拔。

2)分蘖早、快,成穗率高

秧苗移栽大田后第5天便落干露田,采用除草剂的稻田在移栽后第9天左右落干露田(采用抛秧的田块因无法耘田必须用除草剂)。分蘖期至少有2次以上的露田,以增加土壤根层的通气增氧,促使根系迅速生长,吸收土壤中的养分功能强,分蘖就早且快。一般在移栽后的15 d左右分蘖强度最大,分蘖高峰比淹灌提前5~7 d出现,基本上是第一、二分蘖,分蘖早,节位低,成穗率高。

薄露灌溉水稻分蘖早、快,日平均分蘖强度比淹灌大0.13株/丛,成穗率比淹灌高4.9%,一般增加穗在30万个/hm^2以上。薄露灌溉水稻有效穗多的增产率约8%。

3)吸收养分多,为大穗型群体创造条件

薄露灌溉田间水肥流失少,肥料利用率高,在孕穗初期,比淹灌的水稻平均单株茎粗(离地面10 cm处)大0.8 mm。薄露灌溉的水稻剑叶挺拔、厚实挺笃,穗大粒多,产量高。水稻单株叶面积各生育阶段都比淹灌水稻大,前期分蘖快且早,叶面积大,后期养根保叶,功能叶好,单株绿叶面积亦大。中期单株面积仍然是薄露灌溉的大,但无效分蘖少,叶面积指数反而小于淹灌水稻。良好的叶片功能和合理的叶面积指数,反映出薄露灌溉的水稻能更有效地利用叶绿素吸收太阳光的能量,积累更多的有机物质。

水稻干物质调查表明,孕穗期薄露灌溉比淹灌的水稻干物质大4.4 g/丛,薄露灌溉的增产潜力大。据试验统计,平均穗粒多4~16粒,穗粒多形成的增产率在4%左右。

4)养根保叶,增加灌浆速度,提高粒重

薄露灌溉的后期加重了露田程度,使根层土壤更多地接触空气,增强根系活力。当复灌薄水后,有效地吸收一定量的水分供最后3片叶光合作用,产生更多有机物。当落干露田时,有效地减少田间相对湿度8%~10%,对防止纹枯病有明显效益,一般发病率要减少30%以上,病情减轻11%~25%。病虫害的明显减轻,使得3片功能叶生长健康,增加了灌浆速度,干物质积累多。

早稻和杂交晚稻的千粒重每增加1 g,相当于每公顷增产225~300 kg。粳稻千粒重每增加1 g,相当于每公顷增产150~225 kg,根据试验资料统计,薄露灌溉比淹灌增加千

粒重0.8~1.4 g,个别甚至增加3 g左右,这方面的增产率在2%左右。

2.减少稻田耗水量,提高雨水利用率

1)减少蒸腾蒸发量

薄露灌溉多数时间田面无水层,淹灌稻田的水面蒸发变成了土面蒸发,同时土壤水分渐渐减少,根系吸收水分也不充分,降低了蒸腾系数。据统计,薄露灌溉技术的水稻田落干露田12~15次,落干露田的天数占大田生长期的45%~60%,有效减少了水面蒸发,同时薄露灌溉的无效分蘖明显减少,也减少了无效叶面蒸腾。

2)减少渗漏量

薄露灌溉经常露田,露到一定程度时,土壤中重力水减少,相对的垂直渗漏量也减少。

3)提高降雨量的有效利用率

薄露灌溉因田间水层很小或露田土壤水亏缺,遇雨不仅补充土壤亏缺量,田间还可蓄水,一次性的降雨利用量较多。在梅雨季节,经常降强度不大的梅雨,采取薄露灌溉的早稻田对降雨的利用率更高。一般薄露灌溉比淹灌的雨量利用率提高20%~30%。

由于水稻蒸腾蒸发量和田间渗漏量的显著减少,降雨有效利用率的提高,薄露灌溉技术的水稻灌溉水量大幅度降低。根据试验资料统计分析,薄露灌溉比淹灌平均每年每公顷节水2 190 m^3,节水率为32.3%。

3.适用范围广,对田间工程要求低

1)适应性强

除无灌溉条件的“靠天田”和少数砂粒含量较高、地下渗漏大的土质外,其他土质的水稻灌区均能应用薄露灌溉技术。

2)对田间工程要求低

田间工程是实施水稻薄露灌溉技术的保证。薄露灌溉技术对田间工程的要求较低,为保证土壤受水均匀,要平整田面,尽量做到田面平整,要求“半寸水不露泥”;同时为保证灌溉供水及时灵便,供水渠道应采用渠道防渗、管道输水等措施,以保证渠系通畅;为保证入田水量的控制,应合理配置放水控制、测水量水建筑物及设备;推行薄露灌溉要达到经常的露田,无论是自然落干还是开沟排水,均要强调排水沟的疏通和深掘。对于排水性能较好的稻田,排水沟的深度要达到0.4~0.5 m,使沟中的水位低于田间0.2~0.3 m。对于地下水位高、排水能力弱、容易引起渍害的稻田,排水沟的深度达到0.9~1.1 m,沟内的水位应低于田面0.8~0.9 m。

(二)水稻薄露灌溉技术实施要点

1.技术要点

薄露灌溉归结起来,主要掌握如下四点:

(1)每次灌水在20 mm以下。

(2)每次灌水后都要自然落干露田,露田的程度要根据水稻生育阶段的需水要求而定。

(3)遇梅雨季节和台风期连续降雨,田间淹水超过5 d,要排水落干露田。

(4)遇防治病虫害和施肥时,应与灌溉妥善结合起来,要服从与满足防治病虫害和施肥需要的水量。

在特殊情况下要改变灌溉水层,移栽时遇到高温,要深灌降温。移栽时遇28 ℃以上气温,一般生长较嫩的秧苗容易被高温灼伤,出现稻叶卷筒、叶片枯白等败苗,将造成生育期延长、分蘖迟缓、成穗率降低。遇高温时,除尽量做到傍晚插秧外,在灌还田水时要深灌。实测资料证明,深灌比浅灌可降低根层土温4 ℃左右。

要特别指出的是,在防治螟虫时,水层应比平常深一些。如薄露灌溉每次灌水在20 mm以下,当防治螟虫时,在施药之前田间水层必须灌至30 mm。螟虫在水面之上咬破茎壁,钻入茎内吸取叶汁,破坏叶心,叶片便枯死,有的地方称"枯心苗"。所以,施药前先灌水至螟虫虫口上端,施药后农药随水进入虫口,将螟虫杀死。如果仍用薄露灌溉方式,农药不能进入洞内,防治效果不好。

对于采用抛秧种植的稻田,由于抛秧种植没有返青期,不受低温与败苗的威胁,而且薄露灌溉促使抛秧的稻苗根系深扎,后期抗倒伏。因此,薄露灌溉更适合于抛秧种植。

2. 具体方法

水稻薄露灌溉技术有效地改善了土壤的理化条件并调节了田间小区气候,其关键是落干露田。根据水稻的生育期,露田程度略有差异,简单地分为3个时期(见表4-4)。

表4-4 落干露田阶段

生育阶段		返青	分蘖	拔节	孕穗	抽穗	乳熟	黄熟
露田阶段		前期			中期		后期	
生长天数(本田期)	早稻	26 d左右			22 d左右		24 d左右	
	晚稻	30 d左右			26 d左右		28 d左右	
	晚粳	30 d左右			32 d左右		40 d左右	

1)前期

它是从移栽后经返青期和分蘖期至拔节期,主要为营养生长阶段,拔节期转入生殖生长。这一阶段首先要明确第一次露田的日期与程度,其最佳时间是移栽后的第5天,田间已成自然落干的状况最为理想。若田间尚有水层,则要排水落干,表土都要露面,没有积水,肥力稍好的田还会出现蜂泥,说明表土毛细管已形成,氧气已进入表土,此时要复灌薄水,再让其自然落干,即进行第二次落干露田。这次露田程度要加重,可至表土开微裂再灌薄水,如此一直至分蘖后期。在分蘖量(包括主茎)已达450万个/hm^2,或每丛(有的地方称穴)分蘖已有13~15个,且稻苗嫩绿,还有分蘖长势的情况下,要加重露田,可露到田周开裂10 mm左右,田中间不陷足,叶色退淡。此时切断了土壤对稻苗根系的水分与养分的供应,使稻苗无能力分蘖,这叫重露控蘖。拔节期仍每次露田到开微裂时再灌薄水。

薄露灌溉比淹灌容易长草,应使用除草剂除草。移栽后第4~5天应施除草剂,并要保持4~5 d的水层。若不到4~5 d的水层,自然落干效果也可以,因落干后药剂粘在土面上,草芽同样会死亡。采用药物除草,先要灌足能维持4~5 d的水量,则采用除草剂的稻田第一次露田时间要推迟4~5 d,也就是要在移栽后的第9天或第10天才可第一次露田。这次露田程度可重一点,与不用除草剂的第二次露田程度一样,即当表土开微裂时再灌薄水。

2)中期

中期是指孕穗期与抽穗扬花期。此时期是水稻生长最茂盛、呼吸作用最强的阶段,是水稻全生长期的耗水高峰,一定要满足其水量,灌溉上仍用薄水,而露田的程度比前期轻,在田面将断水时灌薄水,这样既保持田间有一定的湿度,又不使湿度太大,并满足水稻生理需水。

拔节孕穗是营养生长和生殖生长同时并进的时期,植物生育旺盛,对水分、养分的吸收以及光合作用都进入最高峰,这个时期是决定茎秆壮弱、穗子大小和粒数多少的关键时期,如果此时期缺水,则其他器官向幼穗吸水,使正在发育的幼穗受损,造成穗小、粒少。缺水时还会削弱有机物质的合成和运输,影响幼穗分花所需的养分供应。抽穗开花期也是水稻对水分敏感的时期,除要求土壤能供给所需水分外,还要求较高的空气湿度。如果缺水,轻则延迟抽穗,重则抽不出穗,或穗抽出后,由于空气干燥,花粉和柱头失水干枯,不能下沉受精而成秕粒。所以,这个时期稻田土壤水分应保持100%,但如果长期水层覆盖,会造成还原作用加强,根系生长不良,并易引起病虫害和倒伏。而在遇到高温或低温时(中稻高于40 ℃,晚稻低于15 ℃)还应采取以深水降温或保温的措施,对于地下水位高、保水力强和生长过旺的稻区,在抽穗前3~5 d,穗的各部分发育完成时,可露田轻晒1~2 d,以改善土壤通透性,防止根系早衰。

3)后期

后期是指乳熟期和黄熟期,即结实成熟期。水稻进入乳熟期与黄熟期渐渐转入衰老,绿叶面积随之减小,蒸腾量亦慢慢减少。但水稻还需一定的水分,以供最后三片叶的光合作用,制造有机养分,并把土壤中的养分与植株各部位积存的有机养分输送到穗部。这就要求根系保持一定的活力,达到养根保叶。该时期要加重露田程度,使氧气更易进入土壤中,减少有毒物的产生,保持根系活力,才能使茎叶保持青绿。乳熟期每次灌薄水后,落干露田到田面表土开裂2 mm左右,直至稻穗顶端谷粒变成淡黄色,即进入黄熟期,落干露田再加重,可到表土开裂5 mm左右时再灌薄水。

4)收割前

收割前要提前断水。经多次多处理试验,断水过迟会延迟成熟,延迟成熟会造成割青而影响产量。断水过早会造成早衰、灌浆不足。所以,断水过迟、过早都会造成减产,且米质易碎,整米性不高,出米率低。提前断水时间与当时的气温、湿度有很大关系。气温高、湿度大,提前断水时间短一些,相反则长一些。如果气温高、天晴干燥,提前5~10 d断水;如气温不高,经常阴雨,提前7~15 d断水。

任务四　其他地面节水灌溉技术

一、波涌灌(间歇灌)技术

(一)波涌灌机制

传统的地面灌溉方式是连续向沟畦输入一定量的水流,直至该沟畦灌完,在水流推进过程中,由于沿程入渗,水量逐渐减少,但仍有一定流量维持到沟畦末端。而波涌灌则是

以一定的或变化的周期,循环、间断地向沟畦输水,即向两个或多个沟畦交替供水。当灌水由一个沟畦转向另一个沟畦时,先灌的沟畦处于停水落干的过程中,由于灌溉水的下渗,水在土壤中的再分配,使土壤导水性减弱,土壤中黏粒膨胀,孔隙变小,田面被溶解土块的颗粒运移和重新排列所封堵、密实,形成一个光滑封闭的致密层,从而使田面糙率变小,土壤入渗减慢,因此水流推进速度相应变快,深层渗漏明显减少。

(二)波涌灌系统组成和类型

1. 波涌灌系统组成

波涌灌系统主要由水源、管道、多向阀或间歇阀、控制器等组成。

(1)水源。能按时按量供给植物需水,且符合水质要求的河流、塘库、井泉等均可作为波涌灌的水源。

(2)管道。含输水管和工作管,工作管为闸孔管,闸孔间距即灌水沟间距或畦宽,一般采用 PVC 管材。

(3)间歇阀。间歇阀是波涌灌系统的关键设备,常用的有两种:一种是用水或空气开闭的,在压力作用下,皮囊膨胀,水流被堵死,卸压后皮囊收缩,阀门开启;另一种是用水或电自动开闭的阀门。

(4)控制器。控制器大部分为电子控制器,可根据程序控制供水时间,一旦确定了输水总放水时间,它能自动定出周期放水时间和周期数,并控制间歇阀的开关,为实现灌溉自动化提供了条件。

2. 波涌灌系统类型

根据管道布置方式的不同,将波涌灌系统分为双管系统和单管系统两类。

(1)双管系统。双管波涌灌田间灌水系统如图 4-9 所示,一般通过埋在地下的暗管把水输送到田间,再通过阀门和竖管与地面上带有阀门的管道相连。这种阀门可以自动地在两组管道间开关水流,故称双管。通过控制两组间的水流可以实现间歇供水。当这两组灌水沟结束灌水后,灌水工作人员可将全部水流引到另一放水竖管处,进行下一组波涌灌水沟的灌水。对已具备低压输水管网的地方,采用这种方式较为理想。

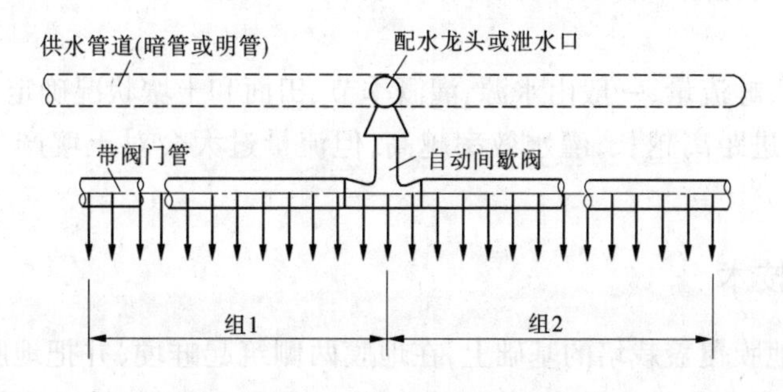

图 4-9　双管波涌灌田间灌水系统示意图

(2)单管系统。单管波涌灌田间灌水系统通常是由一条单独带阀门的管道与供水处相连接(故称单管),管道上的各出水口则通过低水压、低气压或电子阀控制,而这些阀门均以一字形排列,并由一个控制器控制这个系统,如图 4-10 所示。

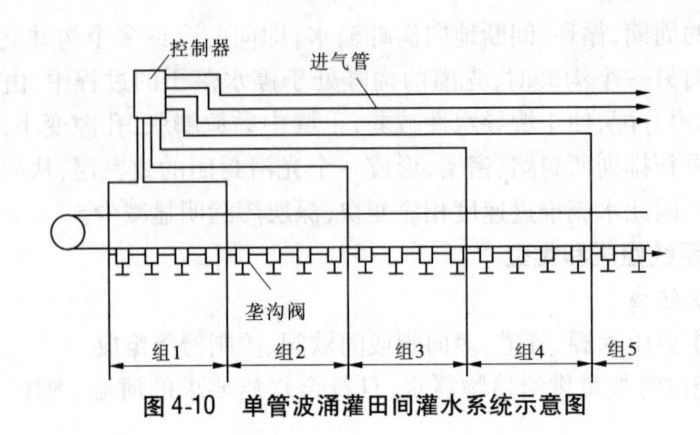

图 4-10　单管波涌灌田间灌水系统示意图

(三)波涌灌技术要素

波涌灌技术要素直接影响灌水质量,应根据地形、土壤情况合理选定。

1. 周期和周期数

一个放水和停水过程称为周期,周期时间即放水、停水时间之和,停放水的次数称为周期数。当畦长大于 200 m 时,周期数以 3 ~4 个为宜;当畦长小于等于 200 m 时,周期数以 2 ~3 个为宜。

2. 放水时间和停水时间

放水时间包括周期放水时间和总放水时间,周期放水时间指一个周期向灌水沟畦供水的时间;总放水时间指完成灌水组灌水的实际时间,为各周期放水时间之和,其值根据灌水经验估算,一般为连续灌水时间的 65% ~90% 。畦田较长、入畦流量较大时取大值。

停水时间是两次放水之间的间歇时间,一般等于放水时间,也可大于放水时间。

3. 循环率

循环率是周期放水时间与周期时间之比值。循环率应以在停水期间田面水流消退完毕并形成致密层,以降低土壤入渗能力和便于灌水管理为原则进行确定。循环率过小,间歇时间过长,田面可能发生龟裂而使入渗率增大;循环率过大,间歇时间过短,田面不能形成减渗层,波涌灌的优点难以发挥,循环率一般取 1/2 或 1/3。

4. 放水流量

放水流量指入畦流量,一般由水源、灌溉季节、田面和土壤状况确定。流量越大,田面流速越大,水流推进距离越长,灌水效率越高,但流量过大会对土壤产生冲刷,故应综合考虑。

二、膜上灌技术

膜上灌是在地膜覆盖栽培的基础上,在地膜两侧筑起畦埂,并把地膜两侧翘起,埋入畦埂中,把膜侧灌水改为膜上灌水,使水流在膜上推进过程中,通过放苗孔(有时再增打专门渗水孔)或膜侧缝入渗给作物供水的一种局部灌水技术。它是畦灌、沟灌和局部灌水方法的综合。凡是实行地膜覆盖种植的地方和作物,都可以采用膜上灌技术,特别适合在高寒、干旱、缺水、气温低、蒸发量大、坡度大、土壤板结和保水保肥性差的地区推广应用。

(一)膜上灌技术的特点

膜上灌是通过放苗孔或膜侧缝入渗来给作物供水的,实际上是把传统的浇灌作物种植区域的田地,变成直接浇灌作物。这种供水方式改善了作物的生长发育环境,同时提高了灌溉水的有效利用率,节水增产效果显著。该技术的特点主要体现在以下几个方面。

1. 节水效果明显

许多研究结果表明,膜上灌较传统的地面灌溉可节水30% ~50% ,最高可达70% 。节水原因主要是:

(1)膜上灌是可控的局部灌溉,平均施水面积(放苗孔和渗水带)仅为传统沟(畦)灌灌水面积的2% ~3% ,其余97% ~98% 的面积均依靠灌水孔的旁渗浸润来进行灌溉,所以克服了灌水过程中的深层渗漏。

(2)灌水时水流由膜上或膜侧推进,降低了沟(畦)田面上的糙率,促使水流推进速度加快,推进距离与时间呈幂函数规律,减少了深层渗漏。

(3)相对于常规地面灌溉来说,膜上灌是利用地膜上的放苗孔和附加孔灌水,入膜流量和灌水定额都比较小。例如试验表明,当机井出水量为50 m^3/h 时,可同时开5 ~10个畦灌水,灌水定额为450 ~600 m^3/hm^2 ,与常规地面灌溉相比,节水40% ~50% 。

(4)由于覆膜作用,既可以防止膜间露地的过量灌溉,又可以大大减少棵间无效蒸发,增强土壤的保墒作用。

(5)膜下土壤水在高温下汽化—凝聚—再回归土壤转变为土壤水,如此反复循环,提高了水资源利用率,延长了灌水周期,减少了灌水次数。

2. 灌水质量高

膜上灌灌水质量明显高于传统的沟(畦)灌,主要表现在以下两个方面:

(1)灌水均匀度提高。

膜上灌的地膜作为畦块的防渗护面材料,糙率较小,膜上水流速度较大,畦块首尾部进水时差短,所以膜畦首、中、尾的横断面、纵断面的入渗量差异小,提高了膜畦中作物均匀受水的程度。另外,膜上灌可以通过增开或封堵灌水孔的方法来消除沟(畦)首尾或其他部位处进水量的大小,以调整和控制灌水孔数目对灌水均匀度的影响。因此,膜上灌不仅可以提高地膜覆盖沿沟(畦)长度纵方向的灌水均匀度和湿润土壤的均匀度,同时可以提高地膜沟(畦)横断面方向上的灌水均匀度和湿润土壤的均匀度。

(2)保持土壤结构。

由于膜上灌水流是在地膜上流动或存蓄的,因此不会冲刷膜下土壤表面,也不会破坏土壤结构;而通过放苗孔和灌水孔向土壤内渗水,又可以保持土壤疏松,不致使土壤产生板结。

3. 作物生长发育环境得到改善

地膜覆盖栽培技术与膜上灌灌水技术相结合,改变了传统的农业栽培技术和耕作方式,也改善了田间土壤水、肥、气、热等土壤肥力状况的作物生长发育环境。

1)水

膜上灌因为田面覆盖地膜,可显著减少棵间蒸发,膜下水分则主要被作物根系吸收,相对供水量充足,能充分满足作物生长发育的需求;同时,土壤水分集中于作物主根四周,根系向四周发育庞大而均匀,有利于水分和养分的吸收。

2)肥

膜上灌不会冲刷表土,又减少了深层渗漏,从而可以大大减少土壤肥料的流失;覆盖地膜后,膜下土温提高,有利于土壤中微生物的活动,也活化了土壤中的钙离子,降低了土壤容重,促进了有机质的分解和矿化,减少了氮的挥发和流失,前期增加了土壤中氧的解吸,后期则提高了土壤对氮的固结能力,土壤肥力提高。

3)气

膜上灌可以保持土壤结构疏松,从而保持良好的土壤通气性。

4)热

由于作物生育期内田面均被地膜覆盖,膜下土壤白天积蓄热量,晚上则散热较少,而膜下的土壤水分又增大了土壤的热容量,导致地温提高而且相当稳定。据观测,采用膜上灌可以使作物苗期地温平均提高1~1.5 ℃,作物全生育期的土壤积温也有所增加,从而促进了作物根系对养分的吸收和作物的生长发育,并使作物提早成熟。一般粮棉等大田作物可提前7~15 d成熟,辣椒、西瓜等蔬菜作物可提前20 d左右上市。

4. 增产效益显著

膜上灌改善了作物的生长发育环境,使作物出苗率高,根系发育健壮,生长发育良好,从而促使作物提早成熟、增产增效。据观测,采用膜上灌灌水技术,玉米可增产17%~51.8%,棉花增产5.12%~22.83%,洋葱增产约20%,且采收期提前20 d以上,提早上市,经济效益显著提高。

总之,膜上灌具有节水多、灌水好、投资少、产量高、易推广和见效快的特点,尤其在干旱条件下更显示了巨大的节水潜力,节水效益在50%~60%,是一项值得大力推广、广泛应用的灌溉技术。

(二)膜上灌技术的类型

依据所配套的灌水技术不同,膜上灌分为膜畦膜上灌、膜沟膜上灌、格田膜上灌和喷灌膜上灌等;依据湿润土壤的方式不同,膜上灌则可分为膜孔灌、膜缝灌、膜缝膜孔灌等类型。

1. 膜孔灌

膜孔灌是指灌溉水流在膜上流动,通过膜孔(作物放苗孔或专用灌水孔)渗入作物根部土壤中的灌水方法。该法依靠膜孔灌水,无膜缝和膜侧旁渗,灌水均匀度高。专用灌水孔可根据土质不同打单排孔或双排孔,如在轻质土壤上打双排孔,重质土壤上打单排孔。孔径和孔距根据作物灌水定额等确定,一般轻壤土、壤土以孔径0.005~0.2 m的单排孔为宜。

膜孔灌分为膜孔畦灌和膜孔沟灌两种。

1)膜孔畦灌

膜孔畦灌首先由专门的铺膜机完成铺膜,地膜两侧必须翘起5 cm高,并嵌入土埂中,如图4-11所示。膜畦宽度根据地膜和种植作物的要求确定,双行种植一般采用宽70~90 cm的地膜;三行或四行种植一般采用180 cm宽的地膜。作物需水完全依靠放苗孔和增加的灌水孔供给,入膜流量为1~3 L/s。

该灌水方法提高了灌水均匀度,节水效果好,适合于棉花、玉米和高粱等条播作物。

2)膜孔沟灌

膜孔沟灌是将地膜铺在沟底,作物种植在垄上,水流通过沟中地膜上的专门灌水孔渗入土壤,再通过毛细管作用浸润作物根系附近的土壤,如图 4-12 所示。

这种技术对随水传播的病害有一定的防治作用,特别适用于甜瓜、西瓜、辣椒等易受由灌水传播的病害威胁的作物。灌水沟规格以作物不同而异,蔬菜一般沟深 30 ~ 40 cm,沟距 80 ~ 120 cm;西瓜和甜瓜的沟深为 40 ~ 50 cm,上口宽 80 ~ 100 cm,沟距 350 ~ 400 cm。对蔬菜作物,入沟流量以 1 ~ 1.5 L/s 为宜。

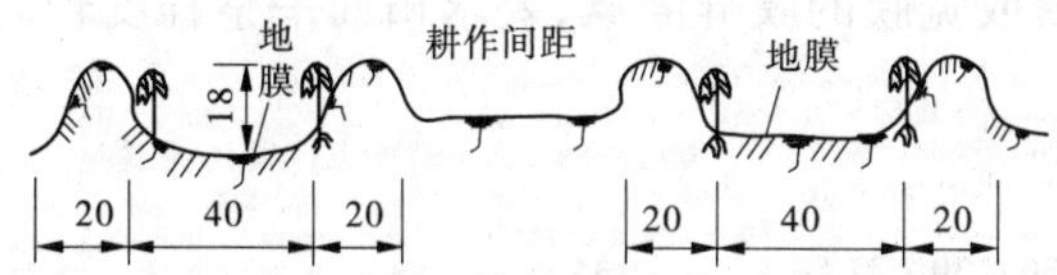

图 4-11　膜孔畦灌　(单位:cm)

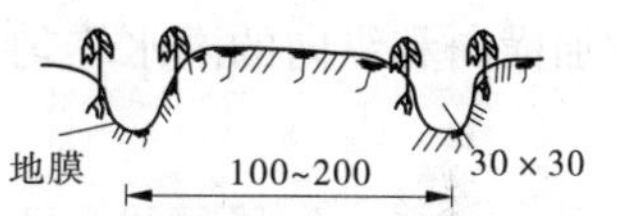

图 4-12　膜孔沟灌　(单位:cm)

2. 膜缝灌

膜缝灌有膜缝畦灌、膜缝沟灌、细流膜缝灌等几种形式。

1)膜缝畦灌

膜缝畦灌是在畦田田面上铺两幅地膜,畦田宽度为稍大于 2 倍的地膜宽度,两幅地膜间留有 2 ~ 4 cm 的窄缝,如图 4-13 所示。水流在膜上流动,通过膜缝和放苗孔向作物供水。

入膜流量为 3 ~ 5 L/s,畦长以 30 ~ 50 m 为宜,要求土地平整。

2)膜缝沟灌

膜缝沟灌是对膜侧沟灌进行改进,将地膜铺在沟坡上,沟底两膜相会处留有 2 ~ 4 cm 的窄缝,通过放苗孔和膜缝向作物供水,如图 4-14 所示。膜缝沟灌的沟长为 50 m 左右。

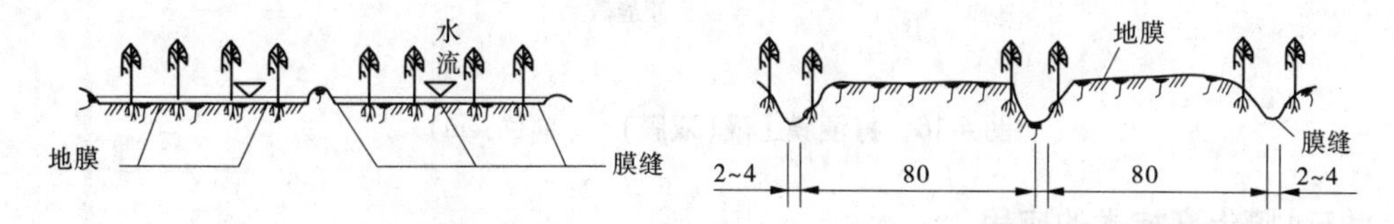

图 4-13　膜缝畦灌

图 4-14　膜缝沟灌　(单位:cm)

这种方法减少了垄背杂草和土壤水分的蒸发,多用于蔬菜,其节水增产效果很好。

3)细流膜缝灌

细流膜缝灌是在普通地膜种植下,利用第一次灌水前追肥的机会,用机械将作物行间地膜轻轻划破,形成一条膜缝,并通过机械再将膜缝压成一条 U 形小沟。灌水时将水放入 U 形小沟内,水在沟中流动,类似于膜缝沟灌,但入沟流量很小,一般流量控制在 0.5 L/s 为宜,所以它又类似细流沟灌。

这种方法适宜于地面坡降为 1% 左右的大坡度地区。

3. 膜缝膜孔灌

膜缝膜孔灌是指水流在膜上流动，既利用膜缝，又利用专用灌水孔和放苗孔进行渗入作物根部土壤中的灌水方法。主要包括打埂膜上灌技术，目前应用较多，主要用于棉花和小麦田上。

打埂膜上灌技术是将原来使用的铺膜机前的平土板，改装成打埂器，刮出地表 5 ~ 8 cm 厚的土层，在畦田侧向构筑成高 20 ~ 30 cm 的畦埂。其畦田宽 0.9 ~ 3.5 m，膜宽 0.7 ~ 1.8 m。

铺膜形式可分为单膜或双膜，如图 4-15 和图 4-16 所示。对于双膜，其中间或膜两边各有 10 cm 宽的渗水带，这种膜上灌技术，畦面低于原田面，灌溉时水不易外溢和穿透畦埂，故入膜流量可加大到 5 L/s 以上。双膜或宽膜的膜畦灌溉，要求田面平整程度较高，以增加横向和纵向的灌水均匀度。

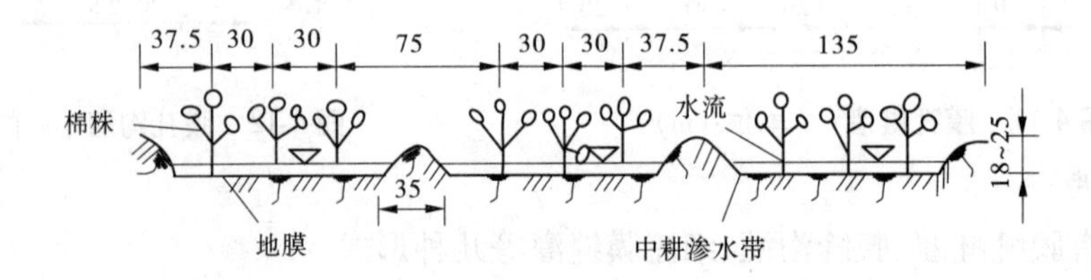

图 4-15 打埂膜上灌(单膜) (单位:cm)

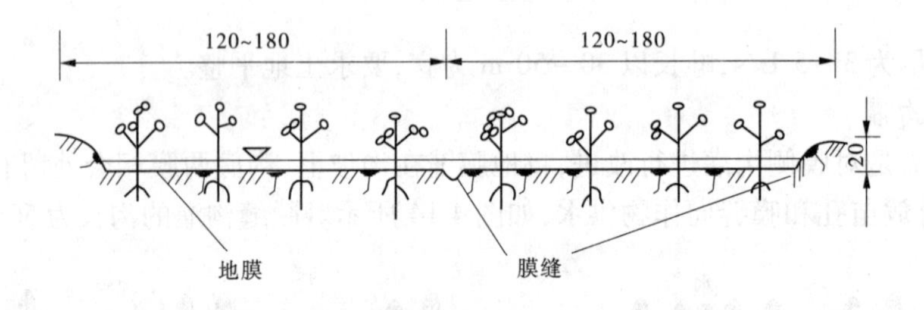

图 4-16 打埂膜上灌(双膜) (单位:cm)

(三)膜上灌技术的应用

膜上灌是覆膜地面灌溉的主要类型，目前膜上灌技术多采用膜孔(缝)灌，包括膜孔畦灌、膜缝畦灌、膜孔沟灌和膜缝沟灌等形式。

1. 膜孔(缝)灌的技术要求

膜孔(缝)灌属于局部浸润灌溉，其主要的技术要求有以下几个方面：

(1)平整土地是保证膜孔(缝)灌水均匀、提高灌溉质量、节约灌溉用水的基本条件。因此，在播种和铺膜前必须进行精细的平整土地工作，并清除树根和碎石，以免刺破塑料地膜。

(2)播前喷洒除草剂，防止生长杂草。

(3)膜孔(缝)灌需要铺膜、筑埂，在有条件的地区可采用膜上灌播种铺膜机，一次完成开畦、铺膜和播种;在北方井灌地区多用人工铺膜、筑埂。

(4)在灌溉时,还要加强管理,注意沟畦首尾灌水是否均匀、有无深层渗漏和尾部泄水现象;控制好进入沟畦的流量,防止串灌和漫灌。

(5)膜孔(缝)畦一般要求地面有一定坡度,水流在坡度均匀的膜上流动,边流动边从放苗孔、灌水孔或膜缝渗入水量。沿程的入渗水量和灌水均匀程度与放苗孔、灌水孔的数目、孔口面积、膜缝宽度、土壤性质等有很大关系。因此,要根据具体情况在塑料地膜上适时适量地增加一些渗水膜孔,以保证首尾灌水均匀。

2. 膜孔(缝)灌的技术要素

为保证作物根系区土层中具有足够的渗水量,以满足作物生长对水分的需要,就必须根据不同的地形坡度、各种土质的入渗速度和田间持水率等因素来确定膜孔(缝)灌的技术要素。它的技术要素主要包括入膜流量、改水成数、开孔(缝)率和膜沟(畦)规格等。

1)入膜流量

入膜流量是指单位时间内进入膜沟或膜畦首端的水量。入膜流量的大小主要根据膜孔(缝)面积、土壤入渗速度、膜沟或膜畦的长度等确定。一般应根据田间试验资料确定适宜的入沟(畦)流量,无实测资料时,也可按下式计算

$$q = \frac{Kf(\overline{\omega}_k + \overline{\omega}_f)}{3\ 600} \tag{4-4}$$

$$\overline{\omega}_k = \frac{\pi d^2}{4}\frac{LN_k}{S} \tag{4-5}$$

$$\overline{\omega}_f = LbN_f \tag{4-6}$$

式中　q——膜畦、膜沟入膜流量,L/(s·m)、L/s;

K——旁侧入渗影响系数,它与膜上水深成正比,与膜畦、膜沟长度成反比,一般取值为1.46~3.86,平均为2.66;

f——土壤的入渗速度,随灌水次数的增加而减少,由田间实测确定,mm/h;

$\overline{\omega}_k$——膜畦每米膜宽(或一条膜沟)放苗孔和专用灌水孔的面积,m^2;

$\overline{\omega}_f$——膜畦每米膜宽(或一条膜沟)灌水膜缝的面积,m^2;

d——放苗孔或灌水孔直径,m;

L——膜畦(或膜沟)长度,m;

N_k——膜畦每米膜宽(或一条膜沟)孔口排数;

S——沿膜畦、膜沟长度方向膜孔间距,m;

b——膜缝宽度,m;

N_f——膜畦每米膜宽(或一条膜沟)膜缝数量。

2)改水成数

一般对于坡度较平坦的膜孔(缝)灌改水成数为十成,对坡度较大的膜孔(缝)灌改水成数可取八成或九成。一般膜孔(缝)畦灌改水成数不小于七成,膜孔(缝)沟灌改水成数不小于八成。若有些膜孔(缝)灌溉达不到灌水定额,则要考虑允许尾部泄水以延长灌水历时。

3）开孔（缝）率

开孔（缝）率的多少直接影响灌水定额的大小，随着开孔（缝）率的增加，灌水定额也在增加，但当开孔（缝）率增加到一定程度时，灌水定额增加缓慢，逐渐接近于同等条件下的露地灌水定额。适宜开孔（缝）率宜选3%～5%，地面坡度大时取小值，坡度小时取大值。

4）膜沟（畦）规格

膜沟（畦）宽度主要根据栽培作物的行距和薄膜宽度、耕作机具等要求确定。目前，棉花和小麦的膜孔沟（畦）灌分单膜和双膜，地膜宽度一般为120～180 cm。畦宽一般不宜超过4 m，畦长宜为40～200 m。膜孔（缝）沟灌灌水沟形状及规格与传统沟灌相同，沟长不宜大于300 m。

膜孔（缝）灌的灌水质量主要用灌水均匀度和田间水有效利用率进行评价。由于膜孔（缝）灌的水流是通过膜孔（缝）渗入作物根部的土壤中，与传统沟灌和畦灌相比，降低了土壤的入渗强度和地面糙率，使水流的行近速度增加，减少了深层渗漏损失。在地势平坦和无尾部泄水的情况下，其田间水有效利用率可大大提高。孔口处覆土和不覆土，对孔口入渗也有很大影响，因此在膜孔灌时要考虑膜孔的开孔率和膜孔覆土与不覆土对灌溉入渗的影响。

（四）膜孔（缝）灌技术应注意的问题

（1）膜孔（缝）灌是低灌水定额的局部灌溉，由于入渗强度的降低，灌溉时要特别注意满足灌水定额的要求。

（2）由于膜孔（缝）灌减少了作物棵间土壤蒸发，因此不能采用传统的灌溉制度，应根据实际土壤含水量，确定节水型的优化灌溉制度。

（3）膜孔（缝）灌改变了一些传统的作物栽培技术措施，因此要采取合理的施肥措施，以解决作物后期的需肥问题。

（4）膜孔（缝）宽畦灌时，必须做到田间横向平整、纵向比降均匀，这样才能提高膜孔（缝）灌质量。

（5）目前，农户灌溉配水多为大水定时灌溉，一渠水限定时间灌完一户的田地，农户在指定的时间内都力争多灌些，而膜孔（缝）灌是小水渗灌，渗水时间短则不能浸润足够的土壤，因此需要继续试验研究适合当地的膜孔（缝）灌配水制度。

（6）实行膜上灌以后，揭膜回收只能在收获以后进行，由于浇水以后膜面上有淤泥覆盖，部分膜被埋入，造成地膜回收困难，少部分地膜残留在土壤中，对土壤造成污染。因此，应尽量采用可自行降解的地膜。另外，作物收割后，应及时回收残膜。

小 结

地面灌溉是指灌溉水在田面流动的过程中，形成浅薄水层和细小水流，借重力作用和毛细管作用入渗湿润土壤的灌溉方法。近年来，我国推广应用了许多先进的地面灌溉节水技术，取得了明显的节水和增产效果。这些地面灌溉节水技术包括节水型畦灌技术、节水型沟灌技术、水稻节水灌溉技术等。

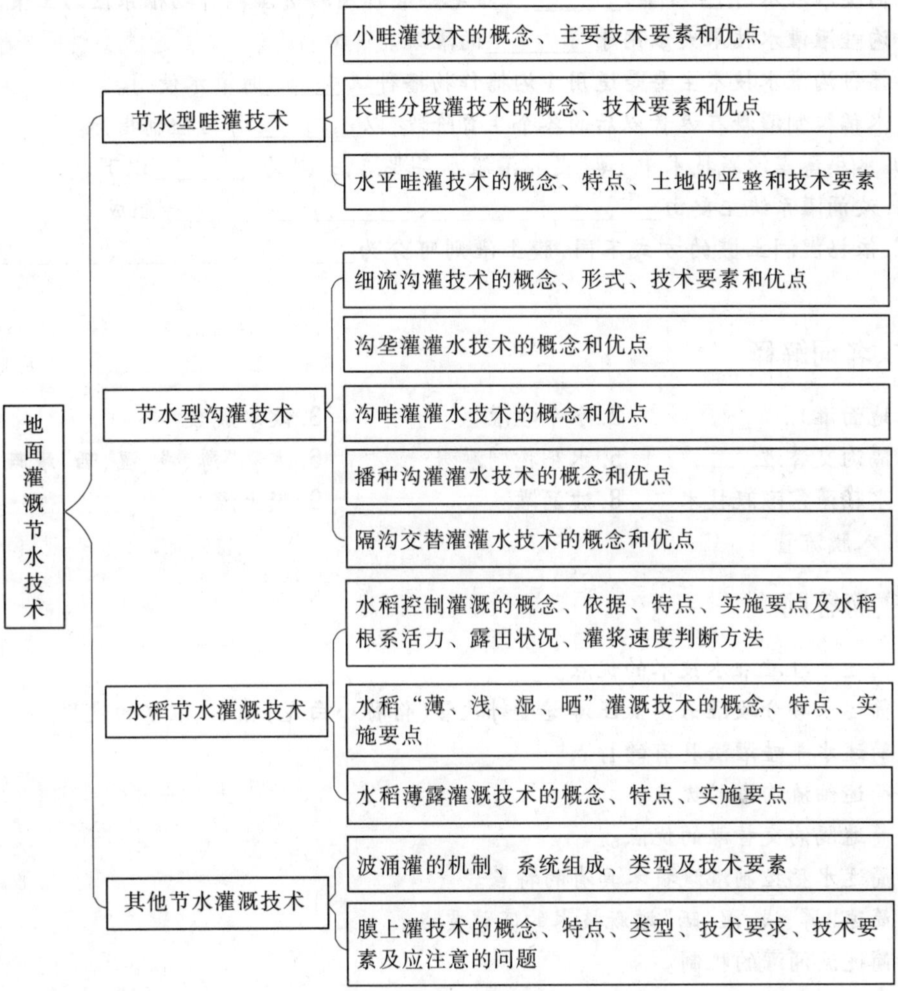

- 地面灌溉节水技术
  - 节水型畦灌技术
    - 小畦灌技术的概念、主要技术要素和优点
    - 长畦分段灌技术的概念、技术要素和优点
    - 水平畦灌技术的概念、特点、土地的平整和技术要素
  - 节水型沟灌技术
    - 细流沟灌技术的概念、形式、技术要素和优点
    - 沟垄灌灌水技术的概念和优点
    - 沟畦灌灌水技术的概念和优点
    - 播种沟灌灌水技术的概念和优点
    - 隔沟交替灌灌水技术的概念和优点
  - 水稻节水灌溉技术
    - 水稻控制灌溉的概念、依据、特点、实施要点及水稻根系活力、露田状况、灌浆速度判断方法
    - 水稻“薄、浅、湿、晒”灌溉技术的概念、特点、实施要点
    - 水稻薄露灌溉技术的概念、特点、实施要点
  - 其他节水灌溉技术
    - 波涌灌的机制、系统组成、类型及技术要素
    - 膜上灌技术的概念、特点、类型、技术要求、技术要素及应注意的问题

思考与练习题

一、填空题

1. 小畦灌就是“________改________畦，________改________，________改________畦”的“三改”畦灌灌水技术。

2. 长畦分段灌技术灌水时，将一条长畦分为若干个横向畦埂的________畦，采用低压塑料薄壁软管或地面纵向输水沟进行输水灌溉。

3. 长畦分段灌技术具有________、________、________、________、________等优点。

4. 激光控制平地系统一般由________、________、________、________等4部分组成

5. 细流沟灌的形式有________、________、________等3种。

6. 沟垄灌灌水时，主要靠________土壤毛细管作用渗透湿润作物根系区的土壤。

7. 沟畦灌灌水技术大多用于________的灌溉。

8. 播种沟灌水技术主要是适用于沟播作物播种________时灌水使用。

9. 水稻控制灌溉在返青以后的各个生育阶段，以________作为控制指标。

10. 水稻薄露灌溉技术中"薄"是指灌溉水层要薄，一般为________以下。

11. 波涌灌系统主要由________、________、________、________等组成。

12. 依据湿润土壤的方式不同，膜上灌则可分为________、________、________等类型。

二、名词解释

1. 地面灌溉　2. 水平畦灌　3. 改水成数

4. 隔沟交替灌　5. 水稻控制灌溉　6. 水稻"薄、浅、湿、晒"灌溉

7. 水稻薄露灌溉技术　8. 波涌灌　9. 膜上灌

10. 入膜流量

三、简答题

1. 简述小畦灌灌水技术的优点。

2. 简述长畦分段灌若用低压薄壁塑料软管（俗称小白龙）输水、灌水的过程。

3. 简述水平畦灌法具有的特点。

4. 简述细流沟灌的优点。

5. 简述隔沟交替灌的优点。

6. 简述水稻控制灌溉技术具有的特点。

7. 简述"薄、浅、湿、晒"灌溉技术的实施要点。

8. 简述波涌灌的机制。

9. 简述膜上灌技术的特点。

10. 简述膜孔（缝）灌的技术要求。

项目五 喷灌技术

【学习目标】

1. 了解喷灌工程的类型、适应条件和发展方向;
2. 了解喷灌工程的组成及特点;
3. 了解各种管材和管件的类型、规格、优缺点及适用范围;
4. 掌握喷灌工程的资料收集、整理及规划设计方法。

【技能目标】

1. 能根据地形条件选择合理的喷灌工程类型;
2. 能进行喷灌工程规划设计,能进行管网的水力计算、确定管径,选择水泵及动力型号;
3. 根据灌区的实际情况,能合理选择喷灌工程的管材和管件。

任务一 喷灌系统的认识

喷灌是一种利用喷头等专用设备把有压水喷洒到空中,形成水滴落到地面和作物表面的灌水方法。喷灌作为一种先进的灌水技术已广泛运用于近代世界各国的灌溉中。我国自20世纪50年代开始,对喷灌技术进行了大量的试验研究和推广。

一、喷灌定义及优缺点

(一)喷灌的优点

喷灌是一种新的灌溉技术,它与地面灌溉相比具有许多优越性,有着广阔的发展前途。喷灌具有以下优点。

1. 省水

喷灌可以控制喷洒水量和均匀性,避免产生地面径流和深层渗漏,水的利用率高,一般比地面灌溉节省水量30% ~50%。对于透水性强、保水能力差的沙质土地,则节水效果更为明显,用同样的水能浇灌更多的土地。对于可能产生次生盐碱化的地区,采用喷灌的方法,可严格控制湿润深度,消除深层渗漏,防止地下水位上升和次生盐碱化。同时,省水还意味着节省动力,可以降低灌水成本。

2. 省工

喷灌提高了灌溉机械化程度,大大减轻了灌水劳动强度,便于实现机械化、自动化,可以大量节省劳动力。喷灌取消了田间的输水沟渠,不仅有利于机械作业,而且大大减少了田间劳动力使用量。喷灌可以结合施入化肥和农药,省去不少劳动力使用量。据统计,喷灌所需的劳动量仅为地面灌溉的1/5。

3. 节约用地

采用喷灌可以大量减少土石方工程,无需田间的灌水沟渠和畦埂,可以腾出田间沟渠占地,用于种植作物。比地面灌溉更能充分利用耕地,提高土地利用率,一般可增加耕种面积7% ~10%。

4. 增产

喷灌可以采用较小的灌水定额进行浅浇勤灌,便于严格控制土壤水分,使土壤湿度维持在作物生长最适宜的范围,使土壤疏松多孔、通气性好,保持土壤肥力,既不破坏土壤团粒结构,又可促进作物根系在浅层发育,有利于充分利用土壤表层的肥分。喷灌可以调节田间的小气候,增加近地表空气湿度,在空气炎热的季节可以调节叶面温度,冲洗叶面尘土,有利于植物的呼吸和光合作用,达到增产效果。大田作物可增产20%,经济作物可增产30%,蔬菜可增产1~2倍,同时还可以改变产品的品质。

5. 适应性强

喷灌对各种地形的适应性强,不需要像地面灌溉那样进行土地平整,在坡地和起伏不平的地面均可进行喷灌。在地面灌水方法难以实现的场合,都可以采用喷灌的方法,特别是土层薄、透水性强的沙质土,非常适合使用喷灌。

喷灌不仅适应所有大田旱作物,而且对于各种经济作物、蔬菜、草场,例如谷物、蔬菜、香菇、木耳、药材,都可以产生很好的经济效益。同时,可兼作喷洒肥料、喷洒农药、防霜冻、防暑降温和防尘等。

(二)喷灌的缺点

1. 投资较高

喷灌需要一定的压力、动力设备和管道材料,单位面积投资较大,成本较高。

2. 能耗较大

喷灌所需压力通过消耗能源获得,所需压力越高,耗能越大,灌溉成本就越高。

3. 操作麻烦,受风的影响较大

对于移动或半固定式喷灌,由于必须移动管道和喷头,所以操作较为麻烦,还容易踩踏伤苗和破坏土壤;在多风的情况下,由于风的影响,使喷灌均匀度大大降低,水的飘移损失大,使水的利用系数大大降低。一般3级风(3.4~5.4 m/s)对喷灌的均匀度就会有影响。

二、喷灌系统的组成与分类

(一)喷灌系统的组成

喷灌系统主要由水源工程、水泵及动力、管网和喷头等部分构成,如图5-1所示。

1. 水源工程

河流、湖泊、水库、井泉及城市供水系统等,都可以作为喷灌的水源,但需要修建相应的水源工程,如泵站及附属设施、水量调节池等。

在植物整个生长季节,水源应有可靠的供水保证,保证水量供应。同时,水源水质应满足灌溉水质标准的要求。

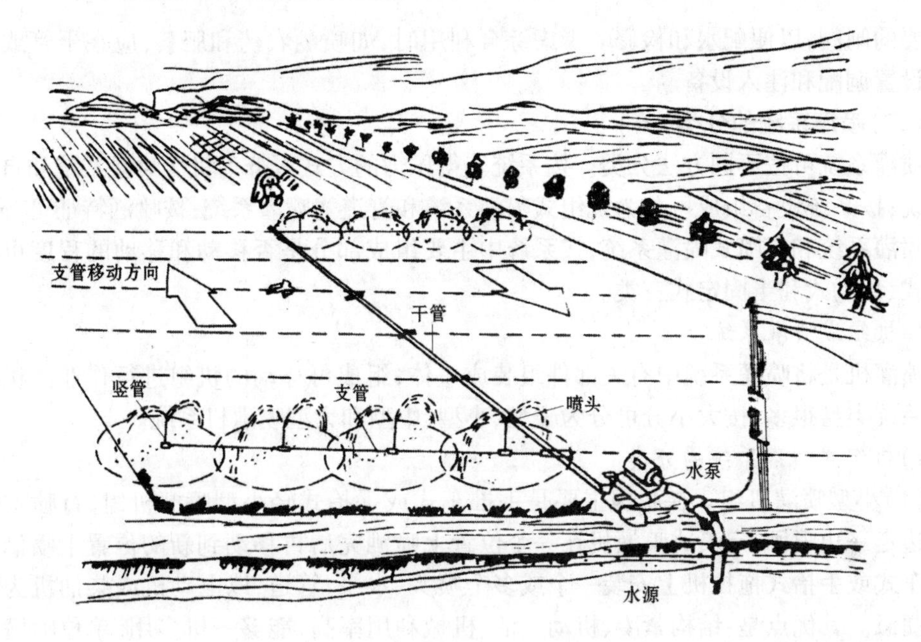

图5-1 喷灌系统示意图

2. 水泵及动力

喷灌需要使用有压力的水才能进行喷洒。通常利用水泵，将水提吸、增压、输送到各级管道及各个喷头中，并通过喷头喷洒出来。如在利用城市供水系统作为水源的情况下，往往不需要加压水泵。

喷灌用泵可以是各种农用泵，如离心泵、潜水泵、深井泵等。有电力供应的地方，用电动机为水泵提供动力；用电困难的地方，用柴油机、拖拉机或手扶拖拉机等为水泵提供动力，动力机功率大小根据水泵的配套要求确定。

3. 管网

管网的作用是将压力水输送并分配到所需灌溉的种植区域。管网一般包括干管、支管两级水平管道和竖管。干管和支管起输、配水作用，竖管安装在支管上，末端接喷头。根据需要在管网中安装必要的安全装置，如进(排)气阀、限压阀、泄水阀等。

管网系统需要各种连接和控制的附属配件，包括闸阀、三通、弯头和其他接头等，在干管或支管的进水阀后还可以接施肥装置。

4. 喷头

喷头将管道系统输送来的有压水流通过喷嘴喷射到空中，分散成细小的水滴散落下来，灌溉作物，湿润土壤。喷头一般安装在竖管上，是喷灌系统中的关键设备。

5. 附属工程和附属设备

喷灌工程中还用到一些附属工程和附属设备。如从河流、湖泊、渠道取水，则应设拦污设施；为了保护喷灌系统的安全运行，必要时应设置进(排)气阀、调压阀、安全阀等。在灌溉季节结束后应排空管道中的水，需设泄水阀，以保证喷灌系统安全越冬。为观察喷灌系统的运行状况，在水泵进出水管路上应设置真空表、压力表和水表，在管道上还要设置必要的闸阀,以便配水和检修。考虑综合利用时,如喷洒农药和肥料,应在干管或支管上端设置调配和注入设备。

(二)喷灌系统的分类

喷灌系统可按不同方法分类。按系统获得压力的方式可分为机压喷灌系统和自压喷灌系统;按系统设备组成可分为机组式喷灌系统和管道式喷灌系统;按喷洒特征可分为定喷式喷灌系统和行喷式喷灌系统;按系统中主要组成部分是否移动和移动的程度可分为固定式、移动式和半固定式三类。

1. 机组式喷灌系统

喷灌机是将喷灌系统中有关部件组装成一体,组成可移动的机组进行作业。机组式喷灌系统类型很多,按大小分可分为轻型、小型、中型和大型喷灌机系统。

1)机组式喷灌系统的分类

(1)小型喷灌机组。在我国主要是手推车式或手抬式轻小型喷灌机组,行喷式喷灌机一边走一边喷洒,定喷式喷灌机在一个位置上喷洒完后再移动到新的位置上喷洒。在手推车式或手抬式拖拉机上安装一个或多个喷头、水泵、管道,以电动机或柴油机为动力喷洒灌溉。其优点是:结构紧凑、机动灵活、机械利用率高,能够一机多用,单位喷灌面积的投资低。

(2)中型喷灌机组。中型喷灌机组多见的有卷管式(自走)喷灌机、双悬臂(自走)喷灌机、滚移式喷灌机和纵拖式喷灌机。

(3)大型喷灌机组。控制面积可达百亩,如平移式自走喷灌机、大型摇滚式机等。

2)机组式喷灌系统的选用

(1)要考虑地区与水源影响。南方地区河网较密,宜选用轻型(手抬式)喷灌机、小型(手推车式)喷灌机,少数情况下也可选中型喷灌机(如绞盘式喷灌机)。轻、小型喷灌机特别适用于田间渠道配套性好或水源分布广、取水点较多的地区。

北方田块较宽阔,根据水源情况各种类型机组都有适用的可能性。但对大型农场,则宜选大、中型喷灌机,大、中型喷灌机工作效率比较高。

(2)要因地制宜。在耕地比较分散、水管理比较分散的地方适合发展轻、小型移动式喷灌机组;在干旱草原、土地连片、种植统一、缺少劳动力的地方适合发展大、中型喷灌机组。

2. 管道式喷灌系统

管道式喷灌系统指的是以各级管道为主体组成的喷灌系统,按照可移动的程度,分为固定式、移动式和半固定式三种。比较适用于水源较为紧缺,需要节水,取水点少的我国北方地区。

1)固定式喷灌系统

固定式喷灌系统由水源、水泵、管道系统及喷头组成。水源、动力、水泵固定,输(配)水干管(分干管)及工作支管均埋入地下。喷头可以常年安装在与支管连接伸出地面的竖管上,也可以按轮灌顺序轮换安装使用。固定式喷灌系统运行操作方便,易于管理,且便于实行自动化控制。其主要缺点是设备利用率低,耗材多,投资大,管道投资常占总造价的50%以上,甚至达80%左右。固定式喷灌系统适用于灌水次数频繁、经济价值较高的蔬菜和经济作物区以及城市园林、花卉、绿地的喷灌。

2)移动式喷灌系统

整个喷灌系统除水源及水源工程不动,水泵与动力机、各级管道,直到喷头都可以拆卸移动,轮流使用于不同地块。移动式喷灌系统设备利用率高,设备用量与投资造价较低。缺点是机、泵、管等设备的拆装搬移劳动强度较大,生产效率较低,有时还会损伤作物;设备的维修、保养工作量增加;供水渠道及沿渠道路占有一定面积。适用于各种作物,但当为高秆密植作物、土质黏重或地形复杂的情况下,将给设备的拆卸移动带来困难。

3)半固定式喷灌系统

泵站和干管固定不动,支管和喷头是可移动的。与固定管道式系统相比,由于支管可以移动并重复使用,减少了用量,降低了投资;与移动管道式系统相比,则由于机、泵、干管不移动,方便了运行操作,提高了生产效率。因此,半固定式喷灌系统的设备用量、投资造价和管理运行条件均介于固定管道式与移动管道式之间,是值得推荐和重点发展的形式。

任务二 喷灌设备

一、喷头

喷头是喷灌系统的主要组成部分,其作用是把压力水流喷射到空中,散成细小的水滴并均匀地散落在地面上。因此,喷头的结构形式及其制造质量的好坏,直接影响到喷灌质量。

(一)喷头的分类

喷头的种类很多,按其工作压力及控制范围的大小,可分低压喷头(或称近射程喷头)、中压喷头(或称中射程喷头)和高压喷头(或称远射程喷头)。按喷头结构形式和水流形状可以分为旋转式、固定式和孔管式三种。目前使用最多的是旋转式喷头。

1.按工作压力分类

喷头按工作压力分类及其适用范围如表5-1所示。

表5-1 喷头按工作压力分类及其试用范围

喷头类别	工作压力(kPa)	射程(m)	流量(m^3/h)	适用范围
低压喷头(低射程喷头)	<200	<15.5	<2.5	射程近、水滴打击强度低,主要用于苗圃、菜地、温室、草坪、园林、自压喷灌的低压区或行喷式喷灌机
中压喷头(中射程喷头)	200~500	15.5~42	2.5~32	喷灌强度适中,适用范围广,果园、草地、菜地、大田及各类经济作物均可使用
高压喷头(远射程喷头)	>500	>42	>32	喷洒范围大,但水滴打击强度也大,多用于对喷洒质量要求不高的大田作物和牧草等

2. 按结构形式分类

喷头按结构形式主要有固定式、孔管式、旋转式三类。固定式又分为折射式、缝隙式、离心式三种形式，孔管式又分为单(双)孔口、单列孔、多列孔三种形式，旋转式又分为摇臂式、叶轮式、反作用式三种形式。

喷头采用的材质有铜、铝合金和塑料三种类型，我国已定型生产 PY1、PY2、ZY－1、ZY－2 等系列摇臂式喷头。常用摇臂式喷头见图 5-2。

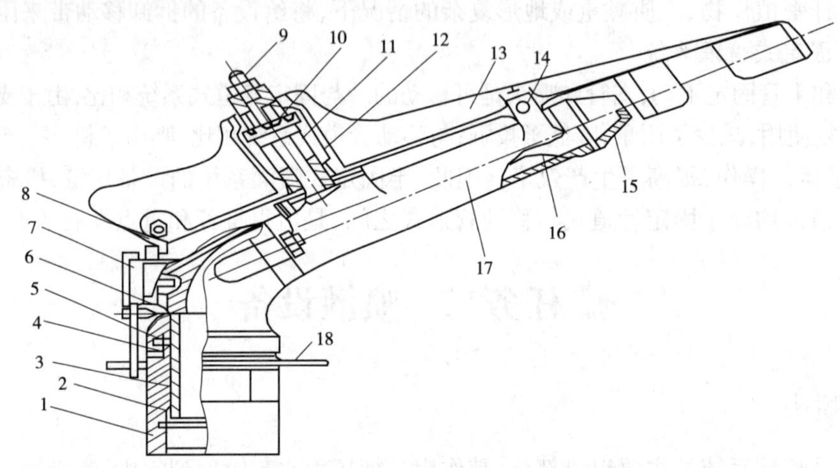

1—空心轴套；2—减磨密封圈；3—空心轴；4—防砂弹簧；5—弹簧罩；6—喷体；7—换向器；8—反向钩；9—摇臂调位螺钉；10—弹簧座；11—摇臂轴；12—摇臂弹簧；13—摇臂；14—打击块；15—喷嘴；16—稳流器；17—喷管；18—限位环

图 5-2　摇臂式喷头示意图

(二) 喷头性能参数

喷头的基本参数包括喷头的几何参数、工作参数。

1. 喷头几何参数

1) 进水口直径 D

进水口直径是指喷头空心轴或进水口管道的内径 D(mm)。通常比竖管内径小，因而使流速增加，一般流速应控制在 3～4 m/s 的范围内，以求水头损失小而又不致使喷头体积太大。喷头的进水口直径确定后，其过水能力和结构尺寸也就大致确定了，喷头与竖管的连接一般采用螺纹连接。我国 PY 系列摇臂式喷头以进水口公称直径命名喷头的型号，如常用的 $PY_1$20 喷头，其进水口的公称直径为 20 mm。

2) 喷嘴直径 d

喷嘴直径是指喷嘴流道等截面段的直径 d(mm)，喷嘴直径反映喷头在一定工作压力下的过水能力。同一型号的喷头，往往允许配用不同直径的喷嘴，如 ZY－2 喷头可以配用直径 6～10 mm 的 9 种喷嘴，这时如工作压力相同，则喷嘴直径愈大，喷水量就愈大，射程也愈远，但雾化程度要相对降低。

3) 喷射仰角 α

喷射仰角是指喷嘴出口处射流与水平面的夹角。在相同工作压力和流量的情况下，喷射仰角是影响射程和喷洒水量分布的主要参数。适宜的喷射仰角能获得最大的射程，从而可以降低喷灌强度和扩大喷头的控制范围，降低喷灌系统的建设投资。喷射仰角一般在20°~30°，大中型喷头的α大于20°，小喷头的α小于20°，目前我国常用喷头的α多为27°~30°。为了提高抗风能力，有些喷头已采用21°~25°的喷射仰角。对于小于20°的喷射仰角，称为低喷射仰角。低喷射仰角喷头一般多用于树下喷灌。对于特殊用途的喷灌，还可以将α制造得更小。

2. 喷头工作参数

1）工作压力 h_p

喷头的工作压力是指喷头进水口前的内水压力，一般以 h_p 表示，单位为kPa或m。喷头工作压力减去喷头内的水头损失等于喷嘴出口处的压力，简称喷嘴压力，以 P_z 表示。

2）喷头流量 q

喷头流量又称喷水量，是指单位时间内喷头喷出的水的体积（或水量），单位为m^3/h、L/s等。影响喷头流量的主要因素是工作压力和喷嘴直径，同样的喷嘴，工作压力越大，喷头流量也就越大，反之亦然。

3）射程 R

射程是指在无风条件下，喷头正常工作时喷洒湿润半径，一般以 R 表示，单位为m。喷头的射程主要取决于喷嘴压力、喷水流量（或喷嘴直径）、喷射仰角、喷嘴形状和喷管结构等因素。因此，在设计或选用喷头射程时考虑以上各项因素。

其中PY型喷头性能参数见表5-2~表5-4。

表5-2　PYS05喷头水力性能（外螺纹接头）

接头	1/2″	3/8″	1/2″	3/8″	1/2″	3/8″	1/2″	3/8″
喷洒方式	全圆		全圆		全圆		全圆	
喷嘴直径(mm)	2.0		2.5		3.0		3.5	
工作压力(kPa)	R (m)	q (m^3/h)	R (m)	q (m^3/h)	R (m)	q (m^3/h)	R (m)	q (m^3/h)
150	7.5	0.17	7.8	0.23	8.0	0.31	8.0	0.48
200	7.8	0.19	8.0	0.27	8.3	0.36	8.3	0.56
250	8.0	0.22	8.3	0.30	8.5	0.45	8.8	0.62
300	8.3	0.24	8.5	0.33	8.8	0.48	9.0	0.68
350	8.3	0.26	8.8	0.35	8.9	0.53	9.3	0.73

表 5-3　PYS20 喷头水力性能（G3/4″外螺纹接头）

喷洒方式	全圆		全圆		全圆		全圆		全圆	
喷嘴直径（mm）	3.5		4.0		4.5		5.0		5.5	
工作压力（kPa）	*R*（m）	*q*（m^3/h）	*R*（m）	*q*（m^3/h）	*R*（m）	*q*（m^3/h）	*R*（m）	*q*（m^3/h）	*R*（m）	*q*（m^3/h）
200	14.0	0.71	14.5	0.88	14.5	1.04	15.0	1.25	16.5	1.46
250	14.5	0.81	15.0	0.99	15.0	1.19	16.0	1.41	17.0	1.66
300	15.0	0.88	15.5	1.09	16.0	1.33	17.0	1.54	18.0	1.82
350	15.5	0.95	16.0	1.18	16.5	1.41	17.5	1.67	18.5	1.99
400	16.0	1.02	16.5	1.27	17.5	1.51	18.0	1.78	19.0	2.13
450	16.5	1.08	17.0	1.35	18.0	1.61	18.0	1.88	19.5	2.26

表 5-4　PYSK10 喷头水力性能（摇臂式可控角，G1/2″外螺纹接头）

喷洒方式	扇形		扇形		扇形		扇形		扇形	
喷嘴直径（mm）	2.5		2.8		3.0		3.5		4.5	
工作压力（kPa）	*R*（m）	*q*（m^3/h）	*R*（m）	*q*（m^3/h）	*R*（m）	*q*（m^3/h）	*R*（m）	*q*（m^3/h）	*R*（m）	*q*（m^3/h）
150	8.5	0.30	8.5	0.33	9.0	0.36	9.0	0.53	9.0	0.84
200	9.5	0.34	9.5	0.38	10.0	0.43	10.5	0.59	10.5	0.91
250	11.0	0.38	11.0	0.45	11.5	0.49	11.5	0.66	12.0	0.98
300	11.5	0.41	11.5	0.48	11.6	0.52	12.0	0.72	12.5	1.10
350	12.0	0.44	12.0	0.52	12.0	0.56	13.0	0.77	13.0	1.22

（三）喷灌技术指标

1. 喷灌强度

喷灌强度是指单位时间内喷洒在单位面积上的水量，以水深表示，单位为 mm/h 或 mm/min。喷灌强度又分为点喷灌强度、平均喷灌强度和组合喷灌强度等。

1）点喷灌强度

点喷灌强度是指单位时间内喷洒在土壤表面某点的水深，可用下式表示：

$$\rho_i = \frac{h_i}{t} \tag{5-1}$$

式中 ρ_i——点喷灌强度,mm/h;

h_i——喷灌水深,mm;

t——喷灌时间,h。

2)平均喷灌强度

平均喷灌强度是指一定湿润面积上各点在单位时间内喷灌水深的平均值,以下式表示:

$$\bar{\rho} = \frac{\bar{h}}{t} \tag{5-2}$$

式中 $\bar{\rho}$——平均喷灌强度,mm/h;

$\bar{h}$——平均喷灌水深,mm;

t——喷灌时间,h。

不考虑水滴在空气中的蒸发和飘移损失,根据喷头喷出的水量与喷洒在地面上的水量相等的原理计算的平均喷灌强度,又称为计算喷灌强度。

$$\rho_s = \frac{1\,000q}{A} \tag{5-3}$$

式中 q——喷头流量,m^3/h;

ρ_s——无风条件下单喷头喷洒的平均喷灌强度,mm/h;

A——单喷头喷洒控制面积,m^2。

3)组合喷灌强度

在喷灌系统中,喷洒面积上各点的平均喷灌强度,称为组合喷灌强度。组合喷灌强度可用下式计算:

$$\rho = K_w C_p \rho_s \tag{5-4}$$

式中 C_p——布置系数,查表5-5;

K_w——风系数,查表5-6。

表5-5 不同运行情况下的 C_p 值

运行情况	C_p
单喷头全圆喷洒	1
单喷头扇形喷洒(扇形中心角 α)	$\frac{360}{\alpha}$
单支管多喷头同时全圆喷洒	$\frac{\pi}{\pi-(\pi/90)\arccos(a/2R)+(a/R)\sqrt{1-(a/2R)^2}}$
多支管多喷头同时全圆喷洒	$\frac{\pi R^2}{ab}$

注:表内各式中 R 为喷头射程;a 为喷头在支管上的间距;b 为支管间距。

表 5-6　不同运行情况下的 K_w 值

运行情况		K_w
单喷头全圆喷洒		$1.15v^{0.314}$
单支管多喷头同时全圆喷洒	支管垂直风向	$1.08v^{0.194}$
	支管平行风向	$1.12v^{0.302}$
多支管多喷头同时喷洒		1.0

注:1. 式中 v 为风速,以 m/s 计。

2. 单支管多喷头同时全圆喷洒,若支管与风向既不垂直又不平行,可近似地用线性插值方法求取 K_w。

3. 本表公式适用于风速 v 为 1 ~ 5.5 m/s 的区间。

喷灌工程中,组合喷灌强度不应超过土壤的允许入渗率(渗吸速度),使喷洒到土壤表面上的水能及时渗入土壤中,而不形成积水和径流。对定喷式喷灌系统的设计喷灌强度不得大于土壤的允许喷灌强度。行喷式喷灌系统的设计喷灌强度可略大于土壤的允许喷灌强度。各类土壤的允许喷灌强度可按表 5-7 确定。当地面坡度大于 5% 时,允许喷灌强度应按表 5-8 进行折减。

表 5-7　各类土壤的允许喷灌强度

土壤类别	允许喷灌强度(mm/h)	土壤类别	允许喷灌强度(mm/h)
沙土	20	黏壤土	10
沙壤土	15	黏土	8
壤土	12		

注:有良好覆盖时,表中数值可提高 20%。

表 5-8　坡地允许喷灌强度降低值

地面坡度(°)	允许喷灌强度降低值(%)	地面坡度(°)	允许喷灌强度降低值(%)
5 ~ 8	20	13 ~ 20	50
9 ~ 12	40	>20	75

2. 均匀系数

均匀系数是衡量喷灌面积上喷洒水量分布均匀程度的一个指标。规范规定:定喷式喷灌系统喷灌均匀系数不应低于 0.75,对于行喷式喷灌系统不应低于 0.85。喷灌均匀系数在有实测数据时应按式(5-5)计算:

$$C_u = 1 - \frac{\Delta h}{\overline{h}} \tag{5-5}$$

式中　C_u——喷灌均匀系数;

$\overline{h}$——喷洒水深的平均值, mm;

Δh——喷洒水深的平均离差, mm。

在设计中可通过控制以下因素实现:设计风速下喷头的组合间距;喷头的喷洒水量分

布;喷头工作压力。

3. 喷灌的雾化指标

雾化程度是反映水滴打击强度的一个指标,是喷射水流的碎裂程度。一般用喷头工作压力与喷嘴直径的比值表示,可按式(5-6)计算,并应符合表5-8的要求。

$$W_h = \frac{h_p}{d} \tag{5-6}$$

式中 W_h——喷灌的物化指标;

h_p——喷头的工作压力水头,m;

d——喷头的主喷嘴直径,m。

表5-9给了不同作物的适宜雾化指标范围。

表5-9 不同作物的适宜雾化指标

作物种类	h_p/d
蔬菜及花卉	4 000 ~ 5 000
粮食作物、经济作物及果树	3 000 ~ 4 000
牧草、饲料作物、草坪及绿化林木	2 000 ~ 3 000

二、管道及附件

管道是喷灌工程的重要组成部分,管材必须保证在规定的工作压力下不发生开裂、爆管现象,工作安全可靠。管材在喷灌系统中需用数量多,投资比重较大,需要在设计中按照因地制宜、经济合理的原则加以选择。此外,管道附件也是管道系统中不可缺少的配件。

(一)喷灌管材

喷灌管道按照材质分为金属管道和非金属管道,按照使用方式分为固定管道和移动管道。

目前,喷灌工程中可以选用的管材主要有塑料管、钢管、铸铁管、钢筋混凝土管、薄壁铝合金管、薄壁镀锌钢管和涂塑软管等。一般来讲,地埋管道尽量选用塑料管,地面移动管道可选用薄壁铝合金管和涂塑软管。

1. 塑料管

塑料管是由不同种类的树脂掺入稳定剂、添加剂和润滑剂等挤出成型的。按其材质可以分为聚氯乙烯(PVC)管、聚乙烯(PP)管和改性聚丙烯(PP)管等。喷灌工程中常采用承压能力为400 ~ 1 000 kPa的管材。

塑料管的优点是重量轻,便于搬运,施工容易,能适应一定的不均匀沉陷,内壁光滑,不生锈,耐腐蚀,水头损失小。其缺点是存在老化脆裂问题,随温度升降变形大。喷灌工程中如果将其作为地埋管道使用,可以最大限度地克服老化脆裂缺点,同时减小温度变化幅度,因此地埋管道多选用塑料管。其规格与尺寸公差见表5-10。

塑料管的连接形式分为刚性连接和柔性连接,刚性连接有法兰连接、承插黏接和焊接等,柔性连接多为一端R型扩口或使用铸铁管件套橡胶圈止水承插连接。

2. 钢管

常用的钢管有无缝钢管(热轧和冷拔)、焊接钢管和水煤气钢管等。

钢管的优点是能够承受动荷载和较高的工作压力,与铸铁管相比较,管壁较薄,韧性强,不易断裂,节省材料,连接简单,铺设简便。其缺点是造价较高,易腐蚀,使用寿命较短。因此,钢管一般用于系统的首部连接、管路转弯、穿越道路及障碍等处。

钢管一般采用焊接、法兰连接或者螺纹连接。

表 5-10 硬聚氯乙烯管材规格与尺寸公差 (单位:mm)

公称外径	平均外径极限偏差	公称压力 0.25 MPa		公称压力 0.40 MPa		公称压力 0.63 MPa		公称压力 1.00 MPa		公称压力 1.25 MPa	
		壁厚	极限偏差	壁厚	极限偏差	壁厚	极限偏差	壁厚	极限偏差	壁厚	极限偏差
20	+0.3					0.7	+0.3	1.0	+0.3	1.2	+0.4
25	+0.3			0.5	+0.3	0.8	+0.3	1.2	+0.4	1.5	+0.4
32	+0.3			0.7	+0.3	1.0	+0.3	1.6	+0.4	1.9	+0.4
40	+0.3	0.5	+0.3	0.8	+0.3	1.3	+0.4	1.9	+0.4	2.4	+0.5
50	+0.3	0.7	+0.3	1.0	+0.3	1.6	+0.4	2.4	+0.5	3.0	+0.5
63	+0.3	0.8	+0.3	1.3	+0.4	2.0	+0.4	3.0	+0.5	3.8	+0.6
75	+0.3	1.0	+0.3	1.5	+0.4	2.3	+0.5	3.6	+0.6	4.5	+0.7
90	+0.3	1.2	+0.4	1.8	+0.4	2.8	+0.5	4.3	+0.7	5.4	+0.8
110	+0.4	1.4	+0.4	2.2	+0.5	3.4	+0.6	5.3	+0.8	6.6	+0.8
125	+0.4	1.6	+0.4	2.5	+0.5	3.9	+0.6	6.0	+0.8	7.4	+1.0
140	+0.5	1.8	+0.4	2.8	+0.5	4.3	+0.7	6.7	+0.9	8.3	+1.1
160	+0.5	2.0	+0.4	3.2	+0.6	4.9	+0.7	7.7	+1.0	9.5	+1.2
180	+0.6	2.3	+0.5	3.6	+0.6	5.5	+0.8	8.6	+1.1		
200	+0.6	2.5	+0.5	3.9	+0.6	6.2	+0.9	9.6	+1.2		
225	+0.7	2.8	+0.5	4.4	+0.7	6.9	+0.9				
250	+0.8	3.1	+0.6	4.9	+0.7	7.7	+1.0				
280	+0.9	3.5	+0.6	5.5	+0.8	8.6	+1.1				
315	+1.0	3.9	+0.6	6.2	+0.9	9.7	+1.2				

注:1. 本表摘自《喷灌用硬聚氯乙烯管》(SL/T 96.1—1994);

2. 公称压力是管材在 20 ℃下输送水的压力。

3. 铸铁管

铸铁管可分为铸铁承插直管和砂型离心铸铁管及铸铁法兰直管。

铸铁管的优点是承压能力大,一般为 1 MPa;工作可靠;寿命长,可使用 30 ~ 50 年;管件齐全,加工安装方便等。其缺点是重量大,搬运不方便;造价高;内部容易产生铁瘤阻水。铸铁管一般采用法兰接口或者承插接口方式进行连接。

4. 钢筋混凝土管

钢筋混凝土管分为自应力钢筋混凝土管和预应力钢筋混凝土管,均是在混凝土浇制过程中,使钢筋受到一定拉力,从而保证其在工作压力范围内不会产生裂缝。

钢筋混凝土管的优点是不易腐蚀,经久耐用;长时间输水,内壁不结污垢,保持输水能力;安装简便,性能良好。其缺点是质脆、重量较大,搬运困难。

钢筋混凝土管的连接,一般采用承插式接口,分为刚性、柔性接头。

5. 薄壁铝合金管

薄壁铝合金管材的优点是重量轻;能承受较大的工作压力;韧性强,不易断裂;不锈蚀,耐酸性腐蚀;内壁光滑,水力性能好;寿命长,一般可使用 15~20 年。其缺点是价格较高;抗冲击能力差;耐磨性不及钢管,不耐强碱性腐蚀等。喷灌用薄壁铝合金管材的规格与尺寸公差见表 5-11。

表 5-11 喷灌用薄壁铝合金管材的规格与尺寸公差

<table>
<tr><th>外径 D
(mm)</th><th>外径公差
(mm)</th><th>壁厚
(mm)</th><th>壁厚公差
(mm)</th><th>定尺长度 L
(mm)</th><th>长度公差
(mm)</th><th>圆度
(%D)</th><th>直度
(%L)</th></tr>
<tr><td>32</td><td rowspan="3">-0.35</td><td rowspan="4">1.0</td><td rowspan="4">±0.12</td><td rowspan="14">6 000
5 000</td><td rowspan="14">+15</td><td rowspan="14">±0.05</td><td rowspan="14">0.3</td></tr>
<tr><td>40</td></tr>
<tr><td>50</td></tr>
<tr><td>60</td><td rowspan="4">-0.45</td></tr>
<tr><td>65</td><td rowspan="3">1.5</td><td rowspan="3">±0.18</td></tr>
<tr><td>70</td></tr>
<tr><td>80</td></tr>
<tr><td>90</td><td rowspan="4">-0.60</td><td rowspan="2">2.0</td><td rowspan="2">±0.22</td></tr>
<tr><td>100</td></tr>
<tr><td>105</td><td rowspan="2">2.5</td><td rowspan="2">±0.25</td></tr>
<tr><td>110</td></tr>
<tr><td>120</td></tr>
<tr><td>130</td><td rowspan="3">-0.80</td><td rowspan="3">3.0</td><td rowspan="3">±0.30</td></tr>
<tr><td>150</td></tr>
<tr><td>160</td></tr>
</table>

注:本表摘自 JB/T 7870—1997。

薄壁铝合金管材的配套管件多为铝合金铸件和冲压镀锌钢件。铝合金铸件不怕锈蚀,使用管理简便,有自泄功能;冲压镀锌钢件转角大,对地形变化适应能力强。

薄壁铝合金管材的连接多采用快速接头连接。

6. 涂塑软管

用于喷灌工程中的涂塑软管主要有锦纶塑料软管和维纶塑料软管两种。锦纶塑料软管是用锦纶丝织成网状管坯后在内壁涂一层塑料而成的；维纶塑料软管是用维纶丝织成网状管坯后在内、外壁涂注聚氯乙烯而成的。

涂塑软管的优点是重量轻，便于移动，价格低。其缺点是易老化，不耐磨，怕扎、怕压折，一般只能使用2～3年。

涂塑软管接头一般采用内扣式消防接头，常用规格有φ50、φ65和φ80等几种。这种接头用橡胶密封圈止水，密封性能较好。

（二）管道附件

喷灌工程中的管道附件主要为控制件和连接件。它们是管道系统中不可缺少的配件。

控制件的作用是根据喷灌系统的要求来控制管道系统中水流的流量和压力，如阀门、逆止阀、安全阀、空气阀、减压阀、流量调节器等。

连接件的作用是根据需要将管道连接成一定形状的管网，也称为管件，如弯头、三通、四通、异径管、堵头等。

1. 阀门

阀门是控制管道启闭和调节流量的附件。按其结构不同，可有闸阀、蝶阀、截止阀几种，采用螺纹或法兰连接，一般手动驱动。

给水栓是半固定喷灌和移动式喷灌系统的专用阀门，常用于连接固定管道和移动管道，控制水流的通断。

2. 逆止阀

逆止阀也称止回阀，是一种根据阀门前后压力差而自动启闭的阀门，它使水流只能沿一个方向流动，当水流向反方向流动时则自动关闭。在管道式喷灌系统中常在水泵出口处安装逆止阀，以避免水泵突然停机时回水引起的水泵高速倒转。

3. 安全阀

安全阀用于减少管道内超过规定的压力值，它可以防护关闭水锤和充水水锤。喷灌系统常用的安全阀是A49X－10型开放式安全阀。

4. 空气阀

喷灌系统中的空气阀常为KQ42X－10型快速空气阀。它安装在系统的最高部位和管道隆起的顶部，可以在系统充水时将空气排出，并在管道内充满水后自动关闭。

5. 减压阀

减压阀的作用是管道系统中的水压力超过工作压力时，自动减低到所需压力。适用于喷灌系统的减压阀有薄膜式、弹簧薄膜式和波纹管式等。

6. 管件

不同管材配套不同的管件。塑料管件和水煤气管件规格与类型比较系列化，能够满足使用要求，在市场中一般能够购置齐全。钢制管件通常需要根据实际情况加以制造。

（1）三通和四通。主要用于上一级管道和下一级管道的连接，对于单向分水的用三通，对于双向分水的用四通。

(2)弯头。主要用于管道转弯或坡度改变处的管道连接。一般按转弯的中心角大小分类,常用的有90°、45°等。

(3)异径管。又称大小头,用于连接不同管径的直管段。

(4)堵头。用于封闭管道的末端。

7. 竖管和支架

竖管是连接喷头的短管,其长度可按照作物茎高不同或同一作物不同的生长阶段来确定,为了拆卸方便,竖管下部常安装可快速拆装的自闭阀(插座)。支架是为稳定竖管因喷头工作而产生的晃动而设置的,硬质支管上的竖管可用两脚支架固定,软质支管上的竖管则需用三脚支架固定。

任务三 半固定式喷灌系统规划设计

半固定式喷灌系统是泵站和干管固定不动,支管和喷头是可移动的。由于支管可以移动并重复使用,降低了投资;同时机、泵、干管不移动,方便了运行操作,提高了生产效率。因此,半固定式喷灌系统的设备用量、投资造价和管理运行条件均介于固定式与移动式之间,是值得推荐和重点发展的形式。

一、喷灌工程规划设计的要求

(1)喷灌工程规划设计应符合当地水资源开发利用规划,符合农业、林业、牧业、园林绿地规划的要求,并与灌排设施、道路、林带、供电等系统建设和土地整理复垦规划、农业结构调整规划相结合。

(2)喷灌工程应根据灌区地形、土壤、气象、水文与水文地质、作物种植以及社会经济条件,通过技术经济分析及环境评价确定。

(3)在经济作物、园林绿地及蔬菜、果树、花卉等高附加值的作物,灌溉水源缺乏的地区,高扬程提水灌区,受土壤或地形限制难以实施地面灌溉的地区,有自压喷灌条件的地区,集中连片作物种植区及技术水平较高的地区,可以优先发展喷灌工程。

二、喷灌系统规划设计方法

喷灌系统规划设计前应首先确定灌溉设计标准,按照《喷灌工程技术规范》(GB/T 50085—2007)的规定,喷灌工程的灌溉设计保证率不应低于85%。

下面以管道式喷灌系统为例,说明喷灌系统规划设计方法。

(一)基本资料收集

进行喷灌工程的规划设计,需要认真收集灌区的一些基本资料。主要包括自然条件(地形、土壤、作物、水源、气象资料)、生产条件(水利工程现状、生产现状、喷灌区划、农业生产发展规划和水利规划、动力和机械设备、材料和设备生产供应情况、生产组织和用水管理)和社会经济条件(灌区的行政区划、经济条件、交通情况,市、县、镇发展规划)。

(二)水源分析计算

喷灌工程设计必须进行水源水量和喷灌用水量的平衡计算。当水源的天然来水过程不能满足喷灌用水量要求时,应建蓄水工程。

喷灌水质应符合现行《农田灌溉水质标准》(GB 5084—2005)的规定。

【例 5-1】 某项目水源水量和灌溉用水量的平衡计算。

某井灌区有 6 眼机井,单井平均出水量在 110 m^3/h 左右,总出水量为 660 m^3/h,灌溉期可供水量为 118.35 万 m^3。

现状年,地面灌溉净需水量为 114.84 万 m^3,毛需水量为 196.98 万 m^3。

节水项目实施后:灌溉净需水量为 89.1 万 m^3,毛需水量为 99.02 万 m^3。

平衡计算:水源水量 - 节水灌溉毛需水量 = 118.35 - 99.02 = 19.33(万 m^3)

满足要求。项目实施后,比项目实施前的地面灌溉方式年节约水量 97.96 万 m^3。

(三)系统选型

系统类型应因地制宜,综合以下因素选择:水源类型及位置;地形地貌,地块形状,土壤质地;作物生长期降水量,灌溉期间风速、风向;灌溉对象;社会经济条件,生产管理体制,劳动力状况及劳动者素质;动力条件。

具体选择如下:

(1)地形起伏较大、灌水频繁、劳动力缺乏,灌溉对象为蔬菜、茶园、果树等经济作物及园林、花卉和绿地,选用固定式喷灌系统。

(2)地面较为平坦的地区,灌溉对象为大田粮食作物;气候严寒、冻土层较深的地区,选用半固定式和移动式喷灌系统。

(3)土地开阔连片、地势平坦、田间障碍物少;使用、管理者技术水平较高;灌溉对象为大田作物、牧草等;集约化经营程度相对较高,选用大、中型机组式喷灌系统。

(4)丘陵地区零星、分散耕地的灌溉;水源较为分散、无电源或供电保证率较低的地区,选用轻、小型机组式喷灌系统。

(四)喷头的布置

1.喷头的选择

选择喷头时,需要根据作物种类、土壤性质,以及当地喷头和动力的生产与供需情况,考虑喷头的工作压力、流量、射程、组合喷灌强度、喷洒扇形角度可否调节、土壤的允许喷灌强度、地块大小形状、水源条件、用户要求等因素,进行选择。喷头选定后要符合下列要求:

(1)组合后的喷灌强度不超过土壤的允许喷灌强度值。

(2)组合后的喷灌均匀系数不低于《喷灌工程技术规范》(GB/T 50085—2007)规定的数值。

(3)雾化指标应符合作物要求的数值。

(4)有利于减少喷灌工程的年费用。

2.喷头的布置

喷灌系统中喷头的布置包括喷头的喷洒方式、喷头的组合形式、组合的校核、喷头在支管上的间距及支管间距等。喷头布置的合理与否,直接关系到整个系统的灌水质量。

1)喷头的喷洒方式

喷头的喷洒方式因喷头的型式不同可有多种,如全圆喷洒、扇形喷洒、带状喷洒等。

在管道式喷灌系统中，除了在田角路边或房屋附近使用扇形喷洒外，其余均采用全圆喷洒。全圆喷洒能充分利用射程，允许喷头有较大的间距，并可使组合喷灌强度减小。

2）喷头的组合形式

喷头的组合形式，就是指喷头在田间的布置形式，一般用相邻的四个喷头的平面位置组成的图形表示。喷头的组合间距用 a 和 b 表示：a 表示同一支管上相邻两喷头的间距；b 表示相邻两支管的间距。喷头的组合形式可分为正方形组合、矩形组合。正方形组合 $a=b$。喷头组合形式的选择，要根据地块形状、系统类型、风向风速等因素综合考虑。

3）喷头组合间距的确定

喷头的组合间距合理与否，直接影响喷灌质量。因此，喷头的组合间距，不仅直接受喷头射程的制约，同时受到喷灌系统所要求的喷灌均匀度和喷灌区土壤允许喷灌强度的限制。一般可按以下步骤确定喷头的组合间距：

（1）根据设计风速和设计风向确定间距射程比。

为使喷灌的组合均匀系数 C_u 达到75%以上，旋转式喷头在设计风速下的间距射程比可按表5-12确定。

表5-12　喷头组合间距射程比

设计风速（m/s）	组合间距射程比	
	垂直风向 K_a	平行风向 K_b
0.3～1.6	1.0～1.1	1.3
1.6～3.4	0.8～1.0	1.1～1.3
3.4～5.4	0.6～0.8	1.0～1.1

注：1. 在每一档风速中可按内插法取值；

2. 在风向多变采用等间距组合时，应选用垂直风向栏的数值；

3. 表中风速是指地面以上10 m高处的风速值。

（2）确定组合间距。

根据初选喷头的射程 R 和选取的间距射程比 K_a、K_b 值，按下式计算组合间距：

喷头间距
$$a = K_a R \tag{5-7}$$

支管间距
$$b = K_b R \tag{5-8}$$

计算得到 a、b 值后，还应调整到能适应管道的规格长度。对于固定式喷灌系统和移动式喷灌系统，计算的喷头的组合间距可按调整后采用，但对于半固定喷灌系统则需要把 a、b 值调整为标准管节长的整数倍。调整后的 a、b 值，如果与式（5-7）、式（5-8）计算的结果相差较大，则应校核计算间距射程比 K_a、K_b 值是否超过表5-12中规定的数值，如不超过，则 $C_u \geqslant 75\%$ 仍满足，如超出表中所列数值，则需重新调整间距。

4）组合喷灌强度的校核

在选喷头、定间距的过程中已满足了雾化程度和均匀度的要求，但是否满足喷灌强度的要求，还需进行验证。验证的公式为：

$$\rho \leqslant [\rho] \tag{5-9}$$

代入上式，得

$$K_w C_p \rho_s \leqslant [\rho] \tag{5-10}$$

式中　$[\rho]$——允许喷灌强度,mm/h;

其他符号含义同前。

如果计算出的组合喷灌强度大于土壤的允许喷灌强度,可以通过以下方式加以调整,直至校核满足要求:

(1)改变运行方式,变多行多喷头喷洒为单行多喷头喷洒,或者变扇形喷洒为全圆喷洒。

(2)加大喷头间距,或支管间距。

(3)重选喷头,重新布置计算。

5)喷头布置

喷头布置要根据不同地形情况进行布置,图5-3～图5-5给出了不同地形时的喷头布置形式。

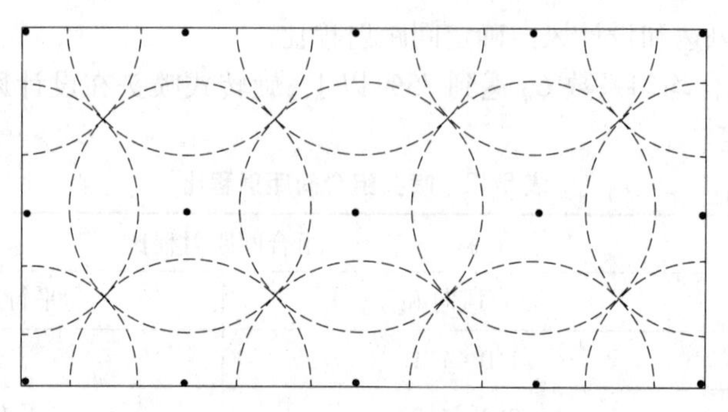

图5-3　长方形区域喷头布置

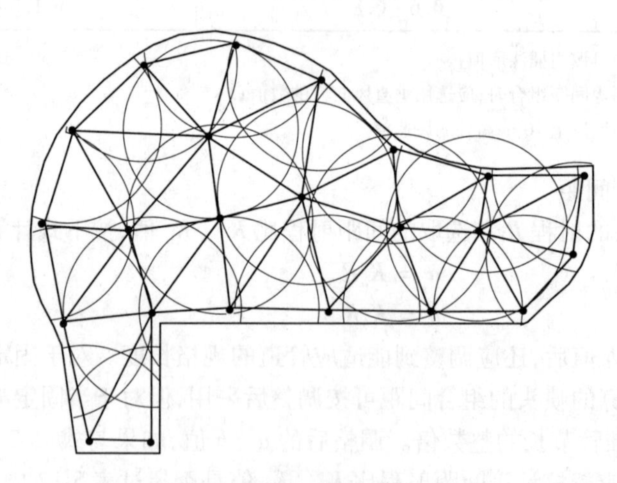

图5-4　不规则地块的喷头布置

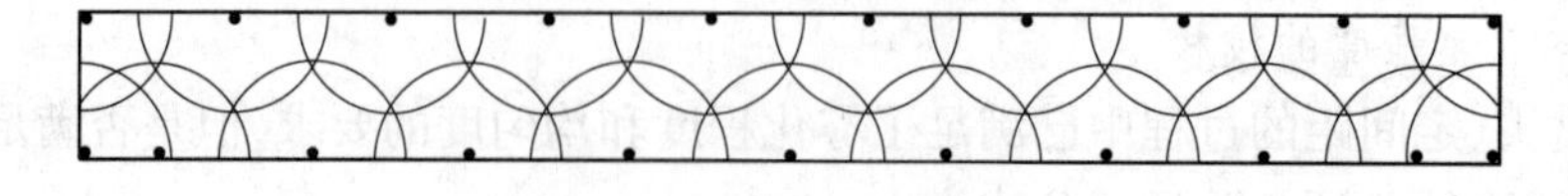

图5-5　狭长区域喷头布置

(五)管道系统的布置

喷灌系统的管道一般由干管、分干管和支管三级组成,喷头通常通过竖管安装在最末一级管道上。管道系统需要根据水源位置、灌区地形、作物分布、耕作方向和主风向等条件进行布置。

1. 布置原则

(1)管道总长度最短、水头损失最小、管径小,且有利于水锤防护,各级相邻管道应尽量垂直。

(2)干管一般沿主坡方向布置,支管与之垂直并尽量沿等高线布置,保证各喷头工作压力基本一致。

(3)平坦地区,支管尽量与作物的种植方向一致。

(4)支管必须沿主坡方向布置时,需按地面坡度控制支管长度,上坡支管距首尾地形高差加水头损失小于0.2倍的喷头设计工作压力;首尾喷头工作流量差小于或等于10%确定管长,下坡支管可缩小管径抵消增加的压力水头或者设置调压设备。

(5)多风向地区,支管垂直主风向布置(出现频率75%以上),便于加密喷头,保证喷洒均匀度。

(6)充分考虑地块形状,使支管长度一致。

(7)支管通常与温室或大棚的长度方向一致,对棚间地块应考虑地块的尺寸。

(8)水泵尽量布置在喷洒范围的中心,管道系统布置应与排水系统、道路、林带、供电系统等紧密结合,降低工程投资和运行费用。

2. 布置形式

管道系统的布置主要有“丰”字形和梳齿形两种,见图5-6~图5-8。

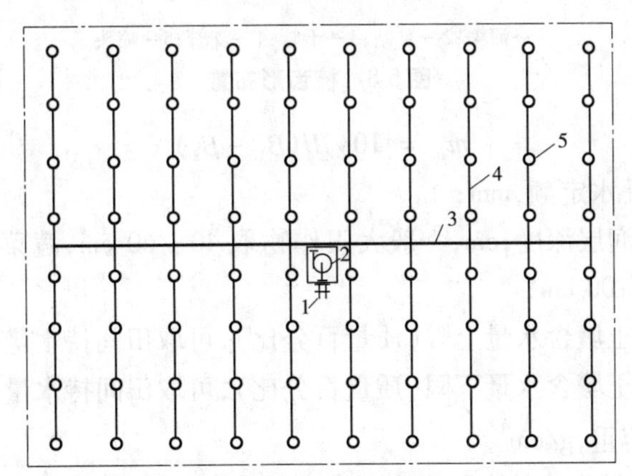

1—井;2—泵站;3—干管;4—支管;5—喷头

图5-6　丰字形布置(一)

(六)喷灌制度设计

1. 喷灌制度

1)灌水定额

最大灌水定额根据试验资料确定,或采用式(5-11)确定:

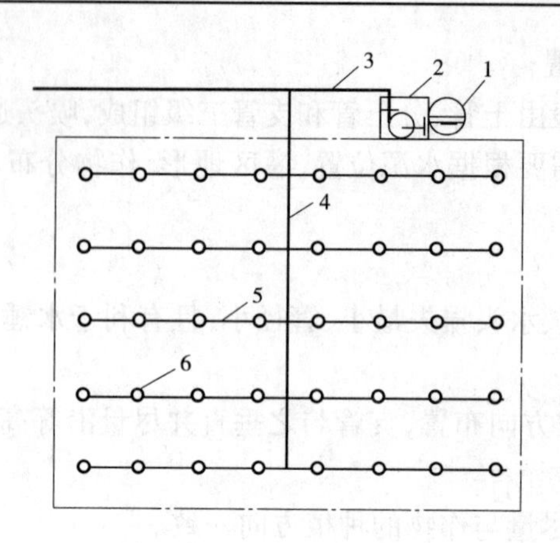

1—蓄水池;2—泵站;3—干管;4—分干管;5—支管;6—喷头

图 5-7 丰字形布置(二)

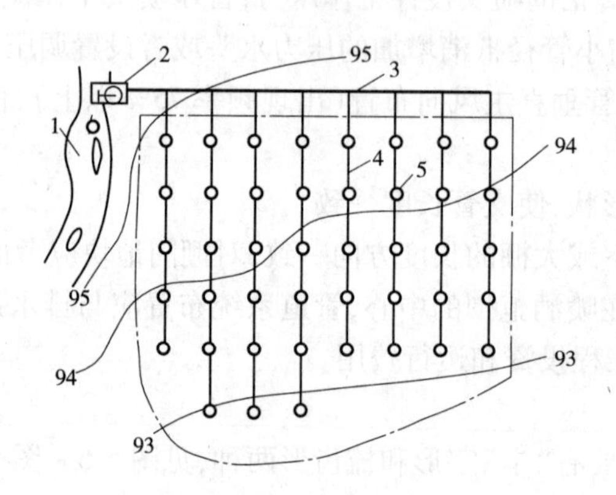

1—河渠;2—泵站;3—干管;4—支管;5—喷头

图 5-8 梳齿形布置

$$m_m = 10\gamma_d H(\beta_1 - \beta_2) \tag{5-11}$$

式中 m_m——最大灌水定额,mm;

H——计划湿润层深度,cm,一般大田作物取 40 ~ 60 cm,蔬菜取 20 ~ 30 cm,果树取 80 ~ 100 cm;

β_1—— 适宜土壤含水量上限(质量百分比),可取田间持水量的 85% ~95%;

β_2—— 适宜土壤含水量下限(质量百分比),可取田间持水量的 60% ~65%;

γ_d—— 土壤容重,g/cm^3。

设计灌水定额根据作物的实际需水要求和试验资料按式(5-12)式选择:

$$m \leqslant m_m \tag{5-12}$$

式中 m——设计灌水定额,mm。

2)灌水周期

灌水周期和灌水次数,根据当地试验资料确定。缺少试验资料时,灌水次数可根据设计代表年,按水量平衡原理拟定的灌溉制度确定。

灌水周期按式(5-13)计算:

$$T \leqslant m/ET_d \tag{5-13}$$

式中 T——设计灌水周期,计算值取整,d;

m——设计灌水定额,mm;

ET_d——作物日蒸发蒸腾量,取设计代表年灌水高峰期平均值,mm/d,对于缺少气象资料的小型喷灌灌区,可参见表5-13。

表5-13 作物蒸发蒸腾量 ET_d (单位:mm/d)

作物	ET_d	作物	ET_d
果树	4~6	烟草	5~6
茶园	6~7	草坪	6~8
蔬菜	5~8	粮、棉、油等作物	5~8

2. 喷灌工作制度的制定

喷灌工作制度包括喷头在一个喷点上的喷洒时间、喷头每日可工作的喷点数(喷头每日可移动的次数)、每次需要同时工作的喷头数、每次同时工作的支管数以及确定轮灌编组和轮灌顺序。

1)喷头在一个喷点上的喷洒时间

单喷头在一个位置上的喷洒时间与设计灌水定额、喷头的流量及喷头的组合间距有关,按式(5-14)计算:

$$t = \frac{mab}{1\,000 q_p \eta_p} \tag{5-14}$$

式中 t——喷头在一个工作位置的灌水时间,h;

m——设计灌水定额,mm;

a——喷头布置间距,m;

b——支管布置间距,m;

q_p——喷头的设计流量,m^3/h。

η_p——田间喷洒水利用系数,根据气候条件可在下列范围内选取:风速低于3.4 m/s,$\eta_p = 0.8 \sim 0.9$,风速为3.4~5.4 m/s,$\eta_p = 0.7 \sim 0.8$。

2)单喷头一天内可以工作的位置数

单个喷头一天内可以工作的位置数,按式(5-15)计算:

$$n_d = \frac{t_d}{t + t_Y} \tag{5-15}$$

式中 n_d——一天工作位置数;

t_d——日灌水时间,h,见表5-14;

t——一个工作位置的灌水时间,h;

t_Y——移动喷头时间,h,有备用喷头交替使用时取零,可据实际情况确定。

表 5-14 适宜日灌水时间 (单位:h)

喷灌系统类型	固定管道式			半固定管道式	移动管道式	定喷机组式	行喷机组式
	农作物	园林	运动场				
灌水时间	12 ~ 20	6 ~ 12	1 ~ 4	12 ~ 18	12 ~ 16	12 ~ 18	14 ~ 21

3) 灌区内可以同时工作的喷头数

灌区内可以同时工作直径喷头数,按式(5-16)计算:

$$n_p = \frac{N_p}{n_d T} \tag{5-16}$$

式中 n_p——同时工作的喷头数;

N_p——灌区喷头总数;

其他符号含义同前。

4) 同时工作的支管数

半固定式喷灌系统和移动式喷灌系统,由于尽量将支管长度布置相同,所以同时工作的喷头数除以支管上的喷头数,就可以得到同时工作的支管数。

$$n_{支} = \frac{n_p}{n_{喷头}} \tag{5-17}$$

式中 $n_{支}$——同时工作的支管数;

$n_{喷头}$——支管上的喷头数。

当支管长度不同时,需要考虑工作压力和支管组合的喷头,来具体计算轮灌组内的支管及支管数。

5) 轮灌组划分

喷灌系统的工作制度分续灌和轮灌。续灌是对系统内的全部管道同时供水,即整个喷灌系统同时灌水。其优点是灌水及时,运行时间短,便于管理;缺点是干管流量大,工程投资高,设备利用率低,控制面积小。因此,续灌的方式只用于单一且面积较小的情况。绝大多数灌溉系统一般采用轮灌工作制度,即将支管划分为若干组,每组包括一个或多个阀门,灌水时通过干管向各组轮流供水。

a. 轮灌组划分的原则

(1) 轮灌组的数目满足需水要求,控制的灌溉面积与水源可供水量相协调。

(2) 轮灌组的总流量尽可能一致或相近,稳定水泵运行,提高动力机和水泵的效率,降低能耗。

(3) 轮灌组内,喷头型号一致或性能相似,种植品种一致或灌水要求相近。

(4) 轮灌组所控制的范围最好连片集中便于运行操作和管理。自动灌溉控制系统往往将同一轮灌组中的阀门分散布置,最大限度地分散干管中流量,减小管径,降低造价。

b. 支管的轮灌方式

支管的轮灌方式,就是半固定式喷灌系统支管的移动方式。正确选择轮灌方式,可以减小干管管径,降低投资。两根、三根支管的经济轮灌方式如图 5-9 所示:如(a)、(b)两种情况干管全部长度上均要通过两根支管的流量,干管管径不变;(c)、(d)两种情况只有前半段干管通过全部流量,而后半段干管只需通过一根支管的流量,这样后半段干管的管径可以减小,所以(c)、(d)两种情况较好。

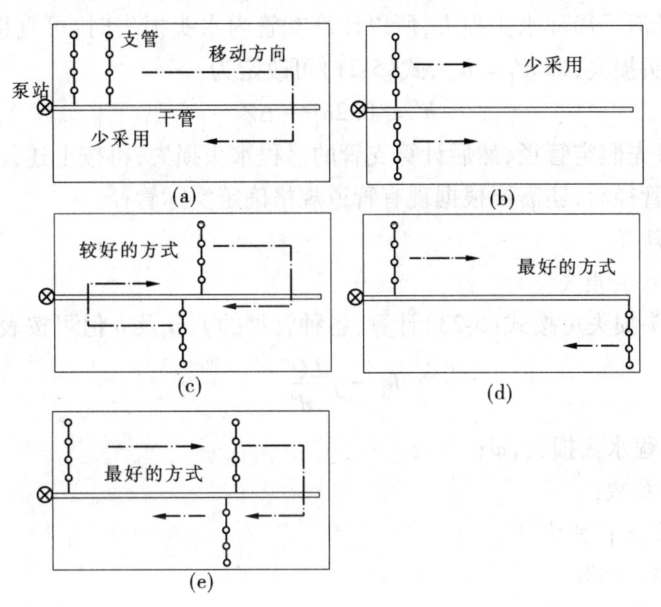

图 5-9 两根、三根支管的经济轮灌方式

(七)管道水力计算

管道水力计算的任务是确定各级管道的管径和计算管道的水头损失。

1. 管径的选择

1)干管管径确定

对于规模不太大的喷灌工程,可用如下经验公式来估算这类管道的管径:

当 $Q<120\ m^3/h$ 时 $$D = 13\sqrt{Q} \tag{5-18}$$

当 $Q\geqslant 120\ m^3/h$ 时 $$D = 11.5\sqrt{Q} \tag{5-19}$$

式中 Q——管道流量,m^3/h;

D——管径,mm。

2)支管管径的确定

为使喷洒均匀,要求同一条支管上任意两个喷头之间的工作压力差应在设计喷头工作压力的20%以内。显然,支管若在平坦的地面上铺设,其首末两端喷头间的工作压力差应最大。若支管铺设在地形起伏的地面上,则其最大的工作压力差并不一定发生在首末喷头之间。考虑地形高差 ΔZ 的影响时,上述规定可表示为

$$h_w + \Delta Z \leqslant 0.2h_p \tag{5-20}$$

式中 h_w——同一支管上任意两喷头间支管段水头损失,m;

ΔZ——两喷头的进水口高程差,m,顺坡铺设支管时,ΔZ 的值为负,逆坡铺设支管时,ΔZ 的值为正;

h_p——喷头设计工作压力水头,m。

因此,同一支管上工作压力差最大的两喷头间的水头损失即为

$$h_w \leqslant 0.2h_p - \Delta Z \tag{5-21}$$

当一条支管选用同管径的管子时，从支管首端到末端，由于沿程出流，支管内的流速水头逐次减小，抵消了局部水头损失，所以计算支管内水头损失时，可直接用沿程水头损失来代替其总水头损失，即 $h'_f = h_w$，式(5-21)可改定为

$$h'_f \leqslant 0.2h_p - \Delta Z \tag{5-22}$$

设计时，一般先假定管径，然后计算支管的沿程水头损失，再按上述公式校核，最后选定管径。计算出管径后，还需要根据现有管道规格确定实际管径。

2. 管道水力计算

1）管道沿程水头损失

管道沿程水头损失可按式(5-23)计算，各种管材的 f、m 及 b 值可按表 5-15 确定。

$$h_f = f\frac{LQ^m}{d^b} \tag{5-23}$$

式中　h_f——沿程水头损失，m；

f——摩阻系数；

L——管长，m；

Q——流量，m^3/h；

d——管内径，mm；

m——流量指数；

b——管径指数。

表 5-15　f、m、b 数值表

管材		f	m	b
混凝土管、钢筋混凝土管	$n=0.013$	1.312×10^6	2.00	5.33
	$n=0.014$	1.516×10^6	2.00	5.33
	$n=0.015$	1.749×10^6	2.00	5.33
钢管、铸铁管		6.250×10^5	1.90	5.10
硬塑料管		0.948×10^5	1.77	4.77
铝管、铝合金管		0.816×10^5	1.74	4.74

注：n 为粗糙系数。

2）等距等流量多喷头（孔）支管的沿程水头损失

可按式(5-24)、式(5-25)计算：

$$h'_{fz} = Fh_{fz} \tag{5-24}$$

$$F = \frac{N\left(\frac{1}{m+1} + \frac{1}{2N} + \frac{\sqrt{m-1}}{6N^2}\right) - 1 + X}{N - 1 + X} \tag{5-25}$$

式中　h'_{fz}——多喷头（孔）支管沿程水头损失；

N——喷头或孔口数；

X——多孔支管首孔位置系数,即支管入口至第一个喷头(或孔口)的距离与喷头(或孔口)间距之比;

F——多口系数,初步计算时可采用表5-16确定。

表5-16 多口系数计算简表

N	m = 1.74		m = 1.75		m = 1.77		m = 1.85		m = 1.9		m = 2	
	X = 1	X = 0.5	X = 1	X = 0.5	X = 1	X = 0.5	X = 1	X = 0.5	X = 1	X = 0.5	X = 1	X = 0.5
2 ~ 3	0.600	0.496	0.598	0.495	0.596	0.492	0.587	0.481	0.582	0.474	0.572	0.461
4 ~ 5	0.485	0.420	0.484	0.418	0.481	0.416	0.471	0.404	0.466	0.398	0.455	0.386
6 ~ 7	0.446	0.399	0.445	0.398	0.442	0.395	0.432	0.384	0.426	0.378	0.415	0.366
8 ~ 11	0.420	0.388	0.419	0.386	0.416	0.383	0.406	0.373	0.400	0.366	0.389	0.354

3)管道局部水头损失

管道局部水头损失应按式(5-26)计算,初步计算可按沿程水头损失的10% ~15%考虑。

$$h_j = \xi \frac{v^2}{2g} \tag{5-26}$$

式中 h_j——局部水头损失,m;

ξ——局部阻力系数;

v——管道流速,m/s;

g——重力加速度,9.81 m/s²。

(八)水泵及动力选择

1.喷灌系统设计流量

喷灌系统设计流量按式(5-27)计算:

$$Q = \sum_{i=1}^{n_p} \frac{q_p}{\eta_c} \tag{5-27}$$

式中 Q——喷灌系统设计流量,m³/h;

q_p——设计工作压力下的喷头流量,m³/h;

n_p——同时工作的喷头数目;

η_c——管道系统水利用系数,取0.95 ~0.98。

2.喷灌系统的设计水头

喷灌系统的设计水头按式(5-28)计算:

$$H = Z_d - Z_s + h_s + h_p + \sum h_f + \sum h_j \tag{5-28}$$

式中 H——喷灌系统设计水头,m;

Z_d——典型支管入口的地面高程,m;

Z_s——水源水面高程,m;

h_s——典型喷点的竖管高度,m;

h_p——典型喷点喷头的工作压力水头,m;

$\sum h_f$——由水泵进水管至典型支管入口之间管道的沿程水头损失,m;

$\sum h_j$——由水泵进水管至典型支管入口之间管道的局部水头损失,m。

自压喷灌支管首端的设计水头的计算见《喷灌工程技术规范》(GB/T 50085—2007)。

(九)结构设计

结构设计应详细确定各级管道的连接方式,选定阀门、三通、四通弯头等各种管件规格,绘制纵断面图、管道系统布置示意图及阀门井、镇墩结构等附属建筑物结构图等。

(1)固定管道一般应埋设在地下,埋设深度应大于最大冻土层深度和最大耕作层深度,以防被破坏;在公路下埋深应为0.7~1.2 m,在农村机耕道下埋深为0.5~0.9 m。

(2)固定管道的坡度,应根据地形、土质和管径确定,土质差和管径大时,管坡应缓些,反之可陡些,管坡通常采用1:1.5~1:3,以利施工,便于满足土壤稳定性。

(3)管径D较大或有一定坡度的管道,应设置镇墩和支墩以固定管道、防止发生位移,支墩间距为(3~5)D,镇墩设在管道转弯处或管长超过30 m的管段。

(4)随地形起伏时,管道最高处应设排气阀,在最低处安装泄水阀。

(5)应在干、支管首端设置闸阀和压力表,以调节流量和压力,保证各处喷头都能在额定的工作压力下运行,必要时,应根据轮灌要求布设节制阀。

(6)为避免温度和沉陷产生的固定管道损坏,固定管道上应设置一定数量的柔性接头。

(7)竖管高度以作物的植株高度不阻碍喷头喷洒为最低限度,一般高出地面0.5~2 m。

(8)管道连接。硬塑料管的连接方式主要有扩口承插式、胶接黏合式、热熔连接式。扩口承插式是目前管道灌溉系统中应用最广泛的一种形式。附属设备的连接一般有螺纹连接、承插连接、法兰连接、管箍连接、黏合连接等。在工程设计中,应根据附属设备维修、运行等情况来选择连接方式。公称直径大于50 mm的阀门、水表、安全阀、进(排)气阀等多选用法兰连接;对于压力测量装置以及公称直径小于50 mm的阀门、水表、安全阀等多选用螺纹连接。附属设备与不同材料管道连接时,需通过一段钢法兰管或一段带丝头的钢管与之连接,并应根据管材不同采用不同的方法。与塑料管连接时,可直接将法兰管或钢管与管道承插连接后,再与附属设备连接。

(十)技术经济分析

规划设计结束时,最后列出材料设备明细表,并编制工程投资预算,进行工程经济效益分析,为方案选择和项目决策提供科学依据。

任务四　移动式喷灌系统规划设计

移动式喷灌系统的组成与半固定式相同,它直接从田间渠道、井、塘吸水,其动力、水泵、管道和喷头全部可以移动,可在多个田块之间轮流喷洒作业。这种系统的机械设备利用率高,应用广泛。缺点是:所有设备(特别是动力机和水泵)都要拆卸、搬运,劳动强度大,生产效率低,设备维修保养工作量大,可能损伤作物。一般适用于经济较为落后、气候严寒、冻土层较深的地区,如图5-10所示。这种形式的喷灌系统使用灵活,但管理、劳动强度大,路渠占地较多。

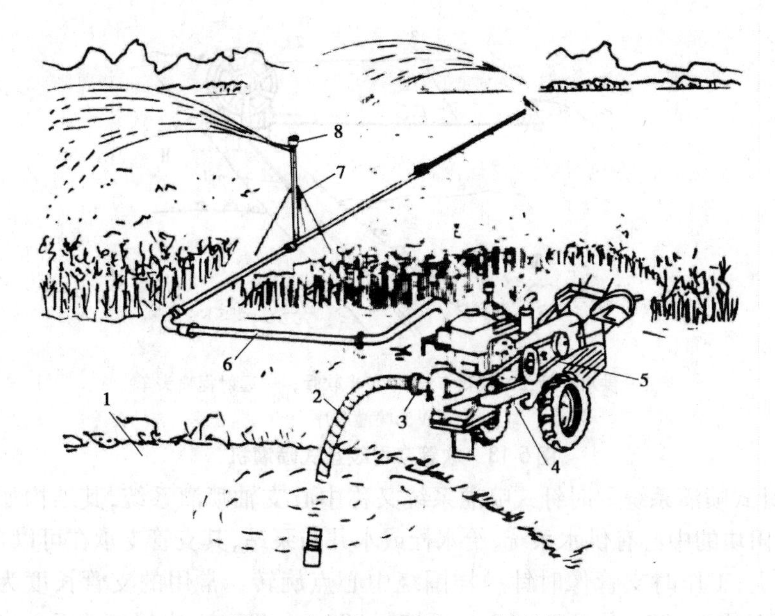

1—水源;2—吸水管;3—水泵;4—手扶拖拉机;

5—皮带;6—输水管;7—竖管及支架;8—喷头

图 5-10　与手扶拖拉机配套的喷灌机

机械移动支管的形式很多,主要有以下 5 种:

(1)滚移式喷灌系统。其支管支承在直径为 1 ~2 m 的许多大轮子上,以支管本身为轮轴,轮距一般为 6 ~12 m。

如图 5-11 所示。在一个位置喷完后,由人工利用专门的杠杆或小发动机,使支管移动到下一个位置继续喷灌。它适用于矮秆作物及较平的地块。

(2)端拖式喷灌系统。其干管布置在田块中间,支管上装有小轮或滑撬,在一个位置喷好后,由拖拉机或绞车纵向牵引越过干管到一个新的位置,如图 5-12 所示。支管可以是软管,也可以是有柔性接头的刚性管道,一般支管长度不超过 50 m。

图 5-11　滚移式喷灌系统示意图　　**图 5-12　端拖式喷灌系统示意图**

(3)绞盘式喷灌系统。由田间固定干管的给水栓供水,支管为软管,缠绕在绞盘上,绞架设在绞盘车上,与喷洒车连接组成绞盘式喷灌机。喷灌时绞盘转动,边喷边收管。收卷完毕,喷头停喷,然后转入下一地段作业,如图 5-13 所示。

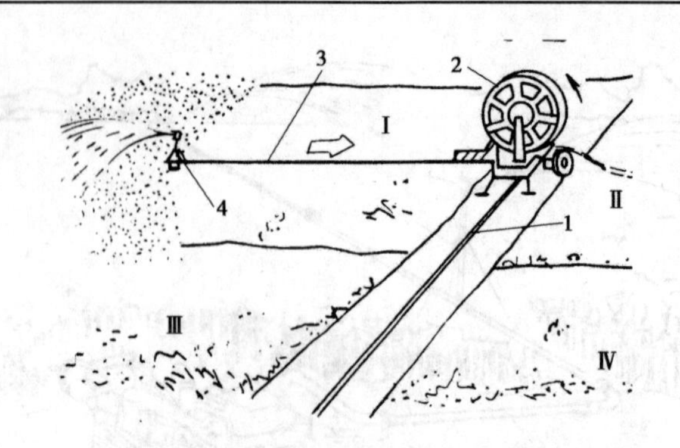

1—供水干管;2—绞盘车;3—PE 半软管;4—远射程喷头车

Ⅰ~Ⅳ为喷灌顺序

图 5-13 软管牵引绞盘式喷灌机

(4)时针式喷灌系统。时针式喷灌系统又称中心支轴喷灌系统,其结构如图 5-14 所示。在喷灌田块的中心有供水系统、给水栓或水井与泵站,其支管支承在可以自动行走的小车及塔架上,工作时支管像时针一样围绕中心点旋转。常用的支管长度为 400 ~ 500 m,根据轮灌的需要,转一周要 2 ~ 10 d,可控制 800 ~ 1 000 亩,支管离地面 2 ~ 3 m。

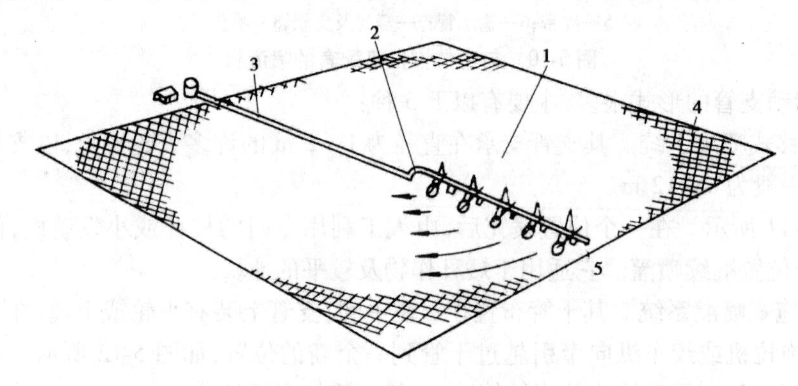

1—自动行走小车;2—转动中心;3—输水干管;

4—末端远射程喷头控制范围;5—装有喷头的支管

图 5-14 时针式喷灌系统

这种系统的优点是机械化、自动化程度高,可以不要人操作,连续工作,生产效率高;支管上可以装很多喷头,喷洒范围互相重叠,提高了灌水均匀度,且受风的影响小;可适用于起伏地形。但其最大缺点是灌溉范围是圆形的,难以覆盖全部耕地。为此,也有在支管末端再安装自动喷角装置的,喷洒地角耕地。

(5)平移式喷灌系统。它的支管和时针式系统一样,也是支承在可以自动行走的小车上,但它是平行于作物行移动,由垂直于支管的干管上的给水栓通过软管供水,或由主机上的提水加压设备从渠道吸水。当行走一定距离(等于给水栓间距)后就要用下一个给水栓供水,这样喷灌范围是矩形的,便于与耕作相配合,并易于覆盖全部耕地,如图 5-15 所示。

图 5-15 平移式喷灌系统工作示意图

任务五 喷灌工程规划设计示例

一、基本资料

(一)地理位置和地形

某小麦喷灌地块长 470 m、宽 180 m。地势平坦,有 1∶2 000 地形图。

(二)土壤

土质为沙壤土,土质肥沃,田间允许最大含水率 23%(占干土重),允许最小含水率 18%(占干土重),土壤容重 $\gamma_d = 1.36\ g/cm^3$;土壤允许喷灌强度 $[\rho] = 15\ mm/h$,设计根区深度为 40 cm,设计最大日耗水强度 4 mm/d,喷灌水利用系数取 0.8。

(三)气候

暖温带季风气候,半干旱地区。年平均气温 13.5 ℃。无霜期大致在 200~220 d,农作物可一年两熟。日照时数为 2 400~2 600 h,多年平均降水量 630.7 mm,一般 6~9 月的降雨量占全年降水量的 70% 以上。灌溉季节风向多变,风速为 2 m/s。

(四)作物

种植小麦和玉米,一年两熟,南北方向种植。其中小麦生长期为 10 月上旬至翌年 6 月上旬,约 240 d,全生长期共需灌水 4~6 次。

(五)水源

地下水资源丰富,水质较好,适于灌溉。地块中间位置有机井一眼,机井动水位埋深 24 m,出水量 50 m^3/h。

(六)社会经济情况和交通运输

本地区经济较发达,交通十分便利,电力供应有保证,喷灌设备供应充足。

二、喷灌制度拟定

(一)设计灌水定额

$$m = 10\gamma_d H(\beta_1 - \beta_2)/\eta = 10 \times 1.36 \times 40 \times (23 - 18)\%/0.8 = 34(mm)$$

(二)设计喷灌周期

$$T = \frac{m}{ET_a}\eta = \frac{34}{4} \times 0.8 = 6.8(\mathrm{d}) \quad (取 7\ \mathrm{d})$$

三、喷灌系统选型

该地区种植作物为大田作物,经济价值较低,喷洒次数相对较少,确定采用半固定式喷灌系统,即干管采用地埋式固定 PVC 管道,支管采用移动比较方便的铝合金管道。

四、喷头选型与组合间距确定

(一)喷头选择

根据《喷灌工程技术规范》(GB/T 50085—2007),粮食作物的雾化指标不得低于 3 000 ~ 4 000。

初选 ZY - 2 型喷头,喷嘴直径 7.5/3.1 mm,工作压力 0.25 MPa,流量 3.92 m^3/h,射程 18.6 m。该类型喷头的雾化指标为:

$$\rho_d = \frac{h_p}{d} = \frac{1\ 000 \times 25}{7.5} = 3\ 333$$

满足作物对雾化指标的要求。

(二)组合间距确定

本喷灌范围灌溉季节风向多变,喷头宜作等间距布置。风速为 2 m/s,取 $K_a = K_b = 0.95$,则

$$a = b = K_a \times R = 0.95 \times 18.6 = 17.67(\mathrm{m}),取\ a = b = 18\ \mathrm{m}$$

(三)设计喷灌强度

土壤允许喷灌强度$[\rho] = 15$ mm/h,按照单支管多喷头同时全圆喷洒情况计算设计喷灌强度。

$$C_p = \frac{\pi}{\pi - (\pi/90)\arccos[a/(2R)] + (a/R)\sqrt{1 - [a/(2R)]^2}} = 1.692$$

$$K_w = 1.12v^{0.302} = 1.12 \times 2^{0.302} = 1.381$$

$$\rho_s = \frac{1\ 000q}{\pi R^2} = \frac{1\ 000 \times 3.92}{\pi \times 18.6^2} = 3.61(\mathrm{mm/h})$$

$$\rho = K_w C_p \rho_s = 1.381 \times 1.692 \times 3.61 = 8.44(\mathrm{mm/h}) < [\rho] = 15\ \mathrm{mm/h}$$

设计喷灌强度满足土壤允许喷灌强度的要求。

五、管道系统布置

喷灌区域地形平坦,地块形状十分规则,中间位置有机井一眼。基于上述情况,拟采用干、支管两级布置。干管在地块中间位置东西方向穿越灌溉区域,两边分水,支管垂直干管,平行作物种植方向南北布置。

平面布置见图 5-16。

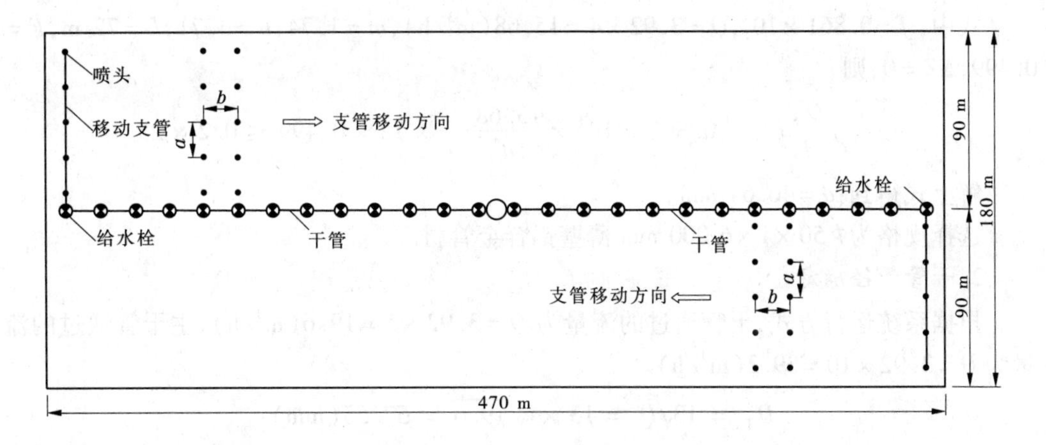

图 5-16　系统平面布置图

六、喷灌工作制度拟定

(1)喷头在一个喷点上的喷洒时间

$$t = \frac{abm}{1\ 000q} = \frac{18 \times 18 \times 34}{1\ 000 \times 3.92} = 2.81(\mathrm{h})$$

(2)喷头每日可工作的喷点数

$$n = \frac{t_r}{t + t_y} = \frac{12}{2.81} = 4.27\text{次} \quad (\text{取4次})$$

这样每天的实际工作时间为 $4 \times 2.81 = 11.24(\mathrm{h})$,即 11 h 14 min。

(3)每次需要同时工作的喷头数

$$n_p = \frac{N}{nT} = \frac{260}{4 \times 7} = 9.3(\text{个}) \quad (\text{取10个})$$

(4)每次需要同时工作的支管数

$$n_{\text{支}} = \frac{n_p}{n_{\text{喷头}}} = \frac{10}{5} = 2(\text{根})$$

(5)运行方案。

根据同时工作的支管数以及管道布置情况,决定在干管两侧分别同时运行一条支管,每一条支管控制喷灌区域一半面积,分别自干管两端起始向另一端运行。

七、管道水力计算

(一)管径的选择

1. 支管管径的确定

$$h_w + \Delta Z \leqslant 0.2h_p$$

$$h_w = f\frac{Q_{\text{支}}^m}{d^b}LF$$

喷灌区域地形平坦,h_w应为支管上第一个喷头与最末一个喷头之间的水头损失。

式中，$f=0.861\times10^5$，$Q=3.92\times4=15.68(m^3/h)$，$m=1.74$，$b=4.71$，$L=72$ m，$F=0.499$，$\Delta Z=0$，则

$$h_w=f\frac{Q_{支}^m}{d^b}LF=0.861\times10^5\times\frac{15.68^{1.74}}{d^{4.71}}\times72\times0.499\leqslant0.2\times25$$

解上式得到：$d=46.64$ mm。

选择规格为ϕ 50×1×6 000 mm 薄壁铝合金管材。

2. 干管管径确定

根据系统运行方式，干管通过的流量为 $Q=3.92\times5=19.6(m^3/h)$，主干管通过的流量为 $Q=3.92\times10=39.2(m^3/h)$。

$$D_{干}=13\sqrt{Q}=13\times\sqrt{19.6}=57.55(mm)$$

$$D_{主干}=13\sqrt{Q}=13\times\sqrt{39.2}=81.39(mm)$$

据此，选择干管时为了减少水头损失，确定采用规格为ϕ 75×2.3 mm PVC 管材，承压能力 0.63 MPa；主干管选择 $DN80$ 焊接钢管。

（二）管道水力计算

1. 沿程水头损失

(1) 支管沿程水头损失。

支管长度 $L=81$ m。

$$h_{支f}=f\frac{Q_{支}^m}{d^b}LF=0.861\times10^5\times\frac{19.6^{1.74}}{48^{4.71}}\times81\times0.412=6.14(m)$$

(2) 干管沿程水头损失。

干管长度 $L=225$ m。

$$h_{干f}=f\frac{Q_{干}^m}{d^b}L=0.948\times10^5\times\frac{19.6^{1.77}}{70.4^{4.77}}\times225=6.36(m)$$

(3) 主干管沿程水头损失。

$DN80$ 焊接钢管，长度按 35 m 计算。

$$h_{主干f}=f\frac{Q_{主干}^m}{d^b}L=6.25\times10^5\times\frac{39.2^{1.9}}{80^{5.1}}\times35=4.59(m)$$

沿程水头总损失 $\sum h_f=6.14+6.36+4.59=17.09(m)$

2. 局部水头损失

局部水头总损失 $\sum h_j=0.1\sum h_f=1.71$ m。

八、水泵及动力选择

（一）设计流量

$$Q=Nq=10\times3.92=39.2(m^3/h)$$

（二）设计扬程

$$H=h_p+\sum h_f+\sum h_j+\Delta=25+17.09+1.71+25=68.80(m)$$

式中　Δ——典型喷头高程与水源水位差，喷头距地面高取 1 m，动水位埋深 24 m。

(三)选择水泵及动力

根据当地设备供应情况及水源条件,选择 175QJ40 - 72/6 深井潜水电泵,其性能参数见表 5-17。

表 5-17 水泵性能参数

型号	额定流量(m^3/h)	设计扬程(m)	水泵效率(%)	出水口直径(mm)	最大外径(mm)	额定功率(kW)	额定电流(A)	电机效率(%)
175QJ40 - 72/6	40	72	70	80	168	13	30.1	80

九、管网系统结构设计

根据本喷灌工程的具体情况,ϕ75 ×2.3 mm PVC 管道之间连接采用 R 扩口胶圈连接,与给水栓三通之间采用热承插胶黏接。主干管 *DN*80 焊接钢管,一端与井泵出水口法兰连接,另一端通过变径三通与干管ϕ75 ×2.3 mm PVC 管材连接。

主干管和干管三通分水连接处需浇筑镇墩,以防管线充水时发生位移。镇墩规格为 0.5 m×0.5 m×0.5 m。首部管道高点安装空气阀,便于气体排出,也可以在停机时补充气体,截断管道水流,防止水倒流入井引起的电机高速反转。

考虑冻土层深度和机耕作业影响,要求地埋管道埋深 0.5 m。出地管道上部安装给水栓下体,并通过给水栓开关与移动铝合金管道连接。

喷头、支架、竖管成套系统通过插座与铝合金三通管连接。

十、喷灌工程材料设备用量

喷灌工程材料、设备用量见表 5-18。

表 5-18 喷灌工程材料、设备用量

序号	材料、设备名称	规格型号	单位	数量
1	潜水电泵	175QJ40 - 72/6	套	1
2	控制器		套	1
3	首部连接系统	*DN*80	套	1
4	水压力表	1.0 MPa	套	1
5	闸阀	*DN*80	只	1
6	空气阀	KQ42X - 10	只	1
7	钢变径三通	ϕ75 × *DN*80 × ϕ75	只	1
8	PVC 管材	ϕ75 ×2.3	m	450
9	给水栓三通	ϕ75 ×50	只	24
10	给水栓弯头	ϕ75 ×50	只	2
11	法兰截阀体	ϕ50	只	26
12	截阀开关	ϕ50	只	4
13	快接软管	ϕ50 ×3 000	根	4

续表 5-18

序号	材料、设备名称	规格型号	单位	数量
14	铝合金直管	φ50×6 000	根	32
15	铝合金三通管	φ50×33×6 000	根	20
16	铝合金堵头	φ50	只	4
17	插座	φ33	只	20
18	竖管	φ33×1 000	根	20
19	支架	φ33×1 500	副	20
20	喷头 ZY-2	7.5/3.1	只	20

小 结

喷灌是把由水泵加压或自然落差形成的有压水通过压力管道送到田间,再经喷头喷射到空中,形成细小水滴,均匀地洒落在农田,达到灌溉目的的一种灌溉方式。

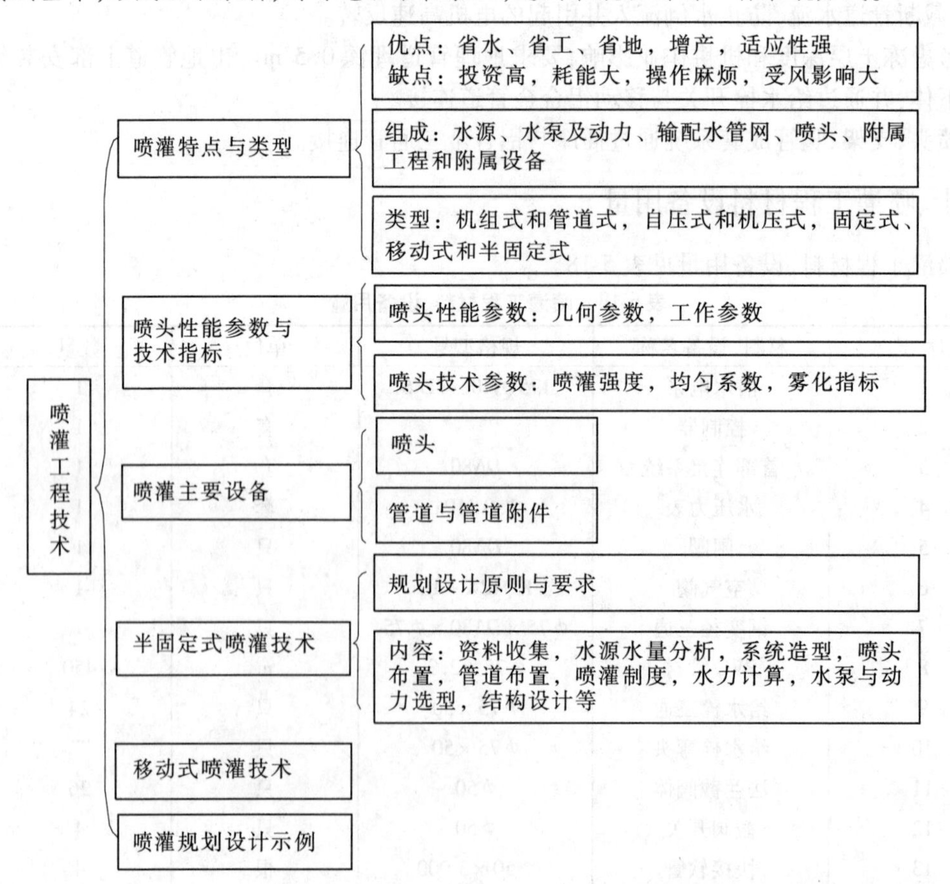

思考与练习题

一、填空题

1. 喷灌的优点是______、______、______、______ 、______ 。
2. 喷灌灌水技术指标包括______ 、______、______。
3. 喷灌系统的组成为______、______、______、______、______。
4. 喷灌系统按水流获得压力的方式不同，分为______、______、______。
5. 喷灌系统按系统的喷洒特征不同，分为______、______。
6. 喷头按结构形式不同分为______、______、______。
7. 喷头的工作参数分为______、______、______。
8. 喷灌的技术参数分为______、______、______。
9. 喷头的几何参数分为______、______ 、______ 。

二、名词解释

1. 允许喷灌强度　2. 喷灌雾化指标　3. 喷灌均匀系数
4. 喷灌强度　5. 组合喷灌强度

三、简答题

1. 简述管道式喷灌系统干、支管的布置原则。
2. 喷头是如何分类的？喷头的主要几何参数和工作参数有哪些？
3. 选择喷头时应考虑哪些因素？
4. 喷头组合形式有哪几种？设计时如何选择喷头的组合形式？
5. 如何确定喷头的组合间距？
6. 如何计算喷灌灌水定额、灌水时间和喷灌周期？
7. 如何确定管道式喷灌系统干、支管内径？
8. 如何计算管道式喷灌系统水泵的设计流量和扬程？

项目六　微灌技术

【学习目标】

1. 了解微灌工程的类型、适应条件和发展方向;

2. 了解微灌工程的组成及特点;

3. 掌握微灌工程主要设备的选型;

4. 掌握微灌工程的资料收集、整理及规划设计方法;

5. 掌握微灌工程的运行管理内容。

【技能目标】

1. 能根据地形条件和作物种植情况选择合理的微灌工程类型;

2. 能进行微灌工程规划设计,能进行管网的水力计算、确定管径,选择水泵及动力型号;

3. 根据灌区的实际情况,能合理选择微灌工程配套的过滤器和施肥器;

4. 能进行微灌工程的管理和维护。

任务一　微灌技术的认识

微灌技术是当今世界最主要的节水灌溉技术之一。微灌是按作物需求,通过管道系统与安装在末级管道上的灌水器,将水和作物生长所需的养分以较小的流量,均匀、准确地直接输送到作物根部附近土壤的一种灌水方法。与传统的全面积湿润的地面灌溉和喷灌相比,微灌只以较小的流量湿润作物根区附近的部分土壤,因此又称为局部灌溉技术。

一、微灌工程的特点

(一)优点

1. 省水

喷灌一般比地面灌溉节省水量30% ~50%,而微灌每亩次用水量相当于地面灌溉用水量的1/6 ~1/8、喷灌用水量的1/3。

2. 省工

微灌工程提高了灌溉机械化程度,大大减轻了灌水劳动强度,便于实现机械化、自动化,可以大量节省劳动力。取消了田间的输水沟渠,不仅有利于机械作业,而且减少修渠、平地、开沟筑畦的田间劳动力使用量。微灌同时可以施肥、施药,减少肥料流失,提高肥效,省去不少劳动力使用量。据统计,微灌所需的劳动量仅为地面灌溉的50%。

3. 节约用地

采用微灌技术无需田间的灌水沟渠和畦埂,可以腾出田间沟渠占地,用于种植作物。比地面灌溉更能充分利用耕地,提高土地利用率,一般可增加耕种面积7% ~10%。

4. 增产

微灌技术可以采用较小的灌水定额进行浅浇勤灌，便于严格控制土壤水分，使土壤湿度维持在作物生长最适宜的范围，使土壤疏松多孔、通气性好，保持土壤肥力，既不破坏土壤团粒结构，又可促进作物根系在浅层发育，有利于充分利用土壤表层的肥分。大田作物可增产20%左右，经济作物可增产30%左右，蔬菜可增产1～2倍，同时还可以改变产品的品质。

微灌中的微喷灌技术，在炎热高温季节，可增加空气湿度，调节温室的小气候。利用微喷头出水细小的优势，可以有效地保证作物出苗期幼苗或花卉表面不被水滴打伤，保证了品质。

（二）缺点

1. 投资较高

微灌需要一定的压力、动力设备及配套设备和管道材料，单位面积投资较大，成本较高。

2. 能耗较高

微灌与喷灌相比，虽然工作压力低，灌水量少，因此抽水量减少，抽水扬程降低，能量消耗故而较少，但是为了保证微灌配套设备（尤其是过滤器）的运行，所需消耗的能量也不容小觑。

3. 微灌灌水器容易堵塞

由于灌水器的孔径较小，容易被水中的杂质、污物堵塞，因此微灌用水需要进行净化处理。一般应先进行沉淀除去大颗粒泥沙，再经过滤器过滤，除去细小颗粒的杂质等；特殊情况下还需进行化学处理。

4. 微灌限制根系发展

由于微灌只湿润作物根区部分土壤，加上作物根系生长的向水性，因而会引起作物根系向湿润区生长，从而限制了根系的生长范围。因此，在干旱地区采用微灌时，要正确布置灌水器，在平面上布置要均匀，在深度上最好采用深埋式；在补充性灌溉的半干旱地区，因每年有一定量降雨补充，因此上述问题不很突出。

5. 微灌会引起盐分积累

当在含盐量高的土壤上进行微灌或是利用咸水微灌时，盐分会积累在湿润区的边缘。若遇到小雨，这些盐分可能会被冲到作物根区而引起盐害，这时应继续进行微灌。在没有充分冲洗条件的地方或是秋季无充足降雨的地方，不应在高含盐量的土壤上进行微灌或利用咸水微灌。

二、微灌工程的组成

微灌系统由水源工程、首部枢纽、输配水管网和灌水器组成（见图6-1）。

（一）水源工程

河流、湖泊、塘堰、沟渠、井泉等，只要水质符合微灌要求，均可作为微灌的水源，否则将使水质净化设备过于复杂，甚至引起微灌系统的堵塞。为了充分利用各种水源进行灌溉，往往需要修建引水、蓄水和提水工程，以及相应的输配电工程。这些统称为水源工程。

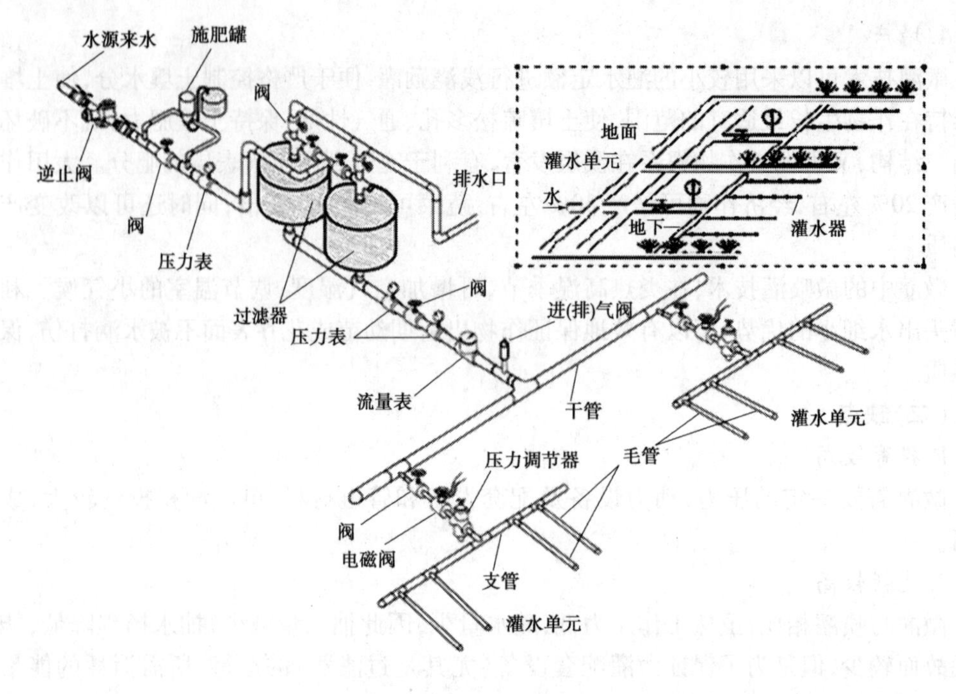

图6-1　微灌系统示意图

(二)首部枢纽

微灌工程的首部通常由水泵及动力机、控制阀门、水质净化装置、施肥装置、测量和保护设备等组成。首部枢纽担负着整个系统的驱动、检测和调控任务,是全系统的控制调度中心。

(三)输配水管网

微灌系统的输配水管网一般分干、支、毛三级管道。通常干、支管埋入地下,也有将毛管埋入地下的,以延长毛管的使用寿命。

(四)灌水器

微灌的灌水器安装在毛管上或通过连接小管与毛管连接。灌水器有滴头、微喷头、涌水器和滴灌带等多种形式,可置于地表,或埋入地下。灌水器的结构不同,水流的出流形式也不同,有滴水式、漫射式、喷水式和涌泉式等。

三、微灌系统的类型

微灌是利用专门设备将有压水流变成细小的水流或水滴,湿润作物根部附近土壤的灌水方法。根据所用设备及出流形式(灌水器种类),分为滴灌、微喷灌、涌泉灌和渗灌等。因此,微灌系统也可以分为滴灌系统、微喷灌系统、涌泉灌系统和渗灌系统等。

(一)滴灌

滴灌即滴水灌溉,是利用塑料管道和安装在直径约 10 mm 毛管上孔口非常小的灌水器(滴头或滴灌带等),消杀水中具有的能量,使水一滴一滴缓慢而又均匀地滴在作物根区土壤中进行局部灌溉的灌水形式(见图6-2)。由于滴头流量很小,只湿润滴头所在位置的土壤,水主要借助土壤毛管张力入渗和扩散。

图 6-2 滴灌灌溉示意图

滴灌系统的灌水器常见的有滴头、滴箭、发丝管、滴灌管、滴灌带、多孔管等。它是目前干旱缺水地区最有效的一种节水灌溉方式,其水的利用率可达 95%。适用于果树、蔬菜、经济植物及温室大棚灌溉,在干旱缺水的地方也可用于大田作物灌溉。其不足之处是滴头出流孔口小、流程长,流速又非常缓慢,易结垢和堵塞,因此应对水源进行严格的过滤处理。

(二)微喷灌

微喷灌又称微型喷洒灌溉,是利用塑料管道输水,通过很小的喷头(微喷头)将水喷洒在土壤或作物表面进行局部灌溉(见图 6-3)。与一般的喷灌相比,微喷头的工作压力明显下降,有利于节约能源、节省设备投资,同时具有调节田间小气候的优点。微喷灌与滴灌相比,微喷头的工作压力与滴头相近,不同的是微喷头可以充分利用水中能量,将水喷到空中,在空气中消杀能量;且微喷头比滴头湿润面积大,流量和出流孔口都较大,水流速度也明显加快,大大减小了堵塞的可能性。可以说微喷灌是扬喷灌和滴灌之所长、避其所短的一种理想灌水形式。

图 6-3 微喷灌灌溉示意图

常见微喷灌系统的灌水器有各种微喷头、多孔管、喷枪等。温室中采用的微喷头一般是倒挂在温室骨架上实施灌溉的,以免微喷灌系统对田间其他作业的影响。微喷灌主要应用于果树、经济植物、花卉、草坪、温室大棚等灌溉。

(三)涌泉灌

涌泉灌又称为涌泉灌溉、小管灌溉,是通过从开口小管涌出的小水流将水灌入土壤的灌水方式(见图 6-4)。由于灌水流量较大(但一般不大于 220 L/h),有时需在地表筑沟埂来控制灌水。此灌水方式的工作压力很低,不易堵塞,但田间工程量较大,适合地形较平坦地区果树等灌溉,如在我国北方的梨、苹果,华南地区的香蕉种植园中均有涌泉灌溉技术应用。

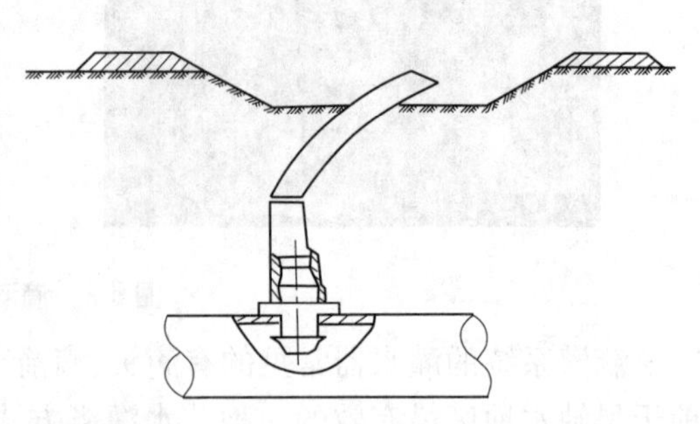

图 6-4　涌泉灌溉示意图

(四)渗灌

渗灌是一种地下微灌形式,它是在低压条件下,通过埋于作物根系活动层的灌水器(微孔渗灌管),根据作物的生长需水量定时定量地向土壤中渗水供水给作物(见图 6-5)。渗灌系统全部采用管道输水,灌溉水通过渗灌管直接供给作物根部,地表及作物叶面均保持干燥,作物棵间蒸发减至最小,计划湿润层土壤含水率均低于饱和含水率。因此,渗灌技术水的利用率是目前所有灌溉技术中最高的。渗灌主要适用于地下水较深,地下水及土壤含盐量较低,灌溉水质较好,湿润土层透水性适中的地区。

(a)渗灌管

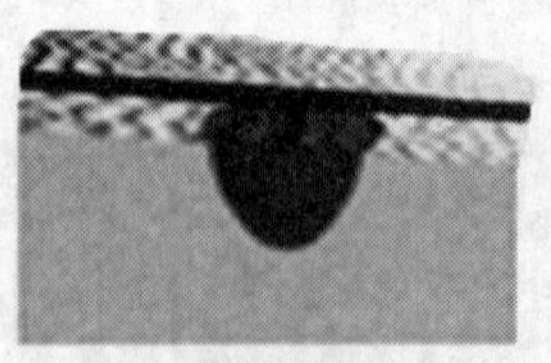

滴灌剖面图

渗灌剖面图

(b)滴灌和渗灌效果对比图

图 6-5　渗灌示意图

四、微灌工程的主要设备

微灌系统需要通过各种灌溉设备的优化组合与合理配套来实现,因而在进行灌溉系统的设计时,必须对各类设备的性能及使用方法有比较深入的了解。

不同类型、不同型号的设备其适用范围、工作条件及其优缺点都各不相同,盲目地选用设备不仅不能正常发挥其应有的功能,浪费资金,而且给施工带来极大的不便,严重时会影响到系统的正常运行。因此,认识灌溉设备是设计和实施灌溉工程的前提条件之一。微灌设备主要包括灌水器、管道及管件、附属设备(包括控制与安全设备、量测设备、自动控制设备等)、过滤设备、加压设备等。

灌水器将在后面内容介绍,管道及管件、附属设备、加压设备等在管道灌溉章节均有介绍,此处不再详细说明。

(一)过滤设备

由于微灌系统灌水器(滴头、滴灌带或微喷头等)的流道细小,极易被杂质堵塞,因而对灌溉水的水质、通过系统所施用的肥料都有较高的要求。而喷头虽然流道较微灌灌水器大,堵塞的可能性有所减小,但如果大量的、较大颗粒的泥沙或其他污物进入喷灌系统,同样会造成喷头的堵塞,故而喷灌系统仍然需要过滤设备。为了使灌水器正常工作,灌溉水肥必须经过滤器过滤后才能进入田间灌溉系统。因此,过滤设备的选择和工作性能是至关重要的。

任何水源(包括水质良好的井水)都不同程度地含有污物和杂质。这些污物和杂质可区分为物理、化学和生物类,诸如尘土、砂粒、微生物及生物体的残渣等有机物质。碳酸钙等易产生沉淀的化学物质,以及菌类、藻类等水生动植物。

1. 过滤设备的种类

对于灌溉水中物理杂质的处理则主要采取拦截过滤的方法,常见的有拦污栅(网)、沉淀池和过滤器。根据所用材料和过滤方式可分为筛网式过滤器、叠片式过滤器、离心式过滤器、沉沙池和拦污栅(网)等。但是对于化学和微生物堵塞的问题,还需要采取其他化学处理方法。

过滤设备主要有:

(1)旋流式水沙分离器,又称离心式或涡流式过滤器(见图6-6(a))。旋流式水沙分离器的优点是水沙分离器能连续过滤高含沙量的灌溉水。缺点是:①不能除去与水比重相近或比水轻的有机质等杂物,特别是水泵启动和停机时过滤效果下降,会有较多的砂粒进入系统,另外,水头损失也较大;②水沙分离器只能作为初级过滤器,然后使用筛网过滤器进行第二次处理,这样可减轻网式过滤器的负担,增长冲洗周期。

(2)沙石过滤器又称沙介质过滤器(见图6-6(b))。它是以沙石作为过滤介质的过滤器,主要由进水口、出水口、过滤罐体、沙床和排污孔等部分组成。它是利用过滤罐中的介质吸附经过水流中的杂质起到过滤作用的,可以有效地去除无机和有机污染物,而且由于杂质不是吸附在表面,因而不易堵塞。

(3)筛网过滤器(见图6-6(c))。筛网过滤器是一种简单而有效的过滤设备。这种过滤器的造价较为便宜,在国内外微灌系统中使用最为广泛。筛网过滤器由筛网、壳体、顶盖等部分组成。其利用金属丝网或尼龙丝网为过滤介质,清除水中的细小沙粒,价格便宜,维护简单,适用于去除小的沙粒和大的无机碎片,但处理藻类等有机污染物效果较差。

(4)叠片式过滤器(见图6-6(d))。叠片式过滤器是用数量众多的带沟槽的薄塑料圆片作为过滤介质,工作时水流通过叠片,泥沙被拦截在叠片沟槽中,清水通过叠片的沟槽进入下游。这些滤槽可以吸附比滤槽尺寸小得多的杂质,并且如果一部分滤槽堵塞了不会影响其他滤槽的吸附,所以过滤能力大大加强。

(5)自制简易过滤器(见图6-6(e))。自制简易过滤器是在长为1 m左右的PVC管(ϕ90 mm或ϕ110 mm)上均匀钻孔,保持合理孔径和孔间距,再用铁丝紧紧将滤网箍在管外壁和管的一端,管的另一端通过活接头或法兰与输水干管连接。如果水体中杂质和漂浮物较多,可将网管改制成“过滤网箱”。过滤原理同网式过滤器一样。该简易过滤器可有效解决自压灌溉系统或水泵提水系统管道入水口处压力低的问题。

如果在以地表水为灌溉水源的水体中,存在着较大体积的杂物(枯枝残叶、藻类、杂草等),让这些杂物直接进入系统,会增加过滤器过滤负担。此种情况则需在进水口安装网式拦污栅(见图6-6(f))作为灌溉水源的初级净化处理设施。还有一种简单又经济的初级净化处理设施——沉沙池,可有效去除固体物质(主要为泥沙)和铁物质。

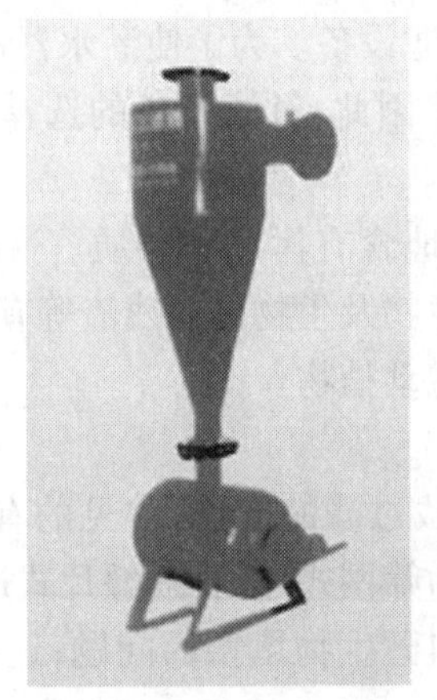

(a)旋流式水沙分离器

(b)沙石过滤器

(c)筛网过滤器

(d)叠片式过滤器

图6-6　各种过滤器及过滤装备

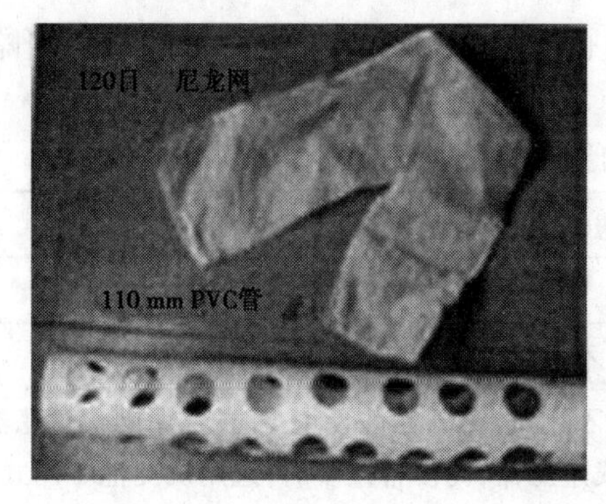

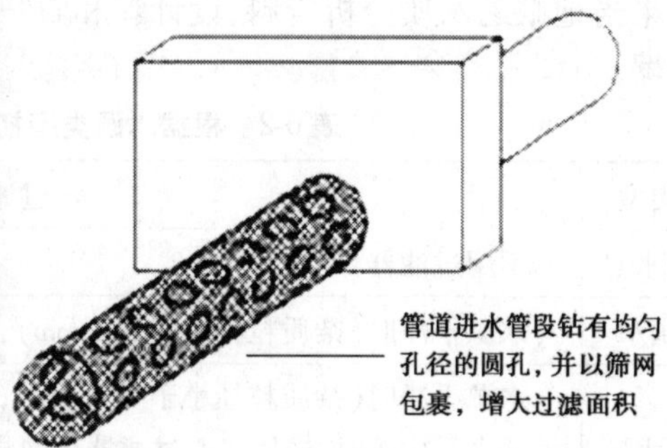

(e)自制简易过滤器

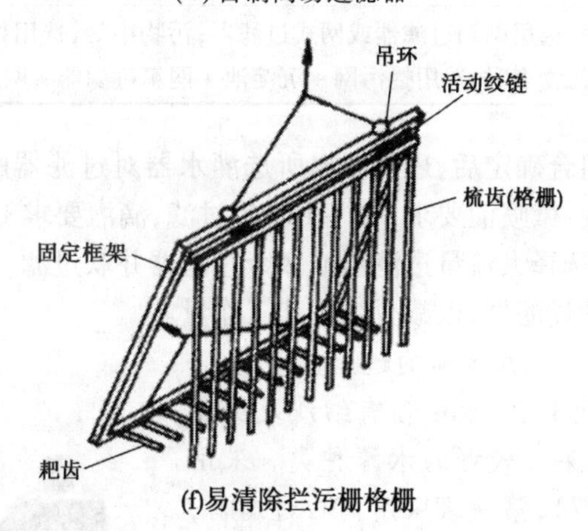

(f)易清除拦污栅格栅

续图 6-6

2. 过滤设备的选型

在充分分析灌区水源水质的基础上,过滤器可根据表 6-1 进行选择。

表 6-1　过滤器的类型选择

污物类型	污染程度	定量标准(mg/L)	离心式过滤器	沙石过滤器	叠片式过滤器	自冲洗筛网过滤器	二级过滤器的选择
土壤颗粒	低	≤50	A	B	—	C	筛网
	高	>50	A	B	—	C	筛网
悬浮固形物	低	≤50	—	A	B	C	叠片
	高	>50	—	A	B	—	叠片
藻类	低		—	B	A	C	叠片
	高		—	A	B	C	叠片
氧化铁和锰	低	≤50	—	B	A	A	叠片
	高	>50	—	A	B	B	叠片

注:A 为第一选择方案;B 为第二选择方案;C 为第三选择方案。

如果当地缺乏水质分析资料,设计者和农户也可以通过表6-2,根据水的来源粗略选择过滤器。

表6-2 根据水源类型初步选择过滤方式

水源类型	过滤器的选择
饮用水	不用过滤器
集中供水	水源干净时(杂质粒径小于0.2 mm),不用过滤器;有杂质时,选用网式过滤器
地下水	水源干净时(杂质粒径小于0.2 mm),不用过滤器;泥沙含量少时,选用网式过滤器;泥沙含量中等时,选用离心过滤器+网式过滤器;泥沙含量多时,选用沉淀池+网式过滤器
地表水	水源干净,选用网箱过滤器或网式过滤器;污物中等,选用拦污网+网箱过滤器+网式过滤器;污物多时,选用拦污网+沉淀池+网箱过滤器+网式过滤器

当过滤器类型或组合确定后,还需根据所选灌水器对过滤器的能力要求确定过滤器的目数大小。一般来说,微喷灌要求100~120目过滤,滴灌要求120~200目过滤。如果系统要求流量较大,可选择大流量过滤器或多个过滤器并联过滤。在有条件的情况下,可采用自动反冲洗类型的过滤器,以减少维护和工作量。

【例6-1】 某滴灌系统过滤器的选择。

项目所用水源系地下水,水中含有细沙及少量大粒径沙粒,属于水质条件较好的水源种类。采用二级过滤系统(见图6-7),第一级采用离心过滤器,可过滤水中的大部分沙石,第二级采用叠片式过滤器,可进一步对水质进行净化,确保水质清洁,以保证滴灌管线长期使用而不会发生堵塞的现象。

图6-7 多级过滤首部

(二)肥药装置

微灌系统施加可溶性肥料或农药溶液,可以通过安装在首部的施肥(施农药)装置进行。将施肥与灌溉结合起来,可以在作物根区土壤空间内保持最佳的水、肥含量,保证作物在最有利的条件下吸收利用养分,从而使不同种类的作物在不同的土壤条件下都能获得高产并提高产品品质。向系统的压力管道内注入可溶性肥料或农药溶液的设备称为施肥(施药)装置,常见的有压差式施肥罐、开敞式肥料罐、文丘里施肥器、施肥泵等。

1.常用肥药装置

(1)压差式施肥罐(见图6-8(a))。由储液罐、进水管、出水管、调压阀等几部分组成,是利用干管上的调压阀所造成的压差,使储液罐中的液肥注入干管。其优点是加工制造简单,造价较低,不需外加动力设备。缺点是溶液浓度变化大,无法控制。罐体容积有限,添加化肥次数频繁且较麻烦。输水管道因设有调压阀而造成一定的水头损失。

(2)开敞式(自压式)肥料罐(见图6-8(b))。用于自压滴灌系统中,在自压水源如蓄水池的正常水位下部适当的位置安装肥料罐,将其供水管(及阀门)与水源相连,打开肥料罐供水管阀门,打开肥料罐输液阀,肥料罐中的肥液就自动随水流输送到灌溉管网及各

个灌水器对作物施肥。

(3)文丘里施肥器。一般并联于管路上,它与开敞式肥料罐配套组成一套施肥装置(见图6-8(c)),使用时先将化肥或农药溶于开敞式肥料罐中,然后接上输液管即可开始施肥。其结构简单,使用方便,主要适用于小型微灌系统向管道注入肥料或农药。

(4)施肥泵。根据驱动水泵的动力来源可分为水驱动和电驱动两种形式。该装置的优点是肥液浓度稳定不变,配比可调,施肥质量好,效率高。

电驱动计量泵一般为容积泵,配比精确,与输水管路压力变化无关。

水力驱动活塞式施肥器是目前国际上较先进的一种注射器,它是将进出水口并联在供水管路中,当水流通过施肥器时,驱动主活塞,与之相联的注入器活塞跟随上下运动,从而吸入肥液并注入混合室,混合液直接进入出口端管路中,混合比由手动调节活塞行程来实现精确控制。典型的水动力泵有隔膜泵和柱塞泵(见图6-8(d)、(e))。

2. 肥药系统要注意的问题

(1)化肥或农药的注入一定要放在水源与过滤器之间,使肥液先经过过滤器之后再进入灌溉管道,以免堵塞管道及灌水器。

(2)施肥和施农药后,必须利用清水把残留在系统内的肥液或农药全部冲洗干净,防止设备被腐蚀。

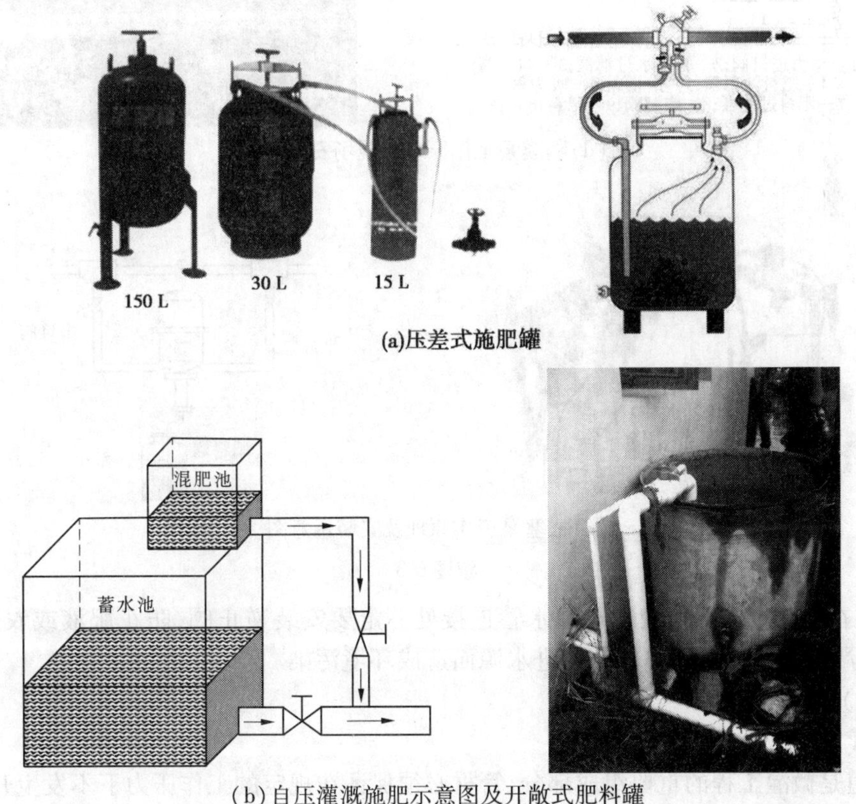

(a)压差式施肥罐

(b)自压灌溉施肥示意图及开敞式肥料罐

图6-8 各种施肥器

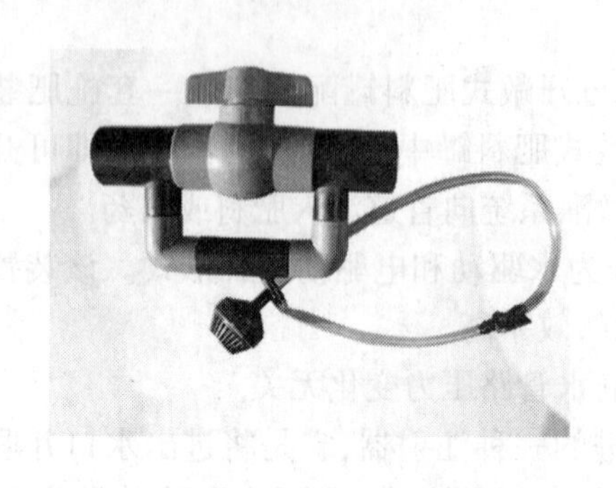

(c)文丘里施肥器与开敞式肥料罐配合运用

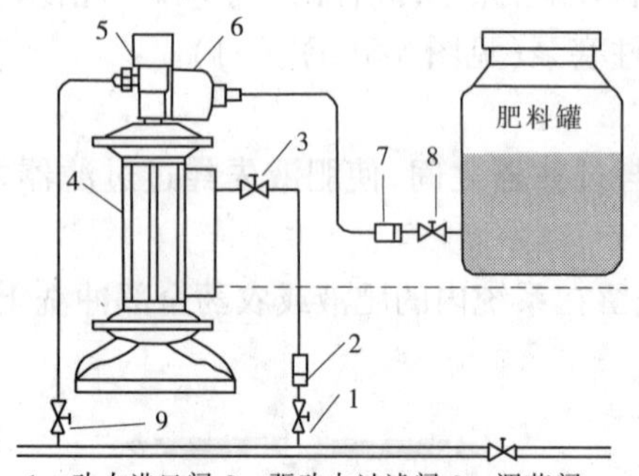

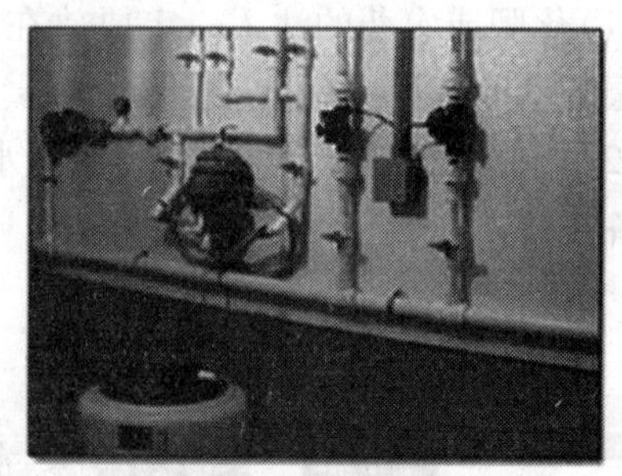

(d)隔膜泵工作原理及现场安装图

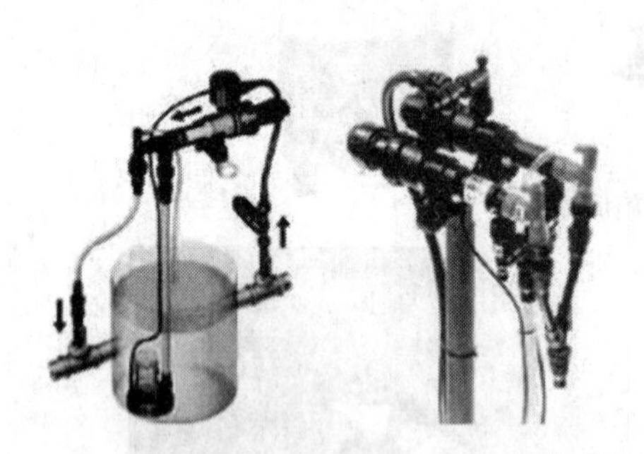

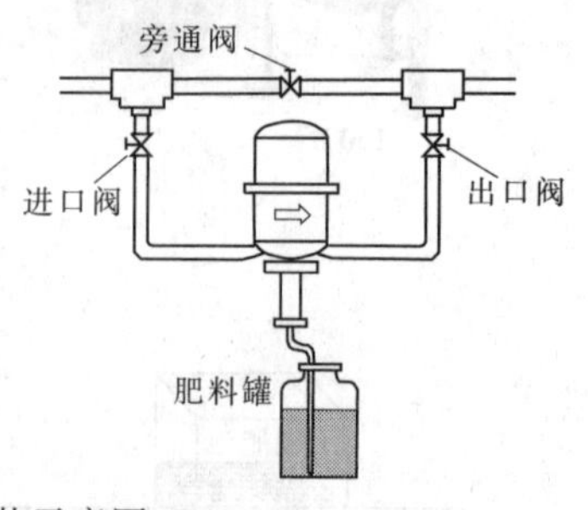

(e)柱塞泵工作原理及安装示意图

续图 6-8

(3)在化肥或农药输液管与灌水管连接处一定要安装逆止阀,防止肥液或农药流进水源,更严禁直接把化肥和农药加进水源而造成环境污染。

(三)管道及管件

1. 管道

管道是微灌工程的重要组成部分,管材必须保证在规定的工作压力下不发生开裂、爆管现象,工作安全可靠。管材在微灌系统中需用数量多,投资比重较大,需要在设计中按照因地制宜、经济合理的原则加以选择,此外,管道附件也是管道系统中不可缺少的配件。

固定式及半固定式微灌系统的地埋管道部分(干、支管),其选材和喷灌系统相同,必

须能承受一定的压力。微灌系统的地面管道系统要求一定的抗老化性能，一般会采用柔韧性好的高密度聚乙烯（HDPE）管，尤其是毛管基本都用聚乙烯管。

2. 连接件及附件

1）管道连接件

连接件是连接管道的部件，可根据需要将管道连接成一定形状的管网，也称为管件。不同管材配套不同的管件。如铸铁管和钢管可以焊接、螺纹连接和法兰连接；铸铁管可以用承插方式连接；钢筋混凝土管和石棉水泥管可以用承插方式、套管方式及浇注方式连接；塑料管可用焊接、螺纹、套管黏接或承插等方式连接。由于微灌系统中的管材大多数采用聚乙烯管，本书仅介绍其连接件（见图6-9）。

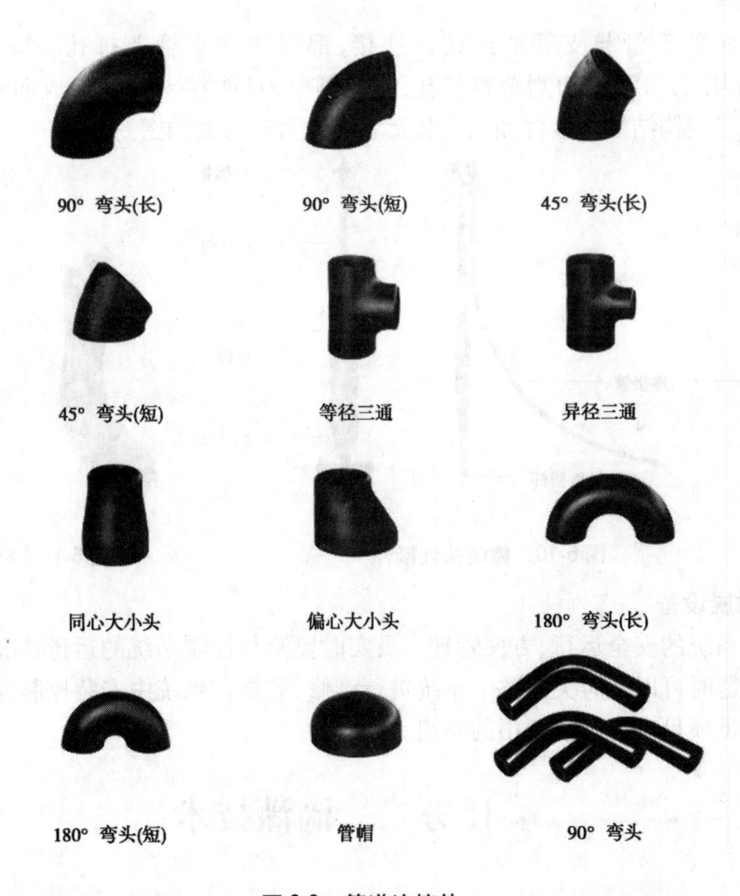

图6-9　管道连接件

（1）接头。接头的作用是连接管道。根据两个被连接件管道的管径大小，分为同径接头和异径接头。根据连接方式不同，聚乙烯接头分为倒钩内承插式接头（32 mm 以内管径的管材连接）、螺纹式接头和螺纹锁紧式接头（65 mm 以内管径的管材连接）三种。

（2）三通和四通。主要用于管道分叉时的连接件，对于单向分水的用三通，对于双向分水的用四通。同接头一样，有同径和异径之分，以及三种连接方式。

（3）弯头。主要用于管道转弯或坡度改变处的管道连接，同接头一样，有三种连接方式。一般按转弯的中心角大小分类,常用的有90°、45°等。

(4)异径管。又称大小头。用于连接不同管径的直管段。

(5)堵头。用于封闭管道的末端。有内插式和螺纹式两种。

(6)密封紧固件。用于内接式管件与管连接时的紧固。

(7)旁通。用于支管与毛管间的连接。

2)微喷头连接件

微喷头工作压力相对较低,流量小,采用软质聚氯乙烯或聚乙烯连接管(内径φ4 mm)与毛管连接(见图6-10)。此外,地插式微喷头只需采用插杆支撑,使其置于规定高度。地插杆材质通常为碳钢或塑料。倒挂式微喷头还需配有双倒钩、重锤、防滴阀。

3)打孔器

微灌系统的毛管与支管的连接件连接,都需要在支管上打孔。特制打孔器(见图6-11)是利用刃口下压切割塑料打孔,开孔圆整,且能在支管上形成向管内开孔的突起。这样便于倒钩结构连接件插入安装及承受压力时与倒钩密封。

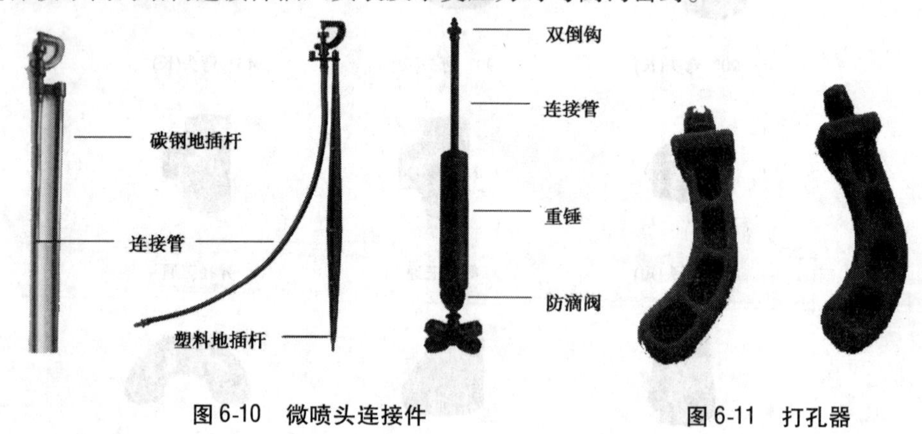

图6-10 微喷头连接件　　图6-11 打孔器

(四)附属设备

为保证系统的安全运行,方便管理人员实时监测与控制系统的运行状况,且系统某一部件出现问题时可以及时关闭整个系统进行维修,需要在系统中安装控制、测量与保护装置。内容详见项目三管道灌溉中的介绍。

任务二 滴灌技术

一、滴灌灌水器

(一)滴灌灌水器的分类

滴灌灌水器根据结构和出流形式不同,主要分为滴头、滴灌带(管)和薄壁滴灌带三类。

1. 滴头

滴头是通过流道或孔口将毛管中的压力水流变成水滴或细流的装置。滴头常用塑料

压注而成，工作压力为 50～100 kPa，流道最小孔径在 0.3～1.0 mm，流量在 1.5～12 L/h。滴灌灌水器分类方法很多，按滴头与毛管的连接方式可分为管上式滴头、管间式滴头和滴灌带（管）；按滴头流态可分为层流式滴头和紊流式滴头；按滴头消能方式可分为长流道型滴头、孔口型滴头、涡流型滴头、压力补偿式滴头，本书主要介绍此种分类。

（1）流道型滴头（见图 6-12）。靠水流与流道壁之间的摩阻消能来调节出水量的大小，如微管滴头、内螺纹管式滴头等。

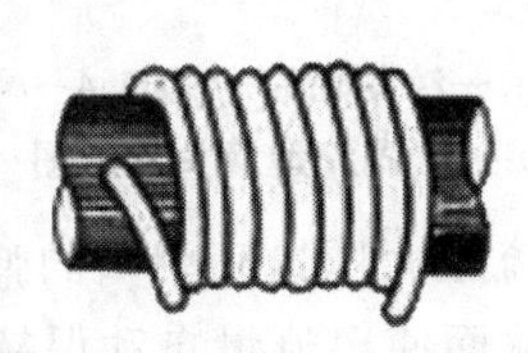

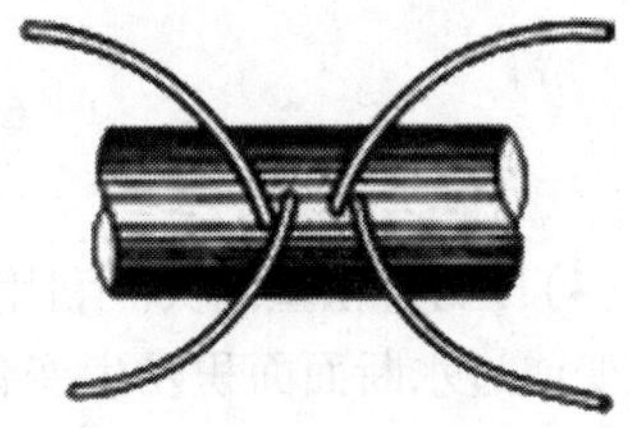

(a)微管滴头：缠绕式、散放式

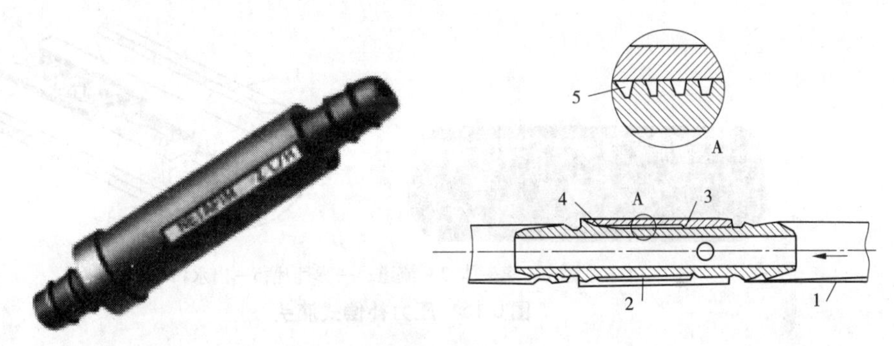

（b）内螺纹管式滴头

1—毛管；2—滴头；3—螺纹流道槽；4—滴头出水口；5—流道

图 6-12　流道型滴头

（2）孔口型滴头。靠孔口出流造成的局部水头损失来调节滴头流量大小（见图 6-13）。

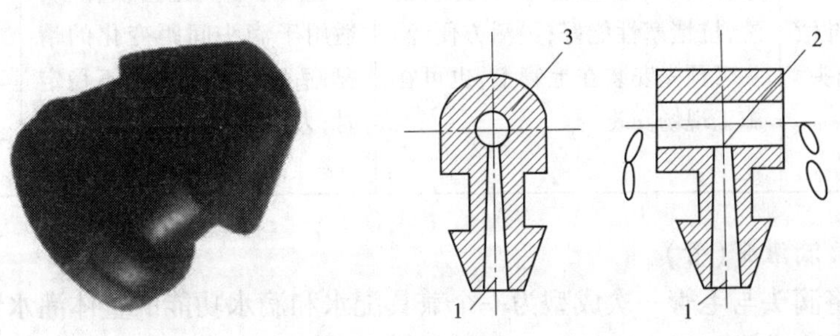

1—进口；2—出口；3—横向出水道

图 6-13　孔口型滴头及构造图

（3）涡流型滴头。靠水流进入灌水器的涡室内形成涡流来消能和调节出水量的大小（见图 6-14）。

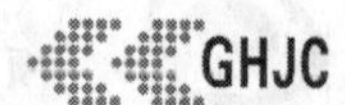

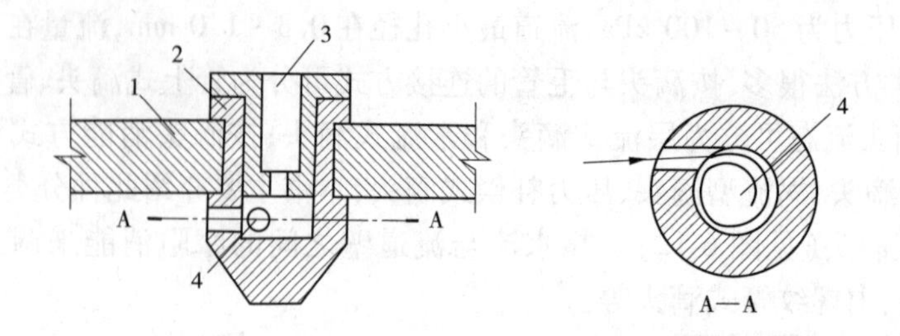

1—毛管壁;2—滴头体;3—出水口;4—涡流室

图 6-14　涡流型滴头构造图

(4)压力补偿型滴头。利用水流压力压迫滴头内的弹性体(片)使流道(或孔口)形状改变或过水断面面积发生变化,从而使出流量自动保持稳定,同时还具有自清洗功能(见图 6-15)。表 6-3 给出了部分压力补偿式滴头的性能。

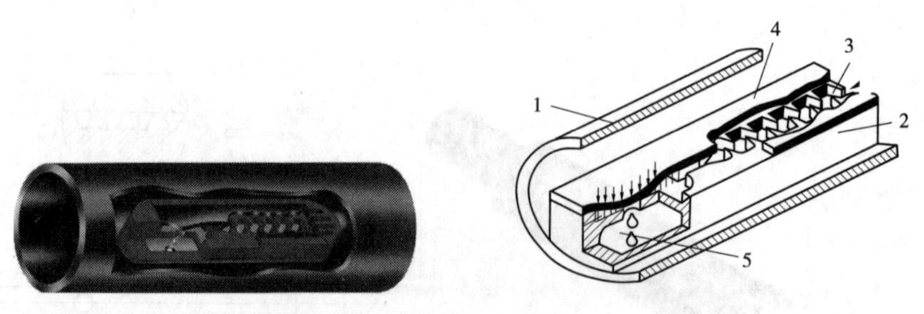

1—毛管;2—滴头体;3—流道;4—弹性片;5—出水口

图 6-15　压力补偿式滴头

表 6-3　压力补偿式滴头性能

名称	优点	适应性	流量(L/h)	压力补偿范围(kPa)
压力补偿式滴头	保持恒流,灌水均匀;自动清洗,抗堵塞性能好;灵活方便,滴头可预先安装在毛管上,也可在施工现场安装	适用于各种地形及作物;适用于滴头间距变化的情况;适用于系统压力不稳定时;大面积控制	2	80～400
			4	
			8	
			4	70～350
			4	100～300

2. 滴灌带(管)

将滴头与毛管一次成型为一个兼具配水和滴水功能的整体灌水装置。较为多见的是内镶式滴灌带(管)(见图 6-16),即将预先制造好的滴头镶嵌在毛管内,滴头形式有片式和圆柱式,参数见表 6-4。还有一种滴灌带形式是滴头流道为一整体形式(连续的滴头流道进口过滤器和紊流流道),同毛管通过黏结而成。具有代表性的产品有 RO－DRIP、T－TAPE(见图 6-17)、HYDROLITE 等滴灌带,表 6-5、表 6-6 介绍了“蓝色轨道”16 mm 滴灌带流量参数及不同坡度下滴灌带的最大铺设长度。

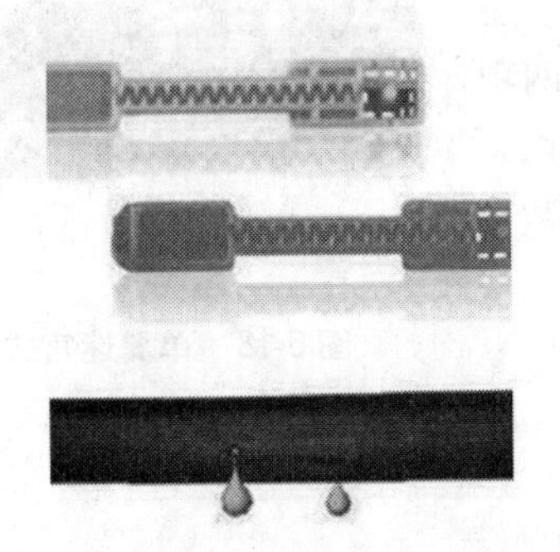

(a)内镶片式滴灌带及片式滴头　　(b)内镶圆柱式滴灌管及圆柱式滴头

图 6-16　内镶式滴灌带(管)

表 6-4　滴灌带参数

管径(mm)	壁 厚(mm)	流量(L/h)	工作压力(bar)	滴头间距(mm)	编号
16	0.3	2.7	0.3～1.2	300	1233
16 地埋	0.4	2.7	0.3～1.5	300	1243C

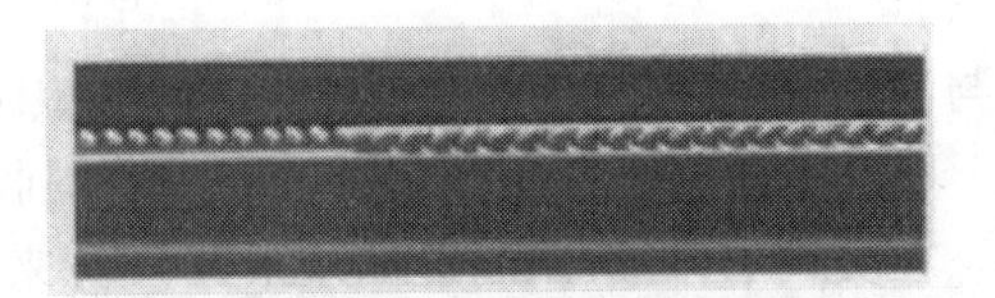

图 6-17　T－TAPE 滴灌带

表 6-5　蓝色轨道 16 mm 滴灌带流量参数

编码	滴头间距(mm)	单滴头流量(7 m 水头)(L/h)	百米带流量(7 m 水头)(L/h)
EA5××1234	300	0.84	274
EA5××2428	600	1.40	230

表 6-6　不同坡度下“蓝色轨道”滴灌带最大铺设长度

流量	滴头间距(cm)	灌水均匀度(%)	最大铺设长度(m)					
			下坡(+3%)	下坡(+2%)	下坡(+1%)	平坡(0%)	上坡(－1%)	上坡(－2%)
低	30	90	73	320	333	260	131	76
超高	40	90	213	223	245	173	109	72

3. 薄壁滴灌带

在薄壁管的一侧热合出各种形状的流道，灌溉水通过流道以水滴形式湿润土壤，称为单翼迷宫式滴灌带(见图 6-18)。

(二)灌水器的结构参数和水力性能参数

结构参数和水力性能参数是微灌灌水器的两项主要技术参数。结构参数主要指流道或孔口尺寸，对滴灌带还包括管带的直径和壁厚。水力性能参数主要指流态指数、制造偏差系数、工作压力与流量。

图6-18 单翼迷宫式滴灌带

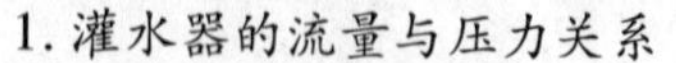
1. 灌水器的流量与压力关系

微灌灌水器的流量与压力关系用下式表示：

$$q = kh^{x} \tag{6-1}$$

式中 q——灌水器流量，L/h；

h——工作水头，m；

k——流量指数；

x——流态指数。

流态指数 x 反映了灌水器的流量对压力变化的敏感程度，当滴头内水流为全层流时，流态指数 $x=1$，即流量与工作水头成正比；当滴头内水流为全紊流时，流态指数 $x=0.5$，全压力补偿器的流态指数 $x=0$，即出水流量不受压力变化的影响，其他各种形式的灌水器的流态指数在0~1.0间变化。

2. 制造偏差系数

由于灌水器的流量与流道直径的2.5~4次幂成正比关系，因而制造上的微小偏差将会引起较大的流量偏差。在灌水器制造中，由于制造工艺和材料收缩变形等的影响，不可避免地会产生制造偏差。在实践中，一般用制造偏差系数(C_v)来衡量产品的制造精度，见表6-7。

表6-7 灌水器制造偏差系数分类

质量分类	滴头	滴灌带(管)	微喷头
优等品	$C_v \leqslant 0.05$	$C_v < 0.1$	$C_v \leqslant 0.05$
一等品	$0.05 < C_v \leqslant 0.07$	$0.1 < C_v \leqslant 0.2$	$0.05 < C_v \leqslant 0.07$
二等品	$0.07 < C_v \leqslant 0.11$		
合格品	$0.11 < C_v \leqslant 0.15$	$0.2 < C_v \leqslant 0.3$	$0.11 < C_v \leqslant 0.15$
次品	$0.15 < C_v$	$0.3 < C_v$	$0.15 < C_v$

C_v 的计算式为：

$$C_v = \frac{S}{\overline{q}} \tag{6-2}$$

$$S = \sqrt{\frac{1}{n-1}\sum_{i=1}^{n}(q_i - \overline{q})^2} \tag{6-3}$$

$$\overline{q} = \frac{\sum_{i=1}^{n} q_i}{n} \tag{6-4}$$

式中 C_v——灌水器的流量偏差系数；

S——流量标准偏差；

q_i——所测每个滴头的流量，L/h；

n——所测灌水器的个数，取样数目应在25只以上。

二、微灌工程设计内容与步骤

微灌包括滴灌、微喷灌、涌泉灌和渗灌等，设计内容与步骤都相同，这里统一介绍。

（一）微灌工程规划设计原则

（1）微灌工程的规划，应与其他的灌溉工程统一安排。如喷灌和管道输水灌溉，都是节水、节能灌水新技术，各有其特点和适用条件。在规划时应结合各种灌水技术的特点，因地制宜地统筹安排，使各种灌水技术都能发挥各自的优势。

（2）微灌工程规划应考虑多目标综合利用。目前微灌大多用于干旱缺水的地区，规划滴灌工程时应与当地人畜饮水与乡镇工业用水统一考虑，以求达到一水多用。这样不仅可以解决微灌工程投资问题，而且可以促进乡镇工业的发展。

（3）微灌工程规划要重视经济效益。尽管微灌具有节水、节能、增产等优点，但一次性亩投资较高。兴建微灌工程应力求获得最大的经济效益。为此，在进行微灌工程规划时，要先考虑在经济收入高的经济作物区发展微灌。

（4）因地制宜、合理地选择微灌形式。我国地域辽阔，各地自然条件差异很大，山区、丘陵、平原、南北方、气候、土壤、作物等都各不相同。加之微灌的形式也较多，又各有其优缺点和适用条件，因此在规划和选择微灌形式时，应贯彻因地制宜的原则，切忌不顾条件盲目照搬外地经验。

（5）近期发展与远景规划相结合。微灌系统规划要将近期安排与远景发展结合起来，既要着眼长远发展规划，又要根据现实情况，讲求实效，量力而行。根据人力、物力和财力，做出分期开发计划。使微灌工程建成一处，用好一处，尽快发挥工程效益。

（二）基本资料的收集

（1）地形资料：地形图（1:200～1:500）并标注灌区范围。

（2）土壤资料：土壤质地、田间持水率、渗透系数等。

（3）作物情况：作物的种植密度、走向、株行距等。

（4）水文资料：取水点水源来水系列及年内月分配资料，泥沙含量，水井位置，供电保证率，水井出水量，动水位等。

（5）气象资料：逐月降雨、蒸发、平均温度、湿度、风速、日照、冻土深。

（6）其他社会经济情况：行政单位人口，土地面积，耕地面积，管理体制，设备生产供应等。

（三）水源分析与用水量的计算

1.水源来水量分析

水源来水量分析的任务是研究水源在不同设计保证率年份的供水量、水位和水质，为工程规划设计提供依据。

2. 灌溉用水量分析

微灌用水量应根据设计水文年的降雨、蒸发、植物种类及种植面积等因素计算确定。

3. 水量平衡计算

水量平衡计算的目的是根据水源情况确定微灌面积或根据面积确定需要供水的流量。

1)微灌面积的确定

已知来水量确定灌溉面积：

$$A = \frac{\eta Q t_d}{10 I_a} \tag{6-5}$$

无淋洗要求时

$$I_a = E_a \tag{6-6}$$

有淋洗要求时

$$I_a = E_a + I_L \tag{6-7}$$

式中 A——可灌面积,hm^2;

Q——水源可供流量,m^3/h;

I_a——设计供水强度,mm/d;

E_a——设计耗水强度,mm/d;

I_L——设计淋洗强度,mm/d;

t_d——水源每日供水时数,h/d;

η——灌溉水利用系数。

2)确定需要的供水流量

当灌溉面积已经确定时,需要确定系统需水流量时,可以采用式(6-5)计算。

【例 6-2】 某地埋滴灌系统水量平衡计算。

(1)基本资料:某井灌区,机井出水量在 200 m^3/h 以上,地埋滴灌系统面积为 1 200 亩,作物最大耗水强度为 4.5 mm/d,试确定滴灌面积。

(2)计算单井控制面积,其中:$E_a = 4.5$ mm/d,$t_d = 20$ h,$\eta = 0.95$。

根据现有机井出水量,计算控制面积:

$$A = \eta Q\ t_d/(10 I_a) = (0.95 \times 200 \times 20)\ /\ (10 \times 4.5)$$
$$= 84.4(hm^2) = 1\ 267\ 亩$$

最大控制面积为 1 267 亩。

(3)平衡分析:系统的面积为 1 200 亩,面积小于 1 267 亩,机井出水量满足设计要求。

(四)微灌系统布置

微灌系统的布置通常是在地形图上做初步布置。然后将初步布置方案带到实地与实际地形做对照,进行修正。滴灌系统布置所用的地形图比例尺一般为 1∶200 ~ 1∶500。

微灌管网应根据水源位置、地形、地块等情况分级,一般应由干管、支管和毛管三级管道组成。面积大可增设总干管、分干管或分支管,面积小可只设支管、毛管两级。

1. 毛管和灌水器的布置

毛管和灌水器的布置方式取决于作物种类和所选灌水器的类型。下面分别介绍滴灌系统与微喷灌系统毛管和灌水器的一般布置形式。

1）滴灌系统毛管和灌水器的布置

（1）单行毛管直线布置。图6-19（a）表示毛管顺作物行布置。一行作物布置一条毛管，滴头安装在毛管上。这种布置方式适用于幼树和窄行密植作物。

（2）单行毛管带环状管布置。图6-19（b）表示当滴灌成龄果树时，常常需要用一根分毛管绕树布置，其上安装4～6个单出水口滴头，环状管与输水毛管相连接。这种布置形式增加了毛管总长。

（3）双行毛管平行布置。滴灌高大作物，可用双行毛管平行布置，见图6-19（c），沿作物行两边各布置一条毛管，每株作物两边各安装2～3个滴头。

（4）单行毛管带微管布置。当使用微管滴灌果树时，每一行树布置一条毛管，再用一段分水管与毛管连接，在分水管上安装4～6条微管，见图6-19（d）。也有将微管直接插于输水毛管上，这种安装方式毛管的用量少，因而降低了工程造价。

上述各种布置形式滴头的位置一般与树干的距离为树冠半径的2/3。

2）微喷灌时毛管和灌水器的布置

微喷头的结构和性能不同，毛管和微喷头的布置也不同。根据微喷头喷洒直径和作物种类，一条毛管可控制一行作物，也可控制若干行作物。图6-20是常见的几种布置形式。

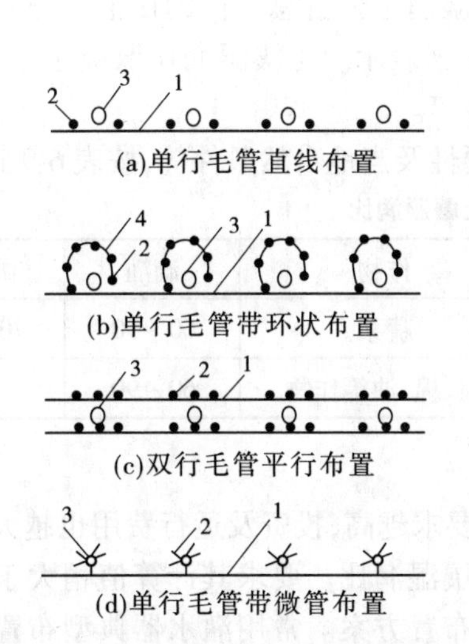

1—毛管；2—灌水器；3—果树；4—绕树环状管

图6-19　滴灌系统毛管和灌水器的布置形式

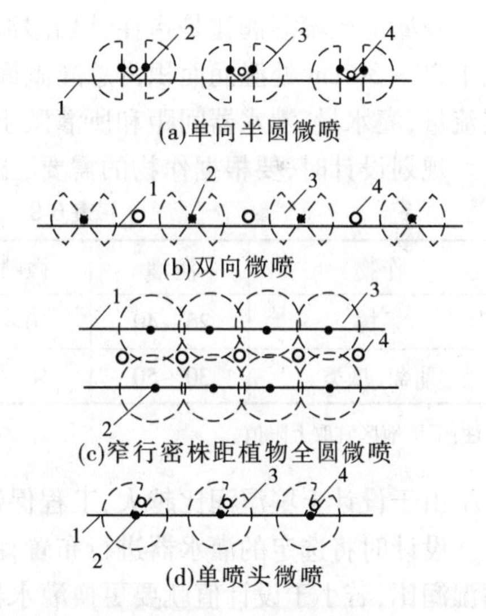

1—毛管；2—微喷头；3—土壤湿润带；4—果树

图6-20　微喷灌毛管与灌水器布置图

2. 干、支管布置

干、支管的布置取决于地形、水源、作物分布和毛管的布置。其布置应达到管理方便、工程费用少的要求。在山区，干管多沿山脊布置，或沿等高线布置。支管则垂直等高线布置，向两边的毛管配水。在平地，干、支管应尽量双向控制，两侧布置下级管道，以节省管材。

系统布置方案不是唯一的，有很多个可以选择的方案，具体实施时，应结合水力设计优化管网布置，尽量缩短各级管道的长度。

3. 首部枢纽布置

首部枢纽是整个微灌系统操作控制的中心,其位置的选择主要是以投资省、便于管理为原则。一般首部枢纽与水源工程相结合。如果水源较远,首都枢纽可布置在灌区旁边,有条件时尽可能布置在灌区中心,以减少输水干管的长度。

(五)微灌工程规划设计参数的确定

1. 设计耗水强度

设计耗水强度采用设计年灌溉季节月平均耗水强度峰值,并由当地试验资料确定,在无实测资料时可通过计算或按表6-8选取。

表6-8 设计耗水强度 (单位:mm/d)

作物	滴灌	微喷灌	作物	滴灌	微喷灌
果树	3~5	4~6	蔬菜(露地)	4~7	5~8
葡萄、瓜类	3~7	4~8	粮、棉、油等作物	4~6	5~8
蔬菜(保护地)	2~3	—			

注:干旱地区取上限值。

2. 微灌设计土壤湿润比

滴灌的土壤湿润比是指在计划湿润土层内,湿润土体占总土体的比值。通常以地面以下20~30 cm处湿润面积占总灌溉面的百分比来表示。土壤湿润比取决于作物、灌水器流量、灌水量、灌水器间距和所灌溉土壤的特性等。

规划设计时,要根据作物的需要、工程的重要性及当地自然条件等,按表6-9选取。

表6-9 微灌设计土壤湿润比 (%)

作物	滴灌	微喷灌	作物	滴灌	微喷灌
果树	25~40	40~60	蔬菜	60~90	70~100
葡萄、瓜类	30~50	40~70	粮、棉、油等作物	60~90	100

注:干旱地区宜取上限值。

由于设计土壤湿润比越大,工程保证程度就要求越高,投资及运行费用也越大。

设计时将选定的灌水器进行布置,并计算土壤湿润比。要求其计算值稍大于设计土壤湿润比,若小于设计值就要更换灌水器或修改布置方案。常用灌水器典型布置形式的土壤湿润比 P 的计算公式如下。

1)滴灌

(1)单行毛管直线布置,土壤湿润比按式(6-8)计算。

$$P = \frac{0.785D_w^2}{S_e S_l} \times 100\% \tag{6-8}$$

式中 P ——土壤湿润比,%;

D_w——土壤水分水平扩散直径或湿润带宽度(见表6-10),其大小取决于土壤质地、滴头流量和灌水量大小,m;

S_e——灌水器或出水点间距,m;

S_l——毛管间距,m。

表 6-10 不同滴头流量下、不同土壤最大湿润直径

滴头流量(L/h)	1.5			2.0			4.0			8.0			12.0		
土壤质地	粗	中	细	粗	中	细	粗	中	细	粗	中	细	粗	中	细
最大湿润直径(m)	1.7	1.3	2.0	1.7	1.3	2.0	1.7	1.3	2.0	1.7	1.3	2.0	1.7	1.3	2.0

注:1. 粗—粗沙、沙土;中—沙壤、壤土;细—粉沙、黏壤到黏土。

2. 本表选自《温室灌溉》,周长吉,化学出版社,2005。

(2)双行毛管直线布置,按式(6-9)计算。

$$P = \frac{P_1 S_1 + P_2 S_2}{S_r} \times 100\% \tag{6-9}$$

式中 S_1——一对毛管的窄间距,m;

P_1——与 S_1 相对应的土壤湿润比(%);

S_2——一对毛管的宽间距,m;

P_2——与 S_2 相对应的土壤湿润比(%);

S_r——作物行距,m。

(3)绕树环状多出水点布置,按式(6-10)、式(6-11)计算。

$$P = \frac{0.785 D_w^2}{S_t S_r} \times 100\% \tag{6-10}$$

$$P = \frac{n S_e S_w}{S_t S_r} \tag{6-11}$$

式中 D_w——地表以下 30 cm 深处的湿润带宽度,m;

S_t——果树株距,m;

S_r——果树行距,m;

n——一株果树下布置的灌水器数,个;

S_e——灌水器或出水口间距,m;

S_w——湿润带宽度,m。

2)微喷灌

(1)微喷头沿毛管均匀布置时的土壤湿润比为:

$$P = \frac{A_w}{S_e S_l} \times 100\% \tag{6-12}$$

$$A = \frac{\theta}{360} \pi R^2 \tag{6-13}$$

式中 A_w——微喷头的有效湿润面积,m^2;

θ——湿润范围平面分布夹角,当为全圆喷洒时,$\theta = 360°$;

R——微喷头的有效喷洒半径,m;

其他符号含义同前。

(2)一株树下布置 n 个微喷头时的土壤湿润比计算公式为:

$$P = \frac{nA_w}{S_t S_r} \times 100\% \tag{6-14}$$

式中　n——一株树下布置的微喷头数，个；

其他符号含义同前。

【例 6-3】　土壤湿润比的校核。

荔枝基本沿等高线种植，株行距为 4.5 m×6.0 m，每行树布置一条毛管，毛管沿等高线布置，毛管间距等于果树行距，即 6.0 m。沿毛管上微喷头间距与荔枝树株距相等，即 4.5 m。微喷头的射程为 2.0 m。设计土壤湿润比为 40%，试校核微灌土壤湿润比。

解：计算微灌土壤湿润比：

$$P = \pi R^2/(4.5 \times 6) = 3.14 \times 2^2/27 = 46.5\% > 40\%$$

满足设计湿润比的要求。

3. 微灌的灌水均匀度

影响灌水均匀度的因素很多，如灌水器工作压力的变化、灌水器的制造偏差、堵塞情况、水温变化、微地形变化等。目前在设计微灌工程时能考虑的只有水力学（压力变化）和制造偏差两种因素对均匀度的影响。微灌的灌水均匀度可以用克里斯琴森（Christiansen）均匀系数 C_u 来表示，并由下式计算：

$$C_u = \frac{1 - \overline{\Delta q}}{\overline{q}} \tag{6-15}$$

$$\overline{\Delta q} = \frac{1}{n}\sum_{i=1}^{n}|q_i - \overline{q}| \tag{6-16}$$

式中　C_u——微灌均匀系数；

$\overline{\Delta q}$——灌水器流量的平均偏差，L/h；

q_i——各灌水器流量，L/h；

$\overline{q}$——灌水器平均流量，L/h；

n——所测的灌水器数目，个。

《微灌工程技术规范》（GB/T 50485—2009）规定，微灌均匀系数不低于 0.8。

4. 灌水器流量和工作水头偏差率

流量偏差率指同一灌水小区内灌水器的最大流量、最小流量之差与设计流量的比值。灌水器流量和工作水头偏差率按下式计算：

$$q_v = \frac{q_{max} - q_{min}}{q_d} \times 100\% \tag{6-17}$$

$$h_v = \frac{h_{max} - h_{min}}{h_d} \times 100\% \tag{6-18}$$

式中　q_v——灌水器流量偏差率（%），其值取决于均匀系数 C_u，二者关系为：当 C_u = 98%、95%、92%时，q_v = 10%、20%、30%；

q_{max}——灌水器最大流量，L/h；

q_{min}——灌水器最小流量，L/h；

q_d——灌水器设计流量，L/h；

h_v——灌水器工作水头偏差率(%)；

h_{max}——灌水器最大工作水头，m；

h_{min}——灌水器最小工作水头，m；

h_d——灌水器设计工作水头，m。

灌水器工作水头偏差率与流量偏差率之间的关系可用下式表示：

$$H_v = \frac{q_v}{x}\left(1 + 0.15\frac{1 - x}{x}q_v\right) \tag{6-19}$$

式中　x——灌水器流态指数。

《微灌工程技术规范》(GB/T 50485—2009)规定，灌水器的流量偏差率不应大于20%，即$[q_v] \leqslant 20\%$。

5. 灌溉水利用系数

微灌的主要水量损失是由于灌水不均匀和某些不可避免的损失所造成的，常用下式表示微灌的灌水有效利用率，即

$$\eta = V_m/V_a \tag{6-20}$$

式中　η——灌溉水有效利用系数；

V_m——微灌时储存在作物根层的水量，m^3/亩；

V_a——微灌的灌溉供水量，m^3/亩。

《微灌工程技术规范》(GB/T 50485—2009)规定，微灌灌溉水有效利用系数，滴灌不低于0.90，微喷灌不低于0.85。

6. 灌溉设计保证率

《微灌工程技术规范》(GB/T 50485—2009)规定，微灌工程灌溉设计保证率应根据自然条件和经济条件确定，不应低于85%。

(六)微灌系统的设计

1. 微灌灌溉制度的确定

滴灌灌溉制度是指作物全生育期(对于果树等多年生作物则为全年)每一次的灌水量、灌水周期，一次灌水延续时间，灌水次数和全生育期(或全年)灌水总量。

(1)设计灌水定额m。可根据当地试验资料或按式(6-21)计算确定。

$$m = 10\gamma_{土} HP(\theta_{max} - \theta_{min})/\eta \tag{6-21}$$

式中　m——设计灌水定额，mm；

$\gamma_{土}$——土壤干容重，g/cm^3；

H——计划湿润土层深度，cm；

P——微灌设计土壤湿润比(%)；

θ_{max}——适宜土壤含水率上限(占干土重量的百分比，%)；

θ_{min}——适宜土壤含水率下限(占干土重量的百分比，%)；

η——灌溉水利用系数。

(2)设计灌水周期T。设计灌水周期取决于作物、水源和管理情况，可根据试验资料确定。在缺乏试验资料的地区，可参照邻近地区的试验资料并结合当地实际情况按式(6-22)计算确定：

$$T = \frac{m}{E_a}\eta \tag{6-22}$$

式中　T——设计灌水周期，d。

(3)一次灌水延续时间 t。

$$t = \frac{mS_eS_l}{q} \tag{6-23}$$

式中　t——一次灌水延续时间，h；

q——灌水器流量，L/h。

对于成龄果树，一株树安装 n 个灌水器时：

$$t = \frac{mS_eS_l}{nq} \tag{6-24}$$

2. 微灌系统工作制度的确定

微灌系统的工作制度和喷灌一样，有续灌和轮灌两种主要情况，具体优缺点参见喷灌部分。不同的工作制度要求系统的流量不同，因而工程费用也不同，在确定工作制度时，应根据作物种类、水源条件和经济状况等因素做出合理选择。

在划分轮灌组时，要保证土壤水分能够得到及时补充，并便于管理。有条件时最好是一个轮灌组集中连片，各组控制的灌溉面积相等。按照作物的需水要求，全系统轮灌组的数目 N 为：

$$N \leqslant \frac{CT}{t} \tag{6-25}$$

日轮灌次数 n 为：

$$n = \frac{C}{t} \tag{6-26}$$

式中　C——系统日工作时间，要根据当地水源和农业技术条件确定，一般不宜大于 20 h。

3. 微灌系统水力计算

微灌管道水力计算，是在已知所选灌水器的工作压力和流量以及微灌工作制度情况下，确定各级管道通过的流量。通过计算输水水头损失，来确定各级管道合理的内径。

1)管道流量的确定

(1)毛管流量的确定。

毛管流量是毛管上灌水器流量的总和，即

$$Q_毛 = \sum_{i=1}^{n} q_i \tag{6-27}$$

当毛管上灌水器流量相同时：

$$Q_毛 = nq_d \tag{6-28}$$

式中　$Q_毛$——毛管流量，L/h；

n——毛管上同时工作的灌水器个数；

q_i——第 i 号灌水器设计流量，L/h；

q_d——流量相同时，单个灌水器的设计流量，L/h。

(2)支管流量计算。

支管流量是支管上各条毛管流量的总和,即

$$Q_{支} = \sum_{i=1}^{n} Q_{毛i} \tag{6-29}$$

式中 $Q_{支}$——支管流量,L/h;

$Q_{毛i}$——不同毛管的流量,L/h。

(3)干管流量计算。

由于支管通常是轮灌的,有时是两条以上支管同时运行,有时是一条支管运行,故干管流量是由干管同时供水的各条支管流量的总和,即

$$Q_{干} = \sum_{i=1}^{n} Q_{支i} \tag{6-30}$$

式中 $Q_{干}$——干管流量,L/h 或 m^3/h;

$Q_{支i}$——不同支管的流量,L/h 或 m^3/h。

当一条干管控制若干个轮灌区,在运行时各轮灌区的流量不一定相同。为此,在计算干管流量时,对每个轮灌区要分别予以计算。

2)各级管道管径的选择

为了计算各级管道的水头损失,必须首先确定各级管道的管径。管径必须在满足微灌的均匀度和工作制度前提下确定。

(1)允许水头偏差的计算。一般在进行微灌水力计算时,把每条支管上同时运行的毛管所控制的面积看成是一个微灌小区,为保证整个小区内灌水的均匀性,对小区内任意两个灌水器的水力学特性有如下要求。

①灌水小区的流量或水头偏差率应满足如下条件:

$$q_v \leqslant [q_v] \tag{6-31}$$

$$h_v \leqslant [h_v] \tag{6-32}$$

式中 $[q_v]$——设计允许流量偏差率,规范规定,不应大于20%;

$[h_v]$——设计允许水头偏差率。

灌水小区中,灌水器的流量差异取决于灌水器的水头差异,灌水器的最大水头和最小水头与流量偏差率的关系为:

$$\left.\begin{aligned} h_{max} &= (1 + 0.65q_v)^{\frac{1}{x}} h_d \\ h_{min} &= (1 - 0.35q_v)^{\frac{1}{x}} h_d \end{aligned}\right\} \tag{6-33}$$

②灌水小区的允许水头偏差,应按下式计算:

$$[\Delta h] = h_{max} - h_{min} \tag{6-34}$$

式中 $[\Delta h]$——灌水小区允许水头偏差,m。

采用补偿式灌水器时,灌水小区内设计允许的水头偏差应为该补偿式灌水器允许的工作水头范围。

(2)允许水头偏差的分配。由于灌水小区的水头偏差分别由支管和毛管两级管道共同产生,应通过技术经济比较来确定其在支、毛管间的分配。

①毛管进口不设调压装置时。

均匀地形坡度，且支、毛管比降不大于1时，分配比例按下式计算：

$$\left.\begin{aligned}\beta_1 &= \frac{[\Delta h] + L_2 J_2 - L_2 J_1 (a_1 n_1)^{(4.75-1.75a)/(4.75+a)}}{[\Delta h] \times \left[\frac{L_2}{L_1}(a_1 n_1)^{(4.75-1.75a)/(4.75+a)} + 1\right]} \\ &\qquad (r_1 \leqslant 1, r_2 \leqslant 1) \\ \beta_2 &= 1 - \beta_1 \\ C &= b_0 d^a\end{aligned}\right\} \tag{6-35}$$

式中　β_1 ——允许水头偏差分配给支管的比例；

β_2 ——允许水头偏差分配给毛管的比例；

L_1 ——支管长度，m；

L_2 ——毛管长度，m；

J_1 ——沿支管地形比降；

J_2——沿毛管地形比降；

a_1 ——支管上毛管布置系数，单侧布置时为1，双侧对称布置时为2；

n_1 ——支管上单侧毛管的根数；

r_1 、r_2 ——支、毛管的降比；

a ——指数；

C ——管道价格，元/m；

b_0 ——系数；

其他符号含义同前。

毛管允许水头偏差 $[\Delta h_2] = \beta_2 \times [\Delta h]$。

由于式(6-35)计算分配比例较为麻烦，我国以往采用支管、毛管间的分配比例为0.45∶0.55。美国灌溉工程手册认为分配给毛管的水头差应不大于允许水头差的50%。现行《微灌工程技术规范》(GB/T 50485—2009)规定，支、毛管经济的水头损失分配比例为0.5∶0.5。

②坡地毛管进口设置调压装置时。

山区坡地毛管布置时，一般均在毛管进口安装水阻管、压力调节器等，以使各毛管进口压力值相等，此时小区设计允许的水头偏差应全部分配给毛管，即

$$[\Delta h]_{毛} = [h_v] h_d \tag{6-36}$$

式中　$[\Delta h]_{毛}$——允许的毛管水头偏差，m。

(3)毛管管径确定。

按毛管的允许水头损失值，初步估算毛管的内径 $d_{毛}$：

$$d_{毛} = \sqrt[b]{\frac{KFfQ_{毛}^m L}{[h_v] h_d}} \tag{6-37}$$

式中　$d_{毛}$——初选毛管内径，mm；

K ——考虑到毛管上管件或灌水器产生的局部水头损失而加大的系数，其取值范围一般为1.1～1.2；

F——多口系数，$F = \frac{1}{m+1}\left(\frac{N+0.48}{N}\right)^{m+1}$，$(N \geqslant 3)$；

f——摩阻系数；

$Q_{毛}$——毛管流量，L/h；

L——毛管长度，m；

m——流量指数；

b——管径指数。

由于毛管的直径一般均大于 8 mm，式(6-37)中，各种管材的 f、m、b 值，可按表 6-11 选用。待毛管管径确定后，核实毛管实际压降，再分配剩余压降给支管。

表 6-11 各种塑料管材的 f、m、b 值

管材			f	m	b
塑料硬管	光滑区		0.094	1.77	4.77
铝管、铝合金管	光滑区		0.086 1	1.74	4.74
微灌用聚乙烯管	$D>8$ mm		0.505	1.75	4.75
	$D \leqslant 8$ mm	$Re>2\ 320$	0.595	1.69	4.69
		$Re \leqslant 2\ 320$	1.75	1	4

注：1. Re 为雷诺数。

2. 微灌用聚乙烯管相应于水温 10 ℃，其他温度时应修正。

(4)支管管径确定。

平坦地形，毛管进口未设调压装置时，支管管径的初选。按上述分配给支管的允许水头差，用下式初估支管管径 $d_{支}$：

$$d_{支} = \sqrt[b]{\frac{KfFQ_{支}^{m}L}{[\Delta h]_{支}}} \tag{6-38}$$

式中 K——考虑到支管管件产生的局部水头损失而加大的系数，K 通常的取值范围为 1.05～1.1；

L——支管长度，m；

其他符号含义同前，且 f、m、b 值仍从表 6-11 中选取，需注意的是，应按支管的管材种类正确选用表中系数。

当为坡地，毛管进口采用调压装置时，由于此时小区内设计允许的水头差均分配给了毛管，支管应按经济流速来初选其管径 $d_{支}$。

$$d_{支} = 1\ 000\sqrt{\frac{4Q_{支}}{3\ 600\pi v}} \tag{6-39}$$

式中 $d_{支}$——支管内径，mm；

$Q_{支}$——支管进口流量，m^3/h；

v——塑料管经济流速，m/s，一般取 $v=1.2～1.8$。

(5)干管管径的确定。

干管管径可按毛管进口安装调压装置时，支管管径的确定方法计算确定。

在上述三级管道管径都计算出后，还应根据塑料管的规格，最后确定实际各级管道的管径。必要时还需根据管道的规格，进一步调整管网的布局。

微灌系统使用的管材与管件，必须选择其公称压力符合微灌系统设计要求的产品，地面铺设的管道应不透光、抗老化、施工方便、连接牢固可靠。一般情况下，直径 50 mm 以上各级管道和管件可选用聚氯乙烯产品；直径在 50 mm 以下各级管道和管件应选用微灌用聚乙烯产品。

3）管网水头损失的计算

（1）沿程水头损失计算。

对于直径大于 8 mm 的微灌用塑料管道，应采用勃氏公式计算沿程水头损失，即

$$h_f = \frac{fQ^m}{d^b}L \tag{6-40}$$

式中　h_f——沿程水头损失，m；

f——摩阻系数；

Q——流量，L/h；

d——管道内径，mm；

L——管长，m；

m——流量指数；

b——管径指数。

式(6-40)中各种塑料管材的 f、m、b 值，可从表 6-11 中选取。

微灌系统中的支、毛管出流孔口较多，一般可视为等间距、等流量分流管，其沿程水头损失可按式(6-41)计算（当 $N \geqslant 3$ 时）：

$$h'_f = \frac{fSq_d^m}{d^b}\left[\frac{(N+0.48)^{m+1}}{m+1} - N^m\left(1-\frac{S_0}{S}\right)\right] \tag{6-41}$$

式中　h'_f——等距多孔管沿程水头损失，m；

S——分流孔的间距，m；

S_0——多孔管进口至首孔的间距，m；

N——分流孔总数；

q_d——毛管上单孔或灌水器的设计流量，L/h；

其他符号含义同前。

（2）局部水头损失计算。

局部水头损失的计算公式为：

$$h_w = \sum \zeta \frac{v^2}{2g} \tag{6-42}$$

式中　h_w——局部水头损失，m；

ζ——局部水头损失系数；

v——管中流速，m/s；

g——重力加速度，m/s²。

当参数缺乏时,局部水头损失也可按沿程水头损失的一定比例估算。支管为0.05~0.1,毛管为0.1~0.2。

4)毛管的极限孔数与极限铺设长度

水平毛管的极限孔数,按式(6-43)计算。设计采用的毛管分流孔数不得大于极限孔数。

$$N_m = \mathrm{INT}\left[\frac{5.446[\Delta h_{毛}]d^{4.75}}{KS_e q_d^{1.75}}\right]^{0.364} + 0.52 \tag{6-43}$$

式中 N_m——毛管的极限分流孔数;

INT[ ]——将括号内实数舍去小数成整数;

$[\Delta h_{毛}]$——毛管的允许水头偏差,m,$[\Delta h_2] = \beta_2[\Delta h]$ 或 $(h_{max} - h_{min})/2$;

d——毛管内径,mm;

K——水头损失扩大系数,$K=1.1\sim1.2$;

S_e——毛管上分流孔的间距,m;

q_d——毛管上单孔或灌水器的设计流量,L/h。

均匀坡度地形的毛管极限孔数计算按《微灌工程技术规范》(GB/T 50485—2009)进行。

极限铺设长度,采用以下公式计算:

$$L_m = N_m S_e + S_0 \tag{6-44}$$

式中 S_0——多孔管进口至首孔的间距。

【例6-4】 毛管设计及水力计算。

已知毛管长度设计最长铺设长度120 m,支管进口压力水头为 $h_d=11$ m。

计算:(1)设计滴头工作压力偏差率 H_v,设计允许流量偏差率 $q_v=0.2$,流态指数 $x=0.45$;

(2)毛管极限孔数 N_m,毛管上单孔的设计流量 $q_d=1.1$ L/h,毛管的内径 $d=15.9$ mm,毛管水头损失扩大系数 $K=1.1$,毛管滴头间距 $S_e=0.4$ m;

(3)毛管最大铺设长度 L_m,多孔管进口至首孔的间距 $S_0=0.4$ m。

解:(1)毛管允许工作压力偏差率:

$$H_v = \frac{1}{x}q_v\left(1+0.15\frac{1-x}{x}q_v\right) = \frac{1}{0.45}\times0.2\times\left(1+0.15\times\frac{1-0.45}{0.45}\times0.2\right) = 0.46$$

(2)毛管极限孔数:

$$N_m = \mathrm{INT}\left(\frac{5.446d^{4.75}h_d H_v}{KS_e q_d^{1.75}}\right)^{0.364} + 0.52$$

$$= \mathrm{INT}\left(\frac{5.446\times15.9^{4.75}\times11\times0.46}{1.1\times0.4\times1.1^{1.75}}\right)^{0.364} + 0.52 = 507$$

(3)毛管最大铺设长度:

$$L_m = N_m S_e + S_0 = 507\times0.4+0.2 = 203(\mathrm{m})$$

毛管设计铺设长度120 m是合理的。

5)节点的压力均衡验算

微灌管网必须进行节点的压力均衡验算。从同一节点取水的各条管线同时工作时,节点的水头必须满足各条管线对该节点的水头要求。由于各管线对节点水头要求不一致,因此必须进行处理,处理办法有:一是调整部分管段直径,使各条管线对该节点的水头要求一致;二是按最大水头作为该节点的设计水头,其余管线进口根据节点设计水头与该管线要求的水头之差,设置调压装置或安装调压管(又称水阻管)加以解决。压力调节器价格较高,国外微灌工程中经常采用。我国则采用前一种方法,即在管线进口处安装一段比该管管径细得多的塑料管,以造成较大水阻力,消除多余压力。

从同一节点取水的各条管线分为若干轮灌组时,各组运行时的压力状况均需计算,同一组内各管线对节点水头要求不一致时,应按上述处理方法进行平衡计算。

4. 机泵选型配套

微灌系统的机泵选型配套,主要依据系统设计扬程、流量和水源取水方式而定。

1)微灌系统的设计流量

系统设计流量可按下式计算:

$$Q = \sum_{i=1}^{n} q_i \tag{6-45}$$

式中 Q——系统的设计流量,L/h;

q_i——第 i 号灌水器设计流量,L/h;

n——同时工作的灌水器个数。

2)系统设计扬程

系统设计扬程按最不利轮灌条件下系统设计水头计算:

$$H = Z_p - Z_b + h_0 + \sum h_f + \sum h_w \tag{6-46}$$

式中 H——系统的扬程,m;

Z_p——典型毛管进口的高程,m;

Z_b——系统水源的设计水位,m;

h_0——典型毛管进口的设计水头,m;

$\sum h_f$——水泵进水管至典型毛管进口的管道沿程水头损失,m;

$\sum h_w$——水泵进水管至典型毛管进口的管道局部水头损失,m。

3)机泵选型

根据设计扬程和流量,就可以从水泵型谱或水泵性能表中选取适宜的水泵。一般水源设计水位或最低水位与水泵安装高度间的高差超过8.0 m时,宜选用潜水泵;反之,则可选用离心泵等。根据水泵的要求,选配适宜的动力机,防止出现“大马拉小车”或“小马拉大车”的情况。在电力有保证的条件下,动力机应首选电动机。必须说明的是,所选水泵必须使其在运行高效区工作,并应为国家推荐的节能水泵。

5. 首部枢纽设计

首部枢纽设计就是正确选择和合理配置有关设备与设施。首部枢纽对微灌系统运行的可靠性和经济性起着重要作用。

(1)过滤器。选择过滤器主要考虑水质和经济两个因素。筛网过滤器是最普遍使用的过滤器,但含有机污染物较多的水源使用沙石过滤器能得到更好的过滤效果,含沙量大的水源可采用离心式过滤器,但必须与筛网过滤器配合使用。

(2)施肥器。应根据各施肥设备的特点及灌溉面积的大小选择,小型灌溉系统可选用文丘里施肥器。

(3)水表。水表的选择要考虑水头损失值在可接受的范围内,并配置于肥料注入口的上游,防止肥料对水表的腐蚀。

(4)压力表。压力表是系统观测设备,均应设置在干管首部,一般装置2.5级精度以上的压力表,以控制和观测系统供水压力。

(5)阀门。在管道系统中要设计节制阀、放水阀、进(排)气阀等。一般节制阀设置在水泵出口处的干管上和每条支管的进口处,以控制水泵出口流量和控制支管流量,实行轮灌。每个节制阀控制一个轮灌区。放水阀一般设置在干、支管的尾部,其作用是放掉管中积水。上述两种阀门处应设计阀门井,其顶部应高于阀门20~30 cm,其余尺寸以方便操作为度。非灌溉季节,阀门井用盖板封闭,以保护阀门和冬季保温。

进(排)气阀一般设置在干管上。在管道布置时,因地形的起伏有时不可避免地产生凸峰,管网运行时这些地方易产生气团,影响输水效率,故应设置排气阀将空气排出。逆止阀一般设置在输水干管首部。

当水泵运行压力较高时,由于停电等原因突然停机,将造成较大的水锤压力,当水锤压力超过管道额定压力时,水泵最高反转转速超过额定转速1.25倍;管道水压接近气化压力时,应设置逆止阀。

6.投资预算及经济评价

规划设计结束时,列出材料设备用量清单,并进行投资预算与效益分析,为方案选择和项目决策提供科学依据。

三、滴灌系统维修保养

此部分详细介绍滴灌系统的维护与保养,后面的微喷灌、涌泉灌操作相同,不再赘述。

(一)设备维护

1.水源工程

对泵站、蓄水池等工程应经常维修养护,每年非灌溉季节应进行年修,保持工程完好。

对蓄水池沉积的泥沙等污物定期排除洗刷。开敞式蓄水池适宜藻类繁殖,在灌溉季节应定期向池中投放绿矾(硫酸铜),防止藻类滋生。灌溉季节结束后应排除管道中的存水,封堵阀门、井。

2.水泵

水泵运行前应检查机组转子的转动是否灵活,叶轮旋转时有否摩阻的声音;各轴承中的润滑油是否充足、干净,检查油位是否正常;填料压盖螺栓松紧是否合适,盘根是否硬化;进水池内是否有漂浮物,吸水管口有无杂物堵塞,拦污栅是否完好;各种闸阀启闭应灵活,并检查传动皮带不要过紧或过松,灌溉结束要放空柴油机、水泵、水管内的积水,对机组各部件进行维护。

3.过滤器

滴灌中使用的过滤器,为了保护它的过滤效果,必须经常进行清洗,操作时要经常观

察过滤器的进出口处两个压力表的压力差值,如超过规定的压力差,就应该立即对过滤器进行冲洗,筛网和叠片过滤器要取出滤芯,刷洗干净,晾干存放。沙石过滤器要彻底反冲洗,并用氯液处理消毒,防止微生物生长。如达到使用年限,沙石过滤器的沙石滤料需要掏出更换。

4. 施肥设备

应用施肥装置施肥时,最重要的是要正确计算施肥罐内应装入的肥料数量和水的容量,并仔细阅读产品上的使用说明,掌握好水与肥料的配比。另外,将每一次灌溉面积的所需肥料一次施完,然后装下一次轮灌面积所需的肥料,以免施肥不均匀等问题发生。以压差式施肥罐的操作过程为例:首先把可溶性肥料或肥料溶液装入罐内,然后把罐口封好,关紧罐盖。等系统正常运行之后,接通供肥液罐,关小滴灌输水管道上的施肥调压阀门,使阀门前管道压力大于阀门后管道压力,形成的压差使罐中肥料持续通过供肥液管进入阀门后的输水管道中,进入微灌管网及所控制的每个灌水器。

(二)管道运行管理

管道是滴灌系统中的主要设施,要保持经常畅通,不破裂、不漏水。

1. 管道运行管理注意事项

当工程建成以后,初次运行时首先要对干管、支管和所有毛管进行冲洗,防止泥沙堵塞管道。试运行必须按操作规程进行,事先应明确运行调试的操作顺序、观测项目,安排好操作和观察人员。试运行应由施工单位负责组织,设计单位协助,监理单位监督,使用单位参加。试运行中发现的问题必须妥善处理。试运行结果应记录并整理归档。

灌水期间要经常检查管道的工作状况,发现损坏或漏水的地方应该及时处理,如有喷头或滴头漏水或堵塞的问题出现,要及时更换新的喷头或滴头。每年灌溉季节结束,必须对管道进行一次全面的检修,放空管道里的存水,阀门应关闭,涂油防锈并加盖保护。

系统启动之前,要对管道、泵、动力、监测设备逐项进行检查,检查电路、电压、电流表、压力表是否正常,水泵、给水栓、阀门是否完好,开闭自如。系统运行时要巡回检查,检查管道连接处是否漏水,发现问题要及时处理。当轮换到下一组滴灌作业时,要先打开后一组的支管阀门,再关闭前一组的支管阀门。

仪表在运行时,应检查各种仪表读数是否在规定范围内,轴承温度控制在20~40 ℃,最高不超过75 ℃,使运行中不出现较大的振动或异常噪声。滴灌系统设备使用完毕以后要按规定定期保养和检查,否则会影响设备的正常运转。

2. 管道输水常见的故障问题

管道系统运行中最需要注意的问题是压力破坏,这就要求必须有完善的安全系统,例如安装排气阀、逆止阀等。

(三)灌水器的维护

滴灌系统中,灌水器的损毁主要集中反映在毛管因压力过大漏水或收割损伤断裂,滴头被杂质堵塞不出水。管道破损最直接的表现就是地面积水,能及时发现并更换。而滴头堵塞,一般会在作物出现缺水表象后才能发觉,严重的会导致死苗、减产。

通常所说的滴头堵塞敏感尺寸为0.7 mm,目前市场上的滴头都以大流道、紊流型滴头为设计和选用原则。此类滴头具有优良的水力性能和抗堵塞性能。只要系统管理规范,滴头的工作性能可以得到保证。

为防治滴头的堵塞,还需配合一些综合措施:在过滤水源前,需先多次冲洗过滤器;对水源进行适当的氯化处理,避免与减少黏土沉积和有机团粒形成;滴头内保持紊流状态,以防止颗粒沉积和有机团粒形成;以 0.3 ~0.61 m/s 的冲刷速度冲洗所有毛管,冲走沉积颗粒和有机团粒;建议使用压力补偿滴头以保证系统内流量均匀。

任务三 微喷灌技术

一、微喷灌技术的特点

微喷灌是以低压小流量喷洒出流的方式将灌溉水供应到作物根区土壤的一种灌溉方式。微喷灌技术是与微喷灌这一灌溉方式有关的设备、系统设计、系统配套及运行管理等综合技术的统称。微喷灌与滴灌、喷灌有一些近似之处,但也存在着明显的区别,它具有独自的特点。喷灌是利用喷头等专用设备把有压水喷洒到空中,形成水滴落到地面和作物表面的灌溉方法。滴灌是利用塑料管道和安装在直径约 10 mm 毛管上孔口非常小的灌水器,使水一滴一滴缓慢而又均匀地滴在作物根区土壤中进行局部灌溉的灌水形式。

(1)微喷灌中微喷头的布置随作物种植情况而定。主要湿润作物根区,属于局部灌溉,很少用到喷灌中常用的组合均匀度的概念。

(2)微喷头工作特性的要求基本与滴头相同。

(3)微喷头种类多,适用范围广,通过对微喷头的合理选择和使用可以进一步提高灌溉水的利用率。

二、微喷灌系统的灌水器

微喷头是微喷灌系统中微喷灌的灌水器。微喷头的结构形式及其制造质量的好坏以及对它的使用是否得当,直接影响到灌溉的质量、经济性和工作可靠性。建设一个运行良好、灌水效益高的微喷灌系统,首先必须对微喷头有一个深入的了解。

(一)微喷灌灌水器的分类

目前,微喷头种类繁多,分类方法也很多,通常按结构形式进行分类。

微喷头按结构形式分,主要有固定式、旋转式;从喷洒形状特征上分,又有大旋轮、单侧轮、180°、平面和轻雾型,不同的喷洒形状主要区别在于喷嘴的结构不同。微喷头采用的材质有铜和塑料等。微喷头的特性见表 6-12。

下面介绍微喷头的常见品种,其具体构造、工作原理等可参考其他教材,或在实际工作中予以认识学习。

1. 固定式

该类型微喷头的特点是在工作过程中所有部件相对于支撑件是固定不动的,水流以全圆周或扇形同时向四周散开。根据结构形式,可分为折射式微喷头、缝隙式微喷头、离心式微喷头三类。常见产品如图 6-21 所示。

表 6-12　微喷头按结构形式和喷洒特征分类

喷头类别	喷头形式	特点及适用范围
固定式微喷头	折射式、缝隙式、离心式	优点:结构简单,工作可靠;喷洒水滴对作物的打击强度小;雾化程度较高。 缺点:射程小,喷洒强度大;径向水量分布不均;易受干燥空气影响;喷孔易被堵塞。 适用范围:公园、草地、苗圃、温室等处的微喷灌系统;也适用于行喷式喷灌机上,以节约能源
旋转式微喷头	旋转式	优点:射程远,流量范围大;喷洒强度较低,均匀度较高。 缺点:当地插不垂直,或倒挂微喷头摆动厉害,微喷头转速不均匀,影响喷洒的均匀性。 适用范围:公园、草地、苗圃、温室等处的微喷灌系统

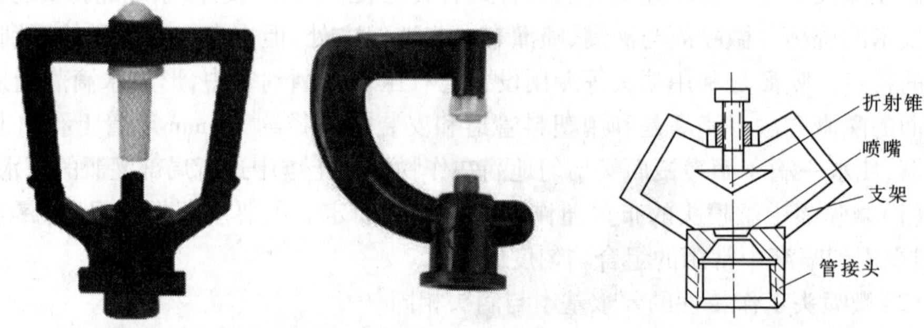

(a)外支架折射式微喷头及构造图:双支臂式折射微喷头、单支臂式折射微喷头

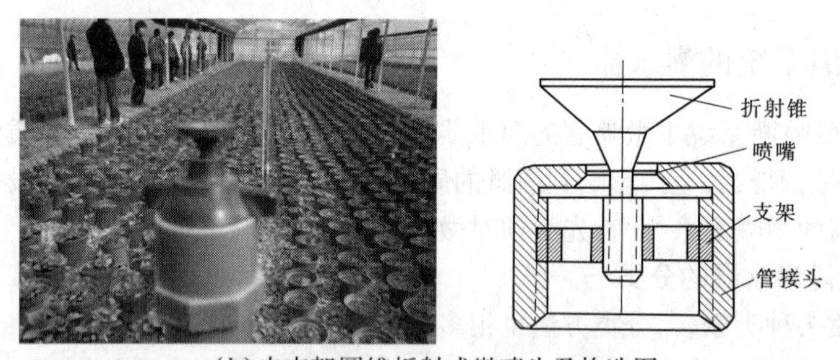

(b)内支架圆锥折射式微喷头及构造图

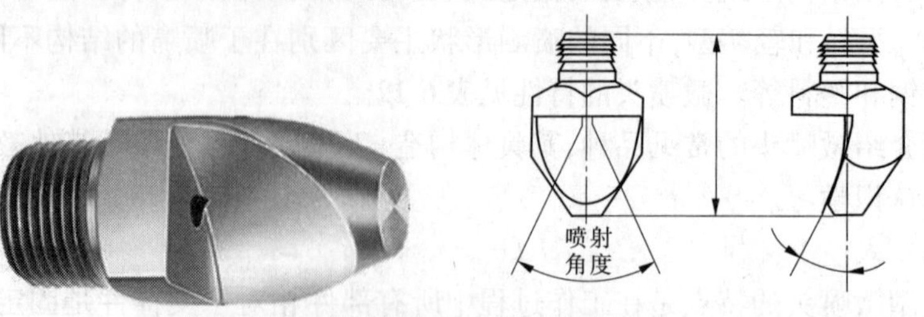

(c)弧面扇形折射式微喷头及构造图

图 6-21　常见的几种固定式微喷头

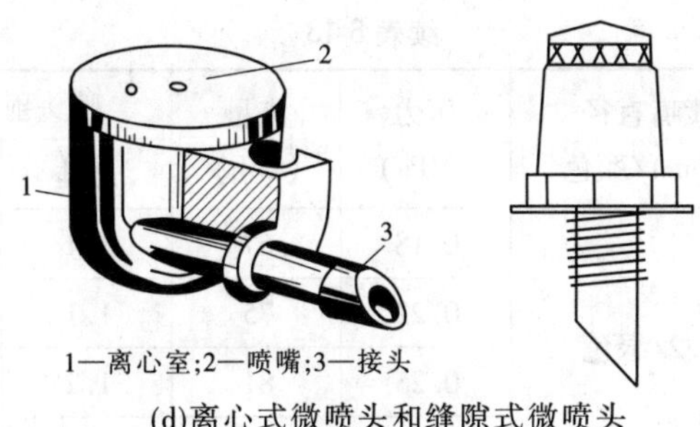

1—离心室;2—喷嘴;3—接头

(d)离心式微喷头和缝隙式微喷头

续图 6-21

2. 旋转式

在喷灌系统中,旋转式喷头结构复杂,转速慢,射程远,一般是中射程和远射程。在微喷灌系统中,多用叶轮式旋转微喷头(见图 6-22),该类微喷头结构相对简单,转速快,射程较近,属于近射程喷头,只能进行全圆喷洒。

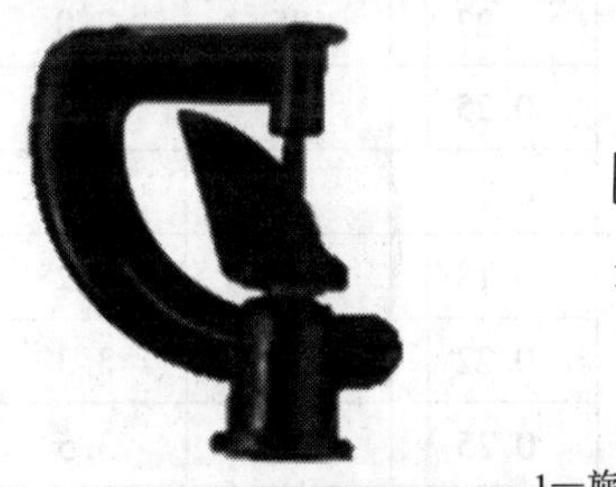

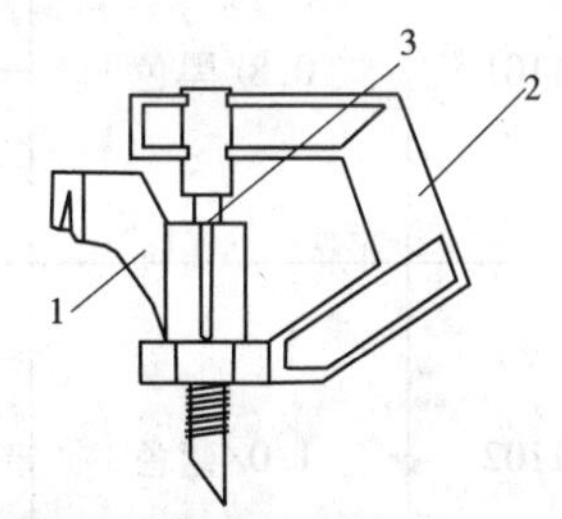

1—旋转折射臂;2—支架;3—喷嘴

图 6-22 旋转式微喷头及构造图

表 6-13 列出了常用微喷头性能参数,供设计时参考。常规产品规格参数,可参见《温室灌溉》(周长吉主编)、《经济型喷微灌》(栾永庆编著)。

表 6-13 微喷头性能参数

微喷头类型	型号	喷嘴直径(mm)/颜色	压力(MPa)	流量(L/h)	喷头射程(m)		雾化指标
					悬挂	插杆	
折射式	1201	0.8/黑色	0.18	30	0.8	0.8	22 500
			0.22	35	0.8	0.8	27 500
			0.25	37	0.9	0.9	31 250
			0.28	39	0.9	0.9	35 000
	1202	1.0/蓝色	0.18	45	1.0	0.9	18 000
			0.22	50	1.0	0.9	22 000
			0.25	54	1.1	1.0	25 000
			0.28	58	1.1	1.1	28 000

续表 6-13

微喷头类型	型号	喷嘴直径(mm)/颜色	压力(MPa)	流量(L/h)	喷头射程(m)		雾化指标
					悬挂	插杆	
折射式	1203	1.2/绿色	0.18	67	1.1	1.0	15 000
			0.22	75	1.1	1.0	18 300
			0.25	81	1.2	1.1	20 800
			0.28	86	1.2	1.2	23 000
	1204	1.4/红色	0.18	85	1.2	1.0	12 860
			0.22	98	1.2	1.1	15 700
			0.25	105	1.3	1.2	17 860
			0.28	110	1.3	1.2	20 000
旋转式	1101	0.8/黑色	0.18	30	2.8	2.6	22 500
			0.22	35	3.0	2.8	27 500
			0.25	37	3.2	3.0	31 250
			0.28	39	3.4	3.1	35 000
	1102	1.0/蓝色	0.18	45	3.2	3.0	18 000
			0.22	50	3.3	3.1	22 000
			0.25	54	3.5	3.3	25 000
			0.28	58	3.8	3.5	28 000
	1103	1.2/绿色	0.18	67	3.6	3.4	15 000
			0.22	75	3.7	3.5	18 300
			0.25	81	4.0	3.8	20 800
			0.28	86	4.2	4.0	23 000
	1104	1.4/红色	0.18	85	3.8	3.7	12 860
			0.22	98	4.0	3.9	15 700
			0.25	105	4.2	4.1	17 860
			0.28	110	4.4	4.3	20 000

注:本表选自《经济型喷微灌》(2009)。

(二)灌水器的结构参数和水力性能参数

结构参数和水力性能参数是微灌灌水器的两项主要技术参数。结构参数主要指喷嘴直径,对于折射式微喷头还包括折射锥角度,对于旋转式微喷头则为旋转叶轮的流道大小和导向角度。结构参数本书不做介绍。

水力性能参数主要指流态指数、制造偏差系数,工作压力、流量,与滴灌相同,可参见前面滴灌灌水器。

三、微喷灌系统安装技术要点

(一)一般规定

(1)微灌系统安装应具备以下条件:

①安装前工作人员应全面了解各种设备性能,熟练掌握施工安装技术要求和方法;

②安装用的各种工具、设备和测试仪表应准备齐全;

③计划安装设备的有关土建工程经检验已合格;

④待安装的设备应保持清洁。

(2)对安装设备器材的要求:

①按设计文件要求,全面核对设备规格、型号、数量和质量;

②按标准规定抽检待安装的灌水器、管和管件,严禁使用不合格产品。

(3)管道安装应符合以下要求:

①管道安装应按干、支、毛管顺序进行;

②按设计要求将管道平顺放入管槽内,不得悬空和扭曲;

③塑料管不得抛摔、拖拉和暴晒,安装期宜集中;

④塑料管道与道路交叉处埋深不应小于70 cm,并应加保护管。

(4)阀门、管件安装规定:

①法兰中心线应与管件轴线重合,紧固螺栓齐全,能自由穿入孔内,止水垫不得阻挡过水断面;

②干、支管上安装螺纹阀门时,一端应加装活接头;

③管件及连接处不得有污物、油迹和毛刺;

④不得使用老化和直径不合规格的管件。

(5)施工暂停时应采取下列保护措施:

①机泵、阀门等设备应放在室内,在室外存放必须置于高处,严禁暴晒、雨淋和积水浸泡;

②存放在室外的塑料管及管件应加盖防护,正在施工安装的管道敞开端应临时封闭;

③应切断施工电源,妥善保管安装工具。

(6)安装过程中应随时检查质量。

(7)各项检测资料应全部归档保存。

(二)首部枢纽设备安装

1.抽水加压设备安装要求

(1)电机与水泵应按《机电设备安装工程施工及验收规范》中有关规定执行。

(2)采用三角带传动的机组,动力机轴心和水泵轴心线必须平行,机、泵距离应符合技术要求。

(3)电机外壳必须接地,接线方式应符合电机安装规定,并通电检查和试运行。

(4)以柴油机、汽油机为动力的机组,排气管应通往机房外。

(5)机泵必须用螺栓固定在混凝土基座或专用机架上。

2. 过滤器安装要求

(1)过滤器应按输水流向标记安装,不得反向。

(2)自动冲洗式过滤器的传感器等电器元件应按产品规定接线图安装,并通电检查运转状况。

3. 施肥和施药设备安装要求

(1)施肥和施药装置应安装在过滤器前面。

(2)施肥和施药装置的进、出水管与灌溉管道连接应牢固,如使用软管,应严禁扭曲打折。

(3)采用注射泵式施肥器,机泵安装应符合产品说明书要求,经检查合格后再通电试运行。

(4)与人畜饮水联合使用的微灌工程,严禁在首部枢纽和人畜饮水管道上安装施肥与施药装置。

4. 量测仪表和保护设备安装要求

(1)安装前应清除封口和接头处的油污与杂物,压力表宜装在环形连接管上,如用直管连接,应在连接管与仪表之间装控制阀。

(2)应按设计要求和流向标记水平安装水表。

(三)管道安装

此部分内容可参见前面管道灌溉部分。

(四)阀门安装

1. 金属阀门与塑料管连接要求

(1)直径大于65 mm的管道宜用金属法兰连接,法兰连接管外径应大于塑料管内径2~3 mm,长度不应小于2倍管径,一端加工成倒齿状,另一端牢固焊接在法兰一侧。

(2)将塑料管端加热后及时套在带倒齿的接头上,并用管箍上紧。

(3)直径小于65 mm的管道可用螺纹连接,并应装活接头。

(4)直径大于65 mm的阀门应安装在底座上,底座高度宜为10~15 cm。

(5)截止阀与逆止阀应按流向标志安装,不得反向。

2. 塑料阀门安装要求

塑料阀门安装用力应均匀,不得敲碰。

(五)旁通安装

(1)安装前应检查旁通管外形,清除管口飞边、毛刺,抽样量测插管内外径,符合质量要求方可安装。

(2)支管上打孔方法与要求:

①应按设计要求在支管上标定出孔位;

②用手摇钻或专用打孔器打孔,钻头直径应小于旁通插管外径1 mm,钻孔不能倾斜,钻头入管深度不得超过1/2管径;

③将止水片套在旁通插管上,插入孔内并扎紧。

（六）毛管与灌水器安装

1. 毛管安装方法与要求

（1）应按设计要求由上而下依次安装。

（2）管端应剪平，不得有裂纹，并防止混进杂物。

（3）连接前应清除杂物，将毛管套在旁通上，气温低时宜对管端预热。

（4）微灌管（带）宜连接在引出地面的辅助毛管上。

2. 滴头安装方法与要求

（1）应选用直径小于灌水器插头外径0.5 mm的打孔器（见图6-11）在毛管上打孔。

（2）应按设计孔距在毛管上冲出圆孔，随即安装滴头，严防杂物混入孔内。

（3）微管滴头应用锋利刀具剪裁，管端剪成斜面，按规格分组捆放。

（4）微管插孔应与微管直径相适应，插入深度不宜超过毛管直径的1/2，并应防止脱落。

3. 微喷头安装方法与要求

（1）微喷头直接安装在毛管上时，应将毛管拉直，两端紧固，按设计孔距打孔，将微喷头直插在毛管上。

（2）用连接管安装微喷头时，应按设计规定打孔，连接孔一端插入毛管，另一端引出地面后固定在插杆（见图6-10）上，其上再安装微喷头。

（3）插杆插入地下深度不应小于15 cm，插杆和微喷头应垂直于地面。

（4）微喷头安装距地面高度不宜小于20 cm。

4. 地埋式灌水器安装要求

地埋式灌水器埋深应与耕作要求相适应，必要时出水口处宜采取防堵措施。

任务四　涌泉灌技术

一、涌泉灌技术特点

涌泉灌又称小管出流。涌泉灌技术是针对滴灌系统使用过程中灌水器容易堵塞，以及农业生产管理水平不高而设计的一种微灌技术。它具有节水、节能、灌水均匀、水肥同步、适应性强、管理方便等优点。研究表明，涌泉灌灌溉果树一般较传统的地面灌节水50%～70%，增产6%～10%，灌水均匀度在90%以上。

涌泉灌的技术核心就是利用直径为3 mm、4 mm和6 mm的PE塑料微管（或加流量调节器）作为灌水器（见图6-23）与毛管连接，并辅以田间渗水沟，以细流（射流）状局部湿润作物根区附近土壤。

（一）节水节能

涌泉灌仅湿润渗水沟及作物根系活动层的部分土壤，不会产生深层渗漏，节水效益显著；由于涌泉灌流道相对较大，过滤器及灌水器的局部水头损失小，因此运行过程中所需

图 6-23　涌泉灌微管及流量调节器

的工作压力较低。

（二）抗堵性能强

涌泉灌灌水器的流道直径比滴灌灌水器的流道或孔口的直径大得多（见表 6-14），无消能的迷宫结构。大口径、大流量的灌水器解决了长期以来滴灌系统灌水器容易堵塞的难题。

表 6-14　微灌灌水器孔径比较

名称	涌泉灌	微喷灌	滴灌	地下滴灌
孔径（mm）	1.0～6.0	0.8～2.0	0.2～1.2	0.2～1.2

注：本表选自《涌灌设备的研制及应用》，付琳，1999。

（三）适应性强

涌泉灌对各种地形、各类土壤要求不高，适用于各种果树、宽行蔬菜及大田作物的灌溉。

二、涌泉灌工程规划设计内容

涌泉灌工程规划设计内容及步骤与滴灌技术部分介绍的微灌工程设计内容相同，具体参见前面。

小　结

微灌是按作物需求，通过管道系统与安装在末级管道上的灌水器，将水和作物生长所需的养分以较小的流量，均匀、准确地直接输送到作物根部附近土壤的一种灌水方法。与传统的全面积湿润的地面灌溉和喷灌相比，微灌只以较小的流量湿润作物根区附近的部分土壤，因此又称为局部灌溉技术。

根据灌水器的不同或水流出水方式的不同，分为滴灌、微喷灌、涌泉灌、渗灌等。

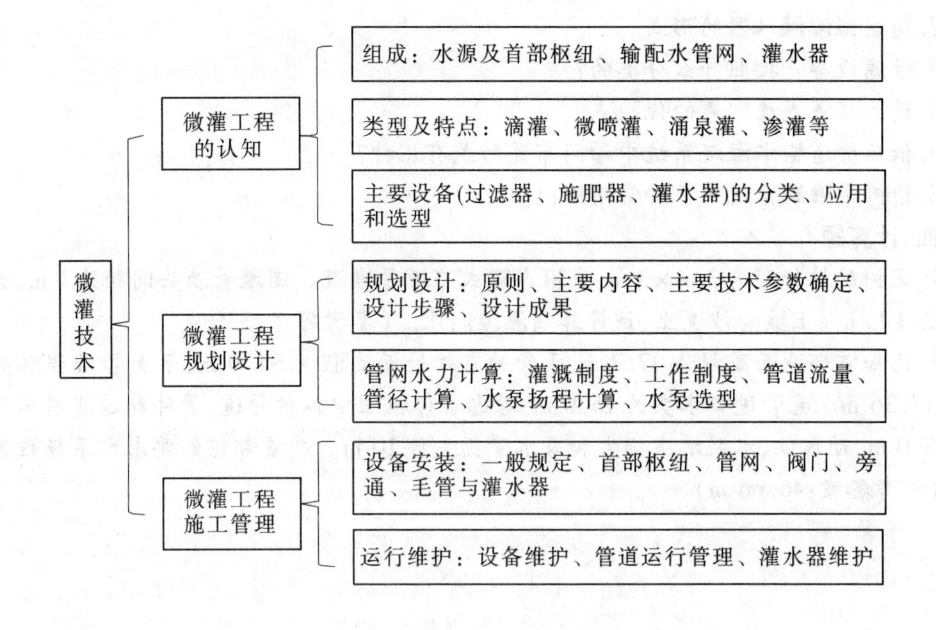

思考与练习题

一、填空题

1. 微灌系统的______主要包括动力机、水泵、变配电设备、施肥(药)装置、过滤设备和安全保护剂量测控制设施等。

2. 对于硬聚氯乙烯管与铸铁或其他阀件过渡连接用______接口。

3. 在压差式施肥(药)罐进出水口之间主管上、进出水口上应安装______，利用压差施肥。

4. 微喷头品种较多，主要有______、折射式、离心式。

5. 微灌的形式有______、微喷灌、涌泉灌和渗灌。

6. ______安装在系统首部的最高处。

7. 使用最为普遍的是______过滤器。

8. 为了防止肥料罐里的化肥和农药倒流回供水管中，需在供水管与施肥系统之间的管道中装上______，以避免污染。

二、名词解释

1. 滴灌　　2. 微喷灌　　3. 渗灌　　4. 涌泉灌

5. 湿润比　　6. 流态指数　　7. 压力补偿　　8. 多口系数

三、简答题

1. 简述引起灌水器堵塞的杂质类型。

2. 简述微灌灌水器的形式。

3. 过滤设备是按照什么分类的?

4. 简述压差式施肥罐的优缺点。

5. 低压管道输水灌溉系统中管网布置形式有几种?

6. 请例举灌溉系统中5种常用阀门。

四、计算题

1. 果树的株行距为3 m×3 m,采用内镶式滴灌管灌溉。滴灌管滴头间距为1 m,滴头流量2.3 L/h。土壤为沙壤土,试计算滴灌湿润比。(参考答案:33%)

2. 已知首部地面高程为97.7 m,干管的末端地面高程为94.0 m,干支管沿程水头损失为17.36 m。毛管进口水头为15.0 m,考虑首部枢纽中各种管道、管件和过滤器水头损失取8.0 m,动水位、水泵水头损失和吸水管损失计10 m。则首部枢纽要求水泵扬程为多少?(参考答案:46.66 m)

项目七　农艺节水技术

【学习目标】

1.了解各类耕作蓄水保墒技术、覆盖蓄水保墒技术、化学制剂调控技术的概念和保墒效果；

2.了解抗旱节水高产品种概念和筛选方法、抗旱剂的使用效果；

3.掌握各类耕作蓄水保墒技术、覆盖蓄水保墒技术的实施方法和化学制剂调控技术的使用方法；

4.掌握各种科学施肥技术的节水机制和抗旱剂的使用方法。

【技能目标】

1.能够采用各类耕作需水保墒技术、覆盖蓄水保墒技术和化学制剂调控技术，对农田蓄水保墒进行指导；

2.能够指导科学施肥和合理施用抗旱剂抑制无效蒸腾提高水分生产效率。

任务一　保墒类节水技术

农艺节水技术是指采用作物生理调控和农田土壤调控措施，使农田水分得到充分利用的技术措施。按照农艺节水技术的机制，可以划分为保墒类节水技术和抑制无效蒸腾类节水技术，或者两类措施的结合。保墒节水类技术主要包括耕作蓄水保墒、覆盖蓄水保墒、化学制剂调控技术等；抑制无效蒸腾类技术主要包括应用抗旱新品种、土肥措施、化学调控等。

一、耕作蓄水保墒

耕作蓄水保墒主要是通过耕作措施提高土壤的蓄水保水能力，促进作物根系发育及植株生长，以及肥料的高效利用，从而达到增产增效的目的。我国北方农业生产中经常采用的耕作蓄水保墒技术有以下几种。

(一)深翻耕

深翻耕一般用有壁犁进行，目的在于增加土壤蓄纳雨水数量、消灭杂草、翻埋肥料与秸秆、减少病虫害等。深翻耕有以下几种效果：

(1)深翻耕增大土壤孔隙率，加速雨水的入渗速度，减小地面径流，增加蓄水量，提高农田的耐旱能力，使土壤持水量增加2%~7%。

(2)深翻耕可以打破犁底层，创造深厚的耕作层，促进土壤熟化，增厚活土层，使土壤容重降低0.1~0.2 g/cm^3，非毛管孔隙率增加3%~5%，从而促进作物的根系发育。

(3)深翻耕可以促进根系对土壤肥料的吸收，从而促进植株生长。

深翻耕需要掌握好时间，才能达到最佳效果。一般应与当地雨季的来临时间相吻合，以便充分蓄纳降水。我国北方农田耕作的传统经验是"头伏耕地一碗水,二伏耕地半碗水,三伏耕地碗底水"。因此,伏深耕要早,早则能将伏雨储入土壤之中。若地多一时耕不过来,可先进行浅耕灭茬或耙地灭茬,打破地表板结,增加降雨入渗。

秋季的深耕时间,一般宜于作物秋收后抓紧时间进行,秋耕的时间不同,对土壤蓄水量的影响也很大。作物秋收后应尽早翻耕,以减少地表蒸发,同时可蓄纳部分秋季降水。此外,农田一般不宜板茬越冬,除风蚀严重或地面有积水的地区,均应争取当年进行秋深耕。

春耕,一般宜早不宜迟,宜浅不宜深,早而浅则失墒少,迟而深则失墒多。

深耕深度宜把握有度,据试验结果,深耕比浅耕增产。但由于投资成本的制约,绝不是愈深愈好,一般以20~22 cm为宜,深者也可加至25 cm左右,以遇上一次日降水量40~50 mm不产生严重径流为宜。在夏秋季无暴雨的地区,耕深宜浅一些,以减少表层浮墒的蒸发损失,同时可降低耕作成本。此外,沙土地通透性好,雨水一般下渗较快,则无须进行深耕。

深耕与耙耱保墒应密切结合,伏秋深耕后或雨后适时耙耱是一套完整的蓄水保墒措施,这样才能"借伏雨,增春墒",只有前者,没有后者,将徒劳无功。

(二)深松耕

深松耕是用无壁犁或松土铲只疏松土层而不翻转土层的一种耕作方式。前述的深翻耕虽可消灭杂草,翻埋肥料、秸秆及减少病虫害等,但翻耕过程中亦散失大量的土壤水分,尤其在干旱、半干旱地区,这是很不利的。此外,深翻耕所消耗的牵引力较大,工作效率较低,不利于抢墒及时播种。深松耕虽可克服这些缺点,但却不能翻埋肥料、杂草、秸秆及减少病虫害。为了克服这一缺点,常在深松耕之后再进行一次旋耕作业。

深松耕主要有以下两种方式:

(1)全面深松。应用深松犁全面松土,深松后耕层呈比较均匀的疏松状。此种方式所需动力较大,适于配合农田基本建设,改造耕层浅的黏质硬土。

(2)局部深松。应用齿杆、凿形铲或铧形铲进行松土与不松土相间隔的局部松土,松后地面呈疏松带与紧实带相间存在的状态。疏松带有利于降雨入渗,增加土壤水分,并且利于雨后土壤的通气及好气性微生物的活动,促进土壤养分的有效化;紧实带同时可阻止渗入耕层的水分沿犁底层在耕层内向坡下移动。因此,局部深松有明显的蓄水保墒增产效果。局部深松可在播种前的休闲地上进行,也可在播种后苗高20~30 cm时在行间进行。

振动深松是在原有深松技术的基础上,通过引进、开发多功能振动式深松机,实施土壤深松的一项新技术。振动深松较一般深松有着节省能源,减振效果好,在深松的范围内土壤全部膨松,不扰乱土层,适用于各种土壤等优点。振动深松加大了土壤深松层的"土壤水库"库容,提高了土壤储水保墒能力。

(三)耙耱保墒

首先,翻耕以后土壤松土层加深,大孔隙增多,且湿土层翻至地表,土壤蒸发量急剧增大,尤其是秋深耕以后,雨季已过,气温尚高,及时耙耱将显著减少土壤水分的损失,并能减少在地表形成干土块,为春播奠定基础。

其次,伏深耕以后,在经常出现伏旱的地区,也应注意耕后耙耱保墒。夏闲期间虽属雨季,但对雨后耙地或中耕保墒工作仍不能忽视。同时,夏季雨后耙耱还可以破除雨后形成的地表板结,为纳蓄第2次降水创造条件。夏季耙地或中耕一般在雨后或灌水后2~3 d地面呈现花白时进行,保墒效果较好,过早或过迟均非所宜。但入秋以后耙地必须与耱地相结合,或横耙、直耙、斜耙交互进行,务求把土地耙透、耙平,形成"上虚下实"的耕作层,以免跑墒,以防秋旱,为秋播全苗创造良好的条件。

再次,早春解冻土壤返浆期间,土壤上层水分比较充足,也是耙地保墒的重要时期。在土地刚刚解冻3~4 cm深,昼消夜冻时,就宜开始耙地,即"顶凌耙地"。后随消随耙,反复纵横交错2~3次。早春耙不仅应在冬闲地上进行,在越冬后的冬小麦地上也可垂直于麦行横耙,既保墒,又能清除枯叶,刺激冬麦恢复生长。

(四)中耕保墒

深翻耕与深松耕是以增加土壤蓄水能力为主要目的,而中耕浅耙则是以有效地切断土壤毛细管,在耕层地表形成干土层,从而减少土壤蒸发为主要目的。此外,中耕对植株生长能起到较好的促进作用,从而增加作物产量。旱地麦田的中耕适宜时期,以耕层土壤含水率在17%以上进行效果较好,低于15%时效果较差。因此,在雨雪之后需及时中耕保墒,破除表层板结,减少土壤蒸发。

(五)少耕与免耕保墒

连年翻耕将加速土壤有机质的消耗,或引起土壤水分的大量散失,裸地的土壤侵蚀也会加剧,同时翻耕机械消耗能量大,作业成本高。国内外对少耕或免耕的耕作方法进行了研究、试验和推广,少耕与免耕法在东北、华北、西北等地区得到普遍应用。

二、覆盖蓄水保墒

灌溉水或蓄纳的雨水能否较长时间地保存在土壤中,关键在于保墒。目前,比较常用且能广泛适用的覆盖保墒措施有秸秆覆盖和地膜覆盖,历史悠久的砂石覆盖措施在西北部分地区也得以延续至今。

(一)秸秆覆盖

秸秆覆盖是指利用农副产物(如茎秆、落叶等)或绿肥为材料进行的地面覆盖,一般多用麦秸和玉米秸。

1.秸秆覆盖的效果

(1)改善农田水分状况。田间试验结果表明,秸秆覆盖能显著改善农田水分状况。秸秆覆盖农田的棵间蒸发量比不覆盖的少,节余的土壤水分更多地变为作物叶面蒸腾,增加了作物的有效产出。

(2)调节地温。试验表明,秸秆覆盖在冬季有增温作用,高温季节有降温作用。秸秆覆盖后,覆盖层对太阳直接辐射和地面有效辐射的拦截作用,使冬季温度较高,生长季节温度较低。在高温季节,温度的降低能减少土壤水分的蒸发,增强土壤的保墒效应,且在盛夏酷暑时降低根部土壤温度,能为作物生长创造适宜的土壤环境。

(3)改善土壤性状、培肥地力。秸秆覆盖田面可使土壤免受雨滴的直接冲击,保护土壤表层结构,同时秸秆深翻入土后又会改善土壤性状,培肥地力。

(4)提高作物产量及水分生产效率。由于覆盖明显改善了田间水肥条件,从而促进作物产量的增加及水分生产效率的提高。此外,秸秆覆盖还具有抑制杂草、减少病虫害等多种效果。

2.秸秆覆盖材料、覆盖量及覆盖方法

(1)覆盖材料。麦秸或其他作物的有机残体,其长度在 30 cm 以下为好,玉米、高粱等高秆作物,可采用整株秸秆用于冬闲地和中耕作物行间覆盖,这样省肥、省工、省钱,又不易被冬春大风吹移。

(2)覆盖量。夏冬休闲期以每公顷覆盖秸秆 4 500~6 000 kg 为宜。麦播后(出苗前)或越冬前以每公顷覆盖秸秆 3 750~4 500 kg 为宜。玉米、高粱整株秸秆覆盖量(用于冬闲地和中耕作物行间覆盖)约 6 000 kg/hm^2,以盖严为准。

(3)覆盖方法。麦田休闲期覆盖是在麦收、翻耕灭茬、耙耱后随即把秸秆均匀地覆盖在地面上,小麦播种前 10~15 d 将秸秆翻压还田,结合整地,并根据土壤养分状况深施适量尿素 450 kg/hm^2、磷肥 600 kg/hm^2做底肥。麦田生育期覆盖可在播种后(必须在出苗前)、冬前(小麦开始越冬后)和返青前覆盖,以冬前覆盖最好。覆盖时必须将秸秆撒均匀,力求避免厚薄不匀。如要追肥,则可在覆盖前耧施适量尿素,并将地面耱平。小麦成熟收获后将秸秆翻压还田。

春播作物覆盖秸秆的时间,玉米以拔节初期(小喇叭口)、大豆以分枝期为宜。盖秸秆前结合中耕除草,追施适量尿素,然后将秸秆均匀地撒在棵间或行间,成熟收获后将秸秆翻压还田;夏播作物生育期覆盖方式,最好是在小麦收割时适当留高茬 15 cm 左右,待夏播作物出苗后,结合中耕灭茬,把根茬覆盖在棵间或行间。

(二)地膜覆盖

地膜覆盖主要用于栽培棉花、蔬菜、玉米、花生、瓜类等作物,温室大棚蔬菜、瓜果等作物,以及小麦覆膜穴播技术。与秸秆覆盖相比,地膜覆盖不仅保墒效果明显,对土壤水的抑蒸力达 80%以上,而且克服了秸秆覆盖所引起的春季地温下降等不足,但地膜覆盖不及秸秆覆盖能改善土壤性状和增进肥力。山西省水利厅在不同地区试验所得棉花地膜覆盖耗水量、产量比较结果显示,地膜覆盖具有节水增产双重效应。

渭北旱塬地区冬闲地不同覆盖措施下土壤水分损失量与玉米产量的比较结果显示,保墒效果地膜覆盖好于秸秆覆盖,在地膜覆盖中黑色地膜略优于透明地膜;玉米产量亦然,地膜覆盖高于秸秆覆盖,在地膜覆盖中黑色地膜略高于透明地膜。

新疆昌吉市针对当地蒸发强烈的气候特点,在地膜棉花的基础上,采用膜上膜覆盖技术,取得显著的增产效果。

(三)砂石覆盖

砂石覆盖是我国甘肃半干旱地区农民在同干旱、土壤侵蚀长期斗争中创造的一种蓄水、保墒、抗旱、稳产增产的特殊覆盖免耕方式,也称为“砂田”。砂田是由大小不等的河卵石或冰碛石与粗砂的混合物覆盖在农田表面形成的,分为水砂田和旱砂田,水砂田覆盖物厚度为 5~6 cm,旱砂田覆盖物厚度为 15~18 cm。

1.砂石覆盖效果

(1)提高农田蓄水保墒性能。砂层覆盖于土壤表面,因与土壤的毛管联系较少,大大减少了土壤水分上升由表面蒸发所造成的损失,而砂层颗粒粗,形成的孔隙较大,又有利于降水的迅速入渗。

(2)提高地温。砂田具有明显的增温和保温效果,砂石覆盖的农田提前10 d左右解冻,推迟20 d左右上冻,并促进作物提早成熟,改进品质。砂田增温的原因在于,沙砾色深,热容量小,热传导率高,升温较快;同时,砂田蒸发量小,耗热量小,热量不易散失,温度变化相对较稳定。

(3)保持水土,防止风蚀,降低盐碱危害。砂田因砂层覆盖土壤,不直接受降水的冲击与风力的吹蚀,有明显的保持水土和防止风蚀的作用。由于铺砂降低了土壤蒸发量,同时减少了盐分随水上升在土壤上层的积累,因此盐碱地铺砂后,土壤上层的盐分有逐年下降的趋势。

(4)减少病虫害及杂草危害。砂田与土田相比,作物病虫害及杂草明显减少,据皋兰县调查,土田春小麦腥黑穗病发病率平均20%,最高38%,而铺砂田春小麦全部无病;农田铺砂后杂草明显减少,一般较土田减少70%~80%。

(5)增加作物产量。由于砂田有以上优点,使得作物产量与品质比土田均有所提高。一般年份谷类作物产量提高1~3倍,棉花产量提高50%~80%;砂田春小麦蛋白质含量比土田相对提高21%,甜瓜含糖量可达11%~13%。

2.砂田的施工与维护

砂田在铺设前,一般先休闲一年,以储蓄降雨,休闲期间进行深耕翻,并要施足底肥(有机肥),然后耙平压实,越冬时期地冻时进行铺砂,铺砂后实行长期免耕。为了接纳降雨、清除杂草,在作物生长期间或夏秋降雨较多之际,需要进行耖砂,使砂层疏松,以利于降雨入渗。

砂田使用年限,水砂田一般为5~6年,旱砂田可长达40年,因而砂田有新、中、老之分。砂田经长期耕种之后,砂层内混入的细土日渐增多,砂层的保水及其他良好功能亦逐渐丧失,作物产量也会日趋下降,至一定程度必须将旧砂层全部移出田外,重新犁耕、蓄墒、施肥、铺砂,使砂田更新,恢复功能。

三、化学制剂调控技术

高吸水树脂又名吸水剂、保水剂,是一种新型高分子化合物,具有高吸水保水性能。这种颗粒能吸入相当于自身数百乃至数千倍的水,吸胀后体积膨大500~1 000倍。

(一)使用效果

1.增加土壤有效水分

由于树脂显著的吸水性,将其与土混匀或像施肥一样直接撒入地中,可吸持土壤中大量的水分,从而减少土壤水的无效损失,增加土壤有效水分。据试验,以0.5%的比例将高吸水树脂加入到不同质地的土壤(沙土、壤土、黏土),能使土壤水增加7%~20%。

由于保水剂能将耕层土壤中的水分吸聚,采用保水剂拌种(或涂根)能促进种子出苗,提高出苗率,并为幼苗健壮生长创造良好的局部水分环境。

2.抑制土壤蒸发

吸水树脂吸入的大量水分,随着植物的生长和土壤水的变化缓慢释放出来,从而降低土壤水的蒸发量。

3.促进植株生长、提高产量和水分生产效率

由于使用吸水树脂改善了土壤水分状况,从而促进作物生长及高产。河南省商丘市试验区实测资料显示,吸水树脂对玉米生长增产效果十分明显,增长18.8%。

(二)使用方法

1.种子包衣

将吸水树脂与等量的填充剂(滑石粉)混合均匀,然后按3:100的比例(即3 kg混合物拌100 kg种子)均匀拌撒在事先用水湿润的种子上,吸水树脂立即牢固地黏附在种子表面,稍晾后即可播种。拌种时应注意以下几点:

(1)干种子喷水量以占种子重的5%~7%为宜。对于播前需浸种的种子,需捞出后晾至种子表面无游离水分后再拌种。种子过湿会造成吸水树脂因吸水过多而成为胶状将种子黏成一团,造成播种时下种不均匀;种子过干,则吸水树脂不能与种子很好地黏附,包衣质量不高。特别要注意对于浸种时间较长的种子,如甜菜种球内吸水多,为避免吸水树脂从种球内倒吸水成胶状,使种子黏在一起,影响播种质量,则应在播种机进地时,在地边一边进行吸水树脂处理,一边播种。

(2)在拌撒吸水树脂之前,种子必须铺成薄薄一层,用纱布均匀抖撒吸水树脂,用喷粉器效果更佳。若抖撒不均匀,即使用力搅拌也无济于事。

2.移栽蘸根

将吸水树脂与水按1:150左右的比例配成水胶状,然后将刚挖出并去掉泥土的移栽苗根系放入其中蘸后取出,水凝胶均匀黏附在根上,即可移栽。运输距离远、时间长的移栽苗木,蘸根后最好用塑料布扎住根部。

(三)与培养土混用

将占培养土重0.3%~0.5%的吸水树脂与干培养土混合均匀后即可浇水播种。注意掌握吸水树脂用量,过少则效果不明显,过多则蓄水量过大,会降低土温,延迟种子萌芽,或使土壤透气不良,引起烂种、烂根现象,同时过多会增加成本。

吸水树脂适于集雨灌溉区种子包衣或直接均匀撒入土壤中,聚水助苗,提高作物产量。

任务二 抑制无效蒸腾技术

一、抗旱节水高产品种

(一)旱农作物抗旱品种

旱农是指在无灌溉条件下的半干旱和半湿润偏旱地区,主要依靠天然降水的雨养农业。旱农作物抗旱品种应与当地天然降雨量、季节分布规律,土壤储水、保水和供水性能,以及大气干旱规律相适应。作物品种的抗旱性能是指该品种作物对干旱的适应与抵抗能力,是品种筛选与评价的重要依据,在实践中应将品种的抗旱能力与产量一并考虑。

在田间直接鉴定作物品种的抗旱性能,要进行品种间的对比试验,测定不同品种在干旱

条件下减产的幅度,在有条件的地区还要进行水旱区对比试验。旱区产量与水区产量的比称为抗旱系数,品种间用抗旱系数进行比较,抗旱系数大的比抗旱系数小的抗旱能力强。

筛选抗旱品种时,应注意以下几点:

(1)一定要结合当地自然条件,尽可能使作物生育期与当地水、肥、气候条件相适应,不宜一味追求高产。

(2)必须注意提纯复壮当地品种。当地品种是长期自然选择和人工选择的结果,最适应当地环境,提纯复壮当地品种可大幅度提高产量。

(3)在筛选抗旱品种的同时,注意因地制宜调整作物布局,安排好轮作倒茬,以充分发挥抗旱作物品种的作用。

(二)节水高产型作物品种

节水高产型作物品种是指在灌溉条件下,具有节水、抗逆、高产、高水分利用效率(WUE)的作物品种。不同光合途径类型和不同种类作物,WUE 存在很大差异,玉米较小麦高 2~3 倍。作物品种对水分亏缺的适应性和 WUE 的差异,是对作物品种选择和布局搭配的重要依据之一。如冬小麦品种的主要筛选指标是:种子吸水力强,叶面积小,气孔对水分反应敏感,根系大、入土深,株高 80 cm 左右,分蘖力中等,成穗率高,生长发育冬前壮、中期稳、后期不早衰,籽粒灌浆速度快、强度大,穗大粒多,千粒重 40~45 g,抗寒、抗旱、抗病、抗干热风;玉米品种的主要筛选指标是:出苗快而齐,苗期生长健壮,中后期光合作用强,株型紧凑,籽粒灌浆速度快,耐旱、抗病、抗倒伏,产量高而稳,籽粒品质好,生育期适合于当地种植制度。

二、科学施肥

农田土壤的水分生产效率与土壤肥力的高低有密切关系,肥力较高和合理施肥的土壤,有利于作物根系生长,即使上层土壤缺水,根系仍能下扎吸收深层土壤水分,供给作物上部需要;同时,合理施肥提高了作物产量,在相同耗水量的条件下,水分生产率也高。相反,土壤肥力低、贫瘠,作物生长不良,根系无力下扎利用深层土壤水分,则使产量低而不稳。

培肥改土技术采取的措施有以下几种。

(一)增施有机肥

土壤中的有机质和有机无机复合胶体是高产肥力的物质基础,增施有机肥料,不仅增加土壤养分,而且促进微生物活动,有机质经微生物分解后形成腐殖质中的胡敏酸,它可把单粒分散的土壤胶结成团粒结构的土壤,使空隙度增大,土壤容重变小,增加土壤蓄纳雨水或灌溉水的能力。因此,增施有机肥既能提高土壤肥力,又可改善土壤结构,增大土壤涵蓄水分的能力,达到以肥调水,增加作物产量,提高水分生产效率的效果。

增施有机肥对提高土壤速效养分,特别是速效磷的供应水平效果显著。质量好的厩肥中全磷含量高,速效磷达 0.1%~0. 5%,比麦田中的含量高数百倍至数千倍以上,因此增施有机肥对于土壤有效磷的积累有重要作用。

增施有机肥能做到"以肥调水""以肥增水"的作用。在集雨灌溉区通过增施有机肥,同样可达到减少灌水量、增加产量的目的。

根据各地经验,要求全面增施有机肥是难以办到的,因此应根据积肥数量和种类,采取分片轮施,结合轮作倒茬、用养结合来培肥地力。在有机肥量少的地区,可采用非腐解有机物(如麦秸、玉米秸等)直接还田来达到培肥改土、蓄水保墒、增产的效果,从而提高水分利用效率。

(二)发展绿肥牧草,实施草田轮作

在旱农地区贫瘠土壤上种植绿肥牧草,实行草田轮作或套作绿肥,不仅对培肥地力有显著效果,而且对于改善生态环境、防止土壤侵蚀、实现农牧结合、增加收入都具有重要意义。

草类作物改良土壤和提高土壤肥力的机制在于:①牧草类作物根系发达,穿透力强,特别是豆科草类作物,主根深达2~3 m,紫花苜蓿主根可深达3~6 m,发达的根系可以很好地疏松土壤,改善土壤的通透状况,加深活土层。②草类作物收割后,能给土壤留下大量含有丰富有机质、氮素和其他养分的根茬与枯枝落叶。③豆科牧草绿肥作物的根部有大量根瘤,是生产氮肥的“天然地下工厂”,里面含有无数的根瘤菌,吸收并固定空气中的氮素,增加土壤的含氮量。④除生物固氮外,草类作物对磷、钾等矿物质养分具有较强的富集能力,从而可以提高耕层土壤的有效养分含量。⑤对一些存在特殊障碍因素的低产土壤,如盐碱土、风沙土等,种草亦有很好的改良效果。

(三)合理施用化肥、配方施肥

在适度范围内增施化肥尤其是根据土壤状况配方施肥,能显著改善地力,在总耗水量相差不多的情况下,其产量明显增长,从而耗水系数大幅度下降,水分生产效率提高。

施用化肥要掌握合适的量。若将投肥量与作物耗水系数的关系用曲线图表示,如图7-1所示。从图7-1可以看出,随着施肥量的增加,土壤肥力提高,耗水系数逐渐下降。但耗水系数存在最低值,若再增施肥料,则耗水系数又出现回升,因此提倡合理施肥,超量施肥并不合理。

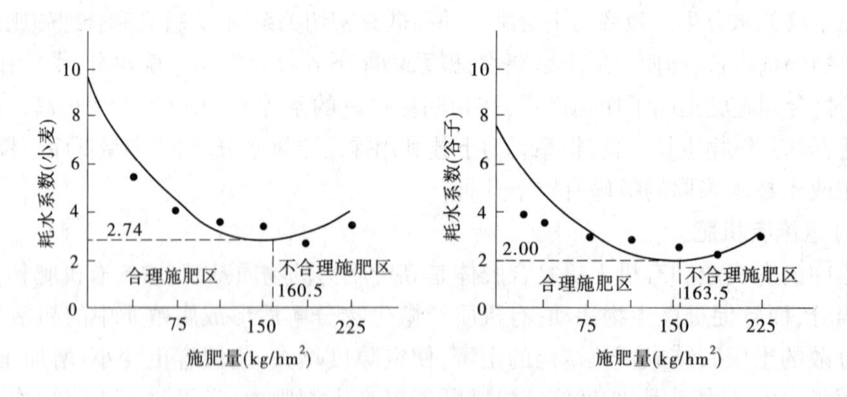

图7-1 投肥量与耗水系数关系图(以两年平均资料作图)

此外,各地地力基础不同,土壤营养元素的丰缺情况不同,因此施肥种类、用量、配合比例应有所不同,宜根据当地土壤养分状况,确定适合本地区的节水增产配肥方案。

三、施用抗旱剂

选用合适的抗旱剂可以减少植物蒸腾,改善和调控环境水分条件,提高水分生产潜力。黄腐酸(FA)是一种新型抗蒸腾剂。研究结果表明,它既能促进根系生长,又具有降低作物蒸腾和络合微量元素等多种生理生化效应,用黄腐酸拌种或喷施,可取得明显的节水增产效果。

(一)黄腐酸使用效果

(1)叶面喷施黄腐酸可减小植株气孔开度、降低蒸腾。

(2)叶面喷施黄腐酸可增加叶绿素,促进光合作用,增加粒重。试验表明,喷施黄腐酸4~7 d叶色即明显转绿,使有机物向穗部转移数量比对照高20倍,小麦每穗粒数平均增加1.6~3.0粒,千粒重增加0.2~1.4 g。

(3)黄腐酸拌种可促进早出苗及苗期生长。试验表明,用黄腐酸拌小麦种,可使其出苗提前1.5~2 d,麦苗的单株分蘖、旗叶面积和生物量均有明显增加。

(4)喷施或拌种均能促进根系活力,增加次生根条数和长度,从而增加对土壤深层水分和矿物质的吸收。

(5)增加作物产量。由于黄腐酸促进了作物根叶的生长,改善了水分状况,因此具有明显的增产效果。

(二)施用方法

1.拌种

密植作物如小麦等稀释比例为种子∶FA∶水=50 kg∶200 g∶5 kg。稀植作物如瓜类等稀释比例为种子∶FA∶水=50 kg∶100 g∶50 kg。

先将FA溶解于相当于种子质量10%的干净清水中,即每拌50 kg小麦种子,先将200 g FA溶解在5 kg的清水中,搅拌至FA全部溶解,然后均匀地洒在麦种上,掺拌均匀,使麦种都被FA染黑,堆闷2~4 h后即可播种,若拌种后不能立即播种,应将种子摊开晾干待播。

2.喷施

喷施最佳期应在作物对干旱特别敏感的需水临界期,如小麦的孕穗期和灌浆初期,玉米的大喇叭口期,甘薯的薯块膨大期,花生的下针期,甜瓜、西瓜的膨瓜期等。

喷施的配合比为:小麦每公顷FA用量750 g,加干净清水900 kg;玉米每公顷FA用量1 125 g,加干净清水900 kg,若喷施设备改换为0.75 mm孔径的弥雾片,其用水量可减少到150 kg。

喷洒时间以上午10时前和下午4时后为宜,其余时间不宜喷洒。喷洒次数一般全生育期一次即可,但若遇严重干旱,则可连续喷洒2~3次,每次间隔10 d左右。此外,要掌握好喷洒要领,小麦应保证其最上部叶片和倒二叶为中心的上部叶片受药,并尽可能使叶片背面受药;玉米以穗位为中心的上下3片叶必须受药,其次为顶部叶片。

3.适用范围

黄腐酸可用于各类作物。既可单独使用,又可与农药、微量元素复配使用,成为农药缓释增效剂和微量元素结合剂。但与农药混用时应先拌农药再拌FA,切记不能与碱性农药混用。

4.FA旱地龙

我国1997年开始大力推广使用FA旱地龙,旱地龙以天然低分子量黄腐酸为主要成分,并含有作物所需的多种营养素和16种氨基酸,以及生理活性强的多种生物活性基因,能有效控制气孔的开张度,减少作物水分的散失,并促进作物根系的生长发育,提高根系活力;具有作物体内多种酶的活性和叶绿素含量,保护作物细胞膜透性,增强作物抗寒防冻、抗病防病等性能;还具有无毒、无害、投资少、见效快、适用各种作物的特点,可以拌种、浸种、喷施和随水浇灌,是易旱地区一种有效的非工程抗旱措施。

小 结

农艺节水技术是指采用作物生理调控和农田土壤调控措施,使水分农田水分得到充分利用的技术。按照农艺节水技术的机制,可以划分为保墒类节水技术和抑制无效蒸腾类节水技术,或者两类措施的结合。

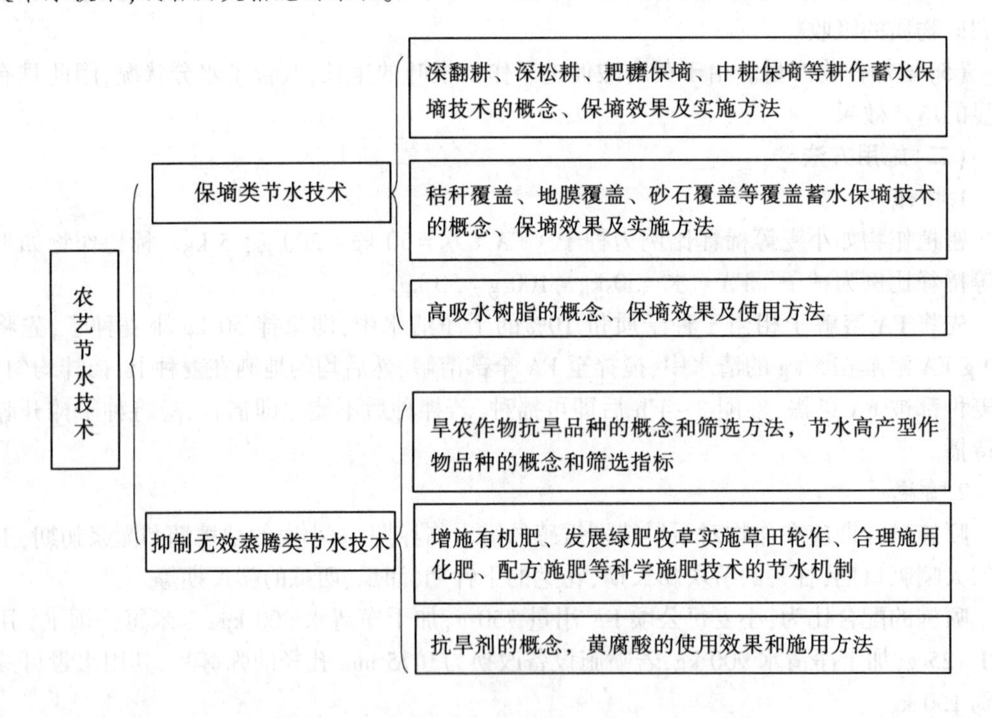

思考与练习题

一、填空题

1.按照农艺节水技术的机制,可以划分为__________和__________,或者两类措施的结合。

2.保墒节水类技术主要包括__________、__________、__________等。

3.抑制无效蒸腾类技术主要为__________、__________、__________等

4.深松耕是用________只疏松土层而不翻转土层的一种耕作方式。

5.砂石覆盖水砂田覆盖物厚度为______cm,旱砂田覆盖物厚度为______cm。

6.高吸水树脂又名吸水剂、保水剂,是一种新型高分子化合物,具有______性能。

7.增施有机肥能做到________、________的作用。

8. FA旱地龙的使用方法有________、________、________、________等。

二、名词解释

1.农艺节水技术　2.耕作蓄水保墒　3.深松耕

4.旱农　5.抗旱系数　6.节水高产型作物品种

三、简答题

1.简述深翻耕的蓄水保墒效果。

2.简述中耕的目的。

3.简述秸秆覆盖的蓄水保墒效果。

4.简述地面覆盖和秸秆覆盖的异同点。

5.简述砂石覆盖的蓄水保墒效果。

6.简述高吸水树脂的蓄水保墒效果。

7.简述冬小麦、玉米节水高产品种的主要筛选指标。

8.简述草类作物改良土壤和提高土壤肥力的机制。

9.简述黄腐酸的施用方法。

项目八　雨水集蓄利用技术

【学习目标】

1. 熟悉雨水集蓄利用技术的概念和发展方向;
2. 掌握雨水集蓄利用系统的组成和各系统的作用;
3. 了解影响集雨效率的主要因素;
4. 熟悉集雨场产流技术,掌握集雨场产流计算的原理;
5. 熟悉储水设施的类型以及各类型的特征和适用条件;
6. 掌握储水设施容积计算的工作原理和容积计算方法;
7. 掌握储水设施的施工防渗技术。

【技能目标】

1.能根据实际情况选择应用雨水集蓄利用系统的各部分;
2.能根据实际情况分析影响集雨效率的主要因素;
3.能根据工程实际情况合理选择储水设施;
4.会进行具体储水设施的施工防渗技术处理。

任务一　雨水集蓄工程的认识

一、雨水集蓄工程的发展现状和成效

目前,我们国家雨水集蓄利用技术研究主要集中在干旱、半干旱地区生活饮水、集流节灌和生态环境建设等方面,同时对集蓄雨水补灌地下水及城市集流等问题也展开了研究。我国自20世纪80年代末期开始对雨水集蓄利用技术进行系统研究,大致经历了试验研究、试点示范、推广应用三个阶段。目前,雨水集蓄利用技术已不单单是一项普通的微型水利工程,而成为干旱缺水地区人民改善农业生产条件,提高粮食单产,保护生态环境,发展经济,脱贫致富的主要手段。一些省区发展较快,如甘肃的“121雨水集流工程”、内蒙古的“112集雨节水灌溉工程”、宁夏的“窖水蓄流节灌工程”;四川省干旱地区通过兴建集雨工程后,不少农户开始种植蔬菜、瓜果等,取得了良好的经济效益;广西凤县弄雷屯依靠建成的54处地头水柜集雨工程,实施地改田2.93万hm^2,粮食年总产量增加1.8万kg,还有陕西、山西、河北等省。这些省(区)雨水利用技术的研究与应用,产生了明显的经济、社会和生态效益。因此,开展雨水集蓄利用理论和技术研究,为上述工程的科学规划和顺利实施提供相应的理论依据和技术支撑,意义十分重大。

雨水集蓄利用技术是指通过多种方式,调控降雨径流在地表的再分配与赋存过程,将雨水资源存储在指定的空间,进而采取一定的方式与方法,提高雨水资源利用率与利用效率的一种综合技术。它包括两个方面的含义:其一是雨水集蓄技术,其二是集蓄雨水的高

效利用技术。该项技术是我国广大干旱地区农业生产发展过程中一项重要的节水技术,并得到广泛应用。

国际雨水集流系统协会(International Rainwater Catchment System Association,IRCSA)和我国2001年颁布的《建筑与小区雨水控制及利用工程技术规范》(GB 50400—2016)把雨水集蓄利用技术(Rainwater Harvesting)定义为:采取工程措施对降水进行收集、储存和调节利用的微型水利工程(见图8-1)。也就是说,它有专门的收集雨水设施设备,有专门的储存雨水工程或设施,有专门的高效利用方式。与传统技术以土壤为雨水储存介质相比,这种工程措施对雨水收集效率和调控能力会更高;可以说,雨水集蓄利用技术是人们利用雨水的较高阶段。

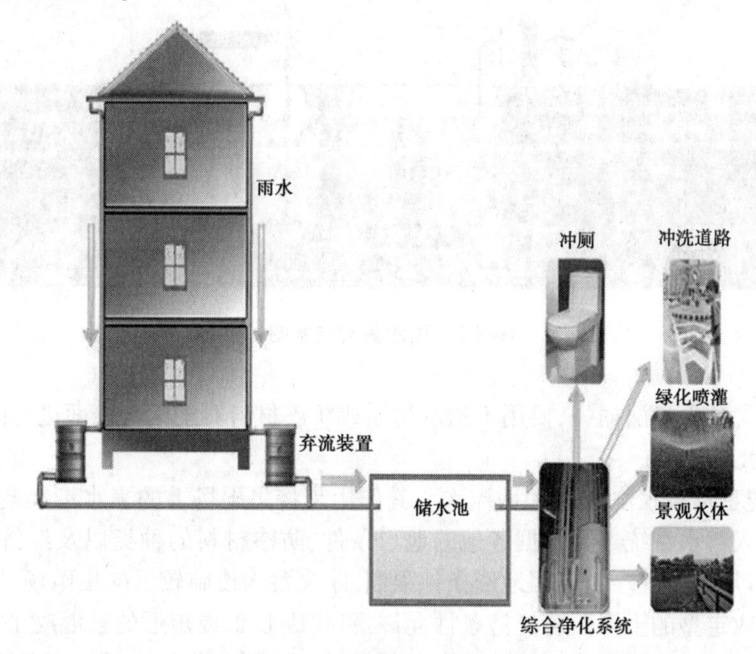

图8-1　雨水集蓄和高效利用图

雨水集蓄利用技术的实质是如何实现两个调控:一是如何调控降雨在地表的产流过程,控制地表径流量;二是如何调控地表径流的汇流过程,即控制地表径流的汇流方式与汇流过程,并将地表径流按照指定用途存储在一定的空间(见图8-2)。

二、雨水集蓄利用系统的组成

雨水集蓄利用系统是采取工程措施对雨水进行收集、储存和高效利用的微型水利工程。雨水集蓄利用系统一般由集雨系统、输水系统、蓄水系统和灌溉系统组成(见图8-3)。

(一)集雨系统

集雨系统是雨水集蓄利用工程的水源部分,其功能是为整个系统提供满足供水要求的雨水量,因而必须具有一定的集流面积和集流效率。集流面的建设是集雨系统的主体之一,雨水集流面可分为天然坡面、现有人工建筑物的弱透水表面以及修建专用集流面等三种类型。为了降低造价,应优先采用现有建筑物的弱透水表面作为集流面。此外,为了

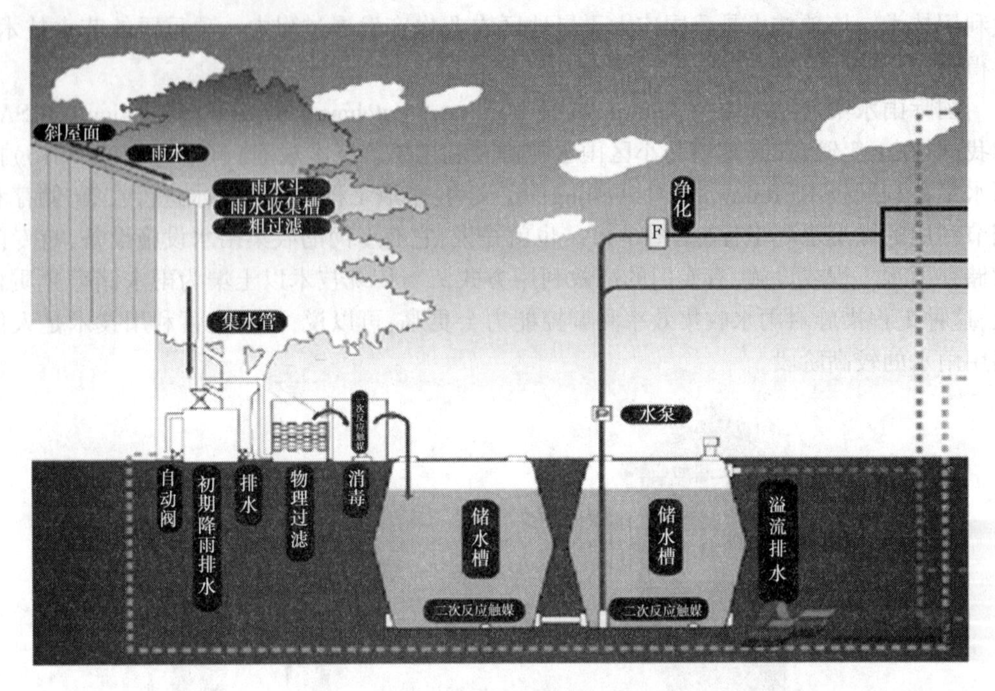

图 8-2　雨水集蓄技术图

提高集流效率,减少渗漏损失,要用不透水物质或防渗材料对集雨场表面进行防渗处理。

(二)输水系统

输水系统是指输水沟(渠)和截流沟。其作用是将集雨场上的来水汇集起来,引入沉沙池,而后流入蓄水系统。要根据各地的地形条件、防渗材料的种类以及经济条件等,因地制宜地进行规划布置。对于因地形条件限制,距离蓄水设施较远的集雨场,考虑长期使用,应规划建成定型的土渠。若经济条件允许,可建成 U 形或矩形的素混凝土渠。

利用公路、道路作为集流场且具有路边排水沟时,截流输水沟(渠)可从路边排水沟的出口处连接,修到蓄水设施。路边排水沟及输水沟(渠)应进行防渗处理,蓄水季节应注意经常清除杂物和浮土。

利用山坡地作为集流场时,可依地势每隔 20~30 m 沿等高线布置截流沟,避免雨水在坡面上漫流距离过长而造成水量损失。截流沟可采用土渠,坡度宜为 1/30~1/50。截流沟应与输水沟连接,输水沟宜垂直等高线布置,并采用矩形或 U 形素混凝土渠或用砖(石)砌成。

利用已经进行混凝土硬化防渗处理的小面积庭院或坡面作为集流场时,可将集流面规划成一个坡向,使雨水集中流向沉沙池的入水口。若汇集的雨水较干净,也可直接流入蓄水设施,可不另设输水渠。

(三)蓄水系统

蓄水系统包括蓄水工程及其附属设施,其作用是存储雨水,并根据灌溉用水需求进行调节。通常采用的蓄水工程主要有水窖、水窑、地表式水池、塘坝、水罐以及河网系统等 6 种。水窖和水窑属于地下埋藏式蓄水设施。地表式水池是修建在地面上的水池,可以是

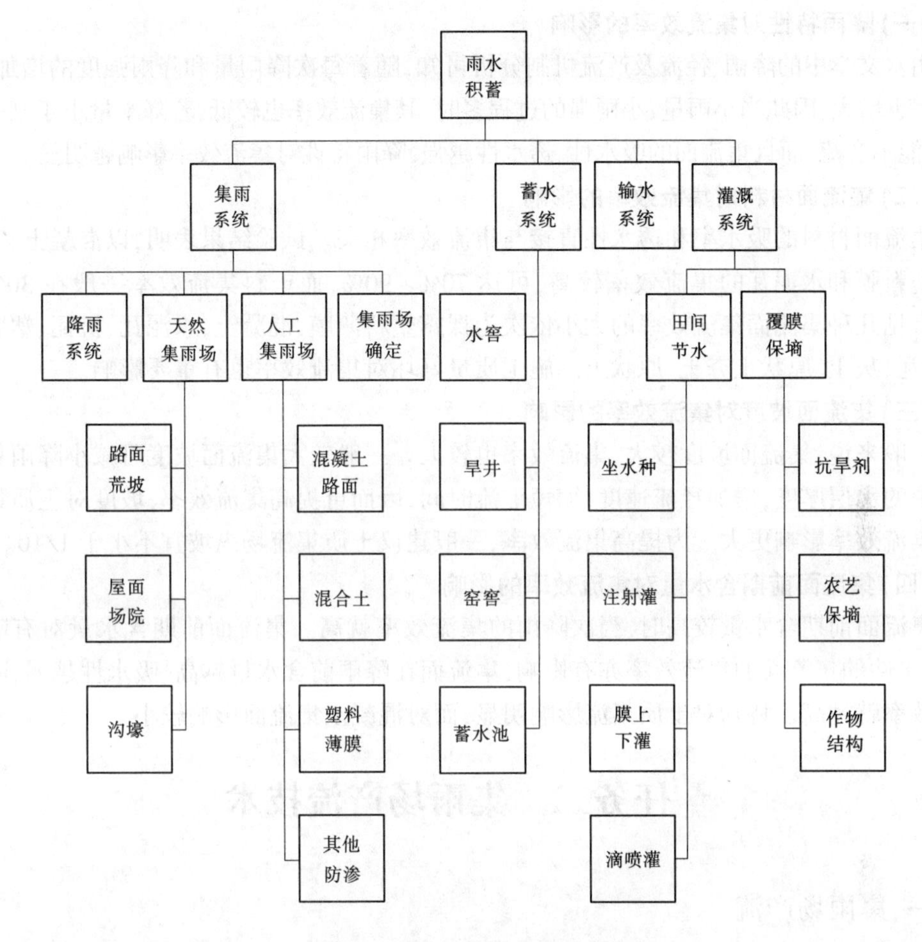

图 8-3 雨水集蓄利用系统组成

开敞或有顶盖的。塘坝是我国丘陵区普遍采用的蓄水设施,一般利用天然低洼地进行建造。水罐是预制的盛水容器,容积较小。河网是我国江南地区历史上形成的,曾经是当地居民重要的生活和生产用水的水源。附属设施主要包括沉沙池、拦污栅与进水暗管、消力设施和窖口井台,其作用分别为沉降进窖水流中的泥沙含量;拦截水流中的杂物;减轻进窖水流对窖底的冲刷;保证取水口不致坍塌、损坏,同时防止污物进窖。

(四)灌溉系统

灌溉系统包括首部提水设备、输水管道和田间的灌水器等节水灌溉设备,是实现雨水高效利用的最终措施。由于各地地形条件、雨水资源量、灌溉的作物和经济条件的不同,可选择适宜的节水灌溉形式。

三、影响集流效率的主要因素

影响集流效率的因素主要有四个:降雨特性、集流面材料、集流面坡度和集流面前期含水量。

(一)降雨特性对集流效率的影响

由水文学中的降雨、径流及产流机制分析可知,随着每次降雨量和降雨强度的增加,集流效率也增大,因此当小雨量、小雨强的过程多时,其集流效率也较低,若降水量小于某一值时,可能不产流,而且集流面的吸水性、透水性越强,降雨特性对集流效率影响越明显。

(二)集流面材料对集流效率的影响

集流面材料的吸水率和透水性直接与集流效率相关。试验结果表明,以混凝土、完整裸露塑料膜和水泥瓦的集流效率较高,可达70%~90%,而土料集流效率一般在30%以下。常见几种集流面集流效率的大小依次为裸露塑料薄膜、混凝土、水泥瓦、机瓦、塑膜覆砂、青瓦、灰土、原状土夯土、原状土。施工质量好坏对集流效率也有重要影响。

(三)集流面坡度对集流效率的影响

一般来说,集流面坡度较大,集流效率也较大。一般较大集流面坡度可减小降雨集流过程中的水层厚度,增加径流速度,缩短汇流时间,因而可提高集流效率,坡度对土质集流面的集流效率影响更大。为提高集流效率,一般建议土质集流场纵坡宜不小于1/10。

(四)集流面前期含水量对集流效率的影响

集流面前期含水量较高时,当次降雨的集流效率就高。集流面前期含水量对有吸水性、透水性的集流面的集流效率亦有影响,集流面在降雨前含水量越高、吸水性越弱,降雨集流效率就越高。特别对土质集流影响明显,而对混凝土集流面影响较小。

任务二　集雨场产流技术

一、集雨场产流

雨水集蓄工程一般由集雨系统、输水系统、蓄水系统和灌溉系统组成。其中集雨系统主要是指收集雨水的集雨场地。首先应考虑具有一定产流面积的地方作为集雨场,没有天然条件的地方,则需人工修建集雨场。所谓集雨场产流,就是集雨场上的各种径流成分的生成过程,也就是集雨场下垫面对降雨的再分配过程。当降雨开始时,由于降雨强度小于集雨场下垫面的下渗能力,降落在地面的雨水将全部渗入土壤,随着降雨历时的增加,当降雨强度等于下垫面的下渗能力时,地面开始积水,有一部分填充低洼地带或塘堰,称为填洼。当降雨强度大于下垫面的下渗能力时,超出下渗能力的部分水分便形成地面径流。集雨场产流过程见图8-4。

二、集雨场产流计算

(一)影响集雨场产流的主要因素

1.下垫面因素对集雨场产流的影响

降水落至地面后,在形成径流的过程中受到地面上流域自然地理特征(包括地形、植被、土壤、地质)和河系特征(河长、河网密度、水系形状等)的影响,这些影响因素统称下垫面因素。

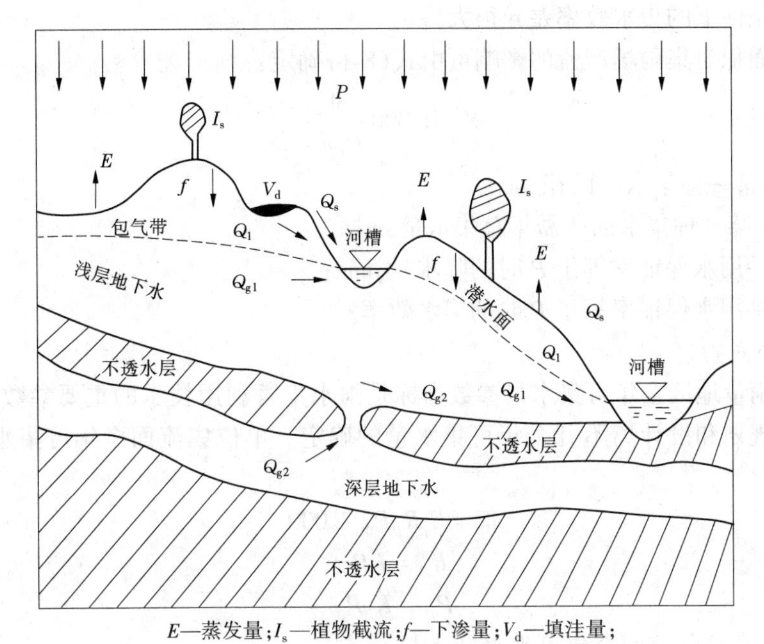

E—蒸发量；I_s—植物截流；f—下渗量；V_d—填注量；

Q_s—地表径流；Q_1—壤中流；Q_{g1}—地下径流；Q_{g2}—深层地下径流

图 8-4　集雨场产流图

2.降雨蒸发对集雨场产流的影响

在天然流域降水后，一部分降水落在河槽水面上就直接形成河网中径流，其他部分降水，首先消耗于植物截流、填注、蒸发和下渗。当雨强小于下渗强度时，雨水全部渗入土中，参与土壤水储存和运动；当雨强大于下渗强度时，超过下渗率的降雨(超渗雨)就形成地面径流。当地面下渗水量经过透水性强的土层继续下渗，并且表层下渗强度大于弱透水层的下渗强度时就产生壤中流。当降水继续下渗时，地下水面可能升高，这时稳定下渗强度大于弱透水层的下渗强度，于是产生地下径流。各种径流产流的基本规律为：供水是产流的必要条件，供水强度大于下渗强度是产流的充分条件。由于每次降水的气象因素和下垫面因素各异，所以产流方式也不相同。

3.土壤前期湿润情况对集雨场产流的影响

一般来说，植物截留量、雨期蒸发量、填注量一般较小；而下渗量一般较大，且变化幅度也很大，它从初渗到稳渗，在时程上具有急变特性，空间上也具有多变的特性。下渗量的时空变化一般表现为：同一种土壤情况下，土壤干燥时，下渗能力强；土壤湿润时，下渗能力小。由此可见，下渗对地面径流的产生影响很大。

(二)集雨场产流的计算

1.产流计算的相关参数

影响产流计算的因素主要有三个：全年集水效率、集水面面积和保证率等于 P 的全年降水量。

集水效率是集水区设计的重要参数，它与集流面材料性质、降雨特性、集流面的坡度和集水面前期含水量有关，施工质量对集流效率的影响也比较明显。不同地区在不同的保证率降水条件下的集水效率差异很大。

集水面面积对集雨场产流的影响可由式(8-1)确定:

$$S = 1\ 000 \frac{W}{P_P E_P} \tag{8-1}$$

式中 S——某一种集水面面积,m^2;

W——某一种集水面所需年总集水量,m^3;

P_P——用水保证率等于 P 时的降水量,mm;

E_P——用水保证率等于 P 时的集水效率。

2.计算公式

不同降雨量地区全年可集水量参数指标是雨水集蓄利用技术的重要参数,雨水集蓄利用工程的规划和设计离不开全年可集水量的确定。单位集流面全年可集水量计算见式(8-2):

$$W = E_y R_P P_0 / 1\ 000 \tag{8-2}$$

$$R_P = K P_P \tag{8-3}$$

$$P_P = K_P P_0 \tag{8-4}$$

式中 W——单位集流面全年可集水量,m^3/m^2;

E_y——某种材料集水面全年集水效率(以小数表示);

R_P——保证率等于 P 的全年降雨量,mm,可从水文气象部门多年平均降雨量等值线图查得,也可按式(8-3)和式(8-4)计算,对雨水集蓄来说,一般取 50%(平水年)和 75%(中等干旱年);

P_P——保证率等于 P 的全年降水量,mm;

P_0——多年平均降水量,mm,可根据气象资料确定;

K_P——根据保证率 P 及 C_v(离差系数)值确定的系数(以小数表示);

K——全年降雨量与降水量的比值(以小数表示)。

任务三 蓄水设施工程技术

一、储水设施的类型

蓄水系统包括储水设施及其附属设施,其作用是存储雨水。各地群众在实践中创造出不同的存储形式,北方地区最常见的是建水窖和蓄水池。各地应根据地形地貌特征、经济条件、施工技术和当地材料来选型。

(一)水窖

水窖按其修建的结构不同可分为传统型土窖、改进型水泥薄壁窖、盖碗窖、窑窖、钢筋混凝土窖等;按采用的防渗材料不同又可分为胶泥窖、水泥砂浆抹面窖、混凝土和钢筋混凝土窖、人工膜防渗窖等。由于各地的土质条件、建筑材料及经济条件不同,可因地制宜选用不同结构的窖形。

在建窖中,对用于农田灌溉水窖与人畜饮水窖在结构要求上有所不同。根据黄土高原群众多年的经验，人饮窖要求窖水温度尽可能不受地表和气温的影响，窖深一般要达到6~8 m，保持窖水不会变质，能够长期使用，而灌溉水窖则不受深度的限制。

适合当前农村生产的几种窖形结构如下。

1.水泥砂浆薄壁窖

水泥砂浆薄壁窖（见图8-5）是由传统的人饮窖经多次改进、筛选成型的。窖体结构包括水窖、旱窖和窖口窖盖三部分。水窖位于窖体下部，是主体部位，也是蓄水的位置所在，形似水缸；旱窖位于水窖上部，由窖口经窖脖子（窖筒）向下逐渐呈圆弧形扩展，至中部直径（缸口）后与水窖部分吻接，这种倒坡结构，受土壤力学结构的制约，其设计结构尺寸是否合理直接关系到水窖的稳定与安全；窖口窖盖起稳定上部结构的作用，防止来水冲刷，并连接提水灌溉设施。

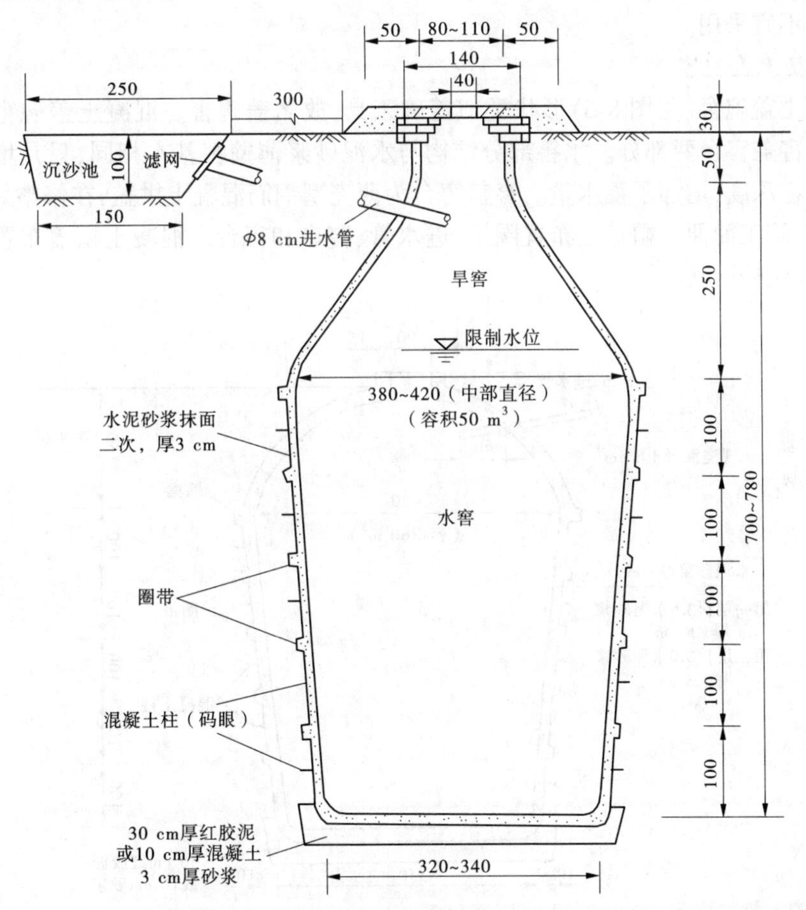

图8-5　水泥砂浆薄壁窖　（单位：cm）

水泥砂浆薄壁窖近似“坛式酒瓶”。窖深7~7.8 m，其中水窖深4.5~4.8 m，底径3.2~3.4 m，中径3.8~4.2 m，旱窖深2.5~3.0 m，窖口径0.8~1.1 m。窖体由窖口以下50~80 cm处圆弧形向下扩展至水窖中径部位，窖台高30 cm。蓄水量一般在40~50 m^3。

水泥砂浆薄壁窖的防渗处理分窖壁防渗和窖底防渗两部分。为了使防渗层与窖体土层紧密结合并防止防渗砂浆整体脱落,沿中径以下的水窖部分每隔1.0 m,在窖壁上沿等高线挖一条宽5 cm、深8 cm的圈带,在两圈带中间,每隔30 cm打混凝土柱,品字形布设,以增加防渗砂浆与窖壁的连续性和整体性。

窖底结构以反坡形式受力最好,即窖底呈圆弧形,中间低0.2~0.3 m,边角亦加固成圆弧形。在处理窖底时,首先要对窖底原状土轻轻夯实,增强土壤的密实程度,防止底部发生不均匀沉陷。窖底防渗可根据当地材料情况因地制宜选用。一般可分为:

(1)胶泥防渗,可就地取材,是传统土窖的防渗形式。首先要将红胶泥打碎过筛、浸泡拌捣呈面团状,然后分两层夯实,厚度30~40 cm,随后用水泥砂浆墁一层,做加固处理。

(2)混凝土防渗。在处理好的窖底土体上浇筑C19混凝土,厚度10~15 cm。

此窖型适宜土质比较密实的红、黄土地区,对于土质疏松的沙壤土地区和土壤含水量过大地区不宜采用。

2.混凝土盖碗窖

混凝土盖碗窖(见图8-6)形状类似盖碗茶具,故名盖碗窖。混凝土盖碗窖的窖体包括水窖与窖盖窖台两部分。水窖部分结构与水泥砂浆薄壁窖基本相同,只是增大了中径尺寸和水窖深度,增加了蓄水量。窖盖窖台为薄壳型钢筋混凝土拱盖,在修整好的土模上现浇成型,施工简便。帽盖上布置圈梁、进水管、窖口和窖台。混凝土帽盖布置少量钢筋铅丝,形同蜘蛛网状。

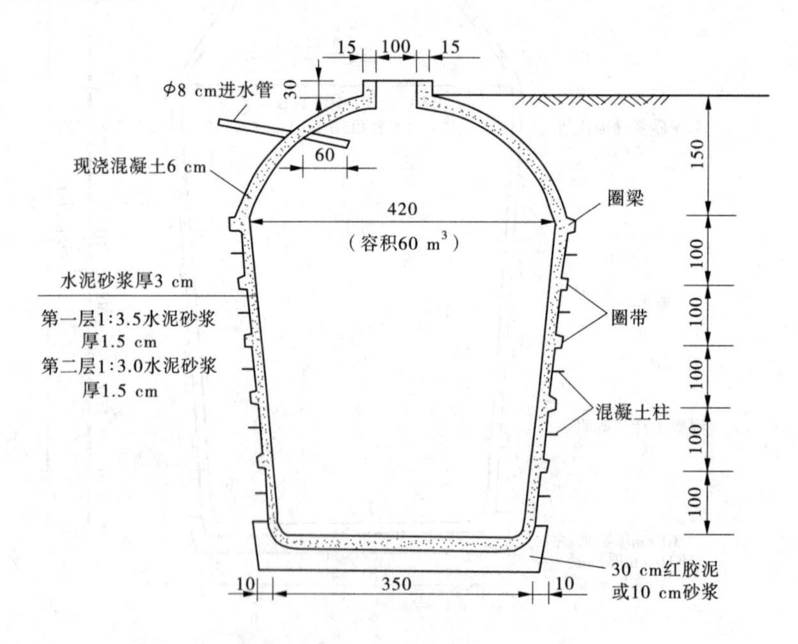

图8-6 混凝土盖碗窖 (单位:cm)

混凝土盖碗窖窖盖矢高1.4~1.5 m,球台直径为4.5 m,矢高与球台直径的比值一般为0.31~0.33。窖深6.5 m(不含底防渗层厚度),壁厚6 cm,底径3.2~3.4 m,中径4.2 m,窖口径1.0 m。蓄水量在60 m^{3}左右。

此窖型适用于土质比较松软的黄土和沙石壤土地区。打窖取水、提水灌溉和清淤等都比较方便,质量可靠,使用寿命长,但投资较高。

3.素混凝土肋拱盖碗窖

素混凝土肋拱盖碗窖是在混凝土盖碗窖的基础上,将钢筋混凝土帽盖改进为素混凝土肋拱帽盖,省掉了30 kg钢筋和20 kg铅丝,其他部分结构尺寸与混凝土盖碗窖完全一样。

素混凝土肋拱帽盖厚度为6 cm,是在修整好的半球状土模表面上由窖口向圈梁辐射形均匀开挖8条宽10 cm、深6~8 cm的小槽,窖口外沿同样挖一条环形槽,帽盖混凝土浇筑后,拱肋与混凝土壳盖形成一整体,肋槽部分混凝土厚度由拱壳的6 cm增加到12~14 cm,即成为混凝土肋拱,起到替代钢筋的作用。素混凝土肋拱盖碗窖的适用性更强,便于普遍推广。

4.混凝土拱底顶盖圆柱形水窖

该窖型是甘肃省常见的一种形式(见图8-7),主要由混凝土现浇弧形顶盖、水泥砂浆抹面窖壁、三七灰土翻夯窖基、混凝土现浇弧形窖底、混凝土预制圆柱形窖颈和进水管等部分组成,其技术数据见表8-1。

表8-1 混凝土拱底顶盖圆柱形水窖技术数据

容积(m^3)	直径(m)	壁厚(cm)	窖深(m)	挖方(m^3)	填方(m^3)	混凝土(m^3)	砂浆(m^3)
15	2.2	3.0	3.9	20.5	3.6	1.12	0.82
20	2.4	3.0	4.4	26.8	4.6	1.29	1.01
25	2.6	3.0	4.7	32.9	5.27	1.47	1.16
30	3.0	3.0	4.2	37.9	5.2	1.7	1.22

5.混凝土球形窖

该窖型为甘肃省的一种形式(见图8-8),主要由现浇混凝土上半球壳、水泥砂浆抹面下半球壳、两半球结合部圈梁、窖颈和进水管等部分组成,其技术数据见表8-2。

表8-2 混凝土球形窖技术数据

容积(m^3)	直径(m)	壁厚(cm)	挖方(m^3)	填方(m^3)	混凝土(m^3)	砂浆(m^3)
15	3.1	4.0	33.3	16.9	1.6	0.15
20	3.4	4.0	42.3	20.5	1.87	0.19
25	3.6	4.0	51.0	22.6	2.13	0.21
30	3.9	4.0	59.6	23.5	2.36	0.24

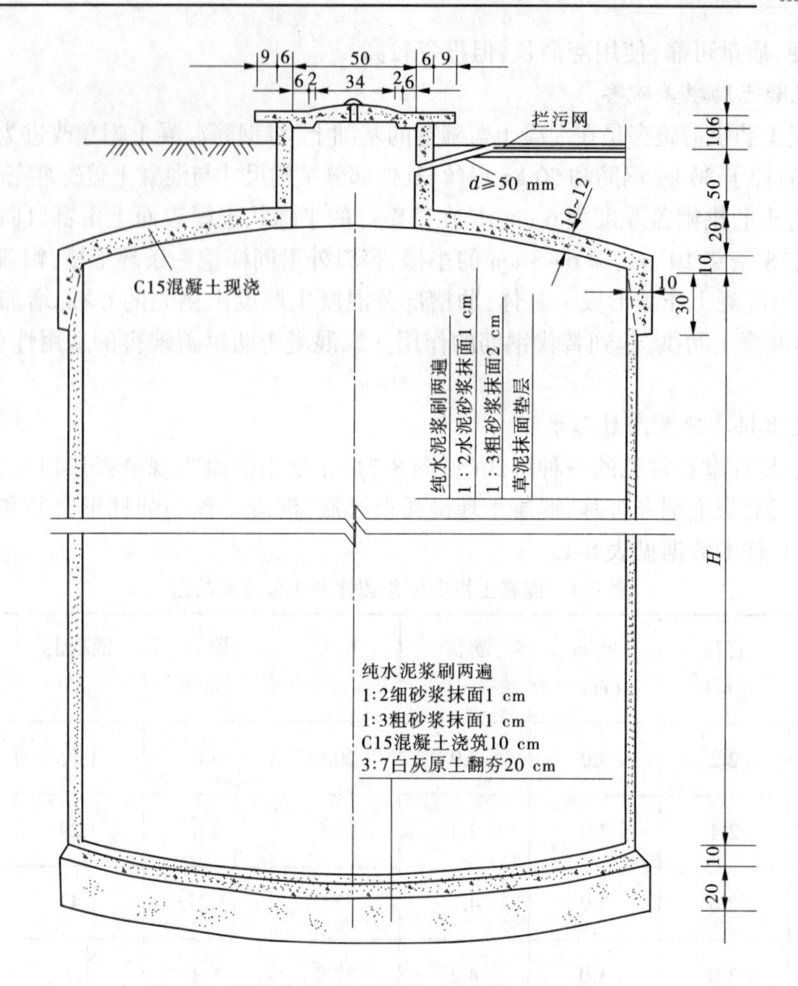

图 8-7　混凝土拱底顶盖圆柱形水窖　(单位:cm)

6.砖拱窖

这种窖型是为了就地取材,减少工程造价而设计的一种窖型(见图 8-9),适用于当地烧砖的地区。

砖拱窖的水窖部分结构尺寸与混凝土盖碗窖相同,窖盖属盖碗窖的一种形式,为砖砌拱盖。矢高 1.74 m,窖口直径 0.8 m,球体直径 4.5 m。窖盖用砖错位压茬分层砌筑。

砖拱窖施工技术简易、灵活,既可在土模表面自下而上分层砌筑,又可在打开挖窖体土方后再分层砌筑窖盖。

7.窑窖

窑窖按其所在的地形和位置可分为平窑窖和崖窑窖两类。平窑窖一般在地势较高的平台上修建,其结构形式与封闭式蓄水池相同(参阅封闭式蓄水池)。将坡面、路壕雨水引入窑窖内,再抽水(或自流)浇灌台下农田。崖窑窖是利用土质条件好的自然崖面或可作人工剖理的崖面,先挖窑,然后在窑内建窖,俗称窑窖(见图 8-10)。

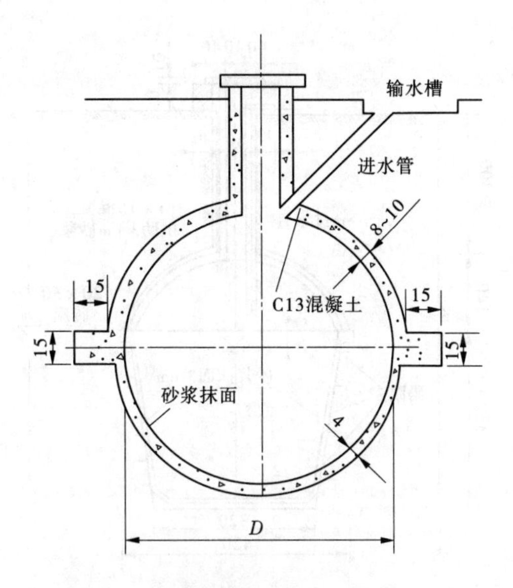

图 8-8 混凝土球形窖 （单位:cm）

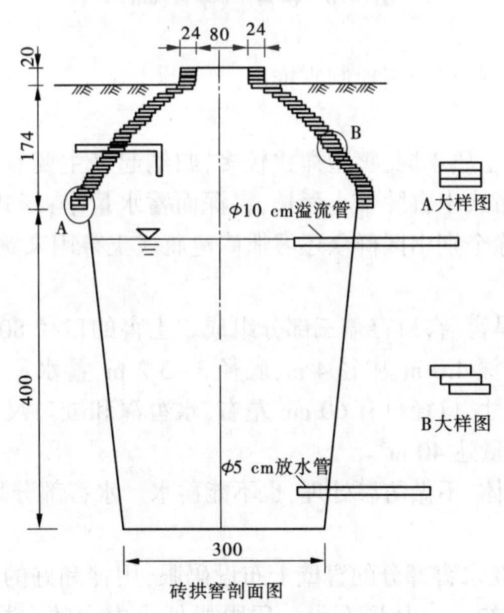

图 8-9 砖拱窖 （单位:cm）

窑窖的组成包括土窖、窖池两大主体。土窖根据土质情况、来水量多少和蓄水灌溉要求确定尺寸大小,窖宽控制在4~4.5 m,窖深6~10 m,窑窖拱顶矢跨比不超过1:3,由窖口向里面开挖施工。整修窖顶后用草泥或水泥砂浆进行处理。当拱顶土质较差时,要设置一定数量的拱肋,用C19混凝土浇筑,以提高土拱强度。窖池在土窖下部开挖,形似水窖,唯深度稍浅,窖池深3~3.5 m,池体挖成后再进行防渗处理。为了保持窑窖的稳定与安全,窖上崖面土体厚度应大于3 m。窖深6~10 m,矢高1.4 m,跨度4.2 m,池深3~3.5 m,容积分别为60 m^3、80 m^3、100 m^3。

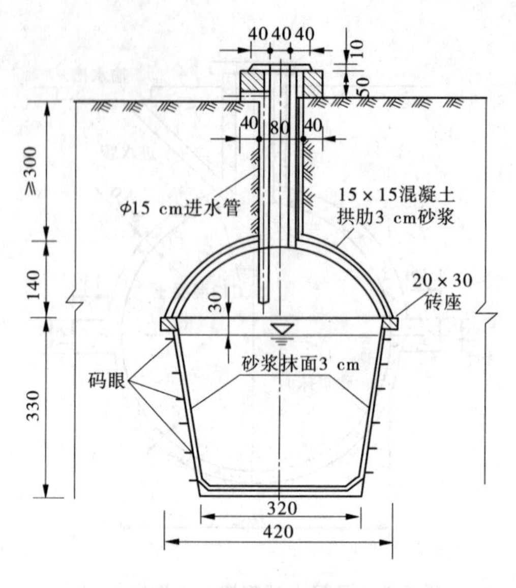

图 8-10 窑窖 (单位:cm)

窑窖受地形条件限制,只能因地制宜推广。

8.土窖

传统式土窖因各地土质不同,窖型样式较多,归纳起来主要有两大类:瓶式土窖和坛式土窖。其区别在于:瓶式土窖脖子小而长,窖深而蓄水量小;坛式土窖脖子相对短而肚子大,蓄水量多。当前除个别山区群众还习惯修建瓶式土窖用来解决生活用水外,主要采用坛式土窖(见图 8-11)。

土窖窖体由水窖、旱窖、窖口窖盖三部分组成。土窖的口径 80~120 cm,窖深 8.0 m,其中水窖深 4.0 m,旱窖深 4.0 m,中径 4 m,底径 3~3.2 m,蓄水量 40 m^3。但大部分土窖结构尺寸均小于标准尺寸,口径只有 60 cm 左右,水窖深和缸口尺寸均较小,蓄水量也只有 15~25 m^3,个别窖容量达 40 m^3。

旱窖部分为原状土体,不做防渗处理,也不能蓄水。水窖部分采用红胶泥防渗或水泥砂浆防渗。

(1)红胶泥防渗。在水窖部分的窖壁上布设码眼,用拌和好的红胶泥锤实,码眼水平间距 2.5 cm,垂直间距 22 cm,品形布设。码眼成外小内大的台柱形,深 10 cm,外口径 7 cm,内径 12 cm,以利于胶泥与窖壁的稳固结合。窖底用 30 cm 红胶泥夯实防渗。窖壁红胶泥防渗层厚度必须保证在 3 cm 以上。

(2)水泥砂浆抹面防渗与水泥砂浆薄壁窖相同,不同之处就是旱窖部分不做防渗处理。

土窖适宜于土质密实的红、黄土地区。红胶泥防渗土窖更适合干旱山区人畜饮用。

(二)蓄水池

蓄水池按其结构形式和作用可分为涝池、普通蓄水池和调压蓄水池等。

1.涝池

涝池是在黄土丘陵区,群众利用地形条件在土质较好、有一定集流面积的低洼地修建

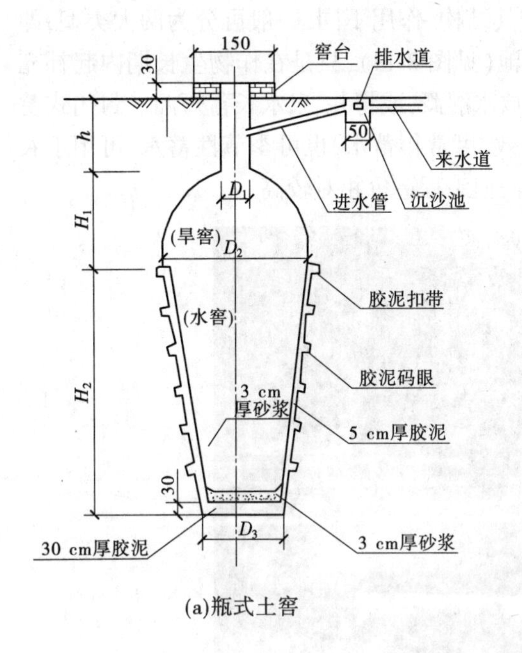

(a)瓶式土窖

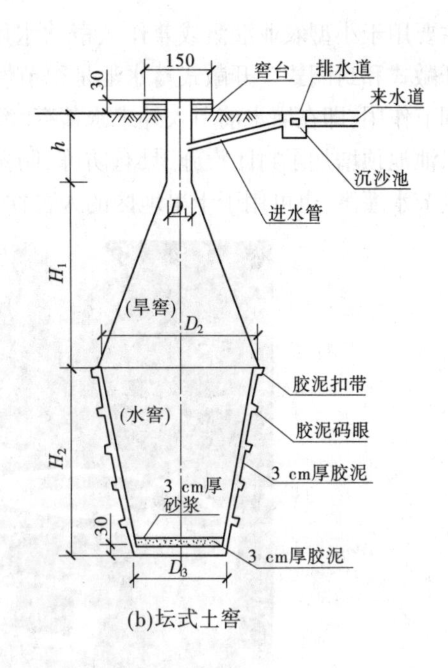

(b)坛式土窖

图 8-11　土窖　（单位:cm）

的季节性简易蓄水设施。在干旱风沙区,一些地方由于降水入渗形成浅层地下水,群众开挖长几十米、宽数米的涝池,提取地下水发展农田灌溉(见图 8-12)。

涝池形状多样,随地形条件而异,有矩形池、平底圆池、锅底圆池等。涝池的容积一般为 100~200 m^3,最小不小于 50 m^3。

图 8-12　涝池

2.普通蓄水池

普通蓄水池一般是用人工材料修建的具有防渗作用,用于调节和蓄存径流的蓄水设施,主要用于小型农业灌溉或兼作人畜饮水用。按其结构、作用不同，一般可分为两大类型，即开敞式和封闭式。开敞式蓄水池是季节性蓄水池（见图 8-13），只是在作物生长期内起补充调节作用，即在灌水前引入外来水蓄存，灌水时放水灌溉，或将井、泉水长蓄短灌。封闭式蓄水池池顶增加了封闭设施，具有防冻、防蒸发功效，可常年蓄水，也可季节性蓄水，可用于农业节水灌溉，也可用于干旱地区的人畜饮水工程，但工程造价相对较高。

图 8-13　蓄集雨水灌溉时所用的蓄水池

普通蓄水池根据地形和土质条件可修建在地上或地下，其结构形式有圆形、矩形等。蓄水池深常为 2~4 m，其容积一般为 50~100 m^3，特殊情况下蓄水量可达 200 m^3。防渗措施也因其要求不同而异，最简易的是水泥砂浆抹面防渗。

3.调压蓄水池

调压蓄水池是指在降雨量多的地方，为了满足低压管道输水灌溉、喷灌、微灌等所需要的水头而修建的蓄水池。调压蓄水池的选址应尽量利用地形高差的特点，设在较高的位置，以实现自压灌溉。

（三）土井

土井一般指简易人工井，包括土圆井、大口井等。它是开采利用浅层地下水，解决干旱地区人畜饮水和抗旱灌溉的小型水源工程。

适宜打井的位置，一般在地下水埋藏较浅的山前洪积扇、河漫滩及一级阶地，干枯河床和古河道地段，山区基岩裂隙水、溶洞水及铁、锰和侵蚀性二氧化碳含量高的地区。

二、储水设施的容积计算（以水窖为例）

水窖是一种地下埋藏式蓄水工程。在雨水集蓄利用工程中，水窖是采用较普遍的蓄水工程形式之一，在土质地区和岩石地区都有应用。在土质地区的水窖多为圆形断面，可分为圆柱形、瓶形、烧杯形、坛形等，其防渗材料可采用水泥砂浆、黏土或现浇混凝土；岩石地区水窖一般为矩形宽浅式，多采用浆砌石砌筑。根据形状和防渗材料，水窖形式可分为黏土水窖、水泥砂浆薄壁水窖、混凝土盖碗水窖、砌砖拱顶薄壁水泥砂浆水窖等。其主要根据当地土质、建筑材料、用途等条件选择。根据调查资料,表 8-3 列出了不同水窖形式所适宜的土质条件和结构的主要尺寸。

表 8-3 各类水窖适用条件 (单位:尺寸,m;容积,m^3)

水窖形式	适用条件	总深度	旱窖直径	最大直径	底部直径	最大容积
黏土水窖	土质较好	0.8	4.0	4.0	3~3.2	40
薄壁水泥砂浆水窖	土质较好	7~7.8	2.5~3.0	4.5~4.8	3~3.4	55
混凝土或砌砖拱顶薄壁水泥砂浆水窖(盖碗窖)1	土质稍差	6.5	1~1.5	4.2	3.2~3.4	63
混凝土或砌砖拱顶薄壁水泥砂浆水窖(盖碗窖)2	土质稍差	6.7	1.5	4.2	3.4	60

集雨灌溉工程由集雨场、储水建筑物、输水和灌溉系统四部分组成。集雨场包括荒坡、道路或较为开阔的平缓地面。人工集雨场就是利用有适宜坡度的空地进行人工硬化的过程,布设人工防渗层,以增加集流量。储水建筑物主要有旱井、水窖、蓄水池、小塘坝等。灌溉系统目前基本上采用滴灌(含坐水种)、渗灌、微灌、土壤注射灌、管灌、膜下沟灌等高效节水措施。

(一)水窖规划与工程设计

1.窖址选择

选择窖址要保证有一定的集水场面积,如山坡、路旁、场院、开阔地等,以便蓄水时有充足的水源。窖址要求土质坚硬,远离沟边,避开大树、陷穴、沙砾层等土质不良的地方。生产窖(用于农田补充灌溉)靠近农田,便于灌溉。生产窖应考虑输水方式的要求,有条件的地方尽量将水窖修建在高于农田 10 m 左右的坡台上,以便进行自压输水灌溉。

2.集雨场设计

1)集雨场的选择

首先选择雨后易产生径流的道路、荒坡、场院等自然集水场。在人口居住集中,无法满足上述条件的地方,可将坡度较大的旱坡地除去杂草夯实,亦可在地表铺防渗物,建成人工集水场。

2)集雨场面积的确定

依据当地降水量、降水强度、集水场地面径流数来确定集水场的面积:

$$S = V/M_{24}^{P}N \qquad (8\text{-}5)$$

式中 S——集雨场面积,m^3;

V——计划修建水窖的容积,m^3;

M_{24}^{P}——代表频率为 P 的最大 24 h 降水量,mm,该数值可根据当地水文资料求得,水窖设计,建议采用设计频率 $P=10\%$(即 10 年一遇);

N——集雨场地面径流系数,据试验取荒坡 0.3,土质路面、场院、人工集水场 0.45,沥青路面、水泥场院 0.85~0.9。

3.蓄水建筑容积的确定

1)旱井

干旱缺水地区常见的旱井蓄水量一般在30~70 m³,井深6~8 m,底直径为3.5~5.5 m,井口直径为0.8~1.2 m,防渗面采用两种材料:一是黏土和生石灰防渗面;二是水泥砂浆防渗面。井筒采用人工开挖方式。开挖时随时注意井壁的扩展速度和壁面的平整、光滑、局凸的起伏度不大于3 cm。

2)水窖容积的确定

合理计划修建水窖容积是水窖工程设计中的关键,主要依据天然来水量的多少确定水窖容积。水窖容积要与天然来水量相一致,即

$$V = W \tag{8-6}$$

$$W = \frac{1}{1\,000} H_{24}^{P} F N \tag{8-7}$$

式中 V——水窖容积,m³;

W——天然来水量,m³;

H_{24}^{P}——代表频率为 P 的最大24 h降水量,mm;

F——水平投影集水面积,m²;

N——集雨场地面径流系数。

3)水窖窖体几何尺寸的确定

圆形直立蓄水窖是在干旱地区传统的人畜饮水窖的基础上改造而成的,适合在拉运砂料方便、土壤质地较坚实、离地面7 m之内无沙砾层、地下水位大于10 m的地方修建,水窖容积在30~80 m³为宜。根据力学原理,水窖窖体在保证蓄水和空窖时都能保持相对稳定,水窖的断面采用窖盖为拱形,窖体为圆柱形的几何形状(见图8-14)。实践证明,这种构型的水窖稳定状况良好。水窖容积可计算:

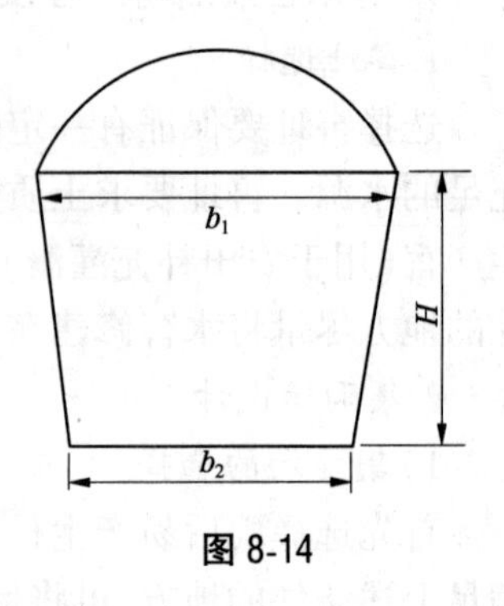

图 8-14

$$V = \frac{\pi}{12}(b_1^2 + b_2^2 + b_1 b_2)H \tag{8-8}$$

式中 V——水窖容积,m³;

b_1——窖体上口直径,m;

b_2——窖体下口直径,m;

H——窖体深度,m。

水窖的容积是由窖体的上口直径、下口直径及窖体深度三者而定的。其三者的大小依土质状况、因地制宜的原则来确定;对渗透性小的黏土,上下口径一般为4~4.5 m;黄土、黑壤土等最大宽度在3.5~4.0 m。窖深要根据地形、土质、施工的难易程度灵活掌握,一般窖深以5.0~6.0 m为宜(见表8-4)。

表 8-4　水窖几何尺寸规格

类型	上口直径(m)	下口直径(m)	深度(m)	容积(m^3)	类型	上口直径(m)	下口直径(m)	深度(m)	容积(m^3)
Ⅰ	4.5	4.0	5.5	78.25	Ⅲ	3.5	3.0	5.5	45.87
Ⅱ	4.0	3.5	5.5	60.98	Ⅳ	3.0	3.5	5.0	29.93

4)小蓄水池(配水池)的确定

小蓄水池的主要作用是调节流量,调配水量依靠自然高差进行灌溉,在无电力供应条件下利用柴油机泵与之配套进行微灌,坐水点种。蓄水池一般为圆形结构,具有良好的受力性能,对地表不均匀沉陷的适应能力强,被广泛应用。容积一般为100~200 m^3,内径为6~12 m,池高2~3 m,池壁材料用钢筋砖或砌石。

三、蓄水设施的施工防渗技术

集雨灌溉过程中最重要的设施应该是集水面与蓄水设施,蓄水设施的结构、大小、形状,防渗层的施工质量等决定了蓄水装置的使用寿命、蓄水量的大小,它是整个集雨灌溉系统中使用效率最高的设备。因此,下面将蓄水装置的制作技术做比较详细的介绍。

(一)旱井

(1)红黏土抹面防渗施工方法。早年人们修建的旱井费工费时,但省钱。在黄土塬峁地带,人工打一竖井,开口小下面大,很像一个坛子或瓶子,当开挖成型后,用小手锤将井壁土面打成不平的褶面,在井壁上每隔20 cm左右打入一个12 cm左右长的小木楔,土壁外留出2~3 cm,然后在木楔头上拴牢麻绳,绳头留4~5 cm,最后在井面内由下而上连续不断地抹一层厚3 cm左右的红黏土,稍干后即可蓄水使用。

(2)黏土和生石灰抹面防渗施工方法。用黏土和生石灰按5∶1的比例加水拌和后,闷浸24 h成灰土,灰土含水量控制在35%左右,在井内挖好脚手架后,按先井壁、后井底,井壁由下到上的顺序抹挂灰土,厚度为2~3 cm,一边抹一边用手锤(木锤或皮锤)反复捣实,一般48 h内捣7~9次,直到表面起亮、无水珠浸出。井底铺泥15 cm,用木夯夯实,直到其表面泛亮。

(3)水泥砂浆抹面防渗施工方法。井壁内层抹面黏土(砸碎并过筛)和长草加水拌,闷浸1~2 d,用其抹第一层面。要整平、锤实、压平,厚度为3 cm,最后用水泥净浆挂面即成。手工拌和水泥砂浆时,应将水泥及砂拌均匀,然后加水拌和均匀,水灰比为0.5∶0.55。井底采用混凝土(厚约5 cm)铺垫或用胶泥做铺垫(厚8~10 cm),其上用水泥砂浆防渗。井建好后,用15 d左右的时间洒水养护,之后封闭井口等待进水。

(二)水窖

根据各地土壤状况的不同以及多年积累的实践经验,水窖的结构有圆形直立蓄水窖、圆形瓶状水窖、混凝土球形水窖等。

1.圆形直立蓄水窖制窖技术

圆形直立蓄水窖制窖的流程包括制盖、开挖窖体、筑底、抹壁、刷浆、养护等工序。

（1）制盖。窖址选择确定后，铲除表层浮土，整修成直径为5~6 m的圆形水平平面 。然后在平面的中央定中心，画一直径为3~4.5 m的圆（直径大小由土质状况等条件而定），沿圆的外边挖一宽为0.3~0.4 m、深0.8~1.0 m的环形土槽。在圆内做半球状土模型，顶部（圆心）留直径为0.8 m、高6 cm左右的土盘。紧靠半球状土模型的边线挖一宽5 cm、深30 cm的环状小槽。用4根长4.5~5 m的8#或12#钢筋弯成圆弧形，在土模型上摆放成“井”字形，然后用8#铁丝在土模型顶部的土盘周围和土模型环形小槽的外边际各放一道铁丝圈，两圈之间用24~30根铁丝连接，呈辐射状分布，铁丝与钢的交叉处用细铁丝扎紧，使铁丝与钢筋接成一个整体网架。然后用混凝土浇筑，混凝土的配比，石料与水泥为4∶1。混凝土配好以后，先浇筑土模型外沿环状小槽窖盖的外缘，浇筑厚度为10 cm。自下而上浇筑，厚度逐渐减小，至窖盖顶部以4~5 cm为宜。要求钢筋与铁丝整体网架置于混凝土中间，留出顶部土盘，作为出土口。浇筑时一次性完成，浇筑结束24 h后，用水泥浆刷一次，盖草、洒水、护养7~10 d。

（2）挖窖体。窖盖养护期满，从窖盖顶部的窖口开始取土。先从窖盖内取土，找到窖盖边缘再向下取土。取土时每下挖50 cm，在窖壁上沿等高线挖一道宽5 cm、深5 cm的楔形加固槽。

（3）抹壁。窖体挖成后，清除窖壁和加固槽内的浮土，在加固槽固定一圈8#铁丝，洒水弄湿窖壁。先用砂灰混凝土将加固槽填平，然后用1∶3水泥浆自窖底而上抹壁两次，每次抹壁厚度为1~1.5 cm。

（4）筑底。先用石料与水泥4∶1的混凝土浇筑窖底，厚8 cm，再用1∶3水泥浆抹3~4 cm。

（5）刷浆。抹壁、筑底结束24 h后，应用时刷浆，进行防渗处理。防渗浆由42.5级水泥与石膏粉混合配制而成，比例为3∶1。每间隔24 h刷浆1次，共刷3次。刷浆结束后封闭窖口，待24 h后，开始洒水护养，10~15 d后即可蓄水。

2.圆形瓶状水窖的制窖技术

圆形瓶状水窖的窖顶、窖底均为圆拱形混凝土结构，水窖直径为2.4~2.8 m，深4.5~5.5 m，蓄水量20~30 m^3，每眼水窖对应补灌面积0.13~0.2 hm^2。根据不同地质条件有混凝土和草泥、水泥砂浆抹面两种结构形式，受力部位（顶盖）无须配置钢筋，相应的有开敞式和封闭式两种施工方式。水窖结构形式简单，受力条件好，造价低廉，施工简便。规划时按照因地制宜、因水施策的原则，有水源的地方可用管道引蓄沟溪小水，实行“两亩一窖（池）”；无水源的地方修建集流场、沉沙池蓄雨水。

（1）施工放线。窖址选好后，按设计要求用皮尺（或线绳）、白灰放线，界定工作面，通过圆心拉两条相互垂直的直线，标明尺寸界线，大致定位，以备开挖时随时检测，控制校正。

（2）土模制作。土模是用来原地制作水窖顶盖的，在放好线的地方，挖去表层熟土（约0.3 m）后，以窖半径在坑内进行二次放线制作土模，为方便施工，可按设计要求，制作一把坡度尺，配合水平尺控制土模坡度，土模成型后表面需大致修整光洁，周边齿槽一次成型（见图8-15）。

（3）顶盖混凝土浇筑及养护。土模制作好后即可浇筑混凝土，浇筑之前先在土模表面喷洒少许水使其湿润，以减少土壤对混凝土中水分的吸收，之后铺上编织袋（或牛皮纸、塑料纸）衬护以利脱模，同时在土台根部及齿槽四周做标记控制厚度（一般10 cm），待准备工作完成后即可开始浇筑顶盖混凝土。混凝土水灰比控制在0.65，配合比按水泥∶砂∶石子＝1∶3.2∶4.4（体积比）控制，水泥与天然级配混合料的质量比为1∶7（1袋水泥∶7背篓混合料（约60 kg），约需40背篓）。浇筑时6人一组，2人在坑内铺料，同时用钢钎、手锤和铁锨等工具振捣，4人在坑外拌料，沿圆周方向依次进料。浇筑时先浇齿槽，分两次浇满，然后呈螺旋方向分批浇筑顶盖混凝土，连续拌和浇筑。2～3人（穿雨靴或胶鞋，既防蚀又方便）在坑内沿圆周逆（或顺）时针方向连续碎步踏行，并配合工具拍打混凝土表面，人工振捣密实，直至浇至设计厚度，最后用铁锨、抹子修坡整形后拌制M7.5水泥砂浆抹面处理，待混凝土初凝后用麦草切向覆盖并洒水养护，一周内每天洒水不少于4次，3 d后可在窖口局部取土通风，1周后养护减为每天2次，取土范围逐渐扩大，第3周每天养护1次即可。然后开始全面在顶盖齿槽范围内人工取土，同时放线控制圆周开挖精度误差。为提高出土效率、加快开挖速度、减轻劳动强度，挖至窖口以下2.0 m时，可设置滑轮组架运土。操作时上下各2人进行作业，完成开挖约需1周时间，劳力弱的需10 d即可完成。窖体应尽量挖得标准以简化防渗处理工作量，窖底处理成型，以提高承载力，改善受力条件。

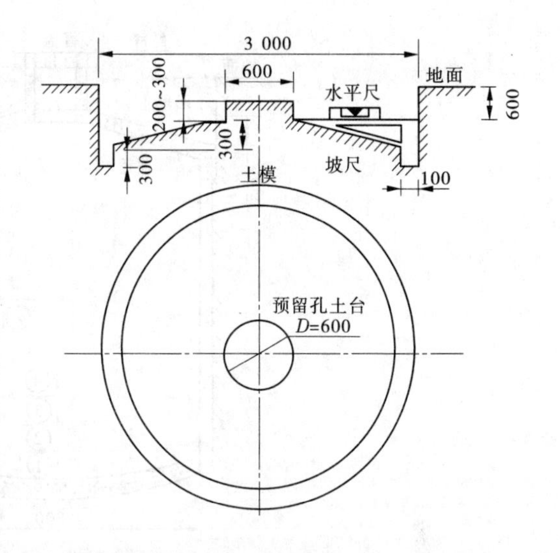

图8-15　制作土模示意图　（单位：mm）

（4）窖壁处理（见图8-16）。水窖开挖成型后，可在窖中取土拌和长草泥（留窖底部分余土拌和），用木抹子抹面处理窖壁，泥垫层厚3 cm，一次完成（若水窖土体为非黏性黄土，可不用长草泥而直接用水泥砂浆抹面），待稍干后拌制1∶3水泥砂浆（中砂粒径为0.25～0.50 mm）抹第一道面，厚2 cm，然后拌制1∶2水泥砂浆（细砂粒径0.10～0.25 mm）抹第二道面，厚1 cm，按从上到下顺序一次完成，构成防渗层，最后用纯水泥浆均匀涂刷两遍窖壁，为提高防渗效果，可在砂浆中添加防水剂或防水粉。值得注意的是，抹面时需处理好顶盖与窖壁结合部的防渗，以防水窖超蓄造成渗漏损失，影响安全。

（5）窖底及窖口处理。窖底先用3∶7灰土夯筑，表面用1∶2水泥砂浆抹面处理，浇筑时最好从窖口用铁桶或溜槽进料，以防混凝土拌和物离浆，影响浇筑质量。开始时由2～3人边铺料边用双脚沿圆周方向连续碎步踏行，并配合铁锨、折板人工振捣，最后与顶盖混凝土一样修坡整形抹面处理，窖底混凝土可不洒水养护，窖口封上即可。一周后可少量蓄水，同时安装窖台、窖盖预制件，预制件尽量统一标准，以保证景观质量。这种形式的水窖也可采用混凝土结构，敞开式开挖施工，相对开挖周期较长。

3.混凝土结构水窖的制作技术

现以20 m³水窖为例做介绍。在地质结构比较松散易碎的地方，采用上述几种方法修建水窖，窖壁结构难以牢固。针对此类地质结构，可采用敞开式开挖施工混凝土窖壁结

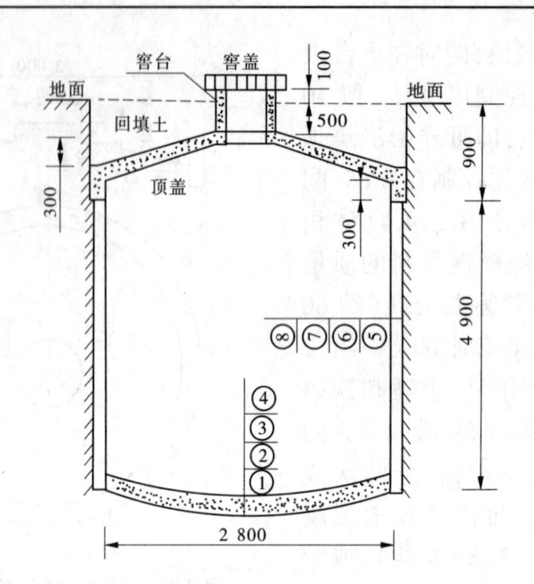

①—原土夯实；②—3∶7灰土垫层(20 cm)；③—C45 混凝土(15 cm)；④—M10 水泥砂浆抹面(2 cm)；⑤—草泥抹面(3 cm)；⑥—M10 细砂浆抹面；⑦—M10 粉砂浆抹面；⑧—素水泥浆刷两遍

图 8-16 窖壁处理 （单位：mm）

构。窖壁、窖底制作完后再搭架制作土模，浇筑顶盖混凝土，施工顺序与前者相反。

(1)基坑。窖址选好后按设计尺寸放线，2.0 m 内可直接出土，2.0 m 以下则可搭接长梯人工背运或用绳吊运土，也可搭架二次转运出土，一般需 10 d 左右可开挖成型，开挖过程中亦要放线控制基坑垂度和圆度，力求尽量标准。

(2)窖壁、窖底处理。基坑挖后用组合木模(或钢模)支撑，一般制作两套为一副，第一节高 1.0 m，周转使用(也可采用砖内模方法浇筑混凝土，但比较麻烦)，每 7~10 眼水窖配一副模板，每次浇筑一圈，分层浇筑，混凝土窖壁厚 10 cm，用钢钎、手锤人工振捣，浇筑完并初凝后拆模，再用 1∶2水泥砂浆抹面，窖底处理方法同前，最后制作土模浇筑顶盖混凝土。

(3)土模支撑方式。水窖顶盖与封闭式施工顺序相反，需先在窖内桁架构成一个平面才能制作土模，土模平面一般由骨架层、辅助层和铺土层三部分组成，支撑可采用立式架和平架两种方式。立式架又分为井字架、叉字架、独立架三种，垂直支撑间通过斜杆用长铁钉固定连接，形成静定结构。几种常见的支撑形式如图 8-17 所示，分析如下：

①井字架。特点是拆架方便，施工简单，可直接用绳子从窖口吊出，不损坏木料，不影响窖壁防渗体；缺点是用料较多，土模辅助层平面需预留进人孔，支撑工作量较大。

②叉字架。特点是拆架较方便，可直接从窖口吊出，不损坏木料，不影响窖壁，但用料也较多，稳定性较差，亦需预留进人孔，支撑工作量也较大。

③独立架。特点是拆架简单，不影响窖壁防渗结构，且用料相对较少，但支撑难度较大，稳定性不易掌握，亦需预留进人孔。

④平架。特点是无须垂直支撑，用料较少，简单快捷，无须预留进人孔；缺点是横木两端伸入窖壁，拆架时影响窖壁结构，损坏木料，必须注意防渗处理。

因此，常用的支撑形式有井字架和平架两种，效果较好。

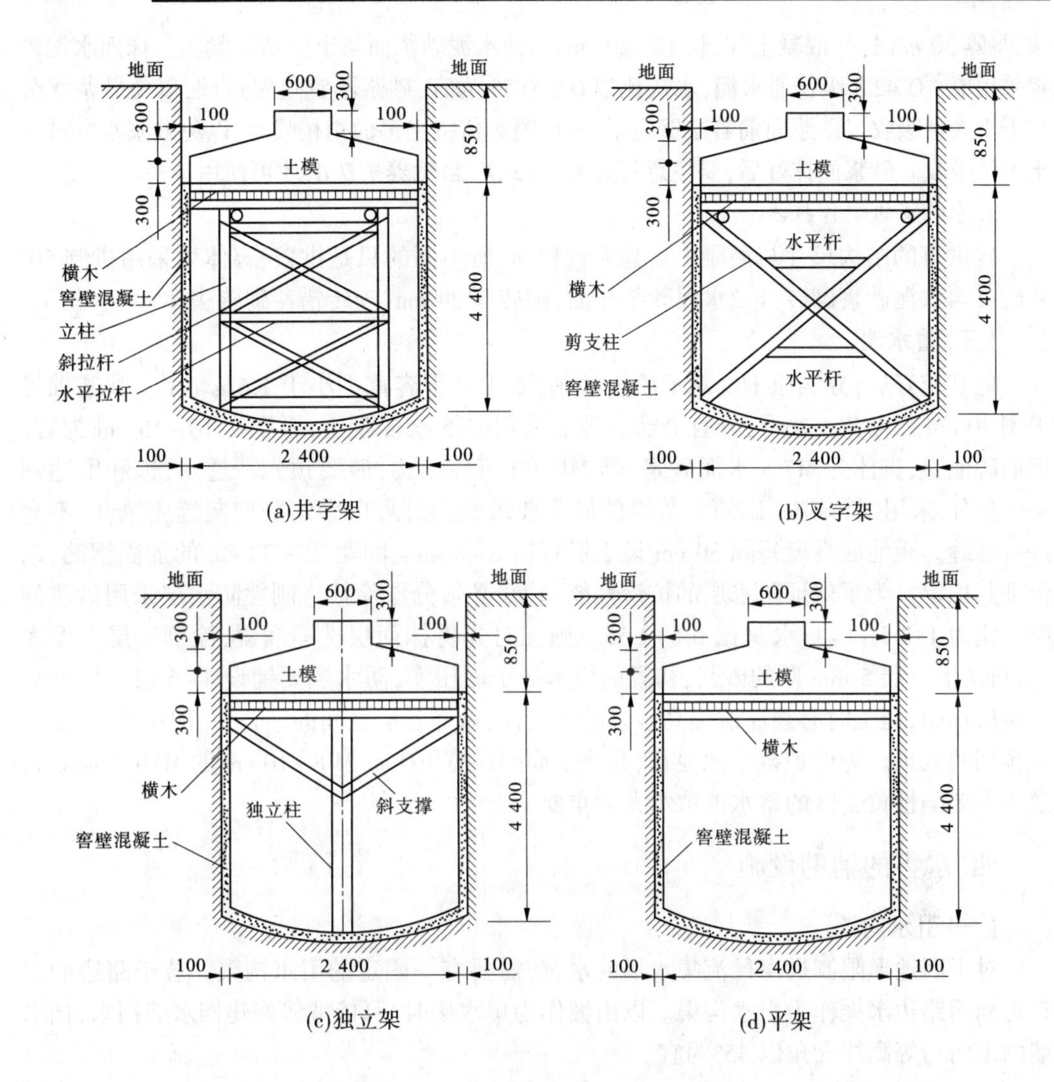

图 8-17 土模支撑形式 （单位:mm）

(4)土模制作。在支撑好的平面上,周边用纺织袋装土固边,然后填土,用坡尺控制拱坡做土模,最后用草泥抹边;中心做一圆土台或直接放置于窖口直径相近的圆形容器(如木盆、洗衣盆等)做模预留窖口,土模表面应压实拍光,以防顶盖混凝土变形,影响质量,待准备工作完成后即可开始浇筑顶盖混凝土。

(5)浇筑顶盖混凝土,安装窖口预制件。顶盖混凝土浇筑方法同前,浇筑完毕养护两周后即可拆架并回填土。窖台、窖盖通常采用 C15 混凝土薄壁预制构件,厚 6 cm,可加工组合木模或钢模预制,拆模养护 14 d 后即可安装。

4.水泥面窖的制作技术

这种形式的水窖形似“酒坛”,窖口直径为 0.8 ~1.0 m,中径为 4 m,底径为 3.2~3.5 m,深 6 m 左右。修建时为使水泥砂浆涂抹的壁面与土层紧密结合、防止脱落,在中径以下每隔 1 m 沿窖壁水平挖宽 5 cm、深 8 cm 左右的土槽一个,在两圈带(土槽)中间采用修土窖的做法，每隔 30 cm 打一混凝土柱，长 15~20 cm，以使水泥砂浆面与土壁结合紧实。抹面水泥砂浆采用 P · O 42.5 级普通水泥，水灰比以 0.5∶0.55 为宜，砂浆不宜过湿过软，以免砂浆水分被干土大量吸收。砂浆面前若土壁过干，可用喷雾器将土窖面稍稍喷湿，以免砂浆水分被干土大量吸收。砂浆面抹好后，要注意每天喷 1~2 次，自然养护 7 d，才可使用。

5.砖拱窖的制作技术

砖拱窖的结构尺寸与混凝土盖窖大致相同，所不同的只是拱盖、窖体均采用机制 50# 红砖，1∶4水泥砂浆砌砖，1∶2水泥砂浆抹面，砌砖厚 24 cm，咬砖错茬砌砖法。

（三）蓄水池

地基挖好后，夯实原土。对于填方地基，要求其干容重不小于 1.6 g/cm^3。其基础可采用 30 cm 三七灰土垫层，并且夯实。池底采用 C15 素混凝土，厚度在 10~15 cm 为宜。钢筋砖池壁，砌体为 M7.5 水泥砂浆，砌 MU100 机砖结构，砖要预先浸透水，饱和度达到 80%左右，采用“挤浆法”砌筑。灰缝的砂浆要求饱满、厚度一致，竖向灰缝应错开，不允许有通缝。距池底高度每隔 30 cm 设 2 根直径 6~8 mm、间距 25~30 cm 的加固钢筋，以保证其稳定。为了保证防水层的抗渗性能，砂浆必须分层涂抹。刚性防水层采用砂浆的配合比为 1∶2.5~1∶3，水灰比 0.5∶0.55。施工时先将抹面层洗净润湿，涂刷一层水泥净浆，再抹上一层 5 mm 厚的砂浆，初凝前用木抹子面压实，防水层要铺设 4~5 层。外壁采用两层抹面，施工时必须注意提高砂浆的密实性，做好各层之间的结合，并加强养护，以达到预期的效果。为保护蓄水池池基，在池子周围设宽 1.0 m、厚 8~10 cm 的 M10 水泥砂浆散水。湿陷性黄土区的蓄水池散水尤为重要。

四、水窖的辅助设施

（一）引水沟渠

对于因地形限制远离径流集水场的水窖，需要有一固定的引水沟渠。位于路边的水窖可利用路边水渠作为引水沟渠。以山坡作为集水场时，可依坡势修建挡水墙挡水，挡水墙的走向与等高线夹角以 45°为宜。

（二）沉沙池

集水场蓄积雨水后，经引水沟渠引至沉沙池，利用沉沙池可降低径流水中的泥沙含量。沉沙池一般修建在离水窖进水口 2~3 m 处，池深一般为 0.6~0.8 m，池长与池宽的比例约为 2∶1，其池长与池宽的具体尺寸因集水量及水中的含沙量而定。

（三）引水暗管

引水暗管可以是衬砌暗渠或口径为 15 cm 以上的管道，将沉沙池和水窖相连，要求引水暗管不宜直接与窖壁相连，以突出窖壁 0.3 m 左右，以免进入水窖的水流冲刷窖壁。

（四）拦污与消力设施

在引水暗管与水窖相连的末端，最好设置一箩筐，或用 8# 铁丝扎成网状结构安置于引水暗管的末端，可起到拦污与消力的作用。

（五）窖台

窖台修建成圆形或方形，离地面 0.5 m 左右。窖口最好设置盖板，防止污物入窖。从水窖总的投资看，水窖容积越大，相应每年每立方米的投资费用越小，但水窖容积过大，窖盖载重量过大,窖的防渗性能减弱,因而在实际生产中,窖的容积一般不宜超过 80 m^3;水窖容积过小,接纳雨水有限,满足不了补灌的需要,一般不小于 30 m^3。

五、水窖的运行管护

水窖的日常管护是水窖使用寿命的关键,下雨前及时清理进窖的水路,下雨时要及时引水入窖,水窖蓄满水后要立即封闭进水口,以防止蓄水水位超过窖体防渗层面而引起坍塌。要定期检查维修,定期清淤,雨前必须保证水窖状态完好。采用胶泥防渗材料的水窖不允许将水用干,必须留少量水于窖底,以保持窖内湿润,防止窖壁干裂而造成防渗层脱落。

小 结

雨水集蓄利用技术是指通过多种方式,调控降雨径流在地表的再分配与赋存过程,将雨水资源存储在指定的空间,进而采取一定的方式与方法,提高雨水资源利用率与利用效率的一种综合技术。

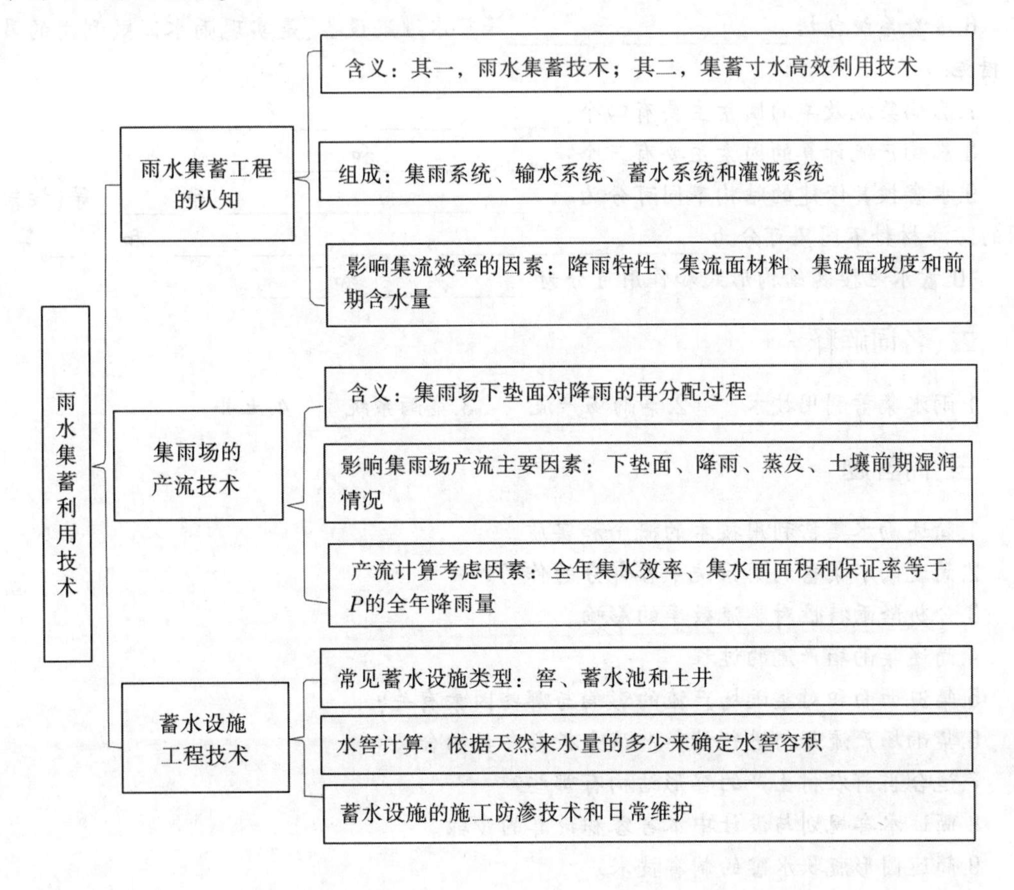

思考与练习题

一、填空题

1.雨水集蓄利用技术包括两个方面的含义，其一是______；其二是______；该项技术是我国广大干旱地区农业生产发展过程中一项重要的节水技术，并得到广泛应用。

2.雨水集蓄利用系统一般由______、______、______和______组成。

3.集流面的建设是集雨系统的主体之一，雨水集流面可分为________、________和________。

4.输水系统是指______和______；作用是将集雨场上的来水汇集起来，引入沉沙池，而后流入蓄水系统。

5.通常采用的蓄水工程主要有______、______、______、______、______和______等6种类型。

6.灌溉系统包括______、______和______等节水灌溉设备，是实现雨水高效利用的最终措施。

7.影响集流效率的因素主要有四个：______、______、______和______。

8.影响产流计算的因素主要有三个：______、______和______。

9.水窖按其修建的结构不同可分为______、______、______、______和______等；按采用的防渗材料不同又可分为______、______、______、______、______、______和______等。

10.蓄水池按其结构形式和作用可分为______、______和______。

二、名词解释

1.雨水集蓄利用技术　　2.集雨场产流　　3.集雨系统　　4.土井

三、简答题

1.简述雨水集蓄利用技术的概念和实质。

2.简述雨水集蓄利用系统中各部分的作用。

3.分析降雨特性对集流效率的影响。

4.简述集雨场产流的过程。

5.集流面面积对集雨场产流的影响与哪些因素有关？

6.集雨场产流如何进行计算？试分析各参数的含义。

7.适合当前农村生产的窖形结构有哪些？

8.简述水窖规划与设计中水窖容积计算的步骤。

9.简述圆形瓶状水窖的制窖技术。

项目九　节水灌溉自动化管理技术

【学习目标】

1.了解自动化节水灌溉技术的发展方向；

2.了解自动化节水灌溉技术的组成及特点；

3.了解各种自动化节水灌溉技术的原理；

4.掌握自动量水器的工作原理及使用方法；

5.掌握自动气象站的观测资料及记录；

6.掌握自动节水灌溉技术系统的应用。

【技能目标】

1 能进行自动化节水灌溉技术设备的识别及选择；

2.能进行自动节水灌溉技术故障诊断；

3.根据灌区的实际情况，选择合理的仪器设备；

4.能进行软件的操作；

5.会进行自动技术常见问题的维护与处理。

任务一　节水灌溉自动量水技术

灌溉量水是指在渠、沟、管道输配水控制处及需要量水的地点对灌溉流量、水量进行的量测工作，是灌区节约用水、提高灌溉质量和效率的有效措施，也是核定和计收水费的主要依据。

传统方式下的量测，一般由灌溉渠道管理员承担，沿渠道巡视并观测水位和闸门开度或读取灌溉管道上量表的读数。在自动化控制系统中，测量仪表系统将水位、流量、闸门开度、警报、电源故障等现场灌溉状态信号传回控制系统转换处理后，再控制现场设备。灌溉农业发展的趋势是现代化、自动化和智能化。

量水是灌溉管理的重要内容，测针测水位、水尺测量等是传统的测量方法，已不能适应灌区的现代化管理。自动量水技术已经大量进入灌溉管理，同时在不断更新换代，主要分两大类：一类对传统量水设施安装自动化仪表，实现量水自动计量；另一类是集成化的自动量水控制系统。

一、渠道量水技术与设施

（一）渠道水位量测

渠道量水可分为水位测量和流量测量。与堰和闸结合，由水位数据可以计算流量数据。传感器和仪表等远端装置（RTU）将测量数据数字化传输至控制中心计算机或中心控制设备。

1.传感器和测量仪表

组成原理:机械部分、机电信号转换、A/D 转换、信号调节设备等。其中,信号转换可以直接或多步完成。如数字式轴角编码器可以将循环的机械运动直接转换为数字信号,也可以首先将机械信号转换为模拟信号,再通过 A-D 转换器转换成数字信号,经标定和补偿后转换为控制系统的数据,如闸门开度、流量、绝对水位或相对水位等。信号的标定和补偿可以由测量仪表系统完成,通过远端装置(RTU)运算器或控制器完成,也可通过中心控制器完成。

2.浮子式水位计

浮子式自记水位计是最早发展起来的一种现在仍在世界各国得到广泛应用的水位观测仪器(用浮子感应水面升降变化而加以记录),它具有结构简单、精度高、性能稳定可靠、使用维修方便等优点,易于推广应用。能适应各种水位变动和时间比例的要求,做成各种自记周期(日、月、季以至半年)的水位记录设备,特别是可以利用适当的传感器将浮子感应的水位变化转换成电量,借以进行远传和遥测,从而实现在远离观测现场的地点随时了解江河、渠道、湖泊、水库等的水位变化,以满足用水管理、防汛、水库调度和水情预报等方面对实时水位信息的需要。另外,其记录方式也在原有画线记录的基础上发展为数字显示、数字打印或经编码后存储于磁带或固态存储器中等多种形式。

缺点是必须建造静水测井,不仅需要土建方面的投入,还会给水位观测值带来测井滞后误差;一些测井的定期或经常性清淤也相当费工费时;在多沙河流及冲淤变化严重的测站,不宜甚至不能建造测井;结冰期无法进行观测。这些因素部分地限制了这类仪器的使用。

远传浮子式水位计(见图 9-1)在桶槽外侧装置延伸旁路管,由旁路管外加装液位指示器,将装有磁铁的浮球放进旁路管内,因磁性色片内装着与浮球磁性相反的磁铁,所以当浮球上升时会吸引磁性色片翻动,磁性色片颜色会由白色翻为红色(或银色翻为金色),以指示实际液面高度。

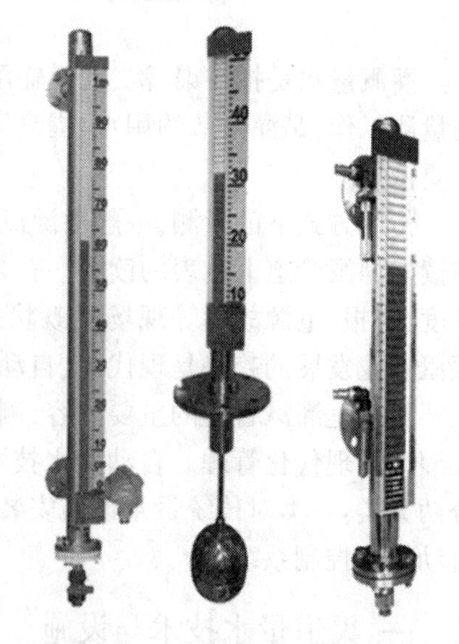

(a)普通型　(b)顶袋式　(c)翻拉式

图 9-1　远传浮子式水位计

3.超声波水位计

超声波水位计是利用超声波在不同介质中的传播特性差异将换能器安装在水下(或水上),通过发射、接收超声波来测量水位的仪器,如图 9-2 所示。

适用性:超声波水位计适用于江河、湖泊、水库、河口、渠道、船闸及各种水工建筑物处进行水位测量。因此,可用于水位数据采集系统和水文自动测报系统的水位测量。

4.电容式水位计

电容式水位计是依据电容感应原理,当被测介质浸汲测量电极的高度变化时,引起其电容变化。它可将各种物位、液位介质高度的变化转换成标准电流信号,远传至操作控制室供二次仪表或计算机装置进行集中显示、报警或自

图 9-2　超声波水位计

动控制。其良好的结构及安装方式可适用于高温、高压、强腐蚀、易结晶、防堵塞、防冷冻及固体粉状、粒状物料。它可测量强腐蚀型介质的液位、高温介质的液位、密封容器的液位,与介质的黏度、密度、工作压力无关。

(二)渠道流量量测

渠道运行一般以流量来描述,因此流量的测量十分必要。用水管理、灌水计划、分水和供水等都是以流量表述的。流量的测量比水位的测量难度要大,多数情况下,流量的测量都是通过一个或多个水位测量、渠道断面测量和标定实现的。

测量流量的方法有多种,但大多数都是通过测量水位来计算流量。在很多系统中,都是对水位和流量同时进行测量。自动控制渠道系统中流量测量的方法主要有声波和超声波流量计、闸孔流量算法、巴歇尔槽、流速仪、孔口出流及潜水型电磁流量计。

使用槽和堰测定流量源于水位测量。堰和槽通常被率定为水位—流量关系。通过关系曲线或图表,可以将水位转换为流量。

1.声波和超声波流量计

超声波流量计是通过检测流体流动对超声束(或超声脉冲)的作用以测量流量的仪表。它采用了先进的多脉冲技术、信号数字化处理技术及纠错技术,计量更方便、经济、准确,如图 9-3 所示。

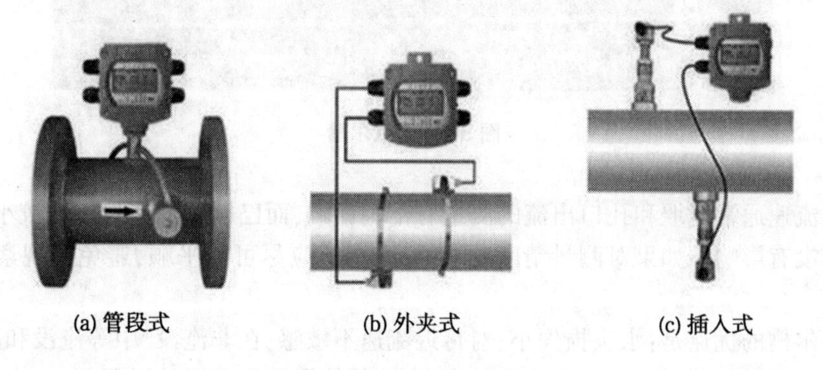

(a) 管段式　(b) 外夹式　(c) 插入式

图 9-3　超声波流量计

原理：根据对信号检测的原理，超声流量计可分为传播速度差法（直接时差法、时差法、相位差法和频差法）、波束偏移法、多普勒法、互相关法、空间滤法及噪声法等。

声波流量计和超声波流量计一样，因仪表流通通道未设置任何阻碍件，均属无阻碍流量计，是适于解决流量测量困难问题的一类流量计，特别在大口径流量测量方面有较突出的优点。它是发展迅速的一类流量计之一。

超声波流量计采用时差式测量原理：一个探头发射信号穿过管壁、介质、另一侧管壁后，被另一个探头接收到，同时，第二个探头同样发射信号被第一个探头接收到，由于受到介质流速的影响，二者存在时间差 Δt，根据推算可以得出流速 v 和时间差 Δt 之间的换算关系，进而可以得到流量值 Q。

2.巴歇尔槽

巴歇尔槽（Parshall flume）又称巴氏槽，是明渠流量测量的辅助设备。原型是文丘里水槽，后者的实验是 Cone 于 1915 年在美国的科罗拉多州开始进行的。1922 年 Parshall 对此进行了根本性的变革，制作了现在通用的巴歇尔槽。以后又多次重复了水力学实验，制成了尺寸为 1~50 英寸的各种量水槽。

巴歇尔槽是位于渠道上的具有特定断面形状的明渠区段，用以测定渠道流量。收缩的喉道产生水头差，从而可以计算相应的流量。巴歇尔槽后渠道底坡为正坡，即使在淹没度较大的情况下，渠道流量也不受影响。收拢的上游断面加速了水流的推进速度，从而减少了泥沙的淤积，提高了量测的精度，如图 9-4 所示。

图 9-4　巴歇尔槽

行近流速通常对堰和孔口出流的测量有不利影响，而巴歇尔槽行近流速较小，对流量测量几乎没有影响。如果对测量精度要求很高，水流应尽可能平顺，避免出现紊流、漩涡和水波。

巴歇尔槽的优点是：水头损失小；对行近流速不敏感；在非淹没、中等淹没和高度淹没的条件下，测量效果都较好；由于流速较大，在建筑物周围没有泥沙淤积等。

巴歇尔槽的缺点是：不能应用于由分水口、控制闸或测量设备等组成的封闭式组合建筑物；比堰或淹没孔口需要的投资大；需要坚固的不透水基础；对施工要求较高；如果是淹

没流,则同时需要上下游水位;较大的巴歇尔槽随着时间的推移容易沉降和变形,因而需要重新率定。

量测原理:明渠内的流量越大,液位越高;流量越小,液位越低。对于一般的渠道,液位与流量没有确定的对应关系。因为同样的水深,流量的大小还与渠道的横截面面积、坡度、粗糙度有关。在渠道内安装量水槽,由于槽的缩口比渠道的横截面面积小,因此渠道上游水位与流量的对应关系主要取决于槽的几何尺寸。同样的量水堰槽放在不同的渠道上,相同的液位对应相同的流量。量水槽把流量转成了液位。通过测量量水堰槽内水流的液位,再根据相应量水槽的水位—流量关系,反求出流量。

3.流速仪

便携式明渠流速/流量计是一种专为水文监测、江河流量监测、农业灌溉、市政给排水、工业污水等行业明渠流速/流量测量的一种便携式测量仪表。便携式流量仪的运用是很广泛的,常常被运用到水文站,农田灌溉,明渠、沟渠、水渠,河道、坑道、水道,厂区、矿区地下水,环保检测站,实验研究院,地质勘查所,水务局等需要经常移动测量且现场无电源的场合。仪器测量精准,使用简便,携带方便,保养简单,是目前使用最好的流速流量仪器,可以定做非标产品,对一些特定部门和特定环境可以专门定做水流速流量仪器,达到测量要求,测量精准快速。

4.潜水型电磁流量计

潜水型电磁流量计是新型的用来连续测量明渠、暗沟或未满管道中导电流体的体积流量的一种电磁流量计。潜水型电磁流量计测量精度不受流体密度、黏度、温度、压力和电导率变化的影响,传感器感应电压信号与平均流速呈线性关系,因此测量精度高。近年来在工业排水和环境保护方面得到了广泛的应用,可以实现对被测流体流量的测量、控制、调节记录和累积计算。

潜水电磁流量计(见图9-5)的传感器基于法拉第电磁感应定律制成,它主要由具有绝缘性能、穿通测量管壁安装的一对电极和用以产生磁场的一对线圈及铁芯组成。当导电流体流经潜水电磁流量传感器测量管时,在电极上将感应出与流体成正比的电压信号。该信号经转换器处理,并输出4~20 mA DC电流信号和0~5 kHz脉冲信号。潜水电磁流量转换器还可显示瞬时流量和累积流量,并具有上、下限报警RS485通信功能。

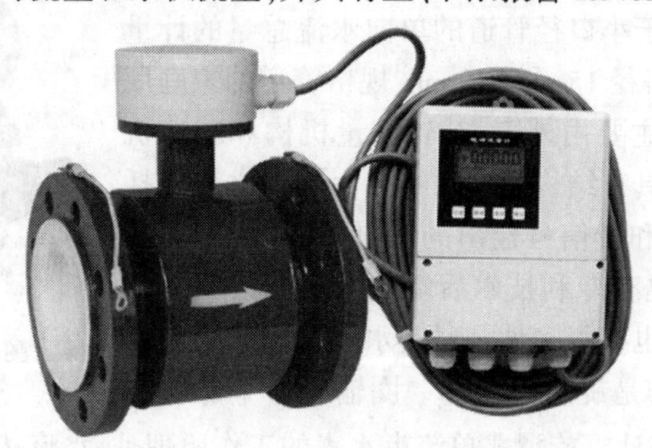

图9-5 潜水型电磁流量计

二、管道量水技术与设施

(一)文丘里流量计

文丘里流量计用于测量封闭管道中单相稳定流体的流量,常用于测量空气、天然气、煤气、水等流体的流量,如图 9-6 所示。

图 9-6　文丘里流量计

原理:其基本测量原理是以能量守恒定律——伯努利方程和流动连续性方程为基础的流量测量方法。内文丘里管由一圆形测量管和置入测量管内并与测量管同轴的特型芯体所构成。特型芯体的径向外表面具有与经典文丘里管内表面相似的几何廓形,并与测量管内表面之间构成一个异径环形过流缝隙。流体流经内文丘里管的节流过程同流体流经经典文丘里管、环形孔板的节流过程基本相似。内文丘里管的这种结构特点,使之在使用过程中不存在类似孔板节流件的锐缘磨蚀与积污问题,并能对节流前管内流体速度分布梯度及可能存在的各种非轴对称速度分布进行有效的流动调整(整流),从而实现了高精确度与高稳定性的流量测量。

(二)水表

水表是一种连续测定水量的积算式流量计,分为两类:一类是容积式水表,如旋转活塞式流量计、圆盘式流量计等;另一类是利用水流推动叶轮旋转并累计流量的叶轮式水表,也称速度式水表。前一类价格较高,主要用于试验;后一类用于实际水量测量。典型的产品如下。

1.旋翼式水表

旋翼式水表适用于小口径管道的单向水流总量的计量(见图 9-7)。如用于口径 15 mm、20 mm 规格管道的家庭用水量计量。这种水表主要由外壳、叶轮测量机构和减速机构,以及指示表组成,具有结构简单的特点。这类水表包括不带输出的机械式样和带信号输出的,带信号输出的多是模拟量的输出,但是也有专利技术后端数字式样的。另外旋翼式水表测量原理也有很多种,例如,水流带动旋转翼带动齿轮来计数,还有的是旋转翼每转一圈输出 1 个脉冲信号,由后面的电路来统计。旋翼式单流束水表的工作原理是:水流从表壳进水口切向冲击叶轮使之旋转,然后通过齿轮减速机构连续记录叶轮的转数,从而记录流经水表的累积流量。

图 9-7　旋翼式水表

2.水平螺翼式水表

水平螺翼式水表,又称涡轮式水表,是指该种水表的螺翼轴线与自来水管道轴线平行(或重合),其叶轮采用螺翼形状。这并不是说这种水表只能水平安装。当然,如这种水表确需垂直安装,则应选择进水一侧螺翼轴轴承孔中装有宝石端面平轴承的水表,以减少摩擦阻力,延长水表的使用寿命。一些进口型号的螺翼式水表采用动平衡工艺技术,可以在水平、倾斜和垂直状态下工作,但在非水平状态下工作时水表的计量等级要降低一级。

公称口径 80~200 mm 的水平螺翼式水表如图 9-8 所示。水平螺翼式水表主要由表壳、整流器、误差调节装置、螺翼、支架、蜗轮蜗杆、计数机构、表玻璃、密封垫圈及中罩等零部件组成。

图 9-8　水平螺翼式水表

(三)电磁流量计

电磁流量计是 20 世纪 50~60 年代随着电子技术的发展而迅速发展起来的流量测量仪表。电磁流量计是应用电磁感应原理,根据导电流体通过外加磁场时感生的电动势来测量导电流体流量的一种仪器。

在结构上,电磁流量计由电磁流量传感器和转换器两部分组成,传感器安装在管道上,它的作用是将流进管道内的液体体积流量值线性地变换成感应电动势信号,并通过传输线将此信号送到转换器。转换器安装在离传感器不太远的地方,它将传感器送来的流量信号进行放大,并转换成与流量信号成正比的标准电信号输出,以进行显示、累积和调节控制。

三、IC 卡灌溉管理系统在节水灌溉中的应用

IC 卡灌溉管理系统是针对我国农村排灌系统管理中普遍存在面积大、收费难、管理成本高的特点,结合国家节水节电政策专门研发的一套测量收费管理系统。这套系统还完善了对水泵电机的保护功能,延长了水泵电机的寿命。该系统主要适用于高效节水灌溉、小农水重点县、土地整理、农业开发、农村机井、高效农业生态园等项目。该系统集 IC 卡预付费、电量监测、水量监测和远程通信等多种功能于一体,结合完善的 POS 预付费管理机和机井 IC 卡预付费管理系统软件,实现对农村机井取水的监测和科学管理,是目前

国内农村节水型社会建设的先进的系统解决方案。

计费方式:通过传感器对灌溉用水或用电进行计量,HNNG 控制器对水泵电机控电,以 IC 卡为缴费媒体实现收费管理的控制系统。计量准确性高,符合水利部门的管理要求,系统既可以外接远传水表进行水量的控制,又可以对电计量进行电量的控制。

(一)系统组成

系统硬件由中心控制系统和多台安装在泵房的分机组成。中心控制系统是指发卡机或内置读卡器的计算机(通常称为发卡计算机)。分机指智能卡机井灌溉管理机。管理软件系统由系统维护、卡片管理、分机管理、综合统计、安全加密、辅助系统等子系统构成。系统可以完成对数十台、数百台智能卡灌溉管理机的综合管理。为适应农村计算机尚未普及的情况,设置配套了专用发卡机。

为了改变我国在节水灌溉实时控制与管理方面的落后状况,利用智能 IC 卡的功能,建立了基于智能 IC 卡的节水灌溉控制与管理系统,实现了预付费、显示、定时控制、掉电保护、加密等控制系统功能和建立用户档案、售水收费管理、用户用水情况管理、统计和查询、报表打印、用户密码备份、用户卡挂失、退水管理等管理系统功能。

(二)系统控制流程

IC 卡系统控制流程见图 9-9。

(三)系统特点

1.管理功能强大

(1)计量功能。给某一灌溉用户供水,先将该用户的 IC 卡插入管理机,按下“开”键,自动启动柜控制水泵开机上水。同时,管理机自动计时,并按设定的流量计算实际用水量。灌溉完毕,按下“关”键,管理机自动停止运行,从而中断供水。这样既能提高精度,又减少了工作量。

(2)收费功能。管理机在计算水量的基础上,按定额计算出水费,从预交水费中扣除本次使用的费用,并显示卡中余额。作为一个用水户,须申报用水计划,管水单位根据用水户的申报,预收水费,并写入 IC 卡,由灌溉管理机进行控制,水费接近用完发出警报,用水户再缴费,再写入,方可继续用水,水费的写入、读取可随时在管水单位控制中心进行。

(3)打印功能。系统可以对发卡数量、收入金额等进行统计并打印成报表。

(4)统计功能。系统对用水情况进行详细统计,不但可以加强用水管理,还为科学用水提供依据。

2.控制灵活

IC 卡可进行远距离联网控制,也可对不能联网的小范围应用系统提供单独服务。由于系统内部划分了子系统,能适应现在农村中的一个区域(如乡镇、自然村)划分为若干小区域的情况。

3.适应性强,使用寿命长

系统中的机井智能卡管理机配合相应的附属设备可以控制各种功率的机井,而且根据农村电网的实际情况做到宽电压设计,在 320~420 V 交流电压下仍可稳定工作。

系统均采用可靠性高的元器件,适应北方恶劣气候,分机适应温度为 253~313 K,湿度为 20%~95%的极端环境,具有防潮、防水、防尘的功能。该机内置非法卡保护电路,可

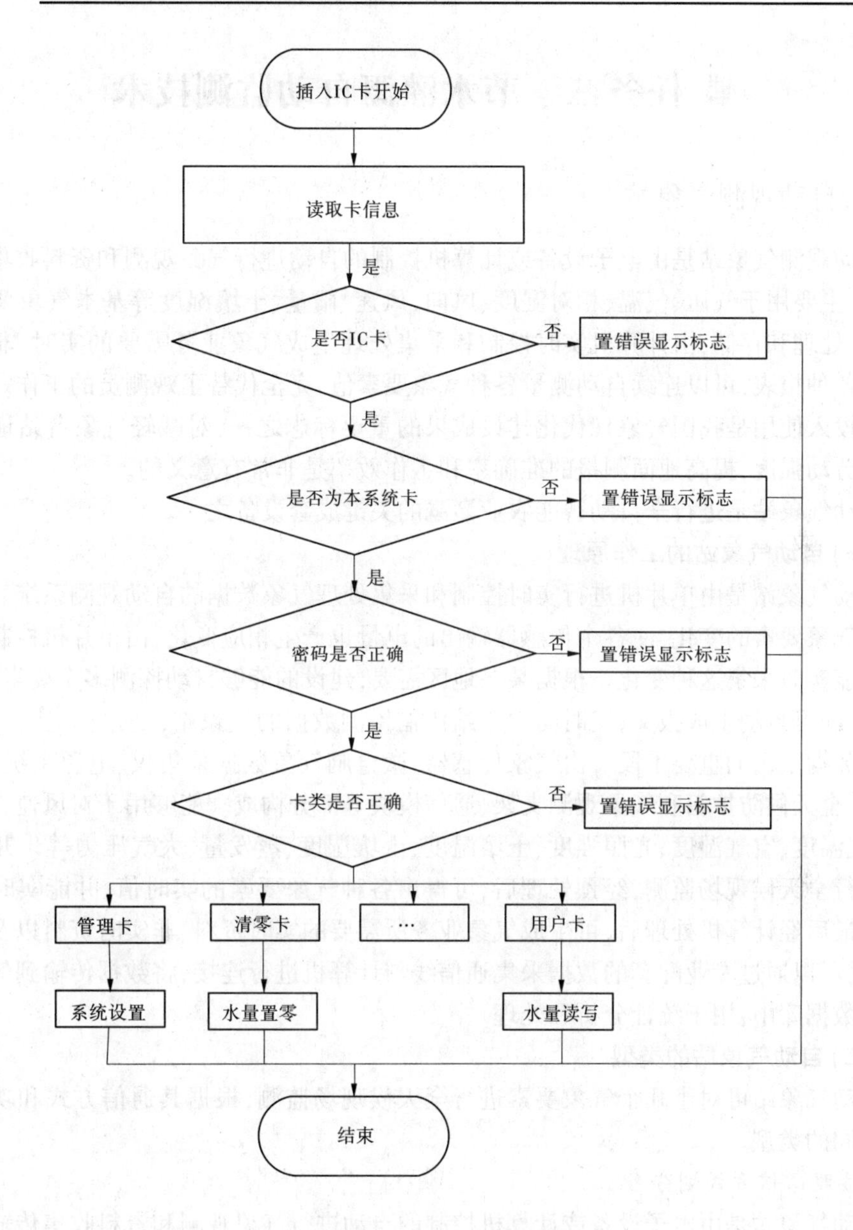

图 9-9　IC 卡系统控制流程

以防止各种不同的卡片(如铁片、塑料片等)插入造成危害。智能卡及各分机(管理机)均符合 ISO7816 标准,可长久重复使用,设计使用寿命超过 10 万次。

4.系统安全性高

该系统使用的智能卡采用先进的系统加密技术,使用安全。在运行过程中,自动启动柜能够配合机器,实现水泵的自动控制,并对水泵的缺相、欠压、过压、过流以及其他不正常运行随时检测,确保水泵安全运行。

任务二　节水灌溉自动监测技术

一、自动观测气象站

自动观测气象站是由电子设备或计算机控制的自动进行气象观测和资料收集传输的气象站，主要用于气压、气温、相对湿度、风向、风速、雨量、土壤湿度等基本气象要素的自动采集、处理和存储，由计算机实时控制和采集处理生成气象业务需要的实时、非实时资料以及各种报表，可以连续自动测量各种气象要素值，完全代替了观测员的工作。自动气象站的投入使用是我国气象现代化建设成果的重要标志之一，对减轻气象台站地面观测人员的劳动强度，提高地面测报的准确率和工作效率是非常有意义的。

自动气象站是进行全自动智能农业灌溉的关键成套设备之一。

（一）自动气象站的工作原理

自动气象站是由单片机进行实时控制和采集处理气象数据的自动观测系统。各种自然环境气象要素的变化，使各个传感器输出的电量也产生相应变化，由单片机控制的数据采集器能实时采集这种变化。根据某一地区需要，建设的能够自动探测多个要素，无须人工干预，即可自动生成报文，定时向中心站传输探测数据的气象站，是弥补空间区域上气象探测数据空白的重要手段。由气象传感器、微电脑气象数据采集仪、电源系统、防辐射通风罩、全天候防护箱和气象观测支架、通信模块等部分构成。能够用于对风速、风向、雨量、空气温度、空气湿度、光照强度、土壤温度、土壤湿度、蒸发量、大气压力等十几个气象要素进行全天候现场监测，经预处理后，可得出各种气象要素的实时值，并能实时显示和存储。最后经计算机处理后，可生成气象业务所需要的实时资料、非实时资料以及各种相应报表，可以通过专业配套的数据采集通信线与计算机进行连接，将数据传输到气象计算机气象数据库中，用于统计分析和处理。

（二）自动气象站的类型

自动气象站可对十几个气象要素进行全天候现场监测，根据其通信方式和功能可划分为不同的类型。

1.按照通信方式划分

自动气象站是由电子设备或计算机控制的自动进行气象观测和资料收集传输的气象站，根据其感应部分与接收处理部分是否用有线通信电路传输，可分为有线遥测自动气象站和无线遥测自动气象站。

（1）有线遥测自动气象站。仪器的感应部分与接收处理部分相隔几十米到几千米，其间用有线通信电路传输。由气象传感器、接口电路、微机系统、通信接口等组成。传感器将气象信息转换成电信号由接口电路输出。微机系统是它的心脏，负责处理接口电路及观测员通过键盘输入的信号，并将处理结果输出显示、打印、存盘，也可通过接口送到信息网络服务系统。这种自动站早期用于实时查询气象资料，现在逐渐取代气象站日常主要观测工作。

（2）无线遥测自动气象站，又称无人气象站。它由测量系统、程序控制和编码发射系统、电源三部分组成。气象要素转换成电信号的方式常见的有机械编码式和低频调制式两种，前者多使用机械位移的感应元件，使指针在码盘上位移而发出不同的电码；后者多使用电参量输出感应元件，使它产生一个低频变化的信号，然后将此信号载于射频上发射。无人气象站通常能连续工作一年左右，每天定时观测4~24次。可在1 000 km之外的控制中心指令或接收它拍发的电报，也可利用卫星收集和转发它拍发的资料。该站通常安置在沙漠、高山、海洋(漂浮式或固定式)等人烟稀少的地区，用于填补地面气象观测网的空白。

2.按照功能分组

自动气象站按其功能分为土壤墒情监测站、自动雨量站、自动水位监测站、雨水情监测站、多要素自动气象站。

(1)土壤墒情监测站。其主要是监测干旱和洪涝的监测站，它连接的传感器主要是土壤水分传感器。例如德国STEPS的SW3000，就是典型的土壤墒情监测站。

(2)自动雨量站。顾名思义，其主要是监测降雨量的监测站，主要连接的传感器是雨量传感器。

(3)自动水位监测站。其主要是监测水位的监测站，主要连接水位传感器。

(4)雨水情监测站。是将自动雨量站和水位监测站二者合一，一个监测站上连接了2种传感器。

(5)多要素自动气象站。可以监测风速、风向、温湿度、降雨量、总辐射、大气压力等多种要素的监测站。可以扩展连接多种传感器。

(三)自动气象站的基本结构

一个完整的自动气象站系统可分为基本硬件与软件两部分。基本硬件主要包括传感器等，软件包括系统软件与气象应用软件。

1.硬件组成

1)传感器

传感器是指能感受被测气象要素的变化并按一定的规律转换成可用输出信号的器件或装置，通常由敏感元件和转换器组成。

自动气象站常用的传感器有：

气压——振筒式气压传感器、膜盒式电容气压传感器；

气温——铂电阻温度传感器；

湿度——湿敏电容湿度传感器；

风向——单翼风向传感器；

风速——风杯风速传感器；

雨量——翻斗式雨量传感器；

蒸发——超声测距蒸发量传感器；

辐射——热电堆式辐射传感器；

地温——铂电阻地温传感器；

日照——直接辐射表、双金属片日照传感器。

数据采集器是自动气象站的核心，其主要功能是数据采样、数据处理、数据存储及数据传输。采集器的电源能保证采集器至少7 d正常工作,数据存储器至少能存储3 d的每分钟气压、气温、相对湿度、1 min平均风向和风速、降水量和每小时正点观测数据,能在计算机中形成规定的数据文件。

2)中央处理系统

自动气象站软件可通过表格或曲线视图对数据进行分析,(有线、无线)多种通信方式,动态组网,可支持百台以上监测站点并发通信。在Windows2000以上系统环境即可运行。

中央处理系统包括的通信系统主要有以下6种:

(1)RS232有线,通信距离0~10 m;

(2)RS485有线,通信距离0~1 000 m;

(3)无线微波电台,通信距离0~500 m;

(4)移动无线GPRS,通信距离不限(有附加的GPRS流量费用);

(5)Wi-Fi通信,通信距离不限(须架设有Wi-Fi);

(6)气象短信,通信距离不限。

用户可根据现场情况自由选择通信方式。

3)外部设备

外部设备包括不锈钢主体材料、结构柱杆、户外箱体、避雷保护等装置。

2.软件组成

自动气象站管理软件在Windows2000以上环境即可运行,并支持最新Windows7操作系统,实时显示各路数据,每隔10 s更新一次,每组数据自动存储(存储时间可以设定),与打印机相连自动打印存储数据,生成标准气象图文报表及统计分析曲线,存储量达数年以上,数据存储格式为Excel标准格式,可供其他软件调用,具有强大的数据库管理功能,支持sql、access、oracle等多种数据库,并可以将数据上传至中心管理网站进行实时数据更新发布,便于查询。

二、土壤墒情自动监测技术

土壤墒情是指作物根系层土壤含水量状况,通常用土壤湿度(土壤含水量)或土壤水张力(负压)来表示,受土壤、气象、作物和灌溉排水等多种因素的影响,随时间不断变化。科学地控制调节土壤水分状况是进行节水灌溉、实现科学用水和灌溉自动化的基础。快速、准确地测定农田土壤水分,对于探明作物生长发育期内土壤水分盈亏,以及做出灌溉排水决策等具有重要意义。

墒情预报主要是田间土壤含水率的预报,是进行灌溉预报的前提。通过土壤水分监测和墒情预报,可以严格按照墒情灌溉,使灌溉水得到有效利用,以达到节水、高产的目的。因此,研究区域土壤墒情预报是建立节水灌溉决策系统的重要内容。

长期以来,人们采取多种措施来调节土壤墒情,以使土壤的墒情满足作物正常生长的需要。土壤墒情的主要测量方法分类如下。

(一)取土烘干法

取土烘干法是当前常规墒情测报最常用的一种方法,且有足够的精度,但烘干法取土在深度上层次多，通常还需2~3次重复，不仅劳动强度大，而且破坏了原土壤的结构，不能做定点连续观测。山东省水利科学研究院对四个典型灌溉试验站大量土壤水分资料进行回归分析，得出作物主要根系层20~40 cm、40~60 cm的土壤含水量平均值与0~100 cm的加权平均含水量之间存在着极显著的相关性。

依据土水势理论，在农田土壤剖面埋设30 cm、50 cm、100 cm、150 cm、200 cm五个深度石膏水势传感器(3个重复)，通过土水势过程线测试分析，得出30 cm、50 cm土水势受作物耗水、大气降水影响较大的结论。

由以上两个试验得出常规测墒1 m土层土壤水分加权平均值可用20~40 cm、40~60 cm土壤水分平均值来确定的结论，这样与常规测墒相比可减轻工作量40%~50%，对提高测墒效率和灌溉管理水平有着十分重要的意义。

(二)负压计法

负压计法是测定土壤基质势的方法，有水传感和气传感两种方法，气传感使用于北方结冰时水势的测定，由山东省水利科学研究院和中国农科院南京土壤研究所研制。该方法主要用于旱作物。

(三)石膏块传感器法

石膏块传感器是由经特殊加工制成的质地均匀、结构致密且外观形状、大小固定的石膏块，以及埋入石膏块中位置、间隔确定的两个电极和将电极引出以便测量的导线组成的。石膏块传感器的测量范围从田间持水量到凋萎点，测量的是各种土壤的水势而非含水量，需根据土壤水分特征曲线求出相应含水量。石膏块传感器具有准确度高、测量范围大、节省人力物力的特点，适用于定点、连续观测。根据山东省水利科学研究院研究成果，石膏块的埋设深度在30 cm和50 cm即可代表100 cm土层的土壤含水量，并通过室内模拟试验率定土壤水分特征曲线。

(四)时域反射法

时域反射仪(Time Domain Roflectometry，简称TDR)是目前国际上测墒水平较高的方法，它由探测仪(用于信号监测)和探头(用于引导信号在介质中传输)两部分组成，利用土壤的介电常数随土壤含水量的变化而规律地发生变化的原理进行测量。TDR测量土壤的体积含水量，每个TDR都存在自身的系统误差，使用前必须进行率定。

1.测定原理

TDR测定土壤含水量原理相当简单，一个电压的阶梯状脉冲波沿在土壤中放置或垂直插入的探针(长度为L)发射，电压的阶梯状脉冲波沿探针金属棒(片)传播，并在金属棒末端反射回来，土壤含水量由延迟的时间决定。

用TDR测定的优点之一是不需要取样，并且在指定的标准时间如几秒内就可完成对一个测点的测定。

TDR测定的精度取决于TDR仪的分辨率，既取决于探针至导线脉冲电压的减弱，也取决于土壤介质的性质(介电常数和电导率)，以及用以分析TDR数据的技术。

2.TDR测定的电场分布和测定的范围

TDR探针(或片)周围的电场分布决定了测定范围的大小。室内和野外用的探针(片)有多种形状，如平行的两棒金属探针，三棒、四棒金属探针及8片、16片金属片。在许多情况下,使用TDR时,探针灵敏度受探针和介质之间的紧密程度影响,这表明TDR有严格的使用条件。安装探针(片)时必须小心,要紧贴被测物,在探针(片)周围不要留有空隙。很明显,黏土的龟裂出现时就有这个问题,特别是随着土壤的逐渐变干,沿探针形成的裂缝。因此,在龟裂土壤中会造成很大误差。

一般情况下,直径小的探针测定范围很小,直径为拇指大的探针在平均土粒直径10倍以上的范围内,能保证测得的土壤含水量值具有代表性。试验采用的TRIME-T3管状TDR,探测器为16片金属片,分上、下两级,有效测量深度可达到15 cm。

根据实际应用,TDR探针在土壤剖面中可垂直放置、水平安放或任意放置,各种放置形式都可以给出探针长度的平均含水量。

除以上测墒方法外,还有中子水分仪法等测定方法。

三、作物水分诊断技术

(一)作物水分诊断原理

目前,进行作物水分亏缺诊断的方法可分为间接估算法、直接测定法和综合法三类。间接估算法是根据对引起作物水分亏缺的环境因素(如土壤湿度或水势和空气湿度等)的测定诊断作物水分亏缺状况;直接测定法是对作物自身水分亏缺的直接测定;综合法则是根据环境因素和作物本身的水分生理指标的测定来综合诊断作物的水分亏缺状况。研究证明,植物的生长发育直接受叶片水分状况的影响,作物的水分亏缺并不仅仅取决于土壤的水分状况,它还与大气蒸发量的变化、作物根系分布状况、作物生长及生理特性、水分输导能力等方面的因素有关,而且作物水分不足首先会反映在作物生理指标上,常表现为叶片相对含水量和叶片水势下降、叶片温度增高、气孔水汽扩散阻力增加、茎秆直径变化大等现象,因此直接监测作物本身的生理变化来确定水分状况并作为灌溉的依据,比利用土壤水分状况更可靠,作物水分状况的实时监测与诊断技术已成为精确灌溉的基础和保障。

(二)作物水分诊断方法

1.叶水势

植物水势反映了土壤、植物和大气条件对植物体内水分可利用性的综合影响。大量研究表明,叶水势的高低影响叶片扩展生长、光合作用进行以及光合产物的传输等许多过程。如对玉米的试验表明,在水分亏缺时光合作用与叶水势的关系比与气孔阻力的关系要好,而在控制环境下的进一步研究发现,当玉米叶水势降至-0.2 MPa时,叶片生长速度即开始减慢;当叶水势降至-0.9~-0.7 MPa时,叶片扩展生长停止。研究表明,棉花的叶片生长速率的下降与每日最低叶水势的下降呈线性关系;小麦旗叶的光合和蒸腾速率随叶水势的降低而线性下降,当叶水势降至-3.1~-3.3 MPa时,光合作用停止。尽管影响叶水势的因素很多,但土壤水分是影响水势变化的重要因素,即叶水势总是随着土壤含水量的不断减少而下降。因此,许多学者主张叶水势指示土壤水分亏缺状况,并由此进行作物水分诊断。

叶水势除受土壤条件影响外,还随气象条件变化。叶水势在一天中会随大气条件的变化而变化。研究表明,与午后叶水势最低值相比,凌晨叶水势受大气变化影响较小、较稳定,可以更好地反映作物水分亏缺状况。

2.气孔导度(气孔阻力)

气孔是CO_2和水分进出植物体的通道。叶片的气孔导度与蒸腾之间具有显著的相关性,气孔导度大,蒸腾就强;反之,蒸腾就弱。水分胁迫下气孔体积变小,气孔密度增大,输导组织发达,利于水分及营养物质的交换和水分的保持。气孔可在许多外部和内部因素的作用下,通过调节其开张程度来控制光合作用和水分蒸腾速率,因而在作物的生理活动中具有重要的意义。研究表明,气孔导度(阻力)随着土壤可吸水的增加而线性下降,当土壤可吸水量达到某一临界值以后气孔阻力不再下降。由于气孔导度或气孔阻力的测量困难,因而在实际中常用气孔开度来判别作物是否缺水。试验表明,在小麦分蘖至抽穗期,当气孔开度开始小于6.5 μm时就开始受旱,在灌浆期,当气孔开度小于5.5 μm时开始受旱;甜菜在叶成形期,气孔开度小于6~7 μm时,就开始受旱,在根果形成期,气孔开度小于5 μm时就受旱。

3.茎秆直径变化

植物茎秆直径微变化来源于生长及体内水势的变化,当根系吸水充足时茎秆微膨胀,水分亏缺时茎秆微收缩,能实时、准确地反映植株体内水分状况及环境因素对植物的影响。植株茎直径一般呈24 h左右的周期性波动,在日出前达到最大值(MXSD),最小值(MNSD)出现在下午。一天中MXSD与MNSD的差值定义为日最多收缩量,它受植物体内水分状况和环境因素(辐射、空气饱和差等)的共同影响,反映了植株茎秆的累积生长,同时反映出根区水分供应和蒸发需求的综合影响,在水分供应不足的情况下呈下降趋势。如果能排除环境因素和植株生长对茎直径变化的干扰,就可以通过对植株茎直径变化的测定来诊断作物水分状况。

与叶水势、气孔导度、细胞液浓度、冠层温度等其他生理变化指标相比,茎直径微变化具有简便、稳定、无损、连续自动监测等特点,受到越来越多的关注和应用。目前,对茎直径变化的应用研究一方面是深入探讨基于茎直径变化监测指标反映作物缺水状况的能力,并寻找使用这些指标确定灌溉时间或阈值,以及使用这些指标指导灌溉的有效性,包括其节水效应和对最终产量的影响等。二是研究将茎直径变化监测与其他作物水分动态监测信息相结合,应用模糊人工神经网络技术、数据通信技术和网络技术,可建立具有监测、传输、诊断、决策功能的作物精量控制灌溉系统,结合智能化的灌溉信息采集装置和灌溉预报与决策支持软件,可提高作物水分状况监测与诊断的精确性、动态性和可预见性,实现作物水分与灌溉管理的自动化。

目前,测量植物茎直径变化一般采用线性位移传感器,固定在茎秆测量部位,通过与数据采集器相连接,可以自动记录,一次安装后能在一个较长的生育期间连续测定,不会破坏植物正常生理活动。另外,基于光波投射原理的非接触性茎直径变化记录设备也正在开发之中。

4.冠层温度

冠层温度是环境和植物内部因素共同影响叶片能量平衡的结果,在植物因素中最主要的就是气孔。气孔的关闭限制了水分蒸腾,阻止了能量以潜热形式的消散,因而造成叶温的提高。根据这一事实,Tanner于1963年提出了用叶温指示植物水分亏缺的设想。在以后的20年里,许多学者针对这一问题开展了大量的研究,并取得了很大进步。近年来,红外测温技术的发展使我们能比较容易地测量过去其他手段难以测定的作物冠层温度,因此通过作物冠层温度来诊断作物缺水已在国外形成了相对成熟的灌溉技术。

四、实时灌溉预报技术

传统用水管理是根据预先制定的灌溉制度定时定量供水。虽然灌溉制度是根据不同水文年确定的配水方案,但也不能适应瞬息万变的天气条件,因而在目前水资源紧缺、农业供水形势日益严峻、灌溉管理水平低的情况下,实现水资源的高效利用应当根据当前墒情,结合未来时段的气象预报,进行农田用水动态管理。灌溉预报技术是农田灌溉用水动态管理的核心。它是利用土壤基本参数及易于观测的气象资料等来预测土壤水分状况的动态变化,据此确定灌水日期、灌水定额,并随作物生育期的推移,逐段实行灌溉预报,控制土壤水分在有利于提高水分生产率的范围内变化,实现节水高产的目标。

(一)灌溉预报模型建立

灌溉预报即根据农田土壤水量平衡原理,对于旱地作物来说,利用当前的土壤含水量推算下一阶段的土壤含水量,进而预报灌溉时间和灌水量。土壤含水量的递推模型如下:

$$W_i = W_{i-1} + K_i + W_{Ti} + m_i + P_i - R_i - S_i - ET_{ai} \tag{9-1}$$

式中 W_i、W_{i-1}——作物第 i、第 i-1 时段计划湿润层的土壤蓄水量,mm;

K_i——第 i-1~第 i 时段地下水补给量,mm;

W_{Ti}——第 i-1~第 i 时段因计划湿润层增加而增加的水量,mm;

m_i——第 i-1~第 i 时段灌水量,mm;

P_i、R_i、S_i——第 i-1~第 i 时段有效降雨量、径流量、渗漏量,mm;

ET_{ai}——第 i-1~第 i 时段作物实际耗水量,mm。

模型中参数的确定方法如下。

1.计划湿润层土壤蓄水量(W_i)

$$W_i = 10\gamma_{土}\beta_i H_i \tag{9-2}$$

式中 W_i——计划湿润层的土壤蓄水量,mm;

$\gamma_{土}$——土壤干容重,g/cm^3;

H_i——计划湿润层深度,m;

β_i——计划湿润层土壤含水率(占干土重,%)。

2.降雨量、径流量、渗漏量(P_i、R_i、S_i)

$$P_{有效i} = P_i - R_i - S_i \tag{9-3}$$

因产生径流和渗漏主要发生在雨量和雨强较大的汛期,对冬小麦生育期而言(10月至翌年6月),其全部降雨量均视为有效降雨量;对夏玉米、大豆等秋季作物来说,当降雨折算成有效降雨时,R_i、S_i 也可取0,折算方法为:当 $P_i \leqslant 5$ mm时,$P_{有效}=0$;当 $5<P_i<10H\gamma_{土}(\beta_{田}-\beta)$时,$P_{有效}=P_i$;当 $P_i>10H\gamma_{土}(\beta_{田}-\beta)$时,$P_{有效}=10H\gamma_{土}(\beta_{田}-\beta)$。$\beta$ 为降雨前土壤含水率。

3.地下水补给量(K_i)

地下水补给量大小与地下水埋深、土壤性质、作物种类及耗水强度等因素有关。其值计算非常复杂,涉及的因素众多,而且对作物的生长影响较大。在查阅了大量资料,并参考试验站测试结果及比较了多项研究成果的基础上,认为下述两种计算方法较为合适。

(1)一般经验公式。

$$K_i = ET_{ai} \times a \tag{9-4}$$

式中　a——地下水补给系数,其值当地下水埋深小于1 m时,取0.5,在1~1.5 m时,取0.4,在1.5~2.0 m时,取0.3,在2.0~3.0 m时,取0.2,在3.0~3.5 m时,取0.1,大于3.5 m以上时,取0;

ET_{ai}——作物耗水量,mm。

(2)华北旱作物地下水利用量计算公式。

$$K_i = (A - B\lg H)t_i/T \tag{9-5}$$

式中　H——地下水埋深,m;

T——作物生育期天数,其中小麦从拔节开始计算;

t_i——第i-1~第i计算时段的天数;

A、B——经验参数,其取值如表9-1所示。

表9-1　华北平原作物对地下水利用量

土壤	冬小麦			夏玉米		
质地	A	B	H_{max}	A	B	H_{max}
轻质沙壤土	80	210	2.4	49	162	2.0
轻质黏壤土	100	209	3.0	59	192	2.0
中质黏壤土	120	199	4.0	69	173	2.5
重质黏壤土	150	249	4.0	86	180	3.0
黏土	200	332	4.0	115	211	3.5

4.灌水量(m_i)

$$m_i = 10\gamma H_i \beta_{田}(1 - \beta_{下限}) \tag{9-6}$$

式中　$\beta_{田}$——计划湿润层田间持水量(占干土重,%);

$\beta_{下限}$——灌水下限指标(占田间持水量,%),见表9-2、表9-3;

其他符号含义同前。

表9-2　冬小麦灌水下限指标

生育期	出苗—越冬	越冬—返青	返青—拔节	拔节—抽穗	抽穗—灌浆	灌浆—成熟
土壤含水率下限(%)	55~65	60~70	50~60	60~70	60~70	50~60

表 9-3 夏玉米灌水下限指标

生育期	出苗—幼苗	幼苗—拔节	拔节—抽雄	抽雄—灌浆	灌浆—成熟
土壤含水率下限(%)	60~75	50~65	65~75	70~80	65~75

5.作物耗水量(ET_{ai})

作物耗水量(或作物需水量)是农业方面最主要的水分消耗部分,包括棵间蒸发量和植株蒸腾量,是制定农田灌溉制度的重要依据。可采用参考耗水量法计算,即

$$ET_{ai} = ET_{0i} \cdot K_{ci} \tag{9-7}$$

式中 ET_{0i}——参照腾发量,mm;

K_{ci}——作物系数。

1)参照腾发量(ET_{0i})

Penman-Monteith 公式是 1990 年联合国粮农组织(FAO)向全世界推荐计算潜在耗水量的新方法,与 20 世纪 70 年代应用的 Penman 公式比较,该方法是统一标准的计算方法,无须进行地区率定和使用当地的风速函数,同时不用改变任何参数即可适用于世界各个地区,估值精度较高且具备良好的可比性。

$$ET_{0i} = \{0.408\Delta(R_n - G) + \gamma[900/(T + 273)]U_2(e_a - e_d)\}/[\Delta + \gamma(1 + 0.34U_2)] \tag{9-8}$$

式中 T——平均日或月气温,℃;

R_n——作物冠层的净辐射量,$MJ/(m^2 \cdot d)$;

U_2——地面以上 2 m 处的风速,m/s;

e_a——饱和水汽压,kPa;

e_d——实际水汽压,kPa;

G——土壤热通量,$MJ/(m^2 \cdot d)$;

Δ——饱和水汽压与温度曲线上在 T 处的斜率,kPa/℃;

γ——湿度计常数,kPa/℃。

R_n 按下式计算:

$$R_n = 0.77R_s - 2.45 \times 10^{-9}\left(0.1 + 0.9\frac{n}{N}\right)(0.34 - 0.14\sqrt{e_d})(T_{kx}^4 + T_{kn}^4) \tag{9-9}$$

$$R_s = [0.25 + 0.5(n/N)]R_a \tag{9-10}$$

$$R_a = 37.6d_r(\omega_s \sin\varphi \sin\delta + \cos\varphi \cos\delta \sin\omega_s) \tag{9-11}$$

$$d_r = 1 + 0.033\cos(J2\pi/365) \tag{9-12}$$

$$\delta = 0.409\sin(J2\pi/365 - 1.39) \tag{9-13}$$

$$\omega_s = \arccos(-\tan\varphi \tan\delta) \tag{9-14}$$

$$N = (24/\pi)\omega_s \tag{9-15}$$

式中 R_s——实际短波辐射量,$MJ/(m^2 \cdot d)$;

n——实际日照时数,h;

N——最大天文日照时数,h;

T_{kx}、T_{kn}——24 时段内的最大与最小绝对温度，K(℃)+273.16；

φ——地理纬度，rad；

δ——太阳偏磁角，rad；

ω_s——日落时角度，rad；

d_r——日—地相对距离的倒数；

J——年内的天数。

对于 G 的计算：

$$G = 0.07(T_{mi+1} - T_{mi-1}) \tag{9-16}$$

式中　T_{mi+1}、T_{mi-1}——计算月下一个月和前一个月的平均气温，℃。

γ 和 Δ 可根据气温与海拔直接求得：

$$\gamma = 0.001\,63(P/2.45) \tag{9-17}$$

$$P = 101.3[(293 - 0.006\,5H_e)/293]^{5.26} \tag{9-18}$$

$$\Delta = 4\,098e_a/(T + 237.3)^2 \tag{9-19}$$

式中　P——在高程 H 处的气压，kPa；

H_e——气象站海拔，m；

T——平均气温，℃。

其余几项可用下式求得：

$$e_a = [e^0(T_{max}) + e^0(T_{min})]/2 \tag{9-20}$$

$$e^0(T) = 0.611\exp[17.27T/(T + 237.3)] \tag{9-21}$$

$$e_d = RH/\{[50/e^0(T_{min})] + [50/e^0(T_{max})]\} \tag{9-22}$$

式中　T_{max}、T_{min}——最高、最低气温，℃；

$e^0(T)$——T 温度下的水汽压，kPa；

RH——平均相对湿度(%)。

当实测风速不是 2 m 高度的风速时：

$$U_2 = 4.87U/[\ln(67.8Z - 5.42)] \tag{9-23}$$

式中　U——测量点的实测平均风速，m/s；

Z——测量风速的实际高度，m。

2)作物系数(K_{ci})

作物系数是计算作物需水量的重要参数，它反映了作物本身的生物学特性、产量水平、土壤耕作条件等对作物需水量的影响。在充分灌溉条件下，不同生育阶段 K_{ci} 值为一常数。但对冬小麦来说，全生育期都处于干旱少雨季节，加之目前水资源严重缺乏，很难保证全生育期充分灌溉。当含水量小于土壤适宜含水量时，作物腾发受到抑制，K_{ci} 将按非线性函数变化。K_{ci} 的选取可参考已有研究成果(见表 9-4)。

表 9-4 作物系数与土壤含水率的关系

作物	生育阶段	$K_{ci}=K_c$ 适用范围	K_c	$K_{ci}=K_sK_c$ 适用范围	K_s
冬小麦	10 月	$0.85 \leqslant X \leqslant 1$	0.898	$0.55 \leqslant X < 0.85$	$K_s=1.1984\ln X+1.2067$
	11 月	$0.85 \leqslant X \leqslant 1$	1.266	$0.60 \leqslant X < 0.85$	$K_s=0.9898\ln X+1.1707$
	12 月至翌年 2 月	$0.85 \leqslant X \leqslant 1$	0.932	$0.60 \leqslant X < 0.85$	$K_s=1.2487\ln X+1.2038$
	3 月	$0.75 \leqslant X \leqslant 1$	0.798	$0.50 \leqslant X < 0.75$	$K_s=1.7542\ln X+1.5062$
	4 月	$0.85 \leqslant X \leqslant 1$	1.238	$0.60 \leqslant X < 0.85$	$K_s=0.7587\ln X+1.1242$
	5 月	$0.80 \leqslant X \leqslant 1$	1.238	$0.60 \leqslant X < 0.80$	$K_s=1.0996\ln X+1.2351$
	6 月	$0.70 \leqslant X \leqslant 1$	0.956	$0.50 \leqslant X < 0.70$	$K_s=0.8393\ln X+1.2943$
夏玉米	播种—拔节	$0.70 \leqslant X \leqslant 1$	0.682	$0.55 \leqslant X < 0.70$	$K_s=2.0138\ln X+1.777$
	拔节—抽雄	$0.70 \leqslant X \leqslant 1$	1.294	$0.65 \leqslant X < 0.70$	$K_s=1.3127\ln X+1.5228$
	抽雄—灌浆	$0.85 \leqslant X \leqslant 1$	1.51	$0.70 \leqslant X < 0.85$	$K_s=0.9047\ln X+1.2001$
	灌浆—成熟	$0.75 \leqslant X \leqslant 1$	1.168	$0.65 \leqslant X < 0.75$	$K_s=0.9469\ln X+1.3453$

注：X 为占田间持水率百分数(以小数计)；土壤水分计算深度为 100 cm。

(二)灌溉预报模型

利用水量平衡原理,参照图 9-10 预报流程图,选用程序设计语言及结合数据库,编制灌溉预报程序,达到对灌区水资源合理配水和作物适时适量灌溉的目的。

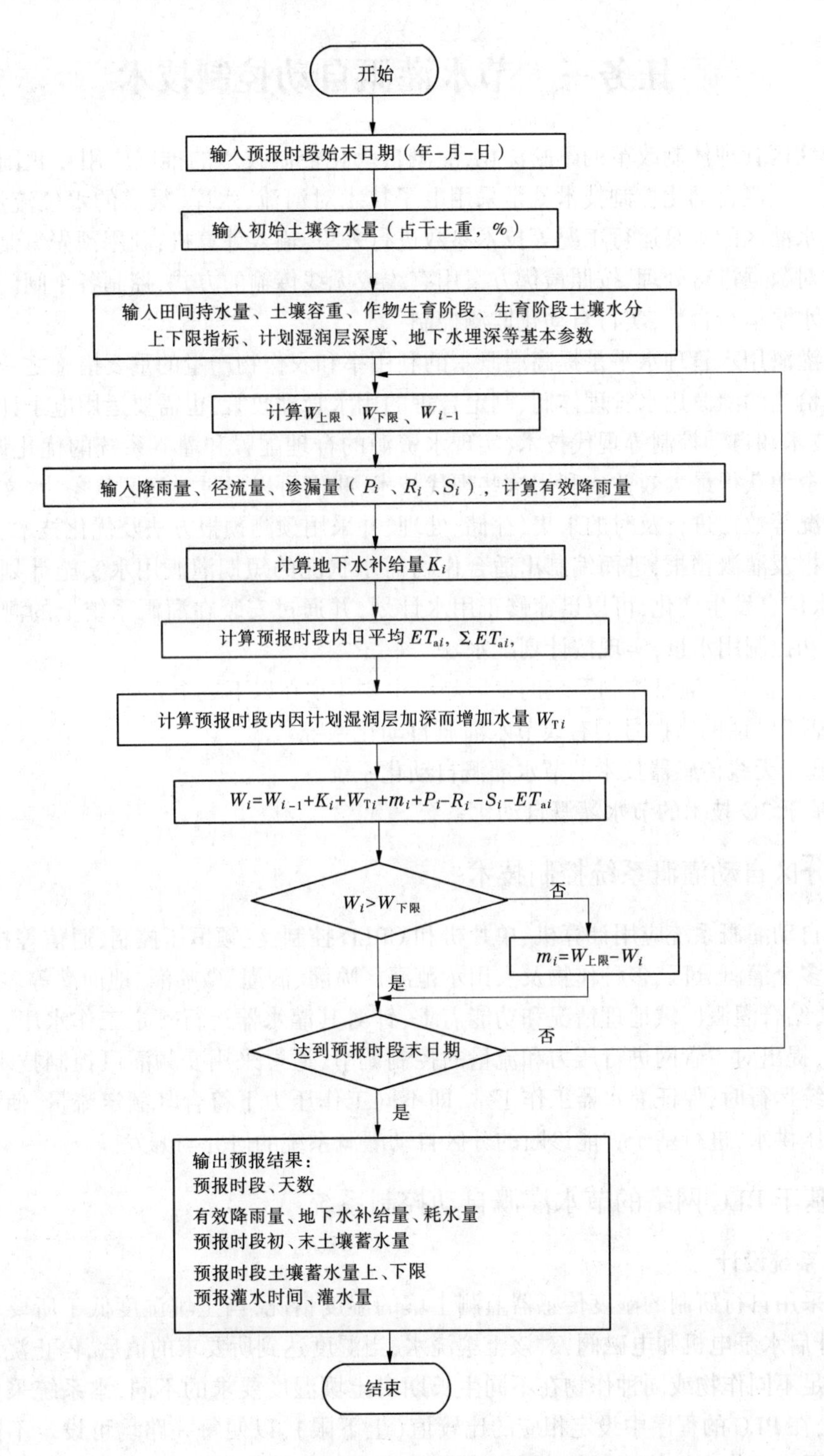
开始
输入预报时段始末日期（年-月-日）
输入初始土壤含水量（占干土重，%）
输入田间持水量、土壤容重、作物生育阶段、生育阶段土壤水分上下限指标、计划湿润层深度、地下水埋深等基本参数
计算$W_{上限}$、$W_{下限}$、W_{i-1}
输入降雨量、径流量、渗漏量（P_i、R_i、S_i），计算有效降雨量
计算地下水补给量K_i
计算预报时段内日平均ET_{ai}，ΣET_{ai}
计算预报时段内因计划湿润层加深而增加水量W_{Ti}
$W_i=W_{i-1}+K_i+W_{Ti}+m_i+P_i-R_i-S_i-ET_{ai}$
$W_i>W_{下限}$
否
$m_i=W_{上限}-W_i$
是
达到预报时段末日期
否
是
输出预报结果：
预报时段、天数
有效降雨量、地下水补给量、耗水量
预报时段初、末土壤蓄水量
预报时段土壤蓄水量上、下限
预报灌水时间、灌水量
结束

图 9-10　灌溉预报流程

任务三　节水灌溉自动控制技术

随着灌区管理体制改革的不断深化，灌溉自动化控制技术的推广应用在我国有着广阔的前景。灌溉自动化控制技术就是采用电子技术对河流、水库、渠道的水位流量、含沙量乃至提水灌区的水泵运行工况等技术参数进行采集，输入计算机，利用预先编制好的计算机软件对数据进行处理，按照最优方案用有线或无线传输的方式，控制各个闸门的开启度或调节水泵运行台数，实行自动化监测控制。

提高灌溉用水管理水平是提高灌溉水的利用率和农作物产量的重要措施之一。这既需要建立恰当的灌溉用水管理体制、制定合理的用水管理政策，也需要运用电子计算机技术、信息技术和自动控制等现代技术，实现水资源的合理配置和灌溉系统的优化调度，使有限的水资源获得最大效益。利用这些现代技术，我们可以通过对灌区气象、水文、土壤、农作物状况等数据进行及时的采集、存储、处理，并采用预测预报方法及优化技术，及时做出来水预报及灌溉预报，进而编制出适合作物需水状况的短期灌溉用水实施计划。一旦来水、用水信息发生变化，可以迅速修正用水计划，并通过安装在灌溉系统上的测控设备及时测量和控制用水量，实现按计划配水。

目前，农业节水灌溉控制系统的发展趋势主要体现在以下三个方向：

(1)基于电话网络拨号的有线节水灌溉自动化系统。

(2)基于无线传感器技术的节水灌溉自动化系统。

(3)基于3G技术的节水灌溉自动化系统。

一、分区自动灌溉系统控制技术

分区自动灌溉系统应用计算机、单片机和CPLD控制、变频恒压控制、通信等技术，可针对农田多个灌溉分区、多种作物及大田示范灌区喷灌、滴灌、微喷灌、地面灌等多种不同灌溉方式，结合灌溉区域地理情况和功能需求，针对其灌水器运行额定工作水压、额定流量的不同，提出对主管网进行压力和流量的控制调节，通过采用变频灌溉控制技术，要求在灌溉系统运行时，保证灌水器工作正常，即不同工作压力下符合其额定流量，使管网压力维持恒压供水，进行基于智能诊断的分区自动灌溉系统的研究与开发。

二、基于PLC网络的节水灌溉自动控制系统

(一)系统设计

系统采用自行研制的湿度传感器监测土壤的湿度情况，当土壤湿度低于所要求的值后，自动开启水泵电机和电磁阀，对该土壤浇水，当湿度达到所要求的值后，停止浇水。

为满足不同作物或同种作物在不同生长期对土壤湿度要求的不同，本系统采用PLC多路控制，在PLC的程序中设定相应的比较值(上下限)，以便每一路均可设定不同的湿度控制范围。工作中把传感器的当前信号与程序的设定值进行比较，根据比较的结果决定土壤是否需要浇水，若当前信号达到设定的下限值，则开启浇灌系统对作物进行灌溉；当土壤湿度达到设定的上限值时，则关闭浇灌系统。

(二)电气原理

图 9-11 中输入电压是 AC 220 V。空气开关选用 DC47-60 C5,是一种既有手动开关作用又能自动进行欠电压、失电压、过载和短路保护的开关。KHDY1 开关电源具有两路输出,一路是 DC 24 V,为 PLC 供电;另一路是 DC 5 V,为湿度传感器电路和水位自动控制电路提供电源。KHDY2 开关电源输出 DC 24 V,为电磁阀和继电器提供电源。两个开关电源均为 50 W。

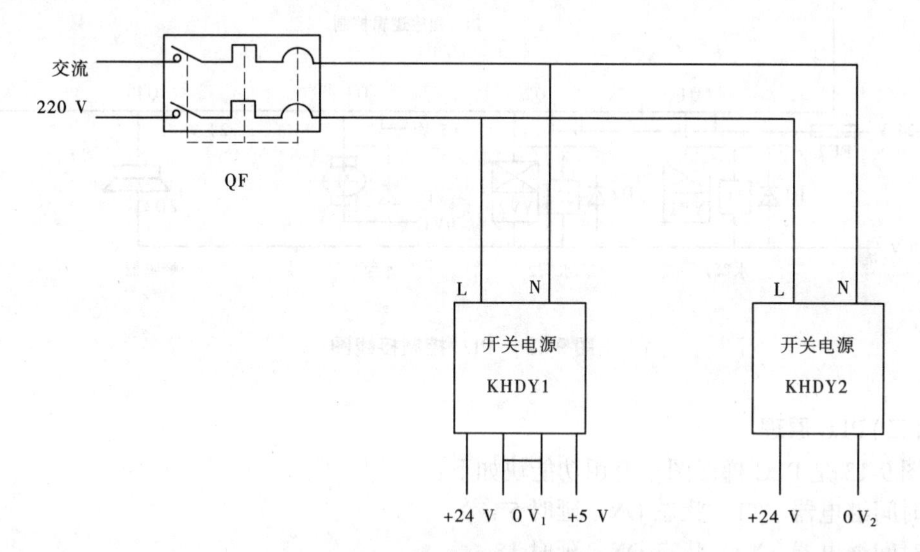

图 9-11　自动浇灌装置电源图

图 9-12 中 PLC(可编程逻辑控制器)采用的是 TAIAN GENIE,型号为 10HR-D。电源电压为直流 24 V,本身带有 LCD 显示屏及按键操作盘,可方便地编辑程序及修改程序。具有 6 个开关输入点、2 个类比输入点、4 个 RELAY 继电器输出点。主令开关 SA1 打到自动工作方式,然后按下 SB3 按钮,此装置进入自动工作状态。主令开关 SA1 置于手动工作方式下,然后按下 SB1 按钮,此装置 1 路工作。按下 SB2 按钮,此装置 2 路工作。当水箱的水位下降到下限时,水位控制器控制继电器 J3 闭合,通过 PLC 的逻辑控制控制水泵电机停止工作,保护了水泵电机,同时控制面板上蜂鸣器发出报警声,报警指示灯闪亮,提示为水箱加水。SB4 是紧急停止按钮,当它按下时 PLC 停止工作,并且报警指示灯亮。在输入电路中串入 FU1 保险进行保护,在输出电路中串入 FU2 保险进行保护。

湿度检测装置的电路用了比较器电路、R-S 触发器电路、门电路、输出电路等,把湿度信号转化为模拟电信号送入 PLC 的类比输入端 A1、A2,与 PLC 的上下限比较,以确定是否需要浇灌。

水泵电机采用直流电机,控制直流电机的电枢电压,就能控制电机的转速,而控制电机的转速就能控制水泵的出水量,再结合软件控制,使电机间歇运转,正好形成滴灌。

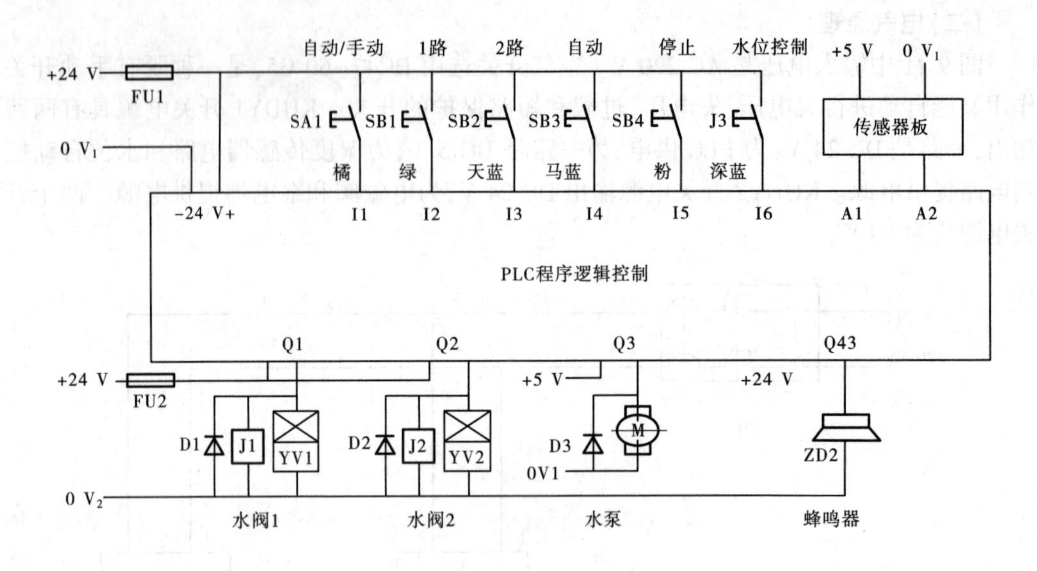

图 9-12　PLC 控制接线图

(三)PLC 原理

图 9-13 是 PLC 梯形图。有用功能块如下：

时间继电器　T1　状态 ON　延时 5 s

时间继电器　T2　状态 ON　延时 15 s

时间继电器　T3　状态 ON　延时 5 s

时间继电器　T4　状态 ON　延时 15 s

比较器　G1　1 路　参考值≤3.5

比较器　G2　1 路　参考值≥0.5

比较器　G3　2 路　参考值≤3

比较器　G4　2 路　参考值≥0.5

中间继电器 M1 M2 M3 M4 M5 M6 M7 M8 M9 MA

输出继电器 Q1 Q2 Q3 Q4

输入点 I1 I2 I3 I4 I5 I6(A1 A2)

输出点 Q1 Q2 Q3 Q4

当主令开关打到自动状态时,输入点 I1 闭合,按下自动按钮 SB3,输入点 I4 闭合,中间继电器 M9 输出为 1 并自锁,系统处于自动状态。第一路湿度传感器的输出信号已接入 PLC 的模拟输入端 A1,作为当前值,G1 为上限类比比较器,其参考值可以根据要求随意定;G2 为下限类比比较器,其参考值可以根据要求随意定。当 A1≥G1 时,继电器 M2 输出为 0,继电器 M4 输出为 0,输出继电器 Q1 为 0,1 号水阀 YV1 关闭。时间继电器 T1、T2 输出为 0,继电器 M3 输出为 0,输出继电器 Q3 为 0,水泵关闭。当 A1≤G2 时,继电器 M2 输出为 1,继电器 M4 输出为 1,输出继电器 Q1 为 1,1 号水阀 YV1 打开。时间继电器 T1 为 1 并延时 5 s 后断开 M3,水泵打水 5 s;T2 延时 15 s 后断开 T1,T2 也输出为 0,T1 又

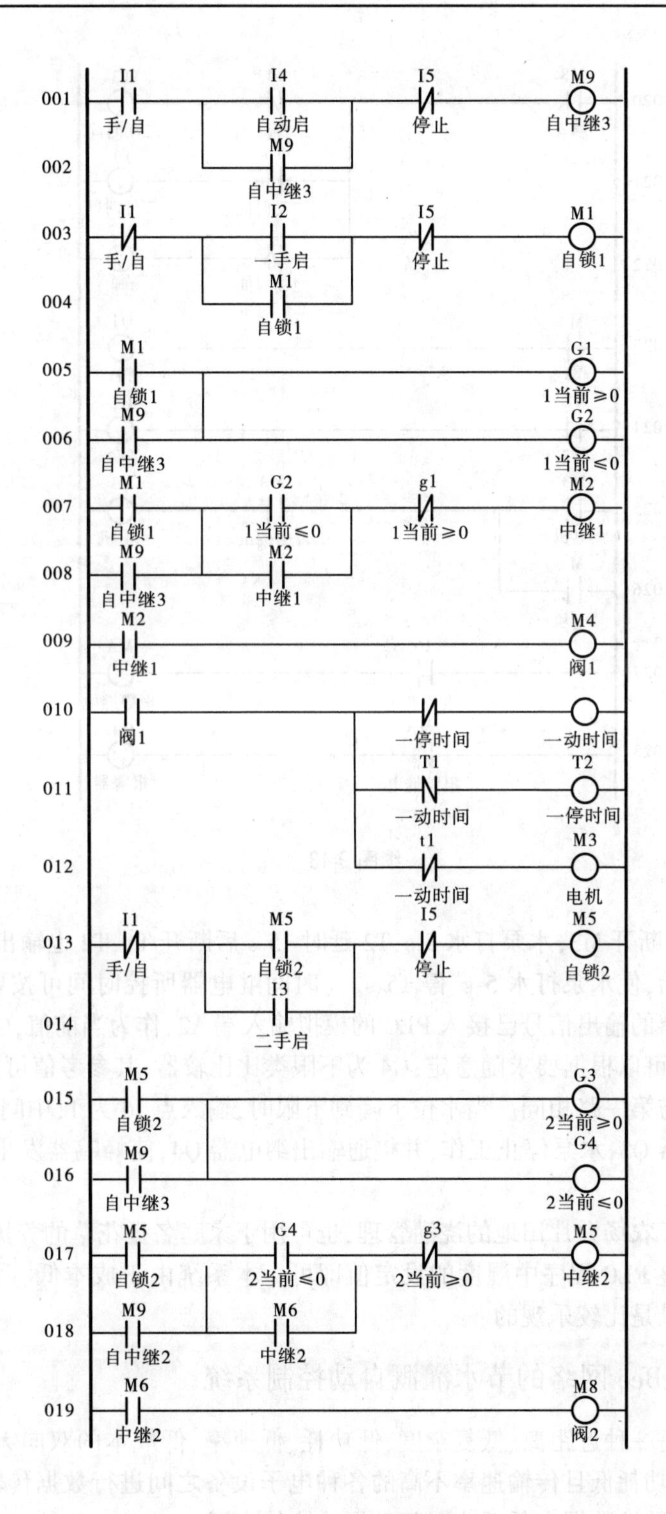
001
I1
手/自
I4
自动启
I5
停止
M9
自中继3
002
M9
自中继3
003
I1
手/自
I2
一手启
I5
停止
M1
自锁1
004
M1
自锁1
005
M1
自锁1
G1
1当前≥0
006
M9
自中继3
G2
1当前≤0
007
M1
自锁1
G2
1当前≤0
g1
1当前≥0
M2
中继1
008
M9
自中继3
M2
中继1
009
M2
中继1
M4
阀1
010
阀1
一停时间
一动时间
011
T1
一动时间
T2
一停时间
012
t1
一动时间
M3
电机
013
I1
手/自
M5
自锁2
I5
停止
M5
自锁2
014
I3
二手启
015
M5
自锁2
G3
2当前≥0
016
M9
自中继3
G4
2当前≤0
017
M5
自锁2
G4
2当前≤0
g3
2当前≥0
M5
中继2
018
M9
自中继2
M6
中继2
019
M6
中继2
M8
阀2

图 9-13　PLC 梯形图

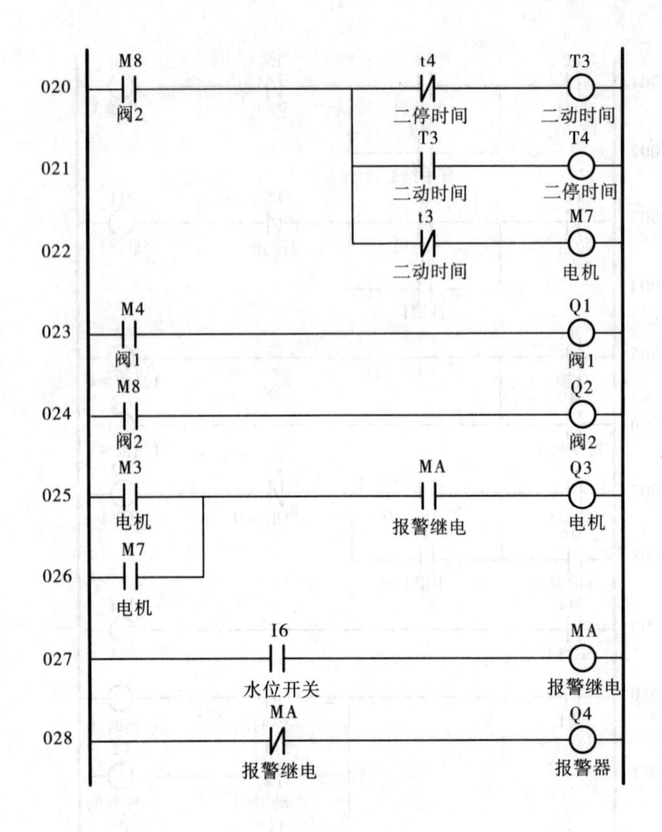

续图 9-13

为 1 并延时 5 s 后断开 M3，水泵打水 5 s；T2 延时 15 s 后断开 T1，T2 也输出为 0，T1 又为 1，就这样周而复始，使水泵打水 5 s、停 15 s。（时间继电器所控时间可按要求随意定）。第二路湿度传感器的输出信号已接入 PLC 的模拟输入端 A2，作为当前值，G3 为上限类比比较器，其参考值可以根据要求随意定；G4 为下限类比比较器，其参考值可以根据要求随意定。工作原理与第一路相同。当水位下降到下限时，输入点 I6 为 1，中间继电器 MA 为 1，断开输出继电器 Q3，水泵停止工作，并接通输出继电器 Q4，使蜂鸣器发出声音报警，达到保护的目的。

本系统可用于农场大片田地的浇灌管理，也可用于家庭名贵花草的养护，只需选择合适的传感器和调整 PLC 程序中湿度的设定值即可。本系统由于成本低、适用的范围广，其推广应用的前景是比较乐观的。

三、基于 ZigBee 网络的节水灌溉自动控制系统

ZigBee 技术是一种近距离、低复杂度、低功耗、低速率、低成本的双向无线通信技术。主要用于距离短、功耗低且传输速率不高的各种电子设备之间进行数据传输以及典型的有周期性数据、间歇性数据和低反应时间数据传输的应用。

(一) 系统组成

自动控制滴灌系统的结构见图 9-14。

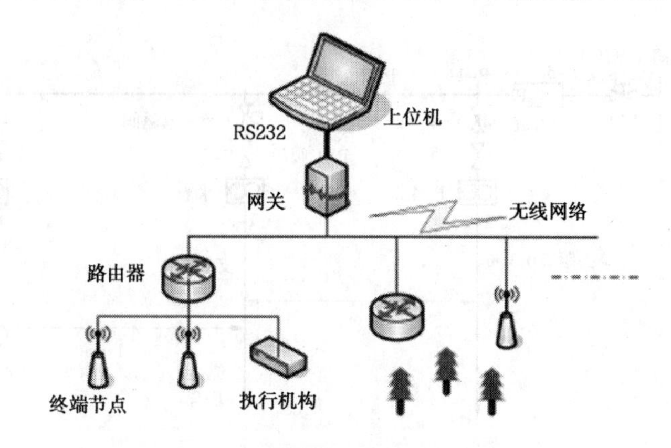

图 9-14　自动控制滴灌系统的结构

基于 ZigBee 无线传感网络控制的滴灌系统由上位机(PC)、网关、路由节点、终端节点和执行机构组成,其中路由器及终端节点均可装备传感器;执行机构为控制滴灌开闭的电磁阀。

采用一台计算机作为上位机,主要作用为监测作物各项环境指标并实施相应的灌溉决策;网关为整个网络的协调器,对于全功能设备,路由器和终端通过内部程序进行设置,且在一定距离内均可与网关直接通信;网关与上位机通过 RS232 总线相连,下层节点通过 ZigBee 无线网络联系,电磁阀连接至任意节点均可执行控制。

基于灌溉时农作物需水量主要与其所处环境的土壤湿度、温度和光照度密切相关,因此本系统采用土壤湿度传感器、空气温度传感器和光照度传感器。根据在田间应用的实际情况,设置路由器节点连接至执行机构即电磁阀,上位机放置于距电磁阀较近的室内,传感器连接至终端节点,在田块面积大、信号传送不稳定的情况下,可将部分连接传感器的终端节点替换为路由节点。

(二)结构设计

参考滴灌相应要求,水源处加置节流阀、过滤器和压力表,选用 PVC ϕ 32 mm 作干管,ϕ 20 mm 的 PE 管作支管,支管前端接电磁阀、压力表,选用 PVC ϕ 32 mm 作干管,ϕ 20 mm 的 PE 作支管,支管前端接电磁阀、调压阀和流量计,电磁阀选用直流 24 V,2. 3 L/ h 压力补偿滴头,一棵作物加一个滴头嵌入滴灌支管中。支管行距不可过小,防止行间水分入渗造成干扰,本系统设定行距为 1 m。滴灌管网设计如图 9-15 所示。传感器加在灌区内生长良好的植株上,土壤湿度传感器埋于地表下植株根系附近,光照度传感器和温度传感器安放于 ZigBee 模块并将模块固定在植株边的标杆上。电磁阀连接路由器节点的驱动电路,网关通过 RS232 串口接至上位机。

(三)无线传感器网络硬件设计

无线网络节点硬件结构图和电磁阀驱动电路图如图 9-16 所示。

系统的 ZigBee 芯片选用 TI 的 CC2430,功能强大,只需要很少的外围部件配合就能实现信号的收发功能,芯片上资源丰富、功能强大,使得无论是处于协调器位置的网络节点,还是处于网络末梢的传感器节点,其硬件结构都非常简单、可靠、实用。

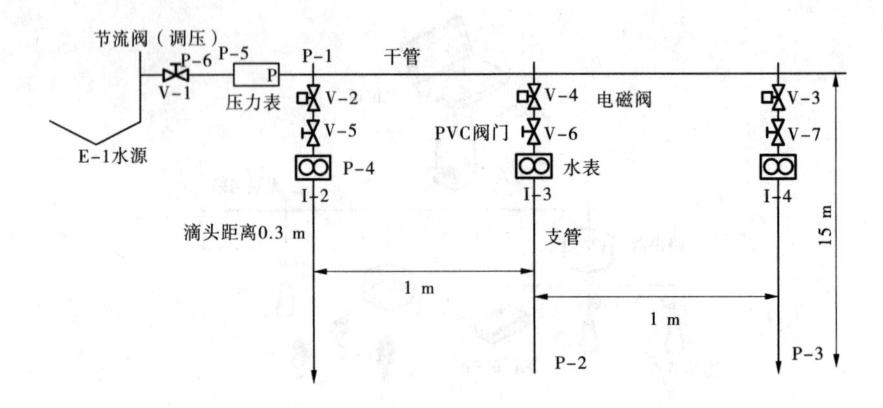

V-1、V-5、V-6 为 PVC 阀门，V-2、V-3、V-4 为电磁阀，
P-1、P-5、P-6 为干管，P-2、P-3、P-4 为支管，
I-2、I-3、I-4 为水表。

图 9-15　滴灌管网结构

根据需要，系统选用 STHO01 型土壤湿度传感器、tc77 数字温度传感器、P9003 光敏电阻，运行部分采用 DC 24 V 电磁阀，驱动电路如图 9-16(b)所示。STHO01 土壤湿度传感器测量精度为±3%，量程 0~100%，输出信号 4~20 mA，工作电压 12 V DC，稳定时间为通电后 2 s，可进行土壤湿度的实时监测，满足系统要求。其输出的电流信号通过高精度电阻转为 0~5 V 电压后再由 CC2430 进行 AD 转换成为数字信号，通过传输所得不同电压幅值即可确定土壤含水率。信号的接收与发送均由天线实现。

（四）节点软件设计

ZigBee 技术以 ZigBee 协议栈为核心，是基于标准的 7 层开放式系统互联模型，协议套件紧凑且简单，相比于常见的无线通信标准，实现要求较低。

ZigBee 规范定义了 3 种类型的设备，每种都有自己的功能要求：ZigBee 协调器是启动和配置网络的一种设备，负责网络正常工作以及保持同网络其他设备的通信，一个 ZigBee 网络只允许有一个 ZigBee 协调器；ZigBee 路由器是一种支持关联的设备，能够将消息转发到其他设备；ZigBee 终端设备可以执行它的相关功能，并使用 ZigBee 网络到达其他需要与其通信的设备。它的存储器容量要求最少。本设计采用的节点均为全功能设备，因此除网关在硬件结构上也有区别外，路由器和终端节点通过植入不同程序，执行不同功能。

考虑到系统结构与环境的特殊性，单一的传感器不能保证采集数据的合理性和准确性，本系统采用分布式多传感器体系结构，3 个点数据作信息融合处理，以融合后的数据作为模糊控制器的输入决策判据。当某个节点传输失败时，借助其他正常节点提供的信息，还是能获得更加准确的结果。融合后对温度、湿度和光照度这 3 个主要环境参数进行模糊控制，对滴灌做出较精确的判断。多传感器彼此独立但并不孤立，它们通过信息交换，相互影响，消除彼此之间可能存在的冗余和矛盾，加以互补，从而降低了测量、控制的不确定性。

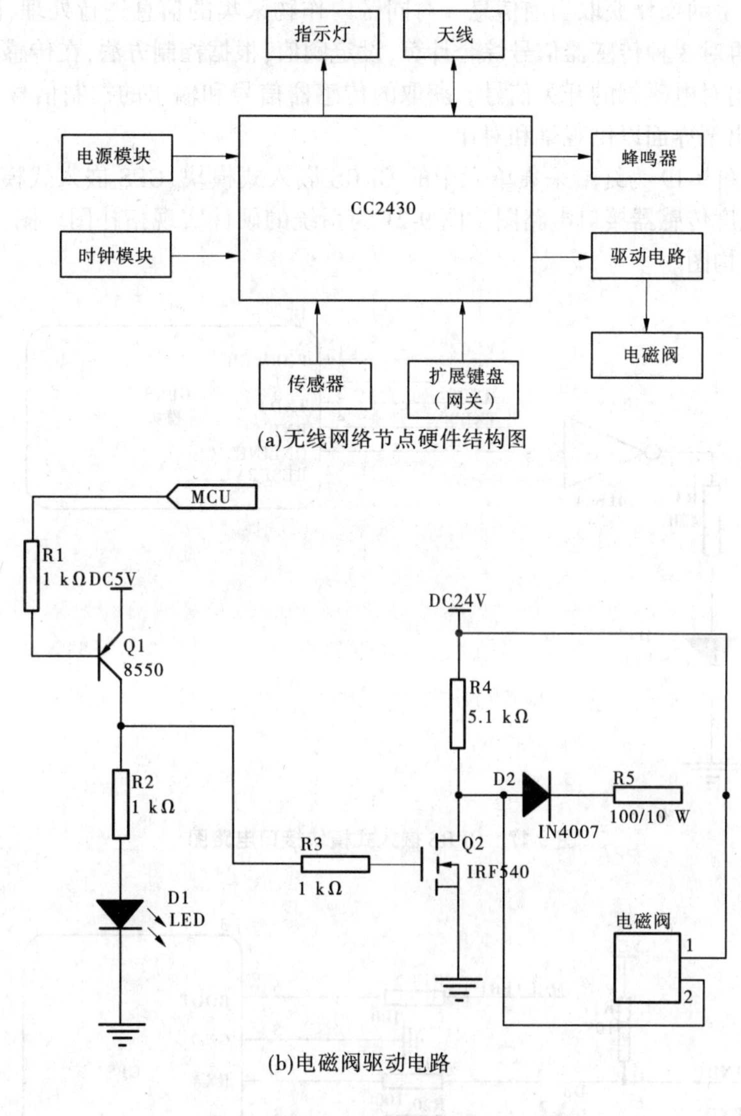

(a)无线网络节点硬件结构图

(b)电磁阀驱动电路

图 9-16　系统硬件图

系统运行时,协调器和传感器节点首先上电初始化,启动网络后自动进行组网,传感器节点收到信号采集数据后判断数据是否在系统要求范围内,若不在则表明需要进行滴灌,此时驱动电磁阀开启至设定时间,之后再次采集数据判断,直至满足系统要求,节点空闲时处于休眠状态,最大限度降低功耗。

(五)上位机监控软件设计

系统中监控软件起着至关重要的作用,采用 C 语言编写,通过该监控软件来实现对 ZigBee 网络的组网监控、信息提取和控制输出等功能。

首先,软件界面显示无线网络的拓扑图,确认无误后开始按预定程序接收节点传感器信号,信号可由两种方式显示,分别是数值显示和曲线显示,采集步长可设置为 1~60

min,此外也可手动操作获取当前信息。对同区内作物采集的信息进行处理,同种传感器信号取均值,再对 3 种传感器信号综合计算,设定阈值,根据控制方法,在传感器信号到达设定值后,输出对电磁阀的开关信号。获取的传感器信号和输出的控制信号可定时自动保存,并可导出至界面以供观察和对比。

图 9-17~图 9-19 为终端采集单元中的 GPRS 嵌入式模块、GPS 嵌入式模块、MCU 嵌入式模块与湿度传感器接口电路图。图 9-21 为系统的硬件实现拓扑图。图 9-22 为上位机软件系统结构图。

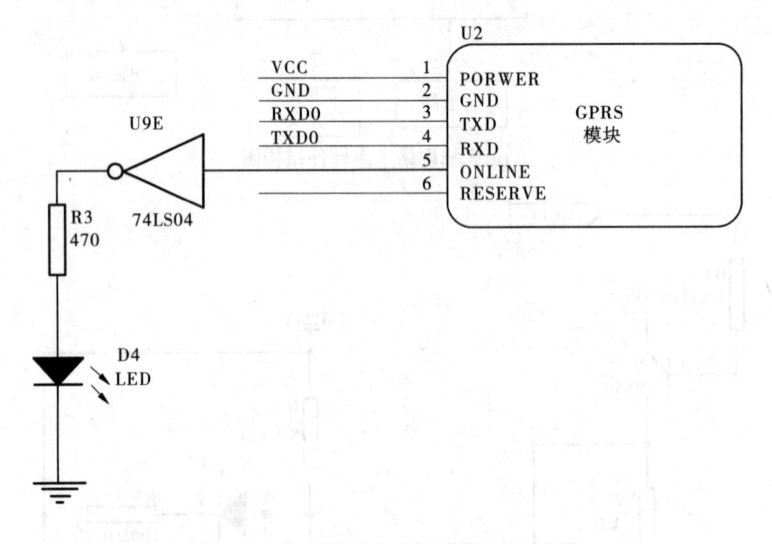

图 9-17 GPRS 嵌入式模块接口电路图

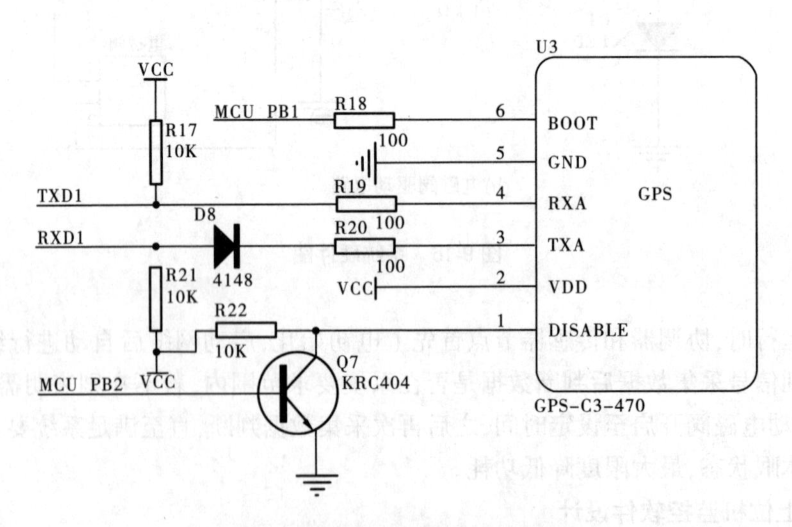

图 9-18 GPS 嵌入式模块接口电路图

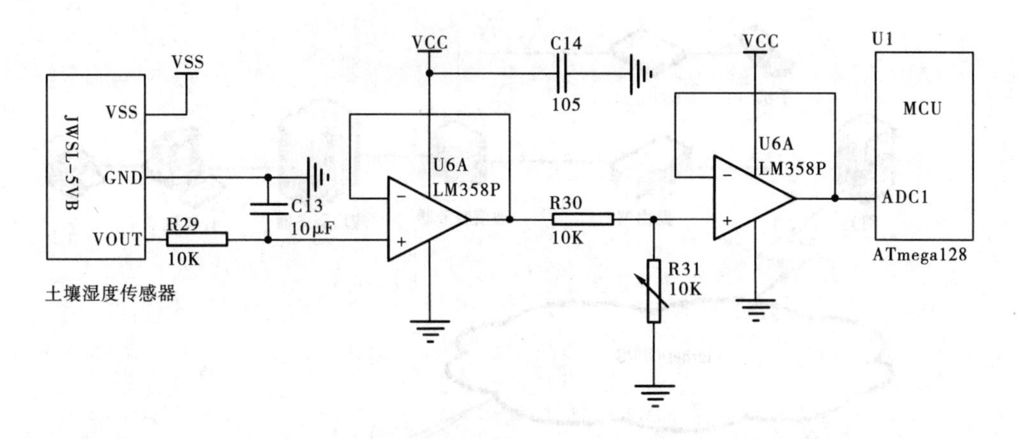

图 9-19　MCU 与湿度传感器接口电路图

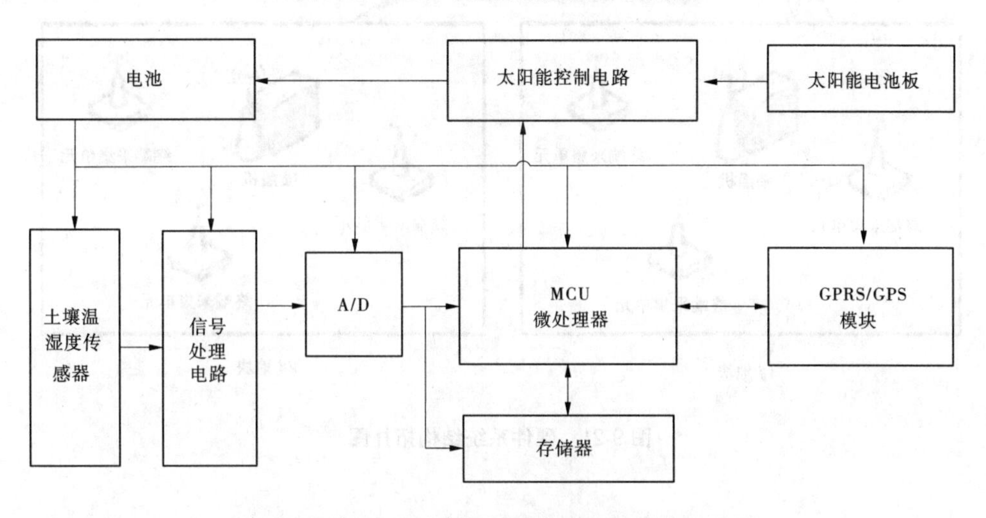

图 9-20　采集终端原理框图

四、基于物联网技术的农田节水灌溉系统

物联网，其英文名称是 The Internet of Things，简称 IoT，最早由美国的麻省理工学院于 1999 年提出，当时是基于互联网、RFID（Radio-fi′equency Identification）技术、EPC（Engineer Procure Construct）标准，在计算机互联网的基础上，利用射频识别技术、无线数据通信技术等构造的全球物品信息实时共享的实物互联网（简称物联网）。

物联网包含两层意思：一是物联网仍然以互联网作为核心和基础，是互联网的延伸和扩展；二是其用户端延伸到了任何物品之间，进行信息交换和通信。据预测，物联网的发展分为四个阶段：2010 年之前 RFID 广泛应用于物流、零售和制药领域，2015 年之前实现物体互联，2020 年之前实现物—物半智能化，2020 年之后进入全智能化。

传感器网络、物联网和泛在网络之间的关系如图 9-23 所示。

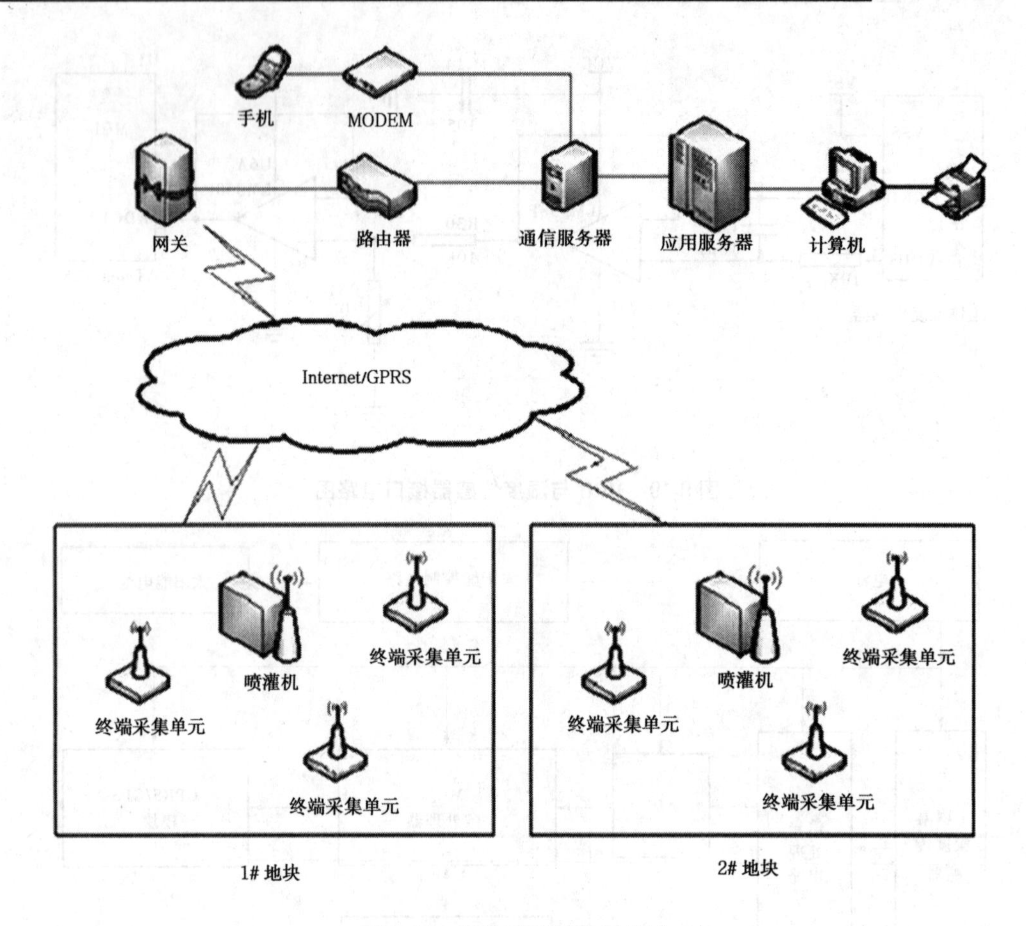

图 9-21　硬件系统结构拓扑图

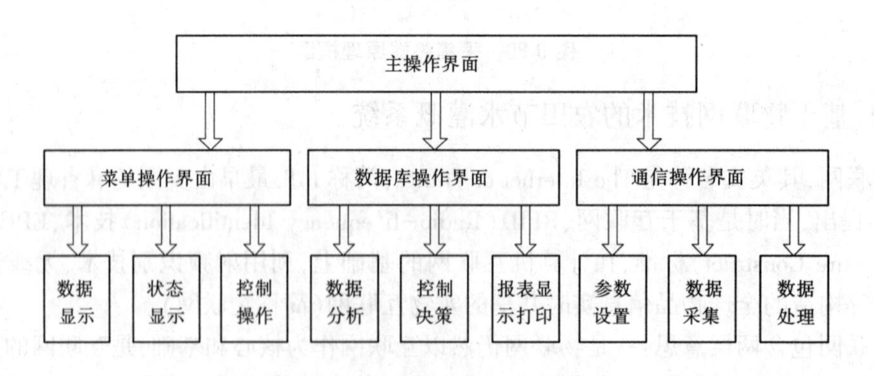

图 9-22　上位机软件系统结构图

传感器网络是物联网的重要组成部分,泛在的传感器网络等同于物联网;物联网属于当前可实现的范畴,泛在网络属于物联网以及所有信息网络未来发展的理想状态和长期愿景。

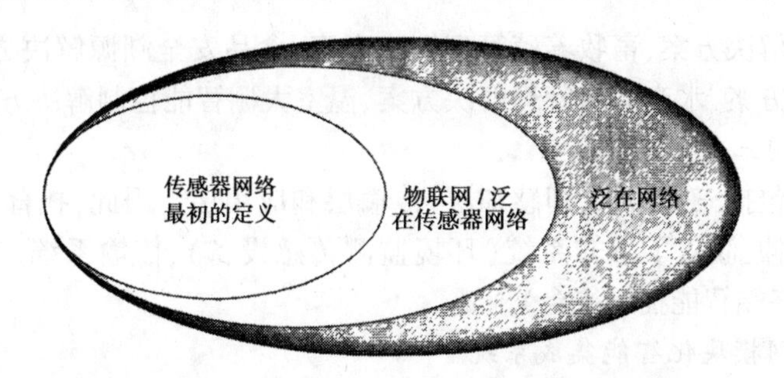

图 9-23　传感器网络、物联网和泛在网络之间的关系

运用“物联网”概念实现农业节水灌溉智能化，把复杂多变的农业环境作为一种需要与互联网连接的“物品”，通过部署具有自组网能力的灌溉监控节点，将农业对象划分为互相连接的无线区域，实现“全局监控，局部灌溉”的思想。

（一）系统功能设计

（1）平面型灌溉区域网络部署模型。针对农田或牧场等平面型区域，依据无线传感网平面网络结构模型研究其网络容量，估算覆盖范围；依据环状能耗模型部署覆盖优先网络和连通优先网络的研究；依据蜂窝网格模型部署矩形区域的研究。

（2）灌溉系统硬件设计。硬件是整个系统运行的基础，通过硬件可行性分析，系统采用 Altium Designer Winter 09 设计了 ZigBee 灌溉节点、传感器数据采集和处理、电磁阀驱动等模块。ZigBee 灌溉节点是整个现场网络的核心，实现了液晶显示、串口通信、AD 采集和 DC—DC 变换等功能。本系统使用 ZigBee 实现大面积覆盖并完成数据采集，通过协调器接入现有 Wi-Fi 信息网络将数据上传至应用层。

（3）灌溉系统软件设计方法，构建了系统总体结构和网络架构。结合感知层、网络层、应用层组成的三层网络技术架构，系统采用模块化程序设计，使用 IAR Embedded-Workbench for 8051 开发环境在 ZigBee 协议栈基础上开发了 DHT21 驱动，增加 Wi-Fi 事件响应，实现数据的采集传输。采用 VB.NET 语言在 VS2005 环境下开发了客户端软件，包括用户管理软件设计、通信软件设计、数据库设计。通信软件采用 C/S 架构、通过调用 TCP 类实现远程连接 Wi-Fi 设备，将接收到的数据存入数据库或将数据库中更新的命令发送到指定网络或设备。用户管理软件通过对数据库的访问，实现了数据存储、查询、修改、添加和删除等功能。

（4）根据系统要求进行了 Wi-Fi 连接和数据转发能力测试、土壤温湿度对比测试，节点测试完成了丢包率测试、节点高度与有效传输距离测试以及控制节点可靠性测试，最后完成了整个数据通道的测试和系统软件实现。实验证明本系统能够实现节水灌溉控制，提高水利用率。

（二）托普物联网

托普物联网是浙江托普仪器有限公司旗下的重要项目。浙江托普仪器是国内领先的农业仪器研发生产商，依据自身在农业领域的研发实力和自主研发的配套设备，在农业物联网领域崭露头角。

托普物联网以客户需求为源头，结合现代农业科技、通信技术、计算机技术、GIS 信息技术以及物联网技术，为传统行业提供信息化、智能化的产品与端到端的解决方案，主要有大田种植智能解决方案、畜牧养殖管理解决方案、食品安全溯源解决方案、食用菌种植智能化管理解决方案、水产养殖管理解决方案、温室大棚智能控制解决方案等。

1.托普物联网三大系统产品

物联网主要包括三大层次,即感知层、传输层和应用层。因此,托普物联网产品主要以这三个层次延伸,涵盖了感知系统(环境监测传感设备)、传输系统(数据传输处理网络)、应用系统(终端智能控制平台)。

2.托普物联网模块化智能集成系统

托普物联网依据自身研发优势,开发了多种模块化智能集成系统。

(1)传感模块,即环境传感监测系统。它依据各类传感设备可以完成对整个园区或异地园区所需数据监测的功能。

(2)终端模块,即终端智能控制系统。它可以完成整个园区或远程控制异地园区进行自动灌溉、自动降温、自动开启风机、自动补光及遮阳、自动卷帘、自动开窗关窗、自动液体肥料施肥、自动喷药等各类农业生产所需的自动控制。

(3)视频监控模块,即实时视频监控系统。主要是通过监控中心实时得到植物生长信息,在监控中心或异地互联网上即可随时看到作物的实时生长状况。

(4)预警模块,即远程植保预警系统。可以通过声光报警、短信报警、语音报警等方式进行预警。

(5)溯源模块,即农产品安全溯源系统。该系统对农产品从种植准备阶段、种植和培育阶段、生长阶段、收获阶段等对作物生长环境、喷药施肥情况、病虫害状况等实施实时信息自动记录,有据可查,在储藏、运输、销售阶段采用二维码或者 RFID 射频技术对各个阶段数据记录,这样就能实现消费者拿到农产品时通过终端设备或网络就能查看到各类信息,才能放心使用。

(6)作业模块,即中央控制室。可通过总控室对整个区域情况进行监测,包括各个区域采集点参数、控制作业状态、实时视频图像、施肥喷药状况、报警信息等。

五、节水灌溉控制系统发展趋势

目前节水灌溉自动化技术正在向信息化、自动化、高效化方向发展。智能技术、计算机应用技术、气象数据检测技术陆续应用于农业灌区的信息管理和运行决策。与此同时,国外还十分重视灌溉用水管理软件的开发和应用,节水灌溉管理已经达到了信息化、自动化、多功能化的水平。

小　结

自动量水技术和自动检测技术设施,是自动控制系统的仪器设备。在基于自动控制技术及设备上,可连接的 PLC 及 ZigBee 芯片的编程,实现节水灌溉自动控制信息系统。

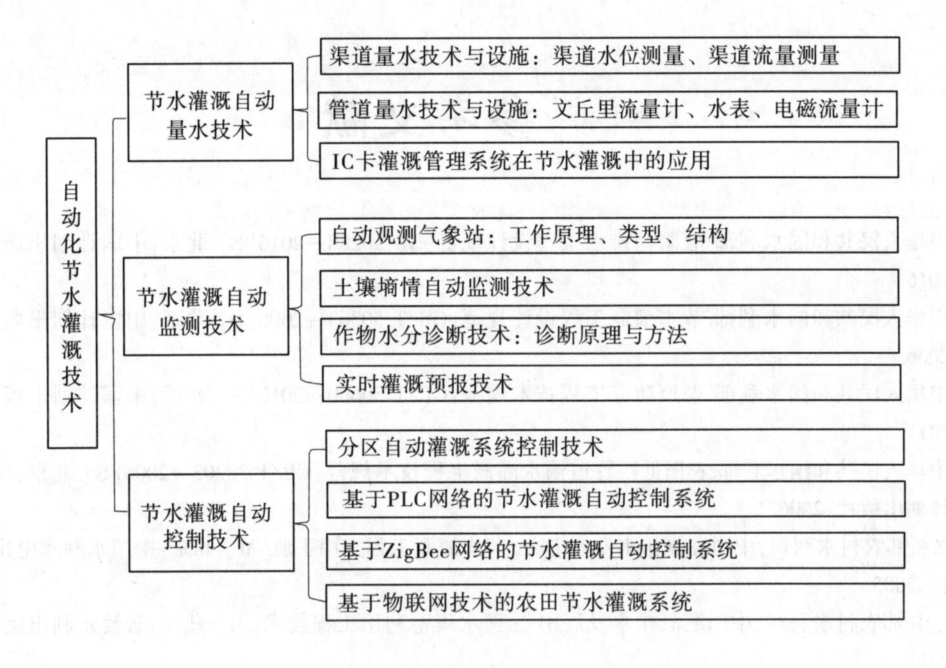

思考与练习题

一、填空题

1.现代化灌溉农业发展的趋势是灌溉管理走向______、______和______。

2.传感器和仪表系统一般包括______、______、______和______。

3.IC卡灌溉管理系统硬件的组成包括______、______、______和______。

4.传感器一般可以分为______和______等。

5.自动气象站按照通信方式可划分为______和______两种方式。

6.分区自动灌溉控制系统由______、______和______等构成。

二、名词解释

1.物联网　2.ZigBee

三、判断题

1.自动测量过程中测量仪表系统将灌溉状态数据转换成控制和通信系统能够识别的信息,并传送至中控室。(　)

2.巴歇尔槽是位于渠道上的具有特定断面形状的明渠渠段,用以测定流速。(　)

3.若IC卡中税费用尽或IC卡被取出,则自动停机无法提水灌溉。(　)

4.灌溉预报是对在一定条件下作物所需要的灌水日期及灌水定额进行预测的。(　)

5.测量流量方法有多种,但大多数都是通过测量水位来计算流量的。(　)

参考文献

[1] 中华人民共和国水利部.灌溉与排水工程设计规范:GB 50288—2016[S].北京:中国计划出版社,2016.

[2] 中华人民共和国水利部.节水灌溉工程设计规范:GB/T 50363—2006[S].北京:中国计划出版社,2006.

[3] 中华人民共和国水利部.渠道防渗工程技术规范:GB/T 50600—2010[S].北京:中国计划出版社,2011.

[4] 中华人民共和国水利部.农田低压管道输水灌溉工程技术规范:GB/T 20203—2006[S].北京:中国计划出版社,2006.

[5] 水利部农村水利司,中国灌溉排水发展中心. 节水灌溉工程实用手册[M].北京:中国水利水电出版社,2005.

[6] 水利部农村水利司,中国灌溉排水发展中心.雨水集蓄利用工程技术[M].郑州:黄河水利出版社,2011.

[7] 隋家明.农业综合节水技术[M].郑州:黄河水利出版社,2006.

[8] 于纪玉.节水灌溉技术[M].郑州:黄河水利出版社,2007.

[9] 郭旭新,樊惠芳,要永在.灌溉排水工程技术 [M].郑州:黄河水利出版社,2016.

[10] 姚彬.微灌工程技术[M].郑州:黄河水利出版社,2012.

[11] 杨素哲,等.果树涌泉灌溉方式的技术应用[J].农业工程学报,2005(21).

[12] 邵正荣.北方现代农业灌溉工程技术[M].郑州:黄河水利出版社,2008.

[13] 王长荣,薛长青.节水灌溉技术[M].天津:天津大学出版社,2013.

[14] 张肖.农村水利员实用技术[M].南京:河海大学出版社,2012.

[15] 李元红.雨水集蓄利用工程技术[M].郑州:黄河水利出版社,2011.

[16] 崔毅. 农业节水灌溉技术及应用实例[M].北京:化学工业出版社,2005.

[17] 艾英武.乡镇水利管理员基础教程[M].北京:中国水利水电出版社,2012.

[18] 张建国,金斌斌.土壤与农作[M].郑州:黄河水利出版社,2010.

[19] 吴普特,牛文全.节水灌溉与自动化控制技术[M].北京:化学工业出版社,2002.

[20] 匡尚富,高占义,许迪.农业高效用水灌排技术应用研究[M].北京:中国农业出版社,2001.

[21] 史海滨,田军仓,刘庆华.节水灌溉技术[M].北京:中国水利水电出版社,2006.

[22] 冯广志.中国灌溉与排水[M].北京:中国水利水电出版社,2005.

[23] 秦为耀,等.节水灌溉技术[M].北京:中国水利水电出版社,2001.